21 世纪高等教育工程管理系列规划教材

建筑工程施工技术

第 2 版

主　编　李　伟　王　飞
副主编　孙正茂　孙宝庆
参　编　金景慧　袁志阳　刘红艳　杜祖起
　　　　裴剑平　陈丽娟　赵春艳　赵丽丽
主　审　李慧民

机 械 工 业 出 版 社

本书是工程管理专业的专业基础课教材之一。全书共分为十一章，内容包括：土方工程、桩基础工程、砌筑工程、混凝土结构工程、预应力混凝土工程、结构吊装工程、钢结构工程、防水工程、装饰工程、脚手架工程、季节性施工。

本书既可作为高等院校工程管理、土木工程及相关专业的本科及高职教材，也可供从事工程管理、工程造价、房地产开发与管理及相关工作人员学习参考。

图书在版编目（CIP）数据

建筑工程施工技术/李伟，王飞主编. —2版. —北京：机械工业出版社，2014.8（2026.1重印）

21世纪高等教育工程管理系列规划教材

ISBN 978-7-111-47496-8

Ⅰ. ①建… Ⅱ. ①李… ②王… Ⅲ. ①建筑工程-工程施工-高等学校-教材 Ⅳ. ①TU74

中国版本图书馆CIP数据核字（2014）第169931号

机械工业出版社（北京市百万庄大街22号 邮政编码100037）
策划编辑：冷 彬 责任编辑：冷 彬 臧程程
版式设计：霍永明 责任校对：陈 越
封面设计：张 静 责任印制：郜 敏
河北虎彩印刷有限公司印刷
2026年1月第2版第10次印刷
184mm×260mm · 20.5印张 · 502千字
标准书号：ISBN 978-7-111-47496-8
定价：59.00元

电话服务 网络服务
客服电话：010-88361066 机 工 官 网：www.cmpbook.com
010-88379833 机 工 官 博：weibo.com/cmp1952
010-68326294 金 书 网：www.golden-book.com
 机工教育服务网：www.cmpedu.com

序

随着21世纪我国建设进程的加快，特别是经济全球化大发展和我国加入WTO以来，工程建设领域对从事项目决策和全过程管理的复合型高级管理人才的需求逐渐扩大，而这种扩大又主要体现在对应用型人才的需求上。这使得高校工程管理专业人才的教育培养面临新的挑战与机遇。

工程管理专业是教育部将原本科专业目录中的建筑管理工程、国际工程管理、投资与工程造价管理、房地产经营管理（部分）等专业进行整合后，设置的一个具有较强综合性和较大专业覆盖面的新专业。应该说，该专业的建设与发展还需要不断地改革与完善。

为了能更有利于推动工程管理专业教育的发展及专业人才的培养，机械工业出版社组织编写了一套该专业的系列教材。鉴于该学科的综合性、交叉性以及近年来工程管理理论与实践知识的快速发展，本套教材本着“概念准确、基础扎实、突出应用、淡化过程”的编写原则，力求做到既能够符合现阶段该专业教学大纲、专业方向设置及课程结构体系改革的基本要求，又可满足目前我国工程管理专业培养应用型人才目标的需要。

本套教材是在总结以往教学经验的基础上编写的，主要注重突出以下几个特点：

（1）专业的融合性　工程管理专业是个多学科的复合型专业，根据国家提出的“宽口径、厚基础”的高等教育办学思想，本套教材按照该专业指导委员会制定的四个平台课程的结构体系方案，即土木工程技术平台课程及管理学、经济学和法律专业平台课程来规划配套。编写时注意不同的平台课程之间的交叉、融合，不仅有利于形成全面完整的教学体系，同时可以满足不同类型、不同专业背景的院校开办工程管理专业的教学需要。

（2）知识的系统性、完整性　因为工程管理专业人才是在国内外工程建设、房地产、投资与金融等领域从事相关管理工作，同时又可能是在政府、教学和科研单位从事教学、科研和管理工作的复合型高级工程管理人才，所以本套教材所包含的知识点较全面地覆盖了不同行业工作实践中需要掌握的各方面知识，同时在组织和设计上也考虑了相邻学科与有关课程的关联与衔接。

（3）内容的实用性　教材编写遵循教学规律，避免大量理论问题的分析和讨论，提高可操作性和工程实践性，特别是紧密结合了工程建设领域实行的工程项目管理注册制的内容，与执业人员注册资格培训的要求相吻合，并通过具体的案例分析和独立的案例练习，使学生能够在建筑施工管理、工程项目评价、项目招标投标、工程监理、工程建设法规等专业领域获得系统深入的专业知识和基本训练。

（4）教材的创新性与时效性　本套教材及时地反映工程管理理论与实践知识的更新，将本学科最新的技术、标准和规范纳入教学内容，同时在法规、相关政策等方面与最新的国家法律法规保持一致。

我们相信，本套系列教材的出版将对工程管理专业教育的发展及高素质的复合型工程管理人才的培养起到积极的作用，同时也为高等院校专业教育资源和机械工业出版社专业的教材出版平台的深入结合，实现相互促进、共同发展的良性循环奠定基础。

第 2 版前言

《建筑工程施工技术》第 1 版自 2006 年 1 月出版至今已有 8 年时间，先后多次重印，得到了广大师生和读者的好评。

这些年来，随着国家重大需求激增，工程建设日趋多样化和复杂化，建筑技术发展越来越快，住建部对建设工程施工质量验收规范和质量验收评定标准进行了全面修订，逐步形成了系列标准。这些标准的强制性条文的相关规定，使强制性标准的权威性、严肃性、可操作性落到了实处。为了帮助学生掌握建筑工程施工全过程中的主要工种工程的施工工艺和具体施工方法，及相应施工机具的技术性能和工作特点，并能根据工程特点，选择各工种工程最合理的施工方法，制定有效的施工技术措施，本书编者特结合大量工程实践及现场施工经验，在第 1 版的基础上，对相关章节的内容进行了认真、详细的修订。使得本书第 2 版更符合现行规范和标准强制性条文的要求。

另外，鉴于建设工程施工过程涉及面广，手工作业多，对操作人员技术素质要求高，地区环境因素影响大，工程施工质量问题（质量不稳定、变异性大、隐患多）突出。此次修订，作者通过深入调研和日常积累，将常见的工程施工质量问题对照规范标准，制定出控制质量的具体方法措施，并单独成节，希望给学生们一些启发。

本书第 2 版由李伟、王飞共同主编，由孙正茂、孙宝庆担任副主编；由李伟统稿并校审，承西安建筑科技大学李慧民教授主审。全书具体的编写分工为：绪论，李伟；第一章，金景慧、王飞；第二章，袁志阳；第三章，李伟；第四章，孙正茂、刘红艳；第五章，孙宝庆、王飞；第六章，杜祖起、裴剑平；第七章，陈丽娟、李伟；第八章，袁志阳、赵春艳；第九章，金景慧、赵春艳；第十章，杜祖起、裴剑平；第十一章，赵丽丽、李伟。

本书编写过程中参考了有关专家、学者的论著、文献和教材，吸取了一些最新的研究成果，在此表示衷心的感谢。

由于编者水平有限，加之时间仓促，书中难免有不足之处和尚待探讨的问题，恳请有关专家、学者和广大读者多加批评和指正。

编　者

第1版前言

“建筑工程施工技术”是工程管理专业的主要专业课之一，该课程在培养学生独立分析和解决建筑工程施工中有关施工技术问题的基本能力方面起着重要作用。

建筑工程施工技术主要研究的是建筑工程施工中主要工种工程施工的工艺原理、施工操作方法以及保证工程质量和安全施工的技术措施。这门课程的实践性强，涉及的知识面广。

本书是依据教育部颁布的《普通高等学校本科专业目录和专业介绍》和高等学校工程管理专业指导委员会制定的课程教学大纲编写的。本书较为系统、全面地介绍了建筑工程施工技术的基本知识和基本理论，结合建筑工程施工的新技术、新工艺、新材料及新颁布的工程设计规范和施工质量验收规范，对课程内容进行了整合，力求做到科学地反映当前建筑工程施工的高科技施工技术水平，加强学生对现行规范、规程的了解和运用，加深对建筑工程施工技术理论与应用的研究，以促进学生对建筑工程施工技术全面和深入的掌握。

本书针对应用型高等院校的教学特点和学生未来工作岗位的要求，在注重理论阐述深度和广度的同时，兼顾了可操作性和适用性，既可作为应用型高等院校及高等职业技术学院的工程管理专业各研究方向及相关专业的教材，也可供从事建筑工程施工管理及相关行业的工作人员学习参考。

本书由李伟、王飞担任主编，由李伟负责统稿并校审，并由西安建筑科技大学李慧民教授担任主审。本书具体的编写分工为：绪论及第三章、第七章、第十一章由长春工程学院李伟编写；第一章、第五章由河北工程学院王飞编写；第六章、第十章由平顶山工学院裴剑平编写；第四章由辽宁工学院刘红艳编写；第八章、第九章由沈阳大学赵春艳编写；第二章由长春工程学院袁志阳编写。

本书编写过程中参考了有关专家、学者的论著、文献、教材，吸取了一些最新的研究成果，在此我们表示衷心的感谢。

由于水平有限，加之时间仓促，书中难免有不足之处和尚待探讨的问题，恳请有关专家、学者和广大读者多加批评和指正。

编　者

目 录

序

第 2 版前言

第 1 版前言

绪论 …… 1

第一章 土方工程 …… 8
第一节 土的分类与性质 …… 8
第二节 土方量计算 …… 11
第三节 基坑（槽）降水 …… 17
第四节 土方机械化施工 …… 34
思考题 …… 49
习题 …… 50

第二章 桩基础工程 …… 54
第一节 钢筋混凝土预制桩施工 …… 55
第二节 混凝土灌注桩施工 …… 65
第三节 桩基础工程常见的质量事故及防治 …… 77
思考题 …… 79
习题 …… 80

第三章 砌筑工程 …… 81
第一节 砌筑材料准备及运输 …… 81
第二节 砖砌体施工 …… 83
第三节 中型砌块的施工 …… 93
第四节 砌筑工程的质量与安全 …… 94
思考题 …… 96
习题 …… 96

第四章　混凝土结构工程 …… 98
第一节　钢筋工程 …… 99
第二节　模板工程 …… 116
第三节　混凝土工程 …… 129
第四节　混凝土结构工程常见的质量事故及防治 …… 148
思考题 …… 152
习题 …… 153

第五章　预应力混凝土工程 …… 155
第一节　先张法施工 …… 155
第二节　后张法施工 …… 165
第三节　无粘结预应力混凝土楼面结构施工 …… 182
思考题 …… 186
习题 …… 186

第六章　结构吊装工程 …… 188
第一节　起重机械 …… 188
第二节　装配式钢筋混凝土单层工业厂房结构吊装 …… 198
第三节　多层装配式钢筋混凝土框架结构吊装 …… 207
第四节　大型墙板结构房屋结构吊装 …… 210
第五节　升板法施工 …… 212
第六节　结构吊装工程的质量与安全 …… 212
思考题 …… 215
习题 …… 216

第七章　钢结构工程 …… 218
第一节　普通钢结构工程 …… 218
第二节　薄壁型钢结构工程 …… 225
第三节　轻钢结构单层厂房安装 …… 227
第四节　大跨度结构吊装 …… 234
第五节　钢结构工程常见的质量事故及防治 …… 240
思考题 …… 241
习题 …… 242

第八章　防水工程 …… 244
第一节　屋面防水工程 …… 244
第二节　楼面防水工程 …… 249
第三节　地下防水工程 …… 250
第四节　防水工程常见的质量事故及防治 …… 254

思考题…… 255
习题…… 255

第九章 装饰工程…… 257
第一节 抹灰工程…… 257
第二节 饰面板（砖）工程 …… 261
第三节 涂饰和裱糊工程…… 264
第四节 门窗工程…… 268
第五节 轻质隔墙和幕墙工程…… 270
第六节 吊顶工程…… 275
第七节 装饰工程常见的质量事故及防治…… 279
思考题…… 279
习题…… 279

第十章 脚手架工程…… 281
第一节 外脚手架…… 282
第二节 内脚手架…… 290
第三节 脚手架工程的质量与安全…… 293
思考题…… 294
习题…… 295

第十一章 季节性施工…… 296
第一节 冬期施工的基本知识…… 296
第二节 雨期施工的基本知识…… 311
思考题…… 313
习题…… 314

参考文献…… 316

绪　论

一、建筑业及建筑工程施工的特点

建筑业是一个古老的行业。人类进入文明社会以来，建筑业不仅提供了人类“衣、食、住、行”四大基本需求中的“住”，也是实现“衣、食、行”的先导产业。及至现代，建筑业更成为社会进步的标志性产业。目前，我国建筑业在国民经济五大物质生产部门中，年产值仅低于工业、农业，而高于运输业和商业，位居第三；建筑业生产年总产值135303亿元，占国内国民经济生产总值的26%；从业人口达3800万人，占全国总劳动力的5%；加上建筑业的先导性与带动性，建筑业已成为我国社会的支柱型产业。建筑业的产品是庞大的建筑物，因此，建筑产品与工业产品相比，具有迥然不同的特殊性。

其一，人类社会对物质的需求是多种多样的，而一般的商品如电视机、汽车等，总是可以组成若干类型后再统一规格大批量组织生产，唯独建筑产品各有的造型与风格。因建筑产品不是建筑商预先设计好生产销售的，而是按业主对功能要求设计的，故建筑产品的差异是一切产品之最，建筑物的单一性决定了建筑施工没有固定不变的模式。

其二，工业产品一般都是在一个固定的生产地点生产或组装成产品后运输销售给使用者的，唯独建筑产品是固定不动的，称为建筑物。它建造在一个选定地点，通过建筑施工过程将物资与活劳动，凝固成设想的建筑产品供人们享用。产品的固定性决定了建筑施工的从属地位，建筑施工不能自己设计一个理想空间，选定一套工艺稳定地组织生产，而是服从产品设定地点的需要，不断地按工程要求，流动设备与人员，使自己的生产最有效地适应工程特定的空间，包括环境、交通、气象、地质等。因地制宜，是建筑施工的基本原则。

其三，没有一种工业产品可与建筑产品比较体型。比如，一幢大楼几百米高，几十万平方米建筑面积，生产这样一个产品要动用成百上千台设备与成千上万名员工，从开工到竣工，时间跨度多达几年。建筑产品的生产过程是通过不断变换的人流将物资有机地凝聚成逐步扩大的产品，而最终产品是一个需要符合一系列功能的统一体，所以建筑产品的生产是一个“多维”的系统工程。人、机、物在产品所给定的空间与时间中被调度安排，选择是否得当将直接影响着效率、效益与产品的质量。

由于建筑产品单一、固定与体型庞大的特性，决定了建筑工程施工的复杂性，没有统一的模式与章法。建筑施工技术必须兼顾天时、地利、人和，因时、因地、因人制宜，充分认识主客观条件，选用最合适的方法，经过科学组织来实现施工。所谓的建筑工程施工也就是施工技术与施工组织管理，其中施工技术一般就是指完成一个主要工序或分项工程的单项技术，施工组织管理则是优化组合单项技术，科学地实施物料与劳动的结合，最终形成建筑产品。技术是生产力，管理也是生产力，两者是同样重要的。因为没有科学的组织管理，技术效果就不能发挥；而没有先进技术，管理也就没有了基础，两者是相辅相成的。

二、建筑工程施工技术课的研究对象、任务和学习方法

在建设工程中，建筑安装工程占有重要的地位。从投资角度来看，国家用于建筑安装工程方面的资金，约占建设工程投资总额的60%。所以要全面而高效地完成建设工程任务，首先就要出色地完成建筑安装工程的施工任务。

一幢建筑物或一个建筑群的施工，是由许多工种工程（土石方工程、砌筑工程、钢筋混凝土工程、结构安装工程、装饰工程等）组成的。而每一个工种工程的施工，都可以采用不同的施工方案、不同的施工技术和机械设备、不同的施工组织管理方法来完成。如何根据施工对象的特点和规模、水文地质和气候条件、机械设备和材料供应等客观条件，从运用先进技术、提高经济效益出发，做到技术和经济的统一，选择各工种工程最合理的施工方案，研究其施工规律，是本课程的研究对象。建筑工程施工技术是工程管理专业的一门重要的专业课程。其研究的主要内容是建筑工程中主要工种工程施工的工艺原理和施工方法，同时还要研究保证工程质量和施工安全的技术措施。

建筑工程施工技术课是一门综合性很强的技术类课程。它与建筑工程测量、建筑材料、建筑施工机械、建筑电工、房屋建筑学、工程力学、工程结构学、施工组织与管理、工程计价等课程有着密切的关系。它们既相互联系，又相互影响。因此，要学好建筑工程施工技术课，首先应当学好上述课程。

由于本学科涉及的理论面广、实践性强，而且技术发展迅速，因此，学习中必须坚持理论联系实际的学习方法。除了对课堂讲授的基本理论、基本方法加以理解和掌握之外，还必须随时了解国内外的最新发展动态，充分利用幻灯、投影、录像等电化教学手段和多媒体课件，加强直观教学，并对有关的教学环节（如现场教学、案例教学、思考题和习题、课程作业、教学参观、生产实习等）给予足够的重视。

三、现代建筑工程施工技术发展概述

第二次世界大战前后，美国纽约和芝加哥、日本东京、马来西亚、中国香港等国家和地区兴建了一系列高层及超高层建筑，在钢结构与混凝土结构技术上，创造了新的辉煌，形成了包含现代科技的一系列施工新技术。改革开放以后的中国，建筑业更是有了突飞猛进的发展，据不完全统计，近十几年我国已建成超高层建筑900多幢。其中具有代表性的建筑有：深圳地王大厦，81层、高325m；广州中天广场，80层、高322m；上海金茂大厦，88层、高420.5m；上海环球金融中心，101层、高492m。正是由于工程建设的促进，中国的建筑工程施工技术已有一些项目赶上或超过发达国家，在总体上也正在接近发达国家水平。

（一）基础工程施工技术

1. 人工地基施工技术

（1）地基加固　包括换土、预压、强夯、水泥土旋喷、深层搅拌技术等。

（2）承载桩　包括渣土桩、水泥土桩、木桩、混凝土桩（混凝土预制桩、预应力管桩、现浇混凝土灌注桩）、钢桩（钢管桩、H型钢桩）、特殊桩（成槽机施工的巨形桩、扩大头

桩）等。

1）现浇混凝土灌注桩：目前我国施工的现浇混凝土灌注桩最大直径达3m，深度达104m，工艺上可加注浆。国外有的混凝土灌注桩直径更大，还可以扩大头部；如果用连续墙成槽机做巨型现浇混凝土灌注桩，还可以成桩更大更深，例如日本的水平多轴式回转钻机（EM型），成桩壁厚1200~3200mm，深度达到170m。

2）钢管桩：一般钢管桩直径为600~900mm，如在上海金茂大厦施工中，管桩深度达83m，直径为900mm，最大桩锤可达30t。

2. 基坑支护技术

基坑支护广义上包括挡土结构、隔水帷幕、支撑技术、降水技术及环境保护技术等方面。

（1）挡土结构　包括以下几种：

1）重力坝式：用深层搅拌、旋喷等工艺形成的水泥土重力坝形式，能挡土、隔水，可不用支撑。

2）各种板桩：有木板桩、钢筋混凝土板桩、钢板桩，主要作挡土用，同时也起一定的隔水作用。

3）钢筋混凝土地下连续墙：这种工艺在世界上已经有50年历史，可以挡土和隔水，有现场浇筑与成槽后插入预制地下墙两种。对于现场浇筑地下墙，我国已做到深度60m，有的国家已经在考虑生产成槽能力200m深以上的水平多轴式回转钻机，其成桩壁厚可达到4m。

4）就地灌注排桩：用人工开挖就地灌注成桩，并做成连续排桩，可起到地下连续墙一样的作用，但由于接搓不可能密贴，只能起挡土作用。

5）劲性水泥土桩（SMW工法）：在水泥土排桩内插入型钢，以型钢受力，水泥土作为隔水帷幕。

6）其他挡土结构：有喷锚护坡、钢桩插板等。

（2）隔水帷幕　包括水泥土排桩、注浆帷幕、薄型地下连续墙等。日本近年研制成称之为TRUST-21型的成槽机，成槽最小壁厚仅为0.2m，深度200m，采用泥浆固化成壁，透水系数为$10^{-6}\sim10^{-8}$cm/s。

（3）支撑技术　包括以下几种：

1）钢支撑：传统做法采用型钢支撑。

2）钢筋混凝土支撑：为适应不规则基坑的体形并使挖土有较大空间，我国创造并发展了一种钢筋混凝土支撑体系，有对撑、角撑、排撑及拱形、环圈形支撑。上海最大环圈直径达92m，天津也正在施工直径100余米的大环圈。采用钢筋混凝土支撑体系的优点是一次性投入少、适应性强，最大的缺点是只能一次性使用，社会资源浪费大，爆破拆除时对环境有影响。

3）双向双股复加预应力钢管支撑：双股井字形接头可以解决传统的钢支撑空间小的缺点，以使挖土方便。双向施加预应力还可以针对土的流变特性，复加预应力控制变形。

4）土锚杆（土钉）拉锚：在挡土结构外侧向基坑外土体深部打入锚杆，可以施加预应力，以达到锚桩挡土的目的。这种方法一般适用于土质较好的大型深基坑。

（4）降水措施　地下水位较高的地区及较深的基坑都需要采取降水措施，常用的有：

1）轻型井点：深度为3~7m。

2）喷射井点：深度为7～15m。

3）深井及加真空深井：可深至10m。

4）大口径明排水管井：在土质好的地区常有应用。

（5）环境保护技术 包括以下几种：

1）井点回灌技术：目的是控制基坑外的水位，防止坑外管线、道路、建筑物产生固结沉降。

2）堵漏技术：目的是控制向基坑内渗水，有各种即时堵漏及注浆技术。

3）信息监测与信息化施工技术：基坑支护的应力应变计算值由于参数选取不准，往往只能作为参考。为保护环境，须在工程进行中监测即时变形，并采取可靠的即时加固措施，以防事故发生。目前随着工程规模的增大及环境保护意识的加强，监测技术发展很快，通过计算机的应用，可以提供施工过程中支护体系及环境的受力状态、变形数据。而且由于信息技术及各种加固技术水平的提高，已经可以实现毫米级的变形控制。

4）调节变形的技术手段：可以在基坑内外进行双液快硬注浆；可以对支撑施加预应力，或增加支撑；也可以调整挖土速度及支撑施工的程序。

3. 大体积混凝土施工技术

建筑构件三个方向的最小尺寸超过800mm的混凝土施工，称为大体积混凝土施工。由于水泥在水化过程中发热，引起混凝土构件在升、降温过程中，因各部位温差应力，加上混凝土本身的收缩等因素，易产生危及结构安全的裂缝。过去，大体积混凝土施工是一个重大技术问题，但自从宝钢转炉基础7200m^3一次浇捣无裂缝获得成功后，我国大体积混凝土施工技术开始有了新的飞跃，这其中主要是采取了四类措施：①减少混凝土本身发热；②内降温、外保温，运用信息监测技术，及时调整和控制结构构件内外部分的温差在25℃之内；③延长并做好养护工作；④尽可能科学地组织施工，提高浇筑强度。

4. 逆作法施工技术

逆作法是基础与上部结构同时施工的先进工艺，有减少和取消临时支护措施、降低成本及大大加快施工速度等优点，20世纪70年代前后被一些发达国家采用。我国于20世纪80年代进行研究试验，90年代在广州、上海等地应用。目前我国已大规模应用。

逆作法施工的关键技术包括：

1）用地下连续墙作为永久地下室外壁。

2）对建筑主体结构柱子下的承载桩，在成桩过程中要预先增加型钢支柱。

3）先施工地面板，支承在型钢支柱与地下墙上，此地面板又是在挖土过程中对地下墙的支撑。

4）在地下室最下部底板施工前，上部结构施工高度要控制在钢支柱桩的安全承载力之内。

5）各支柱及地下墙在施工过程中的沉降差要控制在结构允许范围之内。

6）施工有顶盖的地下部分要保证安全与一定的效率。

（二）上部结构施工技术

结构施工技术范围很广，包括砖结构、木结构、钢结构、钢筋混凝土结构及其他特种结构，下面仅介绍当前钢筋混凝土结构中的模板、钢筋、混凝土以及结构吊装的先进工艺技术。

1. 模板施工技术

我国自20世纪70年代开始引进日本钢管脚手架与组合钢模板技术，80年代后期逐步发展成自己的型钢骨架加大型贴面模板的平面模板体系。各种新型的平面模板体系，有传统的支架模板，以及改进了的台模、飞模、排架式快拆模体系、独塔式快拆模体系等。

各种竖向模板与脚手架体系包括：

（1）爬模体系　利用模板与爬架交替支承在结构上，并用简易起重设备交替上升安装支架与模板。

（2）滑模体系　滑模是相对成熟和比较老的施工技术，在烟囱等筒体上早有应用，以后又在高层建筑的剪力墙、框架上应用。滑模又分直接滑模浇捣与滑框倒模等工艺。滑模的缺点是每次只能滑升若干厘米，混凝土要连续浇捣，混凝土结构体与模板一直在相对运动，所以混凝土表面容易出现横条纹甚至被拉裂，施工安排也比较繁琐。

（3）液压整体提升模板体系　近年来在原滑模技术的基础上有所改进，原滑模动力体系仅作为提升设备，并加强支柱的力量，将模板做成整体，从而使模板可每层一次整体提升到位，混凝土分层浇筑。此法克服了原滑模的缺点。

（4）分块提升式大模板　作为一种专用模板体系，如德国的PERI，在国外使用很多。该模板体系支承在已完成的结构上，由专用液压机进行自升，技术较先进，但价格较贵。

（5）升板机整体式提升模板与脚手架体系　这种体系利用升板机较大的提升能力，借助结构自身强度，提升钢制平台，而模板与脚手架就悬挂在钢平台上，随结构的上升而上升，是一种比较经济高效的模板体系。这种体系快速、安全、经济，其成本仅为德国PERI液压提升模板的1/10。

2. 钢筋施工技术

（1）钢筋定位焊网片　由钢筋工厂生产焊接卷网，在施工现场进行钢筋焊接骨架整体安装。

（2）钢筋接头　包括长度搭接、帮条焊接、对焊、电渣焊、压力焊接、套筒冷压接、套筒斜螺纹连接、可调螺纹连接等多种方式。这里特别要提出的是直螺纹等强接头，它利用加工过程使钢筋螺纹接头强度提高，可以保证接头强度超过母材，使接头位置与数量不受限制。

（3）预应力技术　预应力技术早在20世纪30年代已有方案提出，到50年代在世界上开始推广，此项技术使钢筋与混凝土充分发挥各自特性达到结构的最佳组合，以提高结构刚度和抗裂性能，减小结构构件断面。现在在一些大型大跨度的钢筋混凝土结构工程上几乎均采用预应力技术。按预应力施加时间分为先张法与后张法；按混凝土的连接程度分为有粘结和无粘结两种；按预应力施加程度分为预应力结构及部分预应力结构。

3. 混凝土施工技术

近百年来，混凝土结构主宰了土木建筑业，没有一个重大工程可以离开混凝土。混凝土技术随建筑业的发展而发展，特别是近年发展得更快。

（1）混凝土组分的发展　混凝土已在一般的水泥（胶凝料）、砂子（细集料）、石子（粗集料）加水的组分基础上，增加了很多新的品种。

1）增加掺合料：粉煤灰（可改善混凝土性能）、磨细矿渣粉（可提高强度、改善性能）。

2）掺加化学外加剂：可适应减水、快硬、增塑、增稠、缓凝、抗冻、可泵送、自密实等功能的要求。

3）掺加各种纤维：如玻璃纤维、钢纤维、塑料纤维、碳纤维等，以提高混凝土强度与抗裂性。

（2）混凝土强度的发展　20世纪50年代以前，我国主要以生产1:2:4和1:3:6体积配比的混凝土为主；50年代主要生产110号、140号、170号、210号混凝土；60～70年代主要生产150号～300号混凝土；80年代主要生产200号、300号、400号混凝土；90年代发展为生产C20～C80高强混凝土。目前，我国已能在实验室配制C100以上强度等级混凝土，但在实际应用中最高达到C80。

在国外，如美国ACI（美国混凝土协会）在1984年确定C50以上为高强混凝土。实例包括：马来西亚吉隆坡双塔大厦底层受压结构采用C80混凝土；美国芝加哥SOUTH WACKER大厦底层柱为C95混凝土；美国西雅图双联大厦3m直径的钢管混凝土采用C130混凝土，成为国际上混凝土应用的高强度等级。虽然理论上可以配制C200以上的混凝土，但是由于强度太高带来的脆性问题尚未根本解决，因此目前在使用高强混凝土方面仍有一定的限制。

（3）商品混凝土及泵送混凝土　商品混凝土发展很快，发达国家的一些大城市几乎都采用商品混凝土，占混凝土使用总量的60%～80%。我国近十年来预拌商品混凝土发展也很快，2012年全国商品混凝土产量超过8.88亿m^3。泵送混凝土是与商品混凝土一起发展起来的，随着商品混凝土的快速发展，混凝土泵送技术水平也有了很大提高。

（4）高性能混凝土及其发展　高性能混凝土（即HPC），国际上提出这个名词已有20余年，但不少发达国家都在这方面大做文章，因为社会发展对建筑结构功能的要求越来越高，而混凝土可以利用掺合料的变化，实现符合多种要求的特殊功能，如高强、耐久、耐油、抗裂。我国混凝土的耐久性存在极大问题，需要在高性能混凝土上下大力气研究。由于国外高性能混凝土取得了突破，混凝土施工也打破了传统习惯，20m高的混凝土墙体可以一次浇捣完成。

4. 结构吊装技术

目前，国内外的结构吊装技术都有了突飞猛进的发展，开始由传统的机械吊装向大型化与多机组合吊装发展。

（1）整体提升吊装　包括卷扬机整体提升和计算机控制、钢绞线承重、液压整体提升。

（2）平面滑行安装技术　当安装机具无施工位置时，利用已安装的结构单体进行平面滑行安装，也是非常实用的方法。

5. 房屋工厂的设想与实践

由于房屋建筑的固定性与体型庞大的特性，所以房屋的生产没有工厂和流水线，建筑工人露天作业的状况沿袭至今。日本一家建筑公司设想改变这种状况，其方案是：在建造高层建筑时，先用一个带各种机具与控制设备的顶盖，套在建设中的房屋结构上，在往上进行房屋结构施工的同时，大屋盖也跟着往上提升，成为一个全天候建筑施工的工厂。

四、对我国当前施工技术水平的认识

随着国民经济与建筑业的发展，建筑工程施工技术在近几十年有了巨大的发展，国内外许多大工程都是依靠先进高效的施工技术建造起来的。但是从横向上比较，我国的施工技术

又大大落后于通信、机电、汽车、纺织等其他产业的制造技术，其原因如下：

1）建筑工程施工至今仍以手工、半机械或机械作业为主体，很少有计算机控制的多机自动作业，劳动效率大大低于其他产业，因而建筑业还是一个劳动密集型的产业。

2）施工技术中的现代高科技含量较低。目前正在快速发展的信息技术是渗透到各个产业的革命性技术，而在施工技术中，运用遥感、通信、智能和控制这样的信息技术少得可怜，对复合材料技术、微处理技术等还很少研究，更谈不上将这些成果运用到施工技术中去。

3）专项施工技术的专业化程度低。在全国各地发展极不平衡，已有的技术成果也没有得到很好的应用。

第一章 土方工程

本章概要

本章主要介绍了土的分类与性质、土方量计算、基坑（槽）降水、土方机械化施工的基础理论和基本方法。通过本章的学习，使学生掌握土的分类与现场鉴别方法、土的工程性质、土方量计算方法、人工降低地下水位；熟悉流砂及防治、土方边坡与土壁支护、填土与压实；了解明排水法、土方开挖机械。

土方工程是建筑工程施工中的主要工种工程之一，也是整个建筑工程全部施工过程中的第一道工序。

土方工程主要包括土（或石）的挖掘、填筑和运输等施工过程，以及排水、降水和土壁支撑等准备和辅助过程。常见的土方工程有场地平整、基坑（槽）及管沟开挖、地坪填土及基坑回填等。

土方工程施工的特点是：量大面广，劳动繁重，大多为露天作业，施工条件复杂。施工易受地区气候条件影响，且土本身是一种天然物质，种类繁多，施工时受工程地质和水文地质条件的影响也很大。因此为了减轻劳动强度、提高劳动生产效率、加快工程进度、降低工程成本，在组织施工时，应根据工程自身条件，制定合理的施工方案，尽可能采用新技术和机械化施工，为整个工程的后续工作提供一个平整、坚实、干燥的施工场地，并为基础工程施工做好准备。

第一节 土的分类与性质

一、土的分类与工地鉴别方法

在土方工程施工和工程预算定额中，根据土的开挖难易程度，将土分为松软土、普通土、坚土、砂砾坚土、软石、次坚石、坚石、特坚石八类。前四类为一般土，后四类为岩石。正确区分和鉴别土的种类，可以合理地选择施工方法和准确地套用定额，计算土方工程费用。土的工程分类与现场鉴别方法见表1-1。

表 1-1　土的工程分类与现场鉴别方法

土的分类	土的名称	土的可松性系数		现场鉴别方法
		K_s	K'_s	
一类土（松软土）	砂，亚砂土，冲击砂土层，种植土，泥炭（淤泥）	1.08～1.17	1.01～1.03	能用锹、锄头挖掘
二类土（普通土）	亚黏土，潮湿的黄土，夹有碎石、卵石的砂，种植土，填筑土及亚砂土	1.14～1.28	1.02～1.05	用锹、锄头挖掘，少许用镐翻松
三类土（坚土）	软及中等密实土，重亚黏土，粗砾石，干黄土及含碎石、卵石的黄土，亚黏土，压实的填筑土	1.24～1.30	1.04～1.07	主要用镐，少许用锹、锄头挖掘，部分用撬棍
四类土（砂砾坚土）	重黏土及含碎石、卵石的黏土，粗卵石，密实的黄土，天然级配砂石，软泥灰岩及蛋白石	1.26～1.32	1.06～1.09	整个用镐、撬棍，然后用锹挖掘，部分用楔子及大锤
五类土（软石）	硬石炭纪黏土，中等密实的页岩，泥灰岩，白垩土，胶结不紧的砾岩，软的石炭岩	1.30～1.45	1.10～1.20	用镐或撬棍、大锤挖掘，部分使用爆破方法
六类土（次坚石）	泥岩，砂岩，砾岩，坚实的页岩，泥灰岩，密实的石灰岩，风化花岗岩，片麻岩	1.30～1.45	1.10～1.20	用爆破方法开挖，部分用风镐
七类土（坚石）	大理岩，辉绿岩，玢岩，粗、中粒花岗岩，坚实的白云，砂岩，砾岩，片麻岩，石灰岩，风化痕迹的安山岩，玄武岩	1.30～1.45	1.10～1.20	用爆破方法开挖
八类土（特坚石）	安山岩，玄武岩，花岗片麻岩，坚实的细粒花岗岩，闪长岩，石英岩，辉长岩，辉绿岩，玢岩	1.45～1.50	1.20～1.30	用爆破方法开挖

注：K_s 为最初可松性系数，K'_s 为最终可松性系数。

二、土的工程性质

土的工程性质对土方工程的施工方法、机械设备的选择、劳动力消耗以及工程费用等有直接的影响，其基本的工程性质有：

1. 土的含水量

土的含水量（w）是土中水的质量与固体颗粒质量之比，以百分率表示如下：

$$w = \frac{m_1 - m_2}{m_2} \times 100\% = \frac{m_w}{m_s} \times 100\% \tag{1-1}$$

式中　m_1——含水状态时土的质量（kg）；

m_2——烘干后土的质量（kg）；

m_w——土中水的质量（kg）；

m_s——固体颗粒的质量（kg）。

土的含水量随气候条件、雨雪和地下水的影响而变化，对土方边坡的稳定性及填方密实程度有直接的影响。

2. 土的可松性

自然状态下的土经开挖后，内部组织被破坏，其体积因松散而增加，以后虽经回填压实，仍不能恢复其原来的体积，土的这种性质称为土的可松性。土的可松性用可松性系数表示，即：

$$K_s = \frac{V_2}{V_1} \tag{1-2}$$

$$K'_s = \frac{V_3}{V_1} \tag{1-3}$$

式中　K_s——土的最初可松性系数；

K'_s——土的最终可松性系数；

V_1——土在自然状态下的体积（m^3）；

V_2——土挖出后在松散状态下的体积（m^3）；

V_3——土经回填压实后的体积（m^3）。

V_3 指的是土方分层填筑时在夯实、碾压或自重及运土工具重量作用下，土壤变得密实，但无论如何其密实程度都不如原土，因此 $V_3 > V_1$。

土的最初可松性系数 K_s 是计算车辆装运土方体积及选择挖土机械的主要参数；土的最终可松性系数 K'_s 是计算填方所需挖土工程量的主要参数，K_s、K'_s 的大小与土质有关，根据土的工程分类，相应的可松性系数参见表 1-1。

3. 土的渗透性

土的渗透性是指土体被水透过的性质。土体孔隙中的自由水在重力作用下会发生流动，当基坑（槽）开挖至地下水位以下时，地下水会不断流入基坑（槽）。地下水在土中渗流流动中受到土颗粒的阻力，其大小与土的渗透性及地下水渗流的路程长短有关。法国学者达西根据如图 1-1 所示的砂土渗透试验，发现水在土中的渗流速度 v 与水力坡度 I 成正比，即：

$$v = KI \tag{1-4}$$

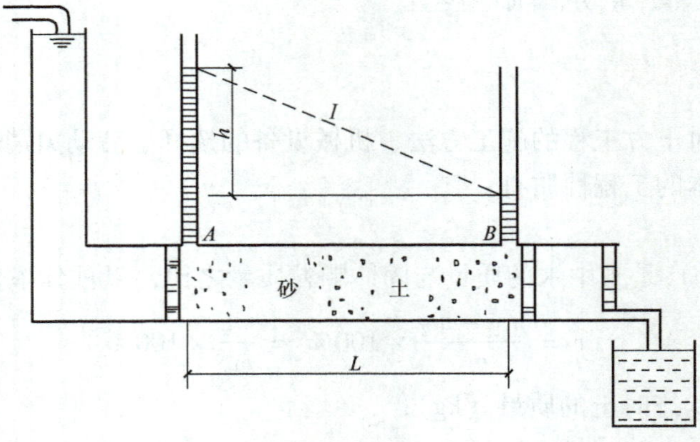

图 1-1　砂土渗透试验

水力坡度 I 是 A、B 两点的水位差 h 与渗流路程 L 之比，即 $I = h/L$。显然，渗流速度 v 与 h 成正比，与渗流的路程长度 L 成反比。比例系数 K 称为土的渗透系数（m/d）。它与土的颗粒级配，密实程度等有关，一般由试验确定，表 1-2 的数值可供参考。

表 1-2　土的渗透系数参考表

土的名称	渗透系数 K/(m/d)	土的名称	渗透系数 K/(m/d)
黏土	<0.005	中砂	5.0~20.00
亚黏土	0.005~0.10	均质中砂	35~50
轻亚黏土	0.10~0.50	粗砂	20~50
黄土	0.25~0.50	圆砾石	50~100
粉砂	0.50~1.00	卵石	100~500
细砂	1.00~5.00		

土的渗透系数是选择各种人工降低地下水位方法的依据，也是分层填土时，确定相邻两层结合面形式的依据。

第二节　土方量计算

土方工程量是土方工程施工组织设计的主要依据之一，是采用人工挖掘时组织劳动力或采用机械化施工时计算机械台班和工期的依据。土方量的计算要尽量准确。

一、场地平整土方量计算

场地平整是将现场平整成施工所要求的设计平面。场地平整前，应根据建筑工程的性质、规模、施工期限和施工水平，基坑（槽）开挖的要求，确定场地平整与基坑（槽）开挖的施工顺序；确定场地的设计标高；计算挖填土方量。但在 ±0.3m以内的人工平整场地不涉及土方量的计算问题。

（一）场地设计标高的确定

场地设计标高一般由设计单位确定，它是进行场地平整和土方量计算的依据。合理地确定场地设计标高，对减少土方量、加快建设速度都具有十分重要的经济意义。选择设计标高时，需考虑以下因素：

1）满足生产工艺和运输的要求。

2）尽量利用地形，以减小挖填土方量。

3）场地内的挖方、填方尽量平衡且土方量最小（面积大、地形又复杂时例外），以便降低土方工程施工费用。

4）场内要有一定的泄水坡度（$i \geqslant 0.2\%$），以满足排水的要求。

5）考虑最高洪水水位的要求。

6）满足市政道路与规划的要求。

如果场地设计标高无其他特殊要求，其确定步骤和方法如下：

（1）初步确定场地设计标高 H_0　初步确定场地设计标高是根据场地挖填土方量平衡的原则进行，即场内土方的绝对体积在平整前后是相等的。

1）在具有等高线的地形图上将施工区域划分为边长为 a（10~40m）的若干方格（图1-2）。

2）确定各小方格的角点高程。可根据地形图上相邻两等高线的高程，用插入法计算求得；也可用一张透明纸，上面画 6 根等距离的平行线，把该透明纸放到标有方格网的地形图

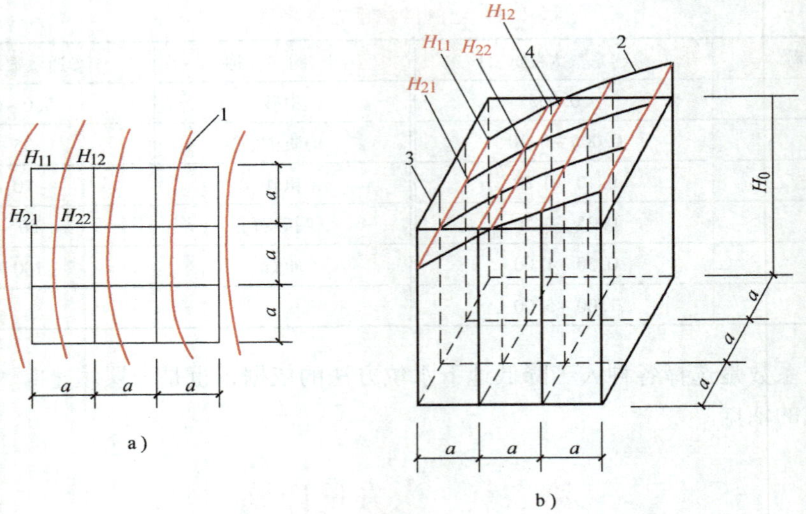

图1-2　场地设计标高计算简图

a）地形图上划分方格　b）设计标高示意图

1—等高线　2—自然地面　3—设计标高平面　4—零线

上，将6根平行线的最外两根分别对准 A、B 两点，这时6根等距离的平行线将 A、B 之间的高差分成五等分，于是便可直接读得4点的地面标高（图1-3）。此外，在无地形图的情况下，也可以在地面用木桩或钢钎打好方格网，然后用仪器直接测出方格网角点标高。

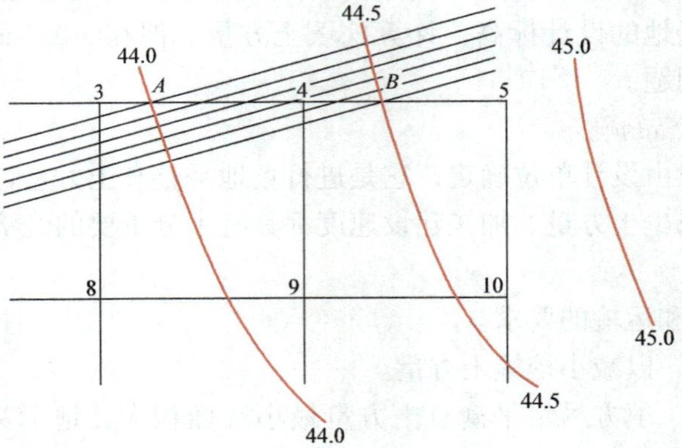

图1-3　内插法的图解

按填挖方平衡原则确定设计标高 H_0，即：

$$H_0 Na^2 = \sum\left(a^2 \frac{H_{11} + H_{12} + H_{21} + H_{22}}{4}\right) \tag{1-5}$$

$$H_0 = \frac{\sum(H_{11} + H_{12} + H_{21} + H_{22})}{4N} \tag{1-6}$$

从图1-2a可知，H_{11} 为一个方格的角点标高，H_{12} 和 H_{21} 均为2个方格公共的角点标高，H_{22} 则是4个方格公共的角点标高，它们分别在上式中要加1次、2次、4次。因此，式(1-6)可改写成下列形式：

$$H_0 = \frac{\sum H_1 + 2\sum H_2 + 3\sum H_3 + 4\sum H_4}{4N} \tag{1-7}$$

式中　N——场地中方格的个数；

H_1——1 个方格仅有的角点标高（m）；

H_2——2 个方格共有的角点标高（m）；

H_3——3 个方格共有的角点标高（m）；

H_4——4 个方格共有的角点标高（m）。

（2）场地设计标高 H_0 的调整　按式（1-7）所计算的设计标高 H_0 是一理论值，实际上还需要考虑以下因素进行调整：

1）由于土的可松性，会使填土有剩余，为此需相应地提高设计标高，以达到土方量的实际平衡。

2）场地泄水坡度对角点设计标高的影响。

3）由于设计标高以上的各种填方工程（如场区上填筑路堤）需降低设计标高，或者由于设计标高以下的各种挖方工程需提高设计标高（如挖河道、水池、基坑等）。

4）根据经济比较的结果，将部分挖方就近弃于场外，或部分填方就近取于场外而引起挖、填土方量的变化后，需增减设计标高。

上述四方面因素对 H_0 的影响同时出现的机会较少，可根据现场情况适当考虑。

（二）场地平整土方量的计算

场地平整土方量的计算有方格网法和横截面法两种。横截面法是将要计算的场地划分成若干横截面后，用横截面计算公式逐段计算，最后将逐段计算结果汇总。横截面法计算精度较低，可用于地形起伏变化较大地区。对于地形较平坦地区，一般采用方格网法。其计算步骤如下：

1. 计算场地各方格角点的施工高度

各方格角点的施工高度按下式计算：

$$h_n = H_n - H'_n \tag{1-8}$$

式中　h_n——角点施工高度，即挖填高度，以“+”为填，“-”为挖；

H_n——角点的设计标高（若无泄水坡度时，即为场地的设计标高 H_0）；

H'_n——角点的自然地面标高。

2. 确定零线

零线是方格网中的挖填分界线。其位置的确定方法是：先求出有关方格边线（此边线一端为挖，另一端为填）上的零点（即不挖不填的点），然后将相邻两个零点相连即为一条折线，这条折线就是要确定的零线。

确定零点的方法如图 1-4 所示，设 h_1 为填方角点的填方高度，h_2 为挖方角点的挖方高度，O 为零点位置。则可求得：

$$x = \frac{ah_1}{h_1 + h_2} \tag{1-9}$$

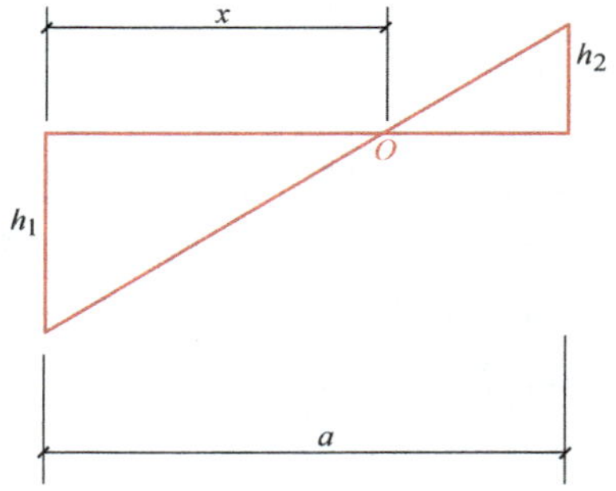

图 1-4　求零点的图解法

3. 计算方格挖填土方量

零线求出后，场地的挖填区即随之标出，便可按“四方棱柱体法”计算出各方格的挖填土方量。方格网中的零线将方格划分为三种类型。

1）方格4个角点全部为挖（或填），如图1-5所示（无零线通过的方格），其土方量为：

$$V=\frac{a^2}{4}(h_1+h_2+h_3+h_4) \tag{1-10}$$

2）方格的相邻2个角点为挖，另2个角点为填（图1-6），其挖方部分土方量为：

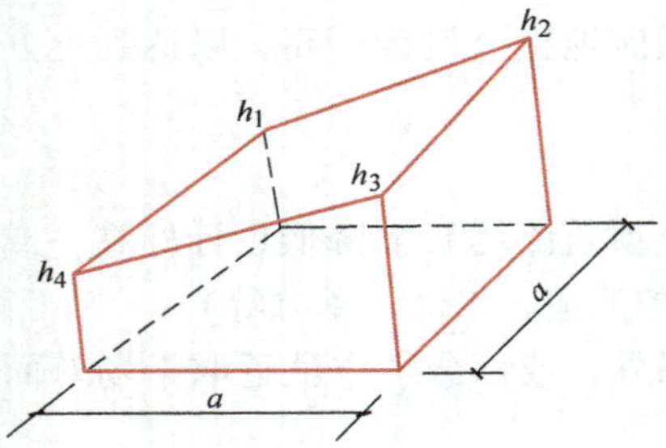

图1-5　全挖或全填的方格

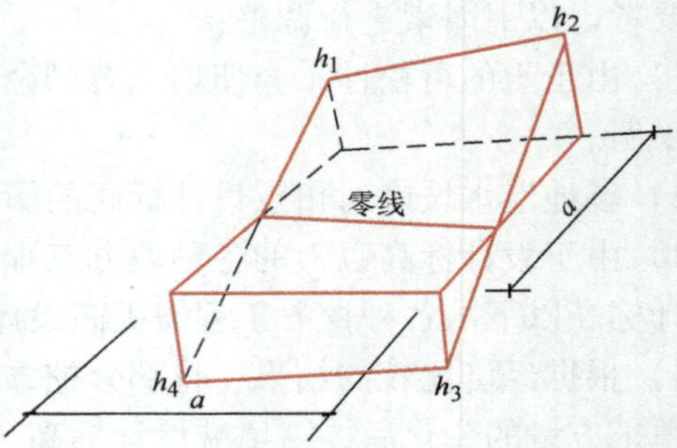

图1-6　两挖和两填的方格

$$V_{1,2}=\left(\frac{h_1^2}{h_1+h_4}+\frac{h_2^2}{h_2+h_3}\right)\frac{a^2}{4} \tag{1-11}$$

填方部分土方量为：

$$V_{3,4}=\left(\frac{h_3^2}{h_2+h_3}+\frac{h_4^2}{h_1+h_4}\right)\frac{a^2}{4} \tag{1-12}$$

3）方格的3个角点为挖，另1个角点为填（或相反），如图1-7所示，其填方部分土方量为：

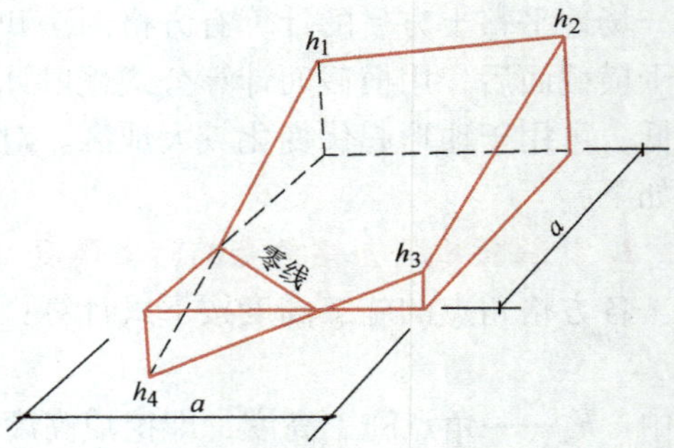

图1-7　“三挖一填”（或相反）的方格

$$V_4=\frac{a^2}{6}\cdot\frac{h_4^3}{(h_1+h_4)(h_3+h_4)} \tag{1-13}$$

挖方部分土方量为：

$$V_{1,2,3}=\frac{a^2}{6}(2h_1+h_2+2h_3-h_4)+V_4 \tag{1-14}$$

4. 计算边坡土方量

场地的挖方区和填方区的边沿都需要做成边坡，以保证挖方、填方区土壁稳定和施工安全。土方边坡一般用边坡坡度和边坡坡度系数表示。

边坡坡度是挖土深度 h 与边坡宽度 b 之比（图1-8）。工程中常以1∶m 表示放坡的大小，m 称为边坡坡度系数，即：

$$边坡坡度=h/b=1\bigg/\frac{b}{h}=1:m \tag{1-15}$$

式中　m——边坡坡度系数，$m=b/h$。

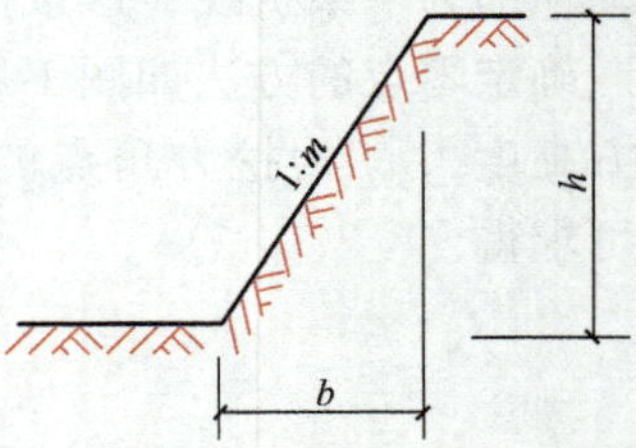

图1-8　土方边坡示意图

边坡的土方量可以划分成两种近似的几何形体进行计算，

一种为三角棱锥体（见图1-9中①~③，⑤~⑪），另一种为三角棱柱体（见图1-9中④）。

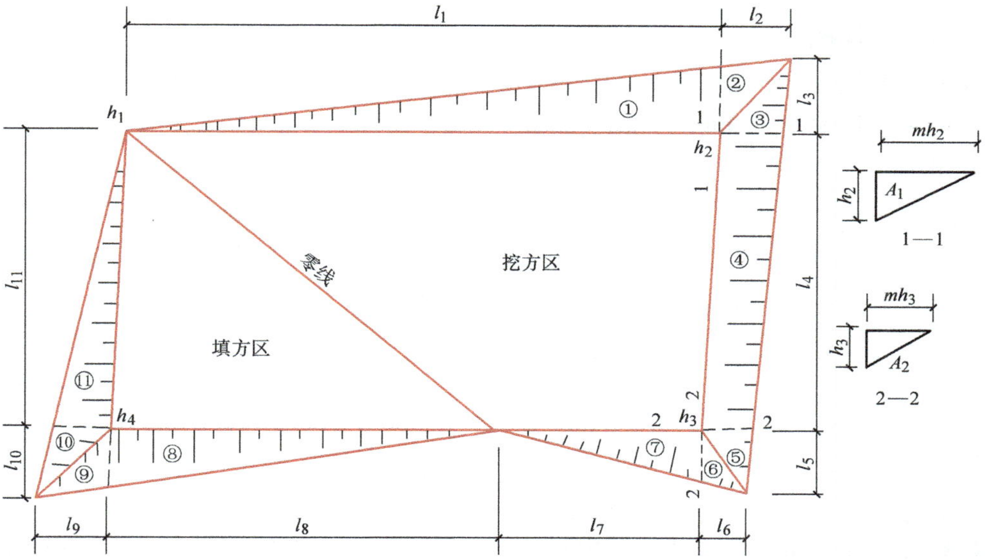

图1-9　场地边坡平面图

（1）三角棱锥体边坡体积　可用下式计算：

$$V_1 = \frac{1}{3}A_1 l_1 \tag{1-16}$$

式中　l_1——边坡①的长度；

A_1——边坡①的端面积，$A_1 = \frac{h_2(mh_2)}{2} = \frac{m}{2}h_2^2$，其中：$h_2$ 为角点的挖土高度；m 为边坡的坡度系数。

（2）三角棱柱体边坡体积　计算如下：

两端横断面面积相差不大　$V_4 = \frac{A_1 + A_2}{2}l_4$　（1-17）

两端横断面面积相差很大　$V_4 = \frac{l_4}{6}(A_1 + 4A_0 + A_2)$　（1-18）

式中　l_4——边坡④的长度；

A_1、A_2、A_0——边坡④两端及中部横断面面积。

5. 计算土方总量

将挖方区（或填方区）所有方格计算的土方量和边坡土方量汇总，即得该场地挖方和填方的总土方量。

二、基坑（槽）、管沟土方量计算

（一）基坑土方量的计算

基坑土方量的计算可近似按立体几何中拟柱体（由两个平行的平面做底的一种多面体）体积公式计算（图1-10），即：

$$V=\frac{H}{6}(A_1+4A_0+A_2) \tag{1-19}$$

式中　H——基坑挖深（m）；

A_1、A_2——基坑上、下两底面积（m^2）；

A_0——基坑中截面的面积（m^2）。

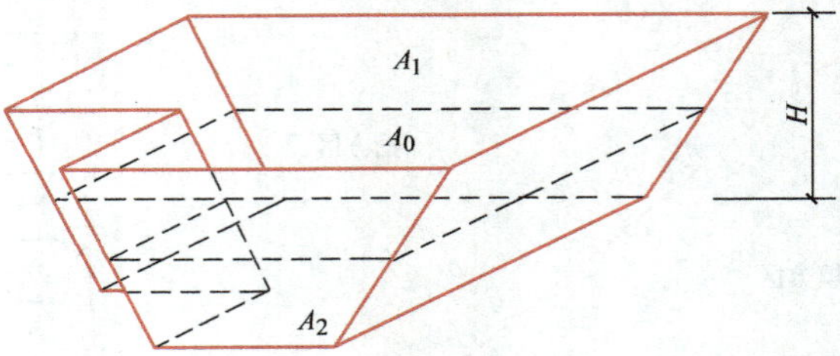

图1-10　基坑土方量计算简图

（二）基槽、管沟土方量的计算

基槽和管沟比基坑的长度大，宽度小。为了保证计算的精度、准确，在土方量计算时，可沿长度方向分段计算（图1-11），即：

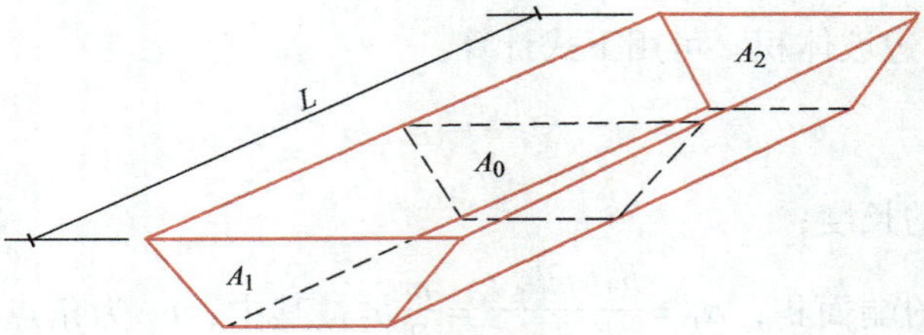

图1-11　基槽土方量计算简图

$$V_i=\frac{l_i}{6}(A_{i1}+4A_{i0}+A_{i2}) \tag{1-20}$$

式中　l_i——第i段的长度（m）；

A_{i1}、A_{i2}——第i段两端部的截面面积（m^2）；

A_{i0}——第i段中截面面积（m^2）。

若沟槽两端部亦放坡，则第一段和最后一段按三面放坡计算。

将各段土方量相加，即得总开挖量：

$$V=\sum_{i=1}^{n}V_i \tag{1-21}$$

基坑（槽）或管沟开挖的底口尺寸，除了按垫层尺寸外，还应考虑施工工作面和排水沟宽度，一般施工工作面宽度视基础形式确定（不大于0.8m），排水沟宽度视地下水的涌入量而定（不大于0.5m）。

第三节 基坑（槽）降水

在地下水位较高的地区开挖基坑或沟槽时，土的含水层被切断，地下水会不断地渗入基坑。雨期施工时，地面水也会流入基坑。为了保证施工的正常进行，防止出现流砂、边坡失稳和地基承载能力下降，必须在基坑或沟槽开挖前和开挖时，做好排水降水工作。基坑或沟槽的排水方法可分为明排水法和人工降低地下水位法。

一、明排水法

明排水法又称集水井法（图 1-12），属重力降水，采用截、疏、抽的方法来进行排水。即在基坑开挖过程中，沿基坑底周围或中央开挖排水沟，再在沟底设集水井，使基坑内的水经排水沟流向集水井，然后用水泵抽走。

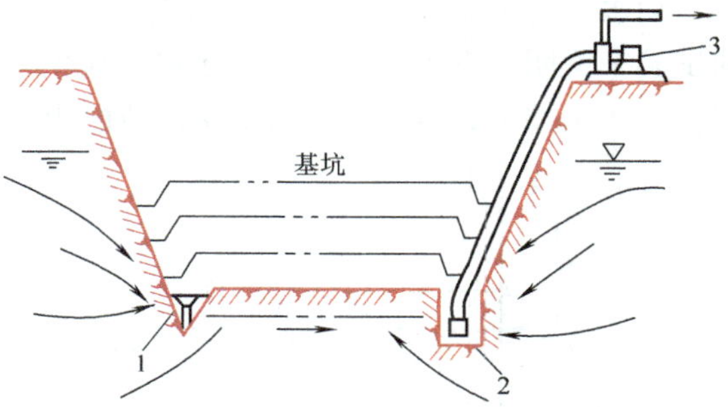

图 1-12 集水井降水
1—排水沟 2—集水井 3—水泵

根据基坑（槽）底涌水量的大小、基础的形状和水泵的抽水能力，决定排水沟的截面尺寸和集水井的个数。排水沟和集水井应在基础边线 0.4m 以外，排水沟边缘应离开坡脚不小于 0.3m，以免影响边坡稳定。排水沟的截面一般为 0.3m×0.5m，沟底低于挖土工作面不小于 0.5m，并向集水井方向保持 0.3% 左右的纵向坡度；每间隔 20～40m 设置一个集水井，其直径或宽度为 0.6～0.8m，深度随挖土深度增加而加深，且低于挖土面 0.7～1.0m。集水井积水到一定深度，将水抽出坑外。基坑（槽）挖至设计标高后，集水井底比沟底低 0.5m 以上，并铺设碎石滤水层。为了防止井壁由于抽水时间较长而将泥砂抽出及井底土被搅动而塌方，井壁可用竹、木、砖、水泥管等进行简单加固。

用明排水法降水时，所采用的抽水泵主要有离心泵、潜水泵（图 1-13）、软轴泵等，其主要性能包括：流量、扬程和功率等。选择水泵时，水泵的流量和扬程应满足基坑涌水量和坑底降水深度的要求。

明排水法由于设备简单和排水方便，工地上采用比较广泛。它适用于水流较大的粗粒土层的排水、降水，因为水流一般不致将粗粒带走，也可以用于渗水量较小的黏性土层降水。明排水法不适于细砂土和粉砂土层，因为地下水渗出会带走细粒而发生流砂现象，使边坡坍塌、坑底凸起而难以施工。在这种情况下就必须采取有效的措施和方法防止流砂现

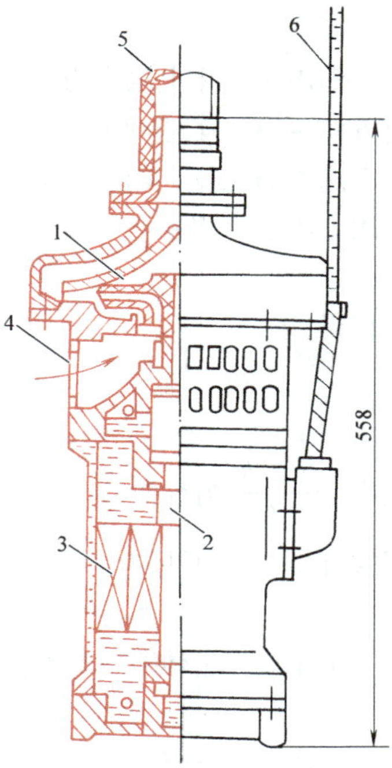

图 1-13 潜水泵工作简图
1—叶轮 2—轴 3—电动机
4—进水口 5—出水胶管 6—电缆

象的发生。

二、流砂及其防治

基坑（槽）挖土达到地下水位以下，而土质是细砂或粉砂，当采用明排水法时，坑（槽）底下面的土会形成流动状态，随地下水涌入基坑，这种现象称为流砂。此时土完全丧失承载能力，土边挖边冒，且施工条件恶化，难以达到设计深度。严重时会造成边坡塌方及附近建筑物、构筑物下沉、倾斜、倒塌等。因此在施工前，必须对工程地质和水文地质资料进行详细的调查研究，采取有效措施，防止流砂现象的产生。

（一）动水压力

动水压力是指流动中的地下水对土颗粒产生的压力。动水压力的性质，可通过图1-14的试验来说明。图1-14a中，由于高水位的左端（水头 h_1）与低水位的右端（水头 h_2）之间存在水头差值，水经过长度为 L，断面积为 F 的土体由左端向右端渗流。

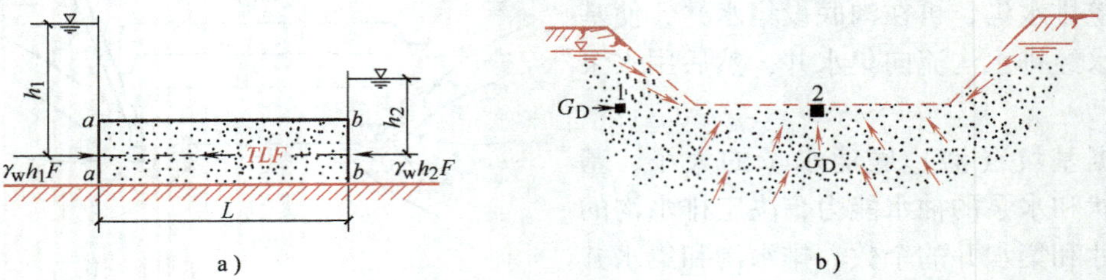

图1-14 动水压力原理

a）水在土中渗流时的力学现象 b）动水压力对地基土的影响

1、2—土粒

作用于土体上的力有：①作用于土体左端 $a—a$ 截面处的总水压力 $\gamma_w h_1 F$，其方向与水流方向一致（γ_w 为水的重度）；②作用于土体右端 $b—b$ 截面处的总水压力 $\gamma_w h_2 F$，其方向与水流方向相反，而土颗粒骨架对水的阻力为 TFL（T 为单位土体阻力）。根据作用力与反作用力原理，得：

$$\gamma_w h_1 F - \gamma_w h_2 F = -TFL$$

简化得：

$$T = -\frac{h_1 - h_2}{L}\gamma_w \tag{1-22}$$

式中，$\frac{h_1 - h_2}{L}$为水头差与渗流路程长度之比，即为水力坡度，用 I 表示。

则式（1-22）可写为：

$$T = -I\gamma_w \tag{1-23}$$

由于单位土体阻力与水在土中渗流时对单位土体的压力 G_D 大小相等，方向相反，所以：

$$G_D = -T = I\gamma_w \tag{1-24}$$

式中 G_D——动水压力（kN/m^3）。

从式（1-24）可以看出：动水压力 G_D 与水力坡度成正比，其水位差值 $\Delta h = h_1 - h_2$ 越大，G_D 越大；而渗流路程 L 越长，G_D 越小。

（二）流砂现象产生的原因

水流在水位差作用下，对土颗粒产生动水压力（图1-14b），而动水压力方向与水流（流线）方向一致。对于图1-14b中的土粒1而言，水流线向下，则动水压力向下，与重力方向一致，土体趋于稳定；对土粒2而言，水流线向上，则动水压力向上，与重力方向相反，这时土颗粒在水中，不但受到水的浮力，而且还受到向上的动水压力作用，有向上举的趋势。当动水压力等于或大于土的浸水重度$\gamma_{w'}$时，即：

$$G_D \geqslant \gamma_{w'} \tag{1-25}$$

则土颗粒失去自重，处于悬浮状态，土的抗剪强度等于零，土颗粒随渗流的水一起流入基坑（槽），即发生流砂现象。

上述表明：当地下水位越高，坑（槽）内外水位差越大时，动水压力越大，越容易发生流砂现象。

实践经验表明，具备下列性质的土，在一定动水压力作用下，就有可能发生流砂现象：①土的颗粒组成中，黏粒含量小于10%，粉粒（颗粒为0.005～0.05mm）含量大于75%；②颗粒级配中，土的不均匀系数小于5；③土的天然孔隙比大于43%；④土的天然含水量大于30%。因此，流砂现象经常发生在细砂、粉砂及亚砂土中。经验还表明：在可能发生流砂现象的土质处，基坑（槽）挖深超过地下水位线0.5m左右，就会发生流砂现象。

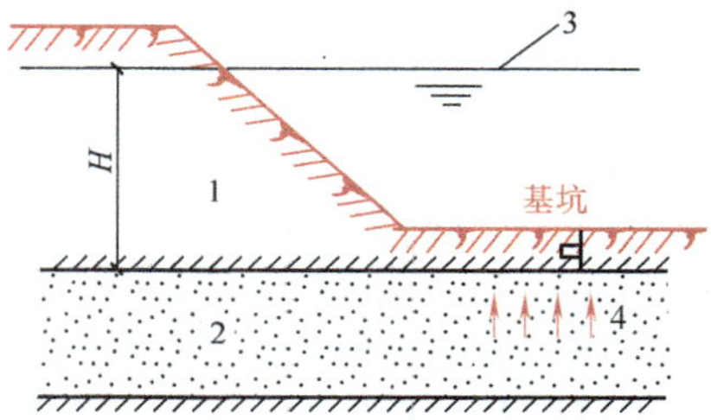

图1-15 管涌冒砂现象
1—不透水层 2—透水层 3—压力水位线
4—承压水的顶托力

此外，当基坑（槽）底部位于不透水层内，而其下面为承压蓄水层，坑（槽）底不透水层的覆盖厚度的重量小于承压水的顶托力时，基坑（槽）底部便可能发生管涌冒砂现象（图1-15）。即：

$$H\gamma_w > h\gamma \tag{1-26}$$

式中 H——压力水头（m）；

h——坑（槽）底不透水层厚度（m）；

γ_w——水的重度；

γ——土的重度。

（三）流砂的防治

从以上分析可以看出，发生流砂现象的主要条件是动水压力的大小和方向。因此，在基坑（槽）开挖中，防止流砂现象的途径：一是减小或平衡动水压力；二是改变动水压力的方向，设法使动水压力的方向向下，或是截断地下水流。其具体措施如下：

1）在枯水期施工。因为地下水位低，坑内外水位差小，动水压力小，就不易发生流砂。

2）打板桩法。将板桩打入基坑（槽）底下面一定深度，增加地下水从坑（槽）外流入坑（槽）内的渗流路程，从而减小水力坡度，降低动水压力，防止流砂发生。目前所用的板桩有钢板桩、钢筋混凝土板桩、木板桩等。此法需要大量板桩，一次投资较高，但钢板桩、木板桩可回收再利用，钢筋混凝土板桩又可作为地下结构的一部分（如工程桩、衬墙等），所以在深基施工中常用钢筋混凝土板桩，在管沟、基槽施工中常使用钢板桩、木板桩。

3）水下挖土法。即采用不排水法施工，使坑（槽）内外水压相平衡，消除动水压力（$\Delta h=0$），从而防止流砂现象产生。此法在沉井挖土下沉过程中常采用。

4）地下连续墙、地下连续灌注桩。此法是在基坑周围先灌注一道钢筋混凝土的连续墙或连续的圆形桩，以承重、挡土、截水，并防止流砂现象发生。此法在深基支护中常采用。

5）人工降低地下水位。如采用轻型井点等降水方法，使地下水的渗流向下，动水压力的方向也朝下，从而可有效地防止流砂现象，并增大了土粒间压力。

此外在含有大量地下水土层或沼泽地区施工时，还可以采用土壤冻结法、烧结法等，截止地下水流入基坑（槽）内，以防止出现流砂现象。

当基坑（槽）出现局部或轻微流砂现象时，可采用抛入石块，麻袋装土（或砂）把流砂压住。如果坑（槽）底冒砂太快，土已失去承载力，此法就无法阻止了。因此，对位于易发生流砂地区的基础工程，应尽可能采用桩基或沉井施工，以节约防治流砂现象所增加的费用。

三、人工降低地下水位

人工降低地下水位，就是在基坑（槽）开挖前，预先在基坑（槽）四周埋设一定数量的滤水管（井），利用抽水设备从中抽水，使地下水位降低至坑（槽）底标高以下，直至基础施工结束为止。这样，可使所挖的土始终保持干燥状态，改善施工条件；同时还使动水压力方向向下，从根本上防止流砂现象发生，并增加土中有效应力，提高土的强度或密实度。在降水过程中，基坑（槽）附近的地基土壤会有一定的沉降，施工时应加以注意。

人工降低地下水位的方法有：轻型井点、喷射井点、电渗井点、管井井点（大口井）、渗井等，各种方法的选用，视土的渗透系数、降水深度、工程特点、设备条件及经济比较等条件参照表1-3选用。其中以轻型井点的理论最为完善，应用较广。但目前很多深基坑（槽）降水，都采用大口井方法，它的设计是以经验为主，理论计算为辅，国家尚无这种井的规程。下面重点介绍轻型井点的理论和大口井的成功经验（构造）。

表1-3　降水井点类型及适用范围

降水井点类型＼适用范围	渗透系数/(cm/s)	可降低水位深度/m	土质类别
轻型井点及 多层轻型井点	$1\times10^{-7}\sim2\times10^{-4}$	<6 6~10	粉质黏土，砂质粉土，粉砂，含薄层黏砂的粉质黏土
喷射井点	$1\times10^{-7}\sim2\times10^{-4}$	8~20	同上
电渗井点	$<1\times10^{-7}$	根据选定的井点确定	黏土、淤泥质黏土，粉质黏土
管井井点	$>1\times10^{-6}$	>10	含薄层黏砂的粉质黏土，砂质粉土，各类砂土，砾砂，卵石
砂（砾）渗井	$>5\times10^{-7}$	根据下伏导水层的性质及埋深确定	含薄层粉砂的粉质黏土，黏质粉土，砂质粉土，粉土，粉细砂

（一）轻型井点

轻型井点（图1-16）是沿着基坑四周或一侧每隔一定距离埋入井点管（下端为滤管）

至蓄水层内，井点管上端通过弯联管与总管连接，利用抽水设备将地下水从井点管内不断抽出，使原有地下水位降至坑底以下。

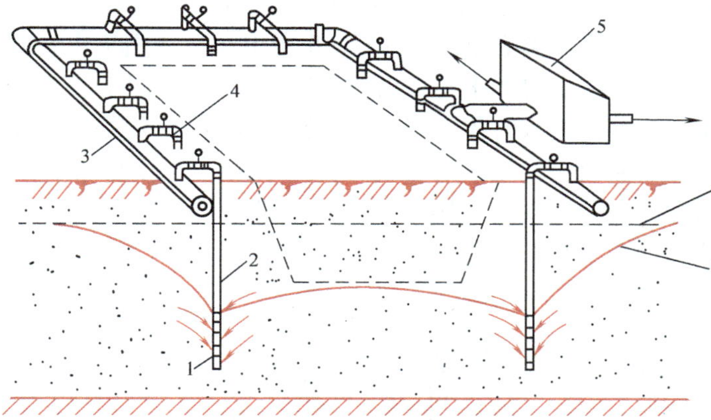

图 1-16 轻型井点降低地下水位全貌图
1—滤管 2—井点管 3—总管 4—弯联管 5—水泵房
6—原有地下水位线 7—降低后地下水位线

1. 轻型井点设备

轻型井点设备主要包括：井点管、滤管、集水总管、弯联管、抽水设备等。

（1）滤管 滤管长 1.0～1.5m。它与井点管用螺钉套头连接。滤管是井点设备的重要部分，其构造是否合理，对抽水效果影响很大。滤管（图 1-17）的骨架管为外径 38～57mm 的无缝钢管，管壁上钻有直径 12～18mm 星状排列的小圆孔，滤孔面积为滤管表面积的 20%～50%。骨架管外包两层孔径不同的滤网。网孔过小，则阻力大，容易堵塞，网孔过大，则易进入泥砂。因此，内层滤网宜采用 30～40 眼/cm^2 的生丝布或钢丝布；外层粗滤网宜采用 5～10 眼/cm^2 的塑料纱布或钢丝布。为了使流水畅通，避免滤孔淤塞，在骨架管与滤网之间用小塑料管（或钢丝）绕成螺旋形隔开。滤网外面用带孔的薄钢管或粗钢丝网保护，滤管下端为一铸铁塞头。

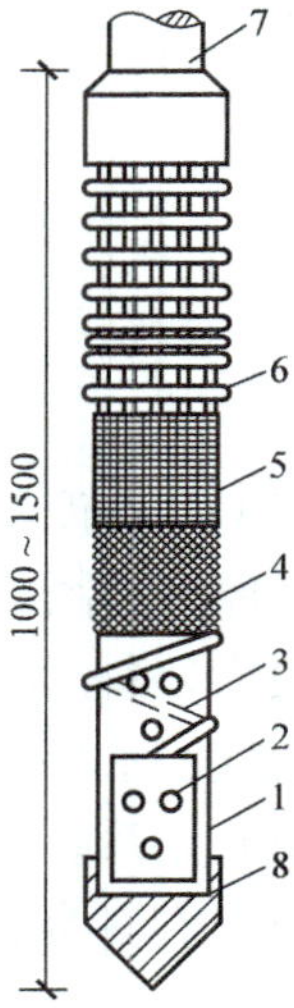

图 1-17 滤管构造
1—钢管 2—管壁上小孔 3—缠绕的钢丝 4—细滤网 5—粗滤网 6—粗钢丝保护网 7—井点管 8—铸铁头

（2）井点管 井点管长 5～7m，宜采用直径为 38～57mm 的无缝钢管，可整根或分节组成。井点管的上端用弯联管与总管相连。弯联管宜装有阀门，以便检修井点。近年来有的弯联管采用透明塑料管，可随时观察井点管的工作情况；有的采用橡胶管，可避免两端由于不均匀沉降而泄漏。

（3）集水总管和弯联管 集水总管为内径 100～127mm 的无缝钢管，每节长 4m，其间用橡皮套管联结，并用钢箍拉紧，以防漏水。总管上还装有与井点管联结的短接头，间距 0.8～1.6m。

(4) 抽水设备　轻型井点设备的主机由真空泵、离心水泵和水气分离器组成，称为真空泵轻型井点。其工作原理如图1-18所示。抽水时先开动真空泵13，使土中的水分和空气受真空吸引力经管路系统向上流入水气分离器6中。然后开动离心泵14，在水气分离器内水和空气向两个方向流去：水经离心泵由出水管16排出；空气则集中在水气分离器上部由真空泵排出。如水多来不及排出时，水气分离器内浮筒7上浮，由阀门9将通向真空泵的通路关闭，保护真空泵，不使水进入缸体。副水气分离器12的作用是滤清从空气中带来的少量水分，使其落入该器下层放出，使水不被吸入真空泵内。压力箱15用以调节出水量和阻止空气窜入水气分离器。过滤箱4的作用是防止由水带来的细砂磨损机械。真空调节阀21用以调节真空度，使其适应水泵的需要。

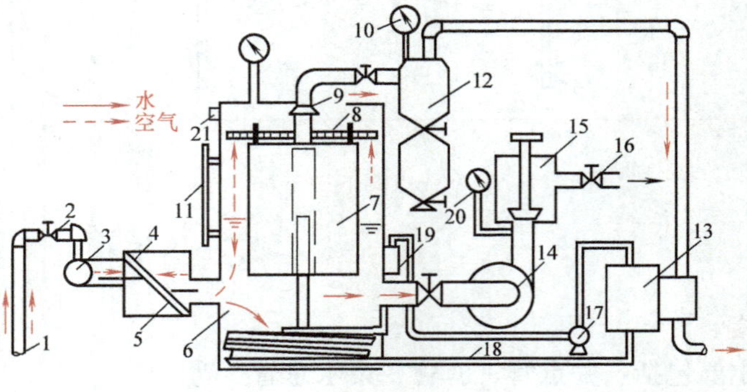

图1-18　真空泵轻型井点抽水设备工作简图

1—井点管　2—弯联管　3—总管　4—过滤箱　5—过滤网　6—水气分离器　7—浮筒　8—挡水布　9—阀门　10—真空表　11—水位计　12—副水气分离器　13—真空泵　14—离心泵　15—压力箱　16—出水管　17—冷却泵　18—冷却水管　19—冷却水箱　20—压力表　21—真空调节阀

如果轻型井点设备的主机由射流泵、离心泵、循环水箱等组成，则称为射流泵轻型井点，其工作原理如图1-19所示：利用离心泵将循环水箱中的水送入射流器内，由喷嘴喷出时，由于喷嘴处断面收缩而使水流速度骤增，压力骤降，使射流器空腔内产生部分真空，把井点管内的气、水吸入水箱，待水箱内的水位超过泄水口时即自动溢出，排出至指定地点。

射流泵井点系统的降水深度可达6m，但其所带的井点管一般只有30~40根，采用两台离心泵和两个射流器联合工作，能带动井点管70根，总管100m，基本上抵得上W5型真空泵机组，但真空度略差。这种设备与上述真空泵轻型井点相比，具有结构简单、制造容易、成本低、耗电少、使用维修方便等优点，便于推广。

2. 轻型井点布置

轻型井点布置，根据基坑大小和深度、土质、地下水位高低与流向、降水深度要求等而定。井点布置是否恰当，对降水效果、施工速度影响很大。

(1) 平面布置　当基坑或沟槽宽度小于6m，水位降低值不大于6m时，可采用单排井点，布置在地下水流的上游一侧，其两端的延伸长度一般以不小于坑（槽）宽度为宜（图1-20）。如基坑宽度大于6m或土质不良，渗透系数较大时则宜采用双排井点。当基坑面积较大（$L/B \leqslant 5$，降水深度 $S \leqslant 5\text{m}$，坑宽 B 小于2倍的抽水影响半径 R）时，宜采用环形井点（图1-21）。当基坑面积过大或 $L/B > 5$ 时，可分段进行布置。无论哪种布置方案，

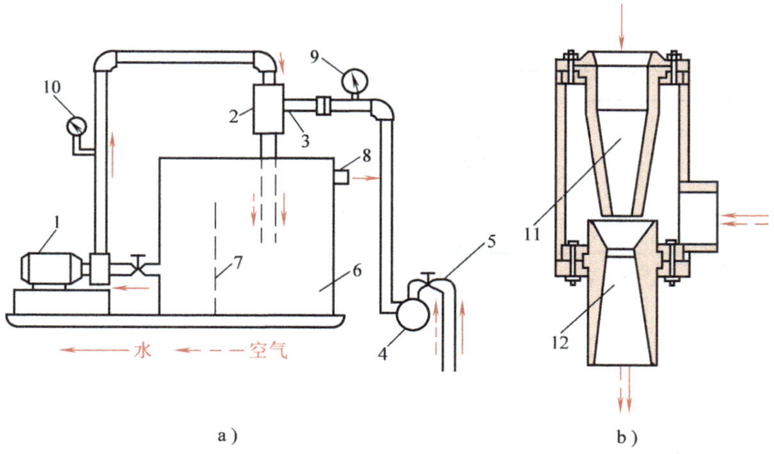

图 1-19 射流泵轻型井点设备工作简图

a）总图 b）射流器剖面图

1—离心泵 2—射流器 3—进水管 4—总管 5—井点管 6—循环水箱 7—隔板 8—泄水口 9—真空表 10—压力表 11—喷嘴 12—喉管

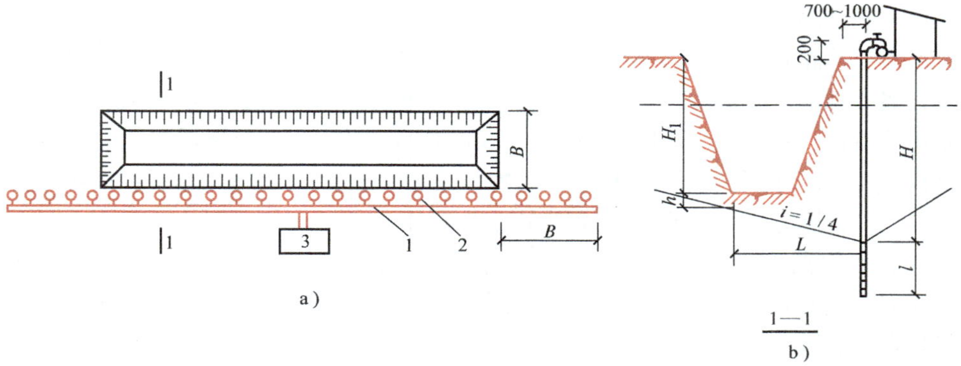

图 1-20 单排线状井点的布置

a）平面布置 b）高程布置

1—总管 2—井点管 3—泵站

井点管距离基坑（槽）壁一般不宜小于 0.7m，以防漏气。井点管间距应根据土质、降水深度、工程性质等确定，一般为 0.8～1.6m，或由计算和经验确定。

一套抽水设备能带动的总管长度一般为 100～120m。采用多套抽水设备时，井点系统要分段，各段长度应大致相等，其分段地点宜选择在基坑（槽）拐弯处，以减少总管弯头数量，提高水泵抽吸能力。泵宜设置在各段总管中部，使泵两边水流平衡。采用环形布置时，应注意在泵对面（即环圈一半处）的总管上装设阀门。多套分段时，应在分段处设阀门或将总管断开，以免管内水流平衡紊乱，影响抽水效果。

（2）高程布置 井点管的埋置深度 H（不包括滤管）按下式计算（图 1-20b、图 1-21b）：

$$H \geqslant H_1 + h + iL \tag{1-27}$$

式中 H_1——井点管埋设面至基坑（槽）底的距离（m）；

h——基坑（槽）底面（单排井点时，为远离井点一侧坑（槽）底边缘，双排、环

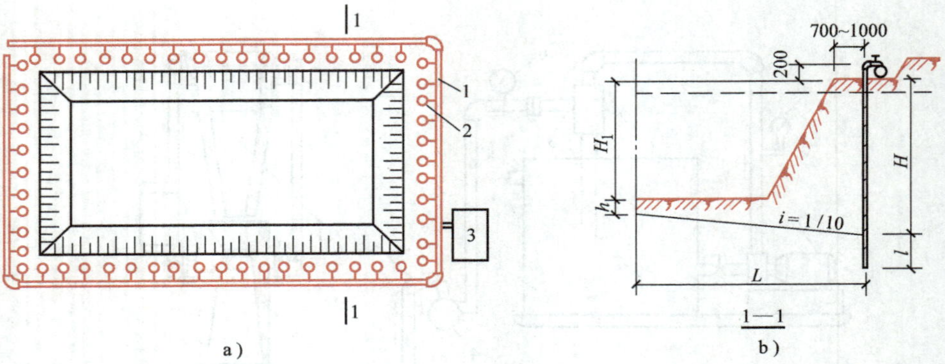

图1-21　环形井点的布置

a) 平面布置　b) 高程布置

1—总管　2—井点管　3—泵站

形为坑中心处）至降低后地下水位的距离，一般为0.5~1.0m；

i——地下水降落坡度，根据实测，环形、双侧井点为1/10，单排井点为1/4；

L——井点管至基坑（槽）中心的水平距离（单排井点为井点管至基坑（槽）另一侧的水平距离）（图1-20、图1-21）。

一层轻型井点的降水深度从理论上讲，利用真空泵轻型井点抽吸地下水可达10.3m，但考虑抽水设备及管路系统的水头损失后，一般不超过6m。如果根据式（1-27）算出的H值大于降水深度6m（一层井点管长度一般也是6m标准长度），则应降低井点总管埋置面，以适应降水深度要求。此外在确定井点管埋置深度时，还要考虑到井点管一般要露出地面0.2~0.3m。在任何情况下，滤管必须埋在透水层内。

为了充分利用抽吸能力，总管的布置标高宜接近地下水位线（要事先挖槽），水泵轴心标高宜与总管平行或略低于总管，总管应具有0.25%~0.5%坡度（坡向泵房）。各段总管与滤管最好分别设在同一水平面。

当一级（一层）井点未达到上述埋置及降水深度要求（即$H_1+h+iL>6.0\text{m}-(0.2\sim0.3)\ \text{m}$）时，可视土质情况，先用其他方法排水（如明排法），挖去一层土再布置井点系统；或采用二级井点（即先挖去第一级井点所疏干的土，然后再布置第二级井点），使降水深度增加（图1-22）。

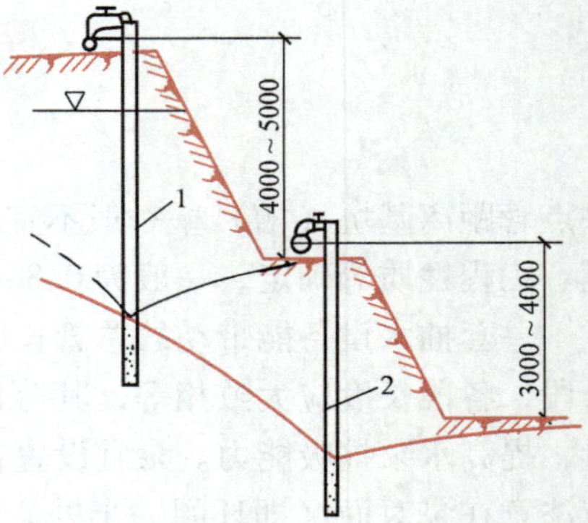

图1-22　二级轻型井点

1—第一级井点管　2—第二级井点管

3. 轻型井点计算

轻型井点计算包括：涌水量的计算、井点管数量与井距确定以及抽水设备的选用等。

（1）井点系统涌水量的计算　井点系统涌水量的计算比较复杂，受到许多不易确定的因素（如水文地质因素和各种技术因素）的影响，很难得出精确的计算结果。但如能仔细分析水文地质资料和选用适当的数据和计算公式，其误差一般可保持在一定范围内，在工程上应用是可以的。

井点系统的涌水量计算是以水井理论为依据的。

根据地下水有无压力，水井分为承压井和无压井。滤管布置在地下两层不透水层之间，地下水表面具有一定水压时，称为承压井（图 1-23c、d）。若水井布置在潜水层中，此层地下水无压力，称为无压井（图 1-23a、b）。水井的类型不同，其涌水量的计算公式亦不相同。

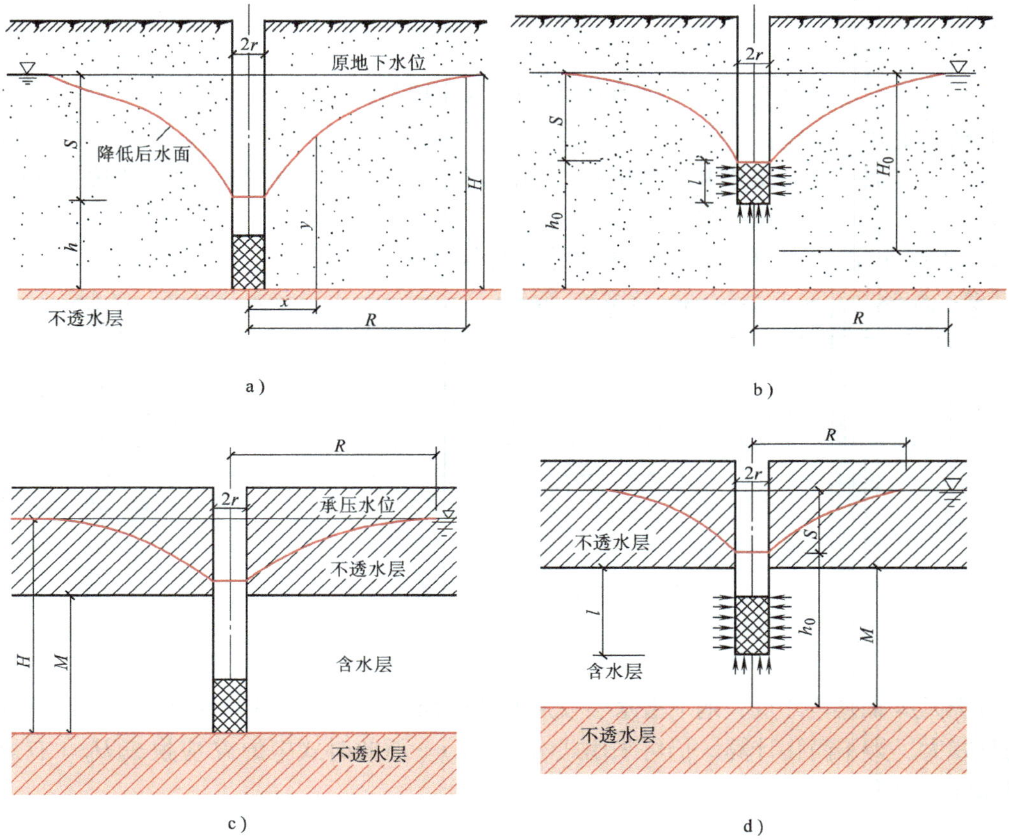

图 1-23　水井种类

a）无压完整井　b）无压非完整井　c）承压完整井　d）承压非完整井

1）无压完整井井点系统总涌水量计算（图 1-24a）。

圆形基坑：

$$Q = \frac{1.366K(2H - S)S}{\lg(R + y_0) - \lg y_0} \tag{1-28a}$$

线形基坑：

$$Q = \frac{KL(H^2 - h^2)}{R} \tag{1-28b}$$

式中　Q——井点系统的涌水量（m^3/d）；

K——含水层渗透系数（m/d），最好通过现场扬水试验确定，表 1-2 仅供参考，若为相近的多层含水层可取加权平均值，$K = \sum(k_i h_i)/\sum h_i$；

H——潜水含水层厚度（m）；

h——基坑动水位至含水层底板厚度（m），$h = H - S$；

S——水位降低值（m）；

R——抽水影响半径（m），可按下式计算，最好通过现场抽水试验确定；

$$R = 1.95S\sqrt{HK} \tag{1-28c}$$

y_0——环状井点系统的换算半径（m），当矩形基坑（槽）长宽比不大于5时，可按下式计算：

$$y_0 = \sqrt{\frac{F}{\pi}} \text{或} y_0 = 0.564\sqrt{F} \tag{1-28d}$$

F——环状井点系统所包围的面积（m^2）；

如已确定井位布置：$$y_0 = \sqrt[n]{r_1 r_2 \cdots r_{n-1} r_n} \tag{1-28e}$$

r_1，r_2，…，r_n——各降水井至基坑中心的距离（当已确定井位布置时，单位：m），n为井点数量。

2）无压非完整井环形井点系统总涌水量计算（图1-24b）。

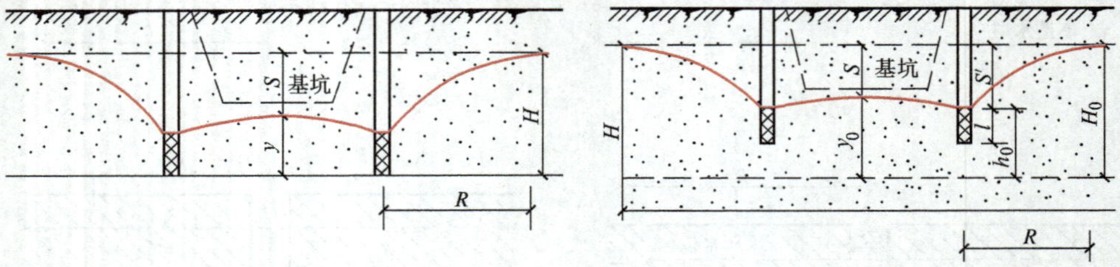

图1-24 环形井点涌水量计算简图

a）无压完整井 b）无压非完整井

对于无压非完整井点，地下潜水不仅从井的侧面流入，还从井点底部渗入，因此涌水量较完整井大。为了简化计算，仍可采用式（1-28a）。但此时式中的H应换成H_0（有效抽水影响深度），即：

$$Q = \frac{1.366K(2H_0 - S)S}{\lg(R + r_0) - \lg r_0} \tag{1-29a}$$

式中 H_0——有效抽水影响深度（m），按表1-4计算；

K、S、r_0——与式（1-28a）相同；

R——抽水影响半径（m），可按下式计算：

$$R = 1.95S\sqrt{H_0 K} \tag{1-29b}$$

表1-4 有效带的深度H_0值

$S'/(S'+l)$	0.2	0.3	0.5	0.8
H_0	$1.3(S'+l)$	$1.5(S'+l)$	$1.7(S'+l)$	$1.85(S'+l)$

注：S'为井点管中水位降落值，l为滤管有效工作部分长度，当$H_0>H$时取$H_0=H$，可按内插法计算，或按经验公式计算，即：

$$Q = \frac{1.366K(H^2 - h^2)}{\lg\frac{R + r_0}{r_0} + \frac{h - l}{l}\lg\frac{1 + 0.2h}{r_0}} \tag{1-29c}$$

式中 l——滤管有效工作部分长度（m）；其他同前。

3）承压完整井井点系统总涌水量计算（图 1-23c）。

圆形基坑：

$$Q = \frac{27.3KMS}{\lg \frac{R + r_0}{r_0}} \tag{1-30a}$$

线形基坑：

$$Q = \frac{2KLMS}{R} \tag{1-30b}$$

式中　M——承压水含水层厚度（m）；

K、S、R、r_0——同式（1-28a）。

4）承压非完整井井点系统总涌水量计算（图 1-23d）：

$$Q = \frac{2.73KMS}{\lg \frac{R + r_0}{r_0} + \frac{M - l}{l}\lg \frac{1 + 0.2M}{r_0}} \tag{1-31}$$

式中，符号意义同前。

应用式（1-28a）~式（1-31）计算轻型井点系统涌水量时，要先确定井点系统布置方式和基坑（槽）计算图形面积。当矩形基坑（槽）的长宽比大于 5 或基坑（槽）宽度大于抽水影响半径的两倍时（即 $L/B>5$，$B>2R$ 时），需将基坑（槽）划分成若干个计算单元，长度 L 按宽度 B 的 4 ~5 倍考虑。

当 $L>1.5R$ 时，也可取 $L=1.5R$ 为一段进行计算。然后计算各单元的涌水量和总涌水量。

（2）井点管数量与井距的确定

1）井点管数量，确定井点管数量需先确定单根井点管的出水量 q（m^3/d），这取决于滤管的构造和尺寸及土的渗透系数，按下式计算：

$$q = 65\pi dl\sqrt[3]{K} \tag{1-32}$$

式中　d——滤管内径（m）；

l——滤管长度（m）；

K——土的渗透系数（m/d）。

由上述分析得到井点管最少根数 n：

$$n = 1.1\frac{Q}{q} \tag{1-33}$$

式中　1.1——备用系数，考虑井点管堵塞等因素。

2）井点管间距 D（m）：

$$D = \frac{L}{n} \tag{1-34}$$

式中　L——总管长度（m）；

n——井点管根数。

（3）抽水设备的选择　抽水设备一般都已固定型号，选择的主要设备是真空泵（或射流器）和离心泵。

1）真空泵的选用。根据集水总管的长度确定。常用的真空泵有干式（往复式）真空泵和湿式（旋转式）真空泵两种。干式真空泵由于其排气量大，所以在轻型井点中采用较多，但需要采取措施，以防止水分渗入真空泵。湿式真空泵具有重量轻、振动小、容许水分渗入等优点，但排气量小，宜在粉砂和黏性土中使用。

干式真空泵常用的型号有 W5、W6 型，真空度最大可达 1.0×10^5Pa。总管长度小于 100m 时可选用 W5 型，总管长度小于 120m 时可选用 W6 型。

真空泵在抽水过程中所需的最低真空度 h_k 可由降水深度及各项水头损失计算得到：

$$h_k=(h+\Delta h)g\times10^3(\mathrm{Pa})(\leqslant1.0\times10^5\mathrm{Pa}) \tag{1-35}$$

式中 h——降水深度（mm），近似取集水总管至滤管的深度；

Δh——水头损失值，包括进入滤管的水头损失、管路阻力及漏气损失等，近似取 1000～1500mm。

真空泵在抽水过程中的实际真空度如小于所需最低真空度（h_k），则降水深度达不到要求；如大于此值（h_k），则水气分离器内水位上升，浮筒易关闭阀门，造成水泵排水不稳定。因此，实际真空度应位于所需最低真空度与使浮筒关闭阀门的真空度之间，以保证水泵连续而又稳定地排水。

2）离心泵的选用。轻型井点一般采用单级离心泵，其型号根据流量、吸水扬程及总扬程而定。水泵的流量应比基坑（槽）涌水量增大 10%～20%，因为最初的涌水量比稳定时的涌水量（计算值）要大些。水泵的吸水扬程，并无实际的吸水高度，但它要克服水气分离器上的真空吸力，也就是要大于或等于降水深度加各项水头损失，因此，必须选择吸水扬程较大的水泵，以免水泵排不出水。水泵总扬程，应满足吸水扬程与出水扬程之和，出水扬程包括实际出水高度及出水水头损失，在轻型井点中，出水水头损失可按实际出水高度的 15%～20% 估算。则水泵所需功率为：

$$N=\frac{KQ_1H}{75\eta_1\eta_2}(\text{马力})=\frac{KQ_1H}{102\eta_1\eta_2}(\mathrm{kW}) \tag{1-36}$$

式中 H——包括出水、吸水以及各类水头损失在内的总扬程（m）；

Q_1——水泵流量（L/s）；

K——安全系数，一般取 2；

η_1——水泵效率，取 0.4～0.5；

η_2——动力机械效率，取 0.75～0.85。

在一般情况下，一台真空泵对应一台离心泵作业，但在土的渗透系数及涌水量较大时，也可配备两台离心泵。

3）射流器的选用。射流器常用型号有 QJD—45、QJD—60、QJD—90、JS—45，根据基坑（槽）的涌水量及总管、井点管根数确定射流器的大小和台数。

4. 轻型井点安装

轻型井点的安装程序是：先挖井点沟槽、排放总管，再冲孔沉设井点管，用弯联管将井点管与总管接通，最后安装抽水设备，进行试抽、检查、修整后正常使用。安装时应注意各部件要结合严密，防止漏气。井点管的埋设主要有两个过程：制孔和埋管。

井点管的制孔有三种可行的方法：射水法、冲孔或钻孔法、套管法，可根据设备条件及土质情况选用。

（1）射水法　这种方法是在地面井点位置先挖一小坑，吊放射水式井点管（图 1-25）垂直插入坑中心。井管点下有射水球阀，上接可转动管节和高压胶管、水泵等。利用高压水在井点下端冲刷土层，使井点管下沉，并利用下端的锯齿，在下沉时随时转动管子以增加下沉速度，同时避免射水口被泥淤塞。

（2）冲孔或钻孔法（图1-26a） 这种方法是用直径50～70mm的冲水管或套管式高压水枪冲孔，或用机械、人工钻孔后，再埋放井点管。

（3）套管法 这种方法用直径150～200mm的套管，用水冲法或振动水冲法将套管沉至要求深度后，先在孔底填一层砂砾，然后将井点管居中插入，在套管与井点管之间分层填入粗砂，并逐步拔出套管。

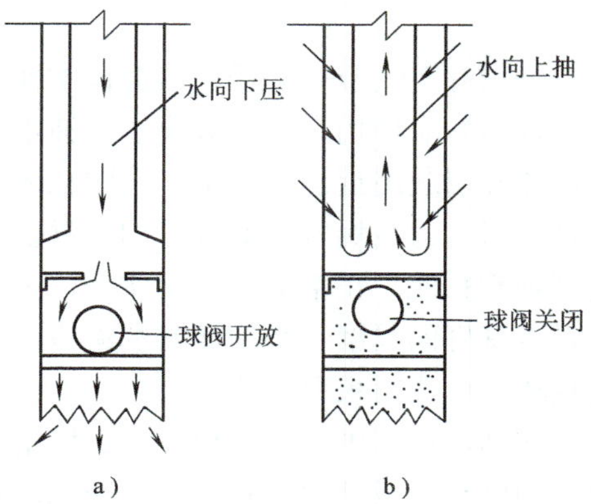

图1-25 直接用井点管水冲下沉示意图
a）水向下冲射 b）抽水时

井点管插入孔内后，立即进行埋管，即在井点管与孔壁之间填灌砂滤层和封口（图1-26b），以防孔壁塌土。砂滤层的填灌质量，是保证轻型井点顺利抽水的关键，应注意以下几点：

砂的规格，宜选用粗砂，以免堵塞滤网网眼；砂滤层的厚度，宜达到60～100mm，以提高透水性并防止土粒渗入滤管，为此，井点管要位于冲孔中央，以免填砂厚度不均匀，并应尽快填砂，防止孔壁塌土造成滤管周围填砂不足；砂滤层的填充高度，至少达到滤管顶以上1.0～1.5m，也可填到原地下水位线，以保证水流畅通；井点填砂时应注意管口应有泥浆水冒出，或向管内灌水时能很快下渗，证明井点渗水性能合格；砂滤层填灌好后，距地面下0.5～1.0m的深度内，应用黏土封口，以防漏气。

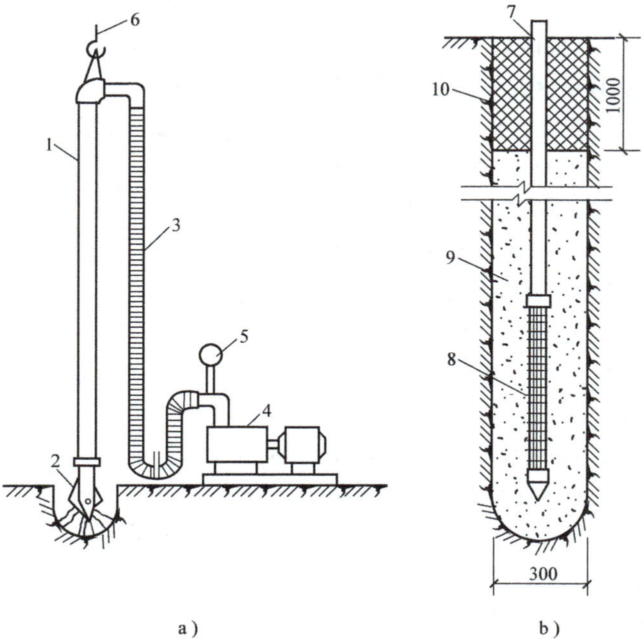

图1-26 井点管的埋设
a）冲孔 b）埋管
1—冲管 2—冲嘴 3—胶皮管 4—高压水泵 5—压力表
6—起重机吊钩 7—井点管 8—滤管 9—填砂 10—黏土封口

5. 轻型井点使用

轻型井点安装完毕后，需进行试抽，以便检查抽水设备运转是否正常，管路有无漏气。

轻型井点使用时，一般应连续抽水（特别是开始阶段）。若时抽时停，滤网易堵塞，出水混浊并引起附近建筑物由于土颗粒流失而沉降、开裂。同时由于中途停抽，地下水回升，也可能引起边坡塌方等事故。抽水过程中，应调节离心泵的出水量，使抽吸排水保持均匀，达到细水长流。正常的出水规律是“先大后小，先混后清”。真空度是判断井点系统工作情况是否良好的尺度，必须经常观察检查。造成真空度不足的原因很多，但多是井点系统有漏气现象，应及时采取措施。

在抽水过程中，还应检查有无堵塞“死井”（工作正常的井管，用手触摸时，应有冬暖夏凉的感觉，或从弯联管上的透明阀门观察），当死井太多，严重影响降水效果时，应逐个用高压水冲洗或拔出重埋。为观察地下水位的变化，可在影响半径内设观察孔。

6. 轻型井点降水设计实例

某工程设备基础施工，需开挖图1-27所示之基坑，基坑底宽10m，长15m，深4.1m，挖土边坡坡度为1:0.5。经地质钻探查明，在靠近天然地面处有厚0.5m的黏土层，此土层下面为厚7.4m的极细砂层，再下面又是不透水的黏土层，现决定用一套轻型井点设备进行人工降低地下水位，然后开挖土方，试对该井点系统进行设计。

（1）井点系统布置　具体如下：

该基坑底尺寸为10m×15m，边坡坡度为1:0.5，表层为0.5m厚黏土，所以为使总管接近地下水位，可先挖出0.4m，在5.200m处布置井点系统，则布置井点系统处（上口）的基坑尺寸为13.7m×18.7m；考虑井管距基坑边1m，则井点管所围成的平面面积为15.7m×20.7m；由于基坑长宽比小于5，且基坑宽度小于2倍抽水影响半径R（可初查表或后计算），故按一个环形井点布置。

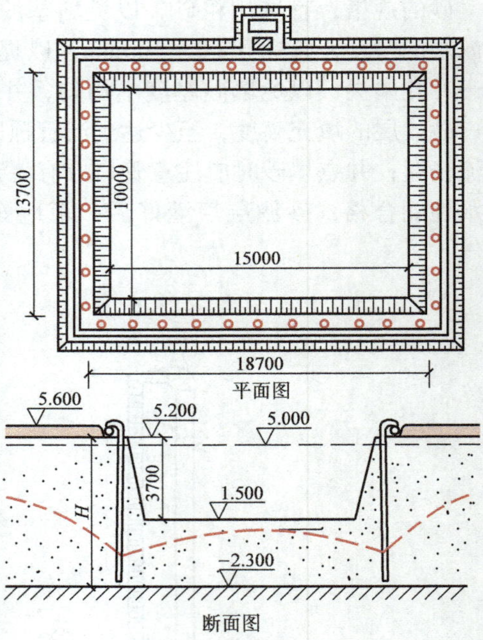

图1-27　某工程设备基础开挖前的井点

井点管采用6m长，且外露于埋设面0.2m，则高程布置如下：

根据式（1-27）要求的埋深$H \geqslant H_1 + h + iL = [(5.2-1.5)+0.5+1/10\times15.7/2]\text{m} = 4.99\text{m}$，小于实际埋深$(6.0-0.2)\text{m}=5.8\text{m}$。基坑中心降水深度$S=[(5.0-1.5)+0.5]\text{m}=4.0\text{m}$，故采用一级井点系统即可。

再选用滤管长度为1.2m，则滤管底口标高为−1.800m，距不透水的黏土层（−2.300m处）0.5m，故此井点系统为无压非完整井。

（2）涌水量计算　可根据式（1-29a）计算，则需先确定H_0、R、K、r_0。

1）确定有效影响深度H_0。

井点管中水位降落值 $S' = S + iL = \left(4.0 + \frac{1}{10} \times \frac{15.7}{2}\right)\text{m} = 4.785\text{m}$，$l = 1.2\text{m}$，由表 1-4 得：

$$\frac{S'}{S'+l} = \frac{4.785}{4.785+1.2} = 0.80$$

$$H_0 = 1.85\ (S'+l) = [1.85 \times (4.785+1.2)]\ \text{m} = 11.07\text{m}$$

而含水层厚度 $H = [5.0 - (-2.3)]\text{m} = 7.3\text{m} < H_0$

故 $H_0 = H = 7.3\text{m}$（无压非完整井按完整井计算）。

2）确定土的渗透系数 K。

按扬水试验测得该细砂层的渗透系数 $K = 30\text{m/d}$。

3）计算井点系统半径 r_0。

$$r_0 = \sqrt{\frac{F}{\pi}} = \left(\sqrt{\frac{15.7 \times 20.7}{\pi}}\right)\text{m} = 10.17\text{m}$$

4）计算抽水影响半径 R。

$$R = 1.95S\sqrt{H_0K} = (1.95 \times 4.0 \times \sqrt{7.3 \times 30})\text{m} = 115\text{m}$$

（3）计算井点管数量和间距　具体如下：

$$Q = \left[1.366 \times 30 \times \frac{(2 \times 7.3 - 4) \times 4}{\lg(115 + 10.17) - \lg 10.17}\right]\text{m}^3/\text{d} = 1593.8\text{m}^3/\text{d}$$

取井点管直径为 38mm，则单根出水量 q 为：

$$q = 65\pi dl\sqrt[3]{K} = (65 \times 3.14 \times 0.038 \times 1.2 \times \sqrt[3]{30})\text{m}^3/\text{d} = 28.9\text{m}^3/\text{d}$$

所以井点管的计算数量 n 为：

$$n = 1.1\frac{Q}{q} = \left(1.1 \times \frac{1593.8}{28.9}\right)\text{根} = 61\text{ 根}$$

则井点管的平均间距 D 为：

$$D = \frac{L}{n} = \left[\frac{(15.7 + 20.7) \times 2}{61}\right]\text{m} = 1.19\text{m}$$

取 $D = 1.2\text{m}$。

故实际布置：长边，(20.7/1.2 +1) 根 =19 根（实长 21.6m）；短边，(15.7/1.2) 根 = 13 根（实长 15.6m）。

（4）抽水设备选用　抽水设备所带动的总管长度为 74.4m，所以选一台 W5 型干式真空泵（或井点管总数为 64 根，选一台 QJD—90 型射流泵），所需最低真空度为：

$$h_k = (6 + 1.2) \times 9.8 \times 10^3\text{Pa} = 70560\text{Pa}$$

水泵所需流量：

$$Q_1 = 1.1Q = 1.1 \times 1593.8\text{m}^3/\text{d} = 1753.18\text{m}^3/\text{d} = 73.05\text{m}^3/\text{h} = 20.29\text{L/s}$$

水泵的吸水扬程：

$$H_s \geqslant (6.0 + 1.2)\text{m} = 7.2\text{m}$$

水泵的功率：

$$N = \frac{KQH}{102\eta_1\eta_2} = \frac{2 \times 20.29 \times (7.2 + 1.2 + 0.6)}{102 \times 0.5 \times 0.8}\text{kW}\ (\text{设出水扬程 } 0.6\text{m}) = 8.95\text{kW}$$

根据 Q_1、H_s 及 N 可查表确定离心泵型号。

（二）喷射井点

当基坑（槽）开挖较深，而地下水位较高，降水深度超过6m时，采用一级轻型井点已不能满足要求，则必须使用二级或多级轻型井点才能收到预期效果，但这样需要增加设备数量和基坑（槽）的开挖土方量，拖长工期，往往不够经济。此时宜采用喷射井点，降水深度可达8～20m（$K=3\sim50$m/d的砂土最有效，在$K=0.1\sim3$m/d的粉砂、淤泥质土中效果也显著）。

喷射井点根据工作时使用液体或气体的不同，分为喷水井点和喷气井点两种。其设备主要由喷射井点、高压水泵（或空气压缩机）和管路组成（图1-28）。

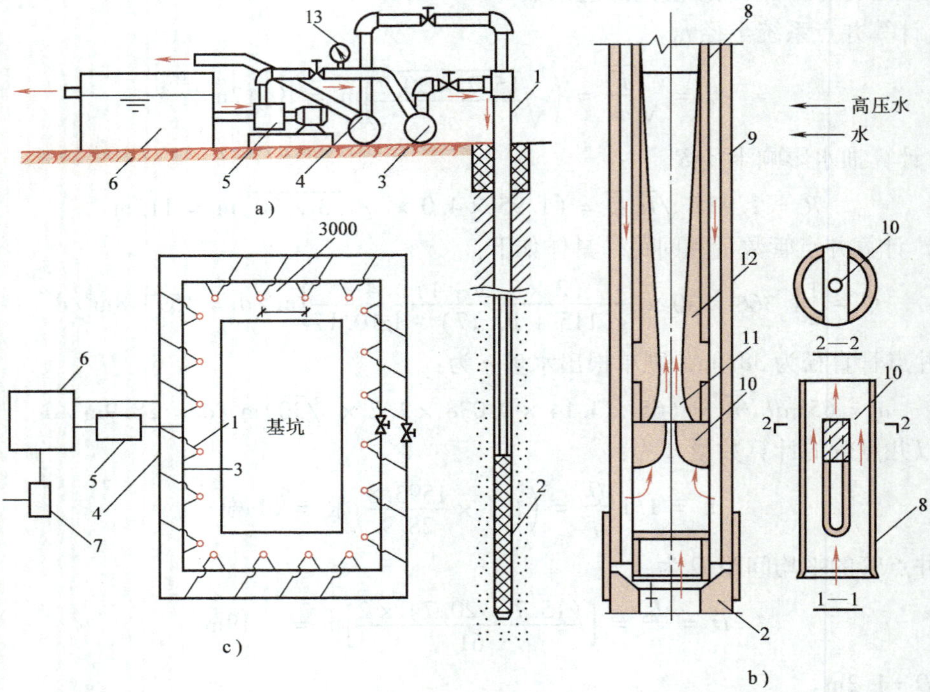

图1-28 喷射井点设备及平面布置简图

a）喷射井点系统组成 b）喷射扬水器详图 c）喷射井点平面布置

1—喷射井管 2—滤管 3—进水总管 4—排水总管 5—高压水泵 6—水池 7—水泵 8—内管 9—外管 10—喷嘴 11—混合室 12—扩散管 13—压力表

喷射井管分外管与内管两部分，在内管下端设有喷射器与滤管相连（图1-28b）。喷射器由喷嘴、混合室、扩散室等组成。工作时，用高压水泵（或空气压缩机）把压力0.7～0.8MPa的水经过总管分别压入井点管中，高压水经外管与内管之间的环形空间，并经喷射器侧孔流向喷嘴，由于喷嘴处截面突然缩小，压力水经喷嘴以很高的流速喷入混合室，使该室压力下降，造成一定的真空度。此时，地下水被吸入混合室与高压水汇合流经扩散管，沿内管上升经排水总管排出，进入循环水箱。其中一部分水重新用高压水泵压入井点作为高压工作水，余下部分水利用低压水泵排出。如此循环作业，地下水不断从井点管中抽走，而使地下水逐渐下降，达到设计要求的降水深度。

如果用压缩空气代替高压工作水，即为喷气井点。两种井点使用范围基本相同，而喷气井点较喷水井点的抽吸能力大，对喷射器的磨损也小，但喷气井点管对系统的气密性要求高。

喷射井点的布置有单排布置（基坑宽度小于10m）、双侧布置（基坑宽度大于10m）及环形布置（同轻型井点），如图1-28c所示。每套喷射井点系统井点管宜控制在30根左右，井点间距采用2～3m。

喷射井点的埋设方法同轻型井点相似。冲孔直径一般为400～600mm，冲孔深度宜比滤管底深1.0m。冲孔时，为了防止喷射器磨损，宜用套管冲枪成孔，加水及压缩空气排泥，当套管内含泥量经测定小于5%时才下井管及灌砂，然后再将套管拔起，并将井管与总管相连。

（三）电渗井点

当土的渗透系数很小（$K<0.1$m/d），采用轻型井点、喷射井点、基坑（槽）降水效果很差时，宜改用电渗井点降水。

电渗井点是以原有的井点管（轻型井点或喷射井点）本身作为阴极，沿基坑（槽）外围布置，采用套管冲枪成孔埋设；以钢管（ϕ50～ϕ75mm）或钢筋（ϕ25mm以上）作为阳极，埋在井点管内侧（图1-29）。阳极埋设应垂直，严禁与相邻阴极相碰，阳极外露出地面200～400mm，其入土深度应比井点管深500mm，以保证水能降到所要求的深度。阴阳极的间距一般为0.8～1.0m（轻型井点）或1.2～1.5m（喷射井点），并成平行交错排列。阴阳电极的数量宜相等，必要时阳极数量可多于阴极数量。工作电压不宜大于60V，土中通电时的电流密度宜为0.5～1.0A/m^2。通入直流电后带负电荷的土颗粒自阴极向阳极移动（即电泳现象），使土体固结；带正电荷的孔隙水自阳极向阴极移动（即电渗现象）。在电渗与真空的双重作用下，强制土中的水在井点管附近积集，由井点管快速排出，井点管连续抽水，地下水位逐渐下降。

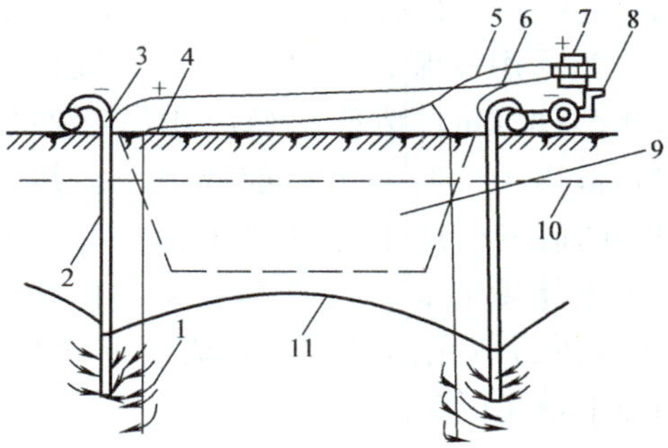

图1-29 电渗井点布置示意
1—阳极 2—阴极 3—用扁钢、螺栓或电线将阴极连通 4—用钢筋或电线将阳极连通 5—阳极与发电机连接电线 6—阴极与发电机连接电线 7—直流发电机（或直流电焊机） 8—水泵 9—基坑 10—原有水位线 11—降水后的水位线

电渗井点适用于黏土、粉质黏土、淤泥等土质的降水，在这种情况下，它是轻型井点或喷射井点的替代方法。

（四）管井井点（又称大口径井点）

当土的渗透系数大（$K>10$m/d）、地下水丰富时，可用管井井点，如图1-30所示。由于管井井点排水量大，降水深，较轻型井点的降水效果好，故可代替多组轻型井点。

1. 管井井点系统主要设备

（1）滤水井管 井管部分用直径200mm以上的钢管或竹、木、混凝土、塑料等材料制成的管。过滤部分可用钢筋焊接骨架，外缠镀锌钢丝，并包孔眼为1～2mm的滤网，长2～3m。也可用无砂混凝土管。

（2）吸水管 用直径50～100mm的胶皮管或钢管，其底部装有逆止阀。吸水管插入滤水井管，长度应大于抽水机械抽吸高度，同时应沉入管井内抽水时的最低水位以下。

（3）水泵 一般每个管井装置一台水泵，常用潜水泵。也可采用离心泵，离心泵抽水深度小（一般只有6m），开泵前需灌满水才能进行，施工不方便。

2. 管井布置及埋设

管井井点沿基坑外围每隔一定距离（10～50m）设置一口井。井中心距地下构筑物边缘的距离应依据所用钻机的钻孔方法而定：当采用泥浆护壁套管法时不小于3m；当采用泥浆护壁冲击式钻机成孔法时为0.5～1.0m。钻孔直径应比滤管外径大200mm以上。管井下沉前应清洗，并保持滤网的通畅，滤水井管放于孔中心，下端用圆木堵塞管口。井壁与孔壁之间用3～15mm砾石填充作过滤层，地面下0.5m内用黏土填充压实。

3. 井管的拔出

井管使用完毕，滤水井管可拔出重复使用。拔出方法是在井口周围挖深0.3m，用钢丝绳将管口套紧，然后用起重机械将井管徐徐拔出，孔洞用砂砾填实，上部0.5m用黏土填充夯实。滤水井壁洗去泥砂后储存备用。

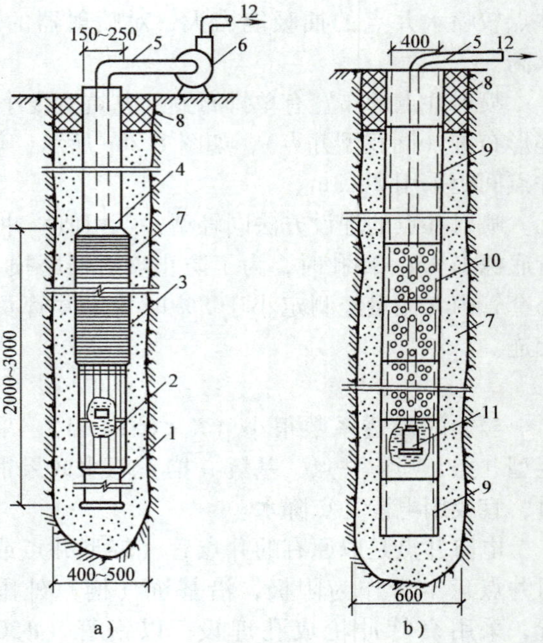

图1-30 管井井点
a）钢管管井 b）混凝土管管井
1—沉砂管 2—钢筋焊接骨架 3—滤网
4—管身 5—吸水管 6—离心泵
7—小砾石过滤层 8—黏土封口
9—混凝土实管 10—混凝土过滤管
11—潜水泵 12—出水管

第四节 土方机械化施工

土方工程的施工过程包括：土方开挖、运输、填筑与压实等。施工时，应尽量采用机械化与半机械化施工，以减轻劳动强度，加快施工。

一、土方施工前的准备工作

土方工程施工前，应做好以下各项准备工作：

1）场地清理，包括拆除施工区域内的房屋、古墓，拆除或搬迁通信和电力设备、上下水道及其他构筑物，迁移树木，清除树墩及含有大量有机物的草皮、耕植土和河淤等。

2）地面水排除：场地内积水影响施工，故地面水和雨水均应及时排走，使场地内保持干燥。地面水的排除一般采用排水沟、截水沟、挡水土坎等。临时性排水设施应尽可能与永久性排水设施相结合。

3）修好临时设施及供水、供电、供压缩空气（当开挖石方时）管线，并试水、试电、试气。搭设必需的临时工棚（工具、材料库、油库、维修棚、休息棚、办公棚、茶炉

棚）等。

4）修建运输道路：修筑场地内机械运行的道路，宜结合永久性道路修建。路面按双车道，宽度不小于7m，两侧设排水沟。

5）做好设备运转：对进场土方机械、运输车辆及各种辅助设备进行维修检查、试运转并运往现场。

6）编制土方工程施工组织设计：主要确定挖、填土方和边坡处理方法，土方开挖机械及组织，填方土料及回填方法。

二、土方边坡与土壁支护

在土方开挖之前，编制土方工程的施工组织设计时，应确定基坑（槽）及管沟的边坡形式及开挖方法，确保土方开挖过程中和基础施工阶段土体的稳定。

（一）放坡开挖

1. 放坡的形式

放坡的形式由场地土、开挖深度、周围环境、技术经济的合理性等因素决定，常用的放坡形式有：直线形、折线形、阶梯形和分级形（图1-31）。

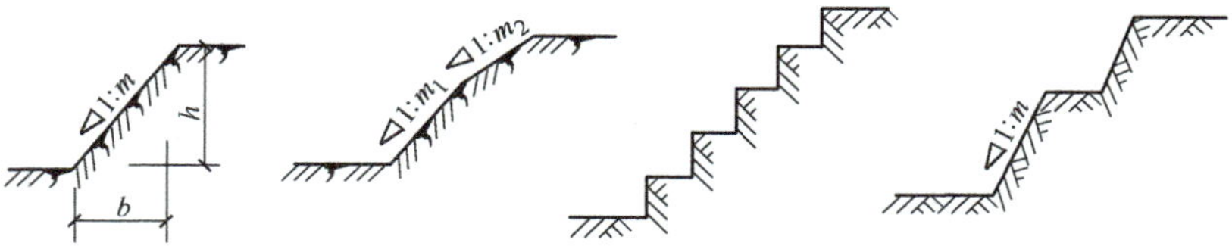

图1-31　放坡形式

a）直线形　b）折线形　c）阶梯形　d）分级形

当场地为一般黏性土或粉土，基坑（槽）及管沟周围具有堆放土料和机具的条件，地下水位较低，或降水、放坡开挖不会对相邻建筑物产生不利影响，具有放坡开挖条件时，可采用局部或全深度的放坡开挖方法。如开挖土质均匀，可放成直线形；如开挖土质为多层不均且差异较大的土质，可按各层土的土质放坡成折线形或阶梯形。

2. 影响土方边坡稳定的因素

土方边坡的稳定主要是由于土体内土颗粒间存在的摩阻力和黏聚力，使土体具有一定的抗剪强度。黏性土既有摩阻力，又有黏聚力，抗剪强度较高，土体不易失稳，土体若失稳是沿着滑动面整体滑动（滑坡）；砂性土只有摩阻力，无黏聚力，抗剪强度较差。所以黏性土的放坡可陡些，砂性土的放坡应缓些。

当外界因素发生变化，使土体的抗剪强度降低或土体所受剪应力增加，也就破坏了土体的自然平衡状态，边坡就会失去稳定而塌方。造成土体内抗剪强度降低的主要原因是水（雨水、施工用水）使土的含水量增加，土颗粒之间摩阻力和粘聚力降低（水起润滑作用）；造成土体所受剪应力增加的原因主要是坡顶上部的荷载增加和土体自重的增大（含水量增加），及地下水渗流中的动水压力的作用；此外地面水浸入土体的裂缝之中产生静水压力也会使土体内的剪应力增加。所以在确定土方边坡的形式及放坡大小时，既要考虑上述各方面因素，又要注意周围环境条件，保证土方和基础施工的顺利进行。

3. 放坡坡度及安全保证措施

1）根据土方工程相关规范的规定：对于土质均匀且地下水位低于基坑（槽）底或管沟底面标高，开挖土层湿度适宜且敞露时间不长时，其挖方边坡可作成直壁，不加支撑，但挖方深度不宜超过下列规定：

密实、中密的砂土和碎石土（充填物为砂土）　1.0m

硬塑、可塑的粉质黏土及粉土　1.25m

硬塑、可塑的黏土和碎石类土（充填物为黏性土）　1.50m

坚硬的黏土　2.0m

2）当地质条件良好时，基坑（槽）和管沟的开挖放坡坡度应符合表1-5和表1-6的要求，以确保基坑（槽）及管沟的稳定性与安全。

表1-5　土质边坡

土的类别	密实度或状态	坡度容许值（高宽比）	
		坡高在5m以下	坡高5~10m
碎石土	密实	1:0.35~1:0.50	1:0.50~1:0.75
	中密	1:0.50~1:0.75	1:0.75~1:1.00
	稍密	1:0.75~1:1.00	1:1.00~1:1.25
粉土	$S_r \leqslant 0.5$	1:1.00~1:1.25	1:25~1:1.50
粉质黏土	坚硬	1:0.75	
	硬塑	1:1.00~1:1.25	
	可塑	1:1.25~1:1.50	
黏性土	坚硬	1:0.75~1:1.00	1:1.00~1:1.25
	硬塑	1:1.00~1:1.25	1:1.25~1:1.50
花岗岩残积黏性土	硬塑	1:0.75~1:1.10	
	可塑	1:0.85~1:1.25	
杂填土	中密或密实的建筑垃圾	1:0.75~1:1.00	
砂土		1:1.00（或自然休止角）	

注：1. 坡度大小视坡顶荷载情况取值：无荷时取陡值；有荷时取中等值；有动荷时取缓值。

2. 对非黏性土坡顶不得有振动荷载。因为在振动荷载作用下，无黏性土在暴露边坡的情况下，土质很易松动，甚至引起局部或大部分坡面滑塌。

3. 表中碎石土充填物为坚硬或硬塑状态的黏性土。

（二）土壁支护

在基坑（槽）或沟开挖时，为了缩小工作面，减小土方开挖量，或因土质不良且受场地限制不能放坡时应设置支护体系，即土壁支护体系。

支护体系主要由围护结构和撑锚结构两部分组成。围护结构为垂直受力部分，主要承担土压力、水压力、边坡上的荷载，并将这些荷载传递到撑锚结构。撑锚结构为水平部分，除承受围护结构传递来的荷载外，还要承受施工荷载（如施工机具、堆放的材料、堆土等）和自重。所以说支护体系是一种空间受力结构体系。

表 1-6　岩 石 边 坡

岩 土 类 别	风 化 程 度	坡度容许值（高宽比）	
		坡高在 8m 以内	坡高 8～15m
硬质岩石	微风化	1:0.10～1:0.20	1:0.20～1:0.35
	中等风化	1:0.20～1:0.35	1:0.35～1:0.50
	强风化	1:0.35～1:0.50	1:0.50～1:0.75
软质岩石	微风化	1:0.35～1:0.50	1:0.50～1:0.75
	中等风化	1:0.50～1:0.75	1:0.75～1:1.00
	强风化	1:0.75～1:1.00	1:1.00～1:1.25

围护结构的类型有（图 1-32）：木挡墙、钢板桩、钢筋混凝土板桩、H 型钢支柱（或钢筋混凝土桩支柱）、钻孔灌注桩、旋喷桩帷幕墙、深层搅拌水泥土挡墙、地下连续墙等。

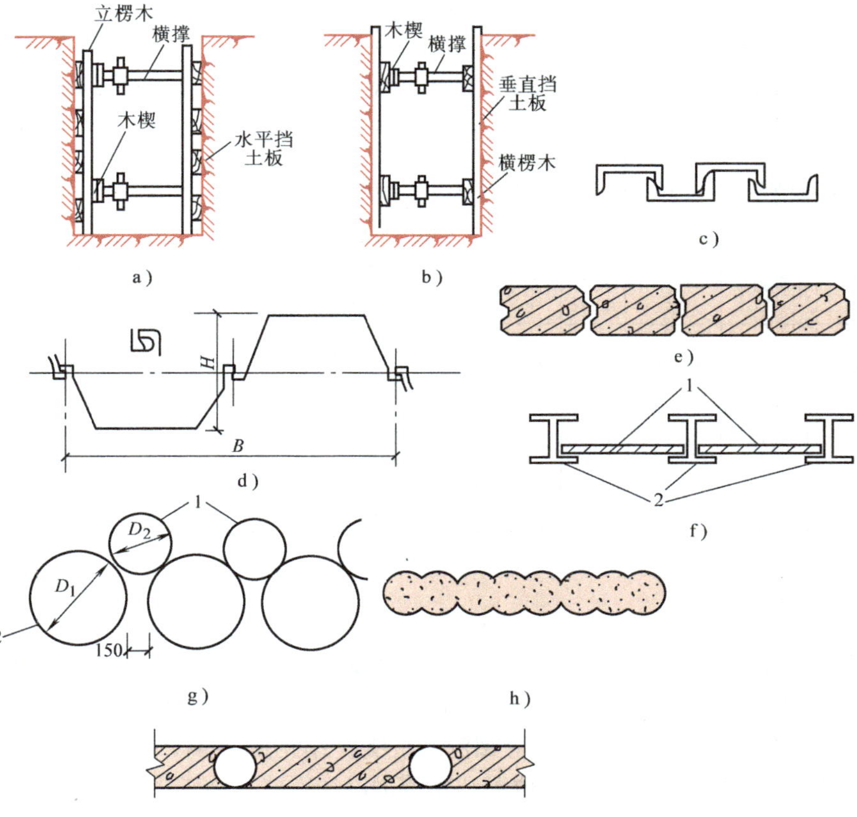

图 1-32　围护结构类型

a）水平挡墙　b）木垂直挡墙　c）槽钢挡墙　d）锁口钢板桩　e）钢筋混凝土板桩　f）H 型钢支柱（或钢混凝土支柱）（1—挡土板　2—H 型钢支柱）　g）钻孔灌注桩（1—素桩　2—钢筋混凝土桩）　h）旋喷桩帷幕墙　i）地下连续墙

围护结构一般为临时结构，待建筑物或构筑物的基础施工完毕，或管道下埋完毕即失去作用。所以常采用可回收再利用的材料，如木桩、钢板桩等；也可使用永久埋在地下的材料，但费用要尽量低，如钢筋混凝土板桩、灌注桩、旋喷桩、深层搅拌水泥土墙和地下连续墙。在较深的基坑中，如采用地下连续墙或灌注桩，由于其所受土压力、水压力较大，配筋较多，因而费用较高，为了充分发挥地下连续墙的强度、刚度和整体性及抗渗性，可将其作为地下结构的一部分按永久受力结构复核计算；而灌注桩也可作为基础工程桩使用。这样可降低基础工程造价。

各种围护结构性能和适用条件见表1-7。

表1-7 各种围护结构性能和适用条件

支挡结构形式		截面抗弯刚度	墙的整体性	防渗性能	施工速度	造价	适用条件
木板桩		差	差	差	快	省	沟槽开挖深度小于5m，墙后无地下水
钢板桩	槽钢	差	差	差	快	省	开挖深度小于4m，基坑面积不大，墙后无地下水
	锁口钢板	较好	好	好	快	较贵	开挖深度可达8~10m，可适用多层支撑，适应性强，板桩可回收
钢筋混凝土板桩		较差	较差	较差	较快	省	开挖深度3~6m，土质不宜太硬，配合井点降水使用
H型钢支桩（或钢筋混凝土桩）木挡墙		较差	差	差	较快	较省	适用于地下水渗流小（或井点降水疏干）较坚硬的土层
钻孔灌注桩		较好	较差	较差	较慢	较省	开挖深度6~8m，可根据计算确定桩径（墙厚）和间距，适应性强
旋喷桩帷幕墙		较好	较好	较好	较慢	较省	适用于地下水渗流较大的场合，按计算确定桩径，并可加筋
深层搅拌水泥土挡墙		较好	较好	较好	较慢	较省	适用于软黏土，淤泥质土层，按计算确定墙厚，墙内可加筋
地下连续墙		好	好	好	慢	贵	按计算确定墙厚，适应性强

三、土方开挖

在土方开挖之前应根据工程结构形式、开挖深度、地质条件、气候条件、周围环境、施工方法、施工工期和地面荷载等有关资料，确定土方开挖和地下水控制施工方案。

基坑（槽）及管沟开挖方案内容主要包括：支护结构的龄期、土方机械选择、开挖时间、分层开挖深度及开挖顺序、坡道位置和车辆进出场道路、施工进度和劳动组织安排、降排水措施、监测方案、质量和安全措施以及土方开挖对周围建筑物需采取的保护措施等。

土方开挖常采用的挖掘机械有：推土机、铲运机、单斗挖掘机、多斗挖掘机、装载机等。

（一）主要挖土机械的施工特点

1. 推土机

推土机由动力机械和工作部件两部分组成，其动力机械是拖拉机，工作部件是安装在动力机械前面的推土铲。推土机行走方式有轮胎式和履带式两种，铲刀的操纵机构有索式和液压式两种。索式推土机的铲刀借本身自重切入土中，在硬土中切土深度较小。液压式推土机采用液压操纵，能使铲刀强制切入土中，切入深度较大。

推土机的特点是操纵灵活、运转方便、所需工作面小、行驶速度快、易于转移、能爬坡角30°左右的缓坡。它主要适用于挖土深度不大的场地平整，铲除腐殖土，并推到附近的弃土区；开挖深度不大于1.5m的基坑（槽）；回填基坑（槽）、管沟；推筑高度1.5m内的堤坝、路基；平整其他机械卸置的土堆；推送松散的硬土、岩石和冻土；配合铲运机、挖土机工作等；卸下铲刀还可牵引其他无动力的土方机械。推土机可推掘一～四类土壤，为提高生产效率，对三～四类土宜事先翻松。推运距离宜在100m以内，以40～60m效率最高。

推土机的生产效率主要取决于推土铲刀推移土壤的体积及切土、推土、回程等工作循环时间。为此可采用顺地面坡度下坡推土，2～3台推土机并列推土（两台并列可增加推土量15%～30%），分批集中一次推送（多刀送土），槽形推土（可增加10%～30%的推土量）等方法来提高生产效率。如推运较松的土壤且运距较大时，还可以在铲刀两侧加挡土板。

2. 铲运机

铲运机由牵引机械和铲斗组成。按行走方式分为牵引式铲运机和自行式铲运机；按铲斗操纵系统分为液压操纵和机械操纵两种。

铲运机的特点是能综合完成挖土、运土、平土或填土等全部土方施工工序，对行驶道路要求较低，操纵简单灵活、运转方便，生产效率高。在土方工程中常应用于大面积场地平整，开挖大型基坑、沟槽以及填筑路基、堤坝等。最宜铲运场地地形起伏不大、坡度在20°以内的大面积场地，土的含水量不超过27%的松土和普通土，平均运距在1km以内特别在600m以内的挖运土方；不适于在砾石层和冻土地带及沼泽区工作；当铲运三、四类较坚硬的土壤时，宜用推土机助铲或选用松土机配合，把土翻松0.2～0.4m，以减少机械磨损，提高生产率。

铲运机的开行路线对提高生产效率影响很大，应根据挖填区的分布情况，并结合具体条件，选择合理的开行路线。根据实践，铲运机的开行路线有以下几种：

（1）环形路线　施工地段较短，地形起伏不大的挖、填工程，适宜采用环形路线（图1-33a、b）。当挖土和填方交替，而挖填之间距离又较短时，则可采用大环形路线（图1-33c），大环形路线的优点是一个循环能完成多次铲土和卸土，从而减少了铲运机的转弯次数，提高了工作效率。

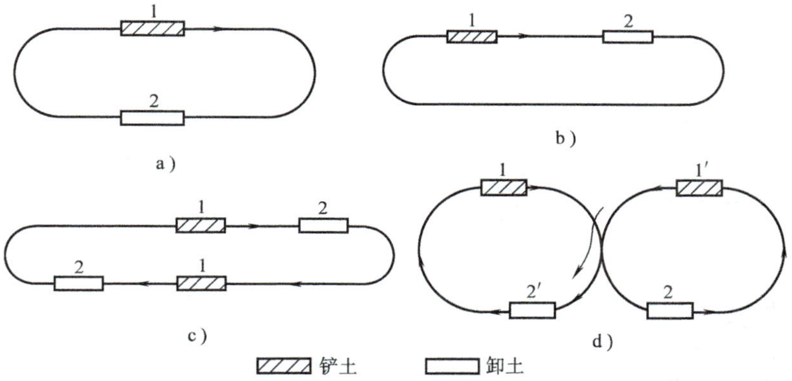

图1-33　铲运机开行路线

a)、b）环形路线　c）大环形路线　d）“8”字形路线

(2)“8”字形路线　在地形起伏较大，施工地段狭长的情况下，宜采用“8”字形路线（图1-38d）。它适用于填筑路基、场地平整工程。

铲运机在坡地行走或工作时，上下纵坡坡角不宜超过25°，横坡不宜超过6°，不能在陡坡上急转弯，工作时应避免转弯铲土，以免铲刀受力不均引起翻车事故。

当铲运机铲土接近设计标高时，为了正确控制标高，宜沿平整场地区域每隔10m左右配合水准仪抄平，先铲出一条标准槽，以此为准使整个区域平整到设计要求。

3. 单斗挖掘机

单斗挖掘机是大型基坑（槽）或管沟开挖中最常用的一种土方机械。根据其工作装置的不同，分为正铲、反铲、抓铲和拉铲四种。常用斗容量为0.5～2.0m^3。根据操纵方式，分为液压传动和机械传动两种。在建筑工程中，单斗挖掘机更换装置后还可以进行装卸、起重、打桩等作业，是土方工程施工中不可缺少的机械设备。

(1) 正铲挖掘机　介绍如下。

1) 正铲挖掘机的工作特点、性能及适用范围。它挖掘能力大，生产效率高。其工作特点是：“前进向上，强制切土”，宜开挖停机平面以上一～四类土壤。正铲挖掘机需与汽车配合完成挖运任务。在开挖基坑（槽）及管沟时，要通过坡道进入地面以下挖土（坡道坡度为1∶8左右），并要求停机面干燥，因此挖土前必须做好排水工作。其机身能回转360°，动臂可升降，斗柄可以伸缩，铲斗可以转动，图1-34为液压正铲挖掘机的简图及其工作状态。

表1-8所列为两种国产液压正铲挖掘机的主要性能。图1-35所示为其工作尺寸与开挖断面之间关系的示意。

表1-8　国产液压正铲挖掘机的主要技术性能

技术参数	符　号	单　位	W2—200	W4—60
铲斗容量	Q	m^3	2.0	0.6
最大挖土半径	R	m	11.1	6.7
最大挖土高度	H	m	11.0	5.8
最大挖土深度	h	m	2.45	3.8
最大卸土高度	H_1	m	7.0	3.4

注：符号意义见图1-35。

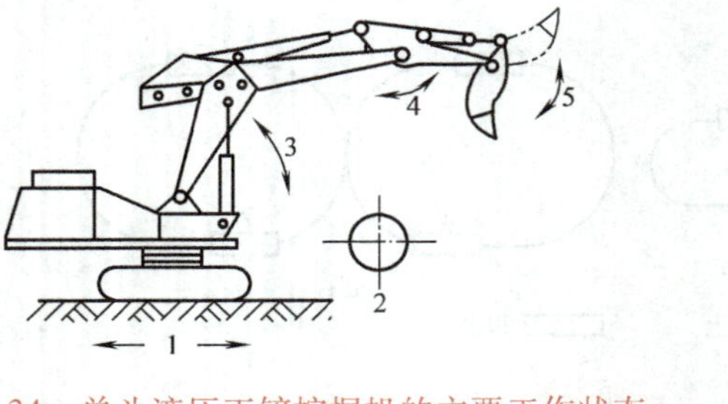

图1-34　单斗液压正铲挖掘机的主要工作状态
1—行走　2—回转　3—动臂升降　4—斗柄伸缩　5—铲斗转动

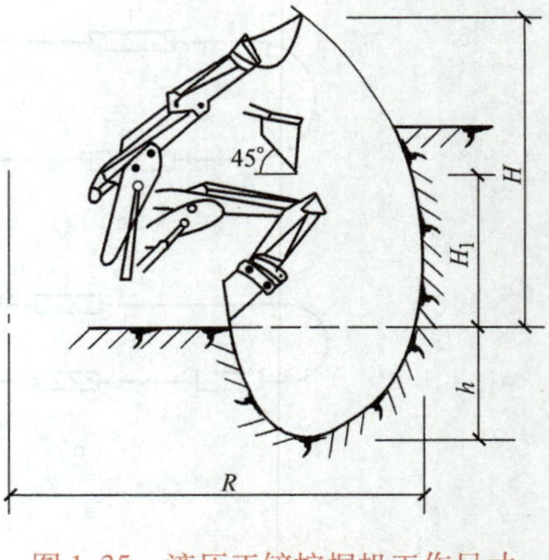

图1-35　液压正铲挖掘机工作尺寸

2）正铲挖掘机挖卸土方式。根据挖掘机与运输工具的相对位置不同，正铲挖掘机挖土和卸土的方式分为以下两种：

① 正向挖土、侧向卸土，即挖掘机向前进方向挖土，运输工具在挖掘机一侧开行、装土（图1-36a），两者可不在同一工作面（运输工具可停在挖掘机平面上或高于停机平面）。这种开挖方式，卸土时挖掘机旋转角度小于90°，提高了挖土效率，可避免汽车倒开和转弯多的缺点，因而在施工中常采用此法。

② 正向挖土、后方卸土，即挖掘机向前进方向挖土，运输工具停在挖掘机的后面装土（图1-36b），两者在同一工作面（即挖掘机的工作空间）上。这种开挖方式挖土高度较大，但由于卸土时必须旋转较大角度，且运输车辆要倒车开入，影响挖掘机生产率，故只宜用于基坑（槽）宽度较小，而开挖深度较大的情况。

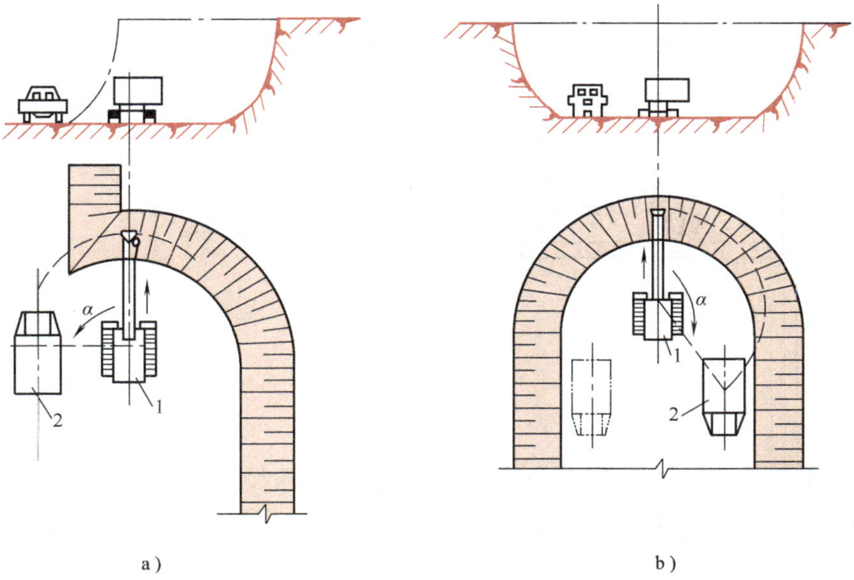

图1-36 正铲挖掘机作业方式
a）正向挖土、侧向卸土 b）正向挖土、后方卸土
1—正铲挖掘机 2—自卸汽车

3）正铲挖掘机的工作面及开行通道。挖掘机在停机点所能开挖的土方面叫做工作面，一般称“掌子面”。其大小和形状取决于挖掘机的性能、挖土和卸土方式以及土壤性质等因素。当开挖较大面积或深度超过挖掘机工作面高度的基坑（槽）时，必须对挖土开行路线和进出口通道进行规划，绘出开挖平面和剖面图，以便于挖掘机按计划开挖。如：当基坑（槽）开挖的深度小而面积大时，只需布置一层通道即可（图1-37a），第一次开行采用正向挖土、后方卸土，第二、三次可用正向挖土、侧向卸土，一次挖到坑（槽）底标高。当基坑（槽）宽度稍大于工作面的宽度时，为了减少挖掘机的开行通道，可采用加宽工作面的办法（图1-37b），这时挖掘机按“之”字形路线开行。当基坑（槽）的深度较大时，通道可布置成多层（图1-37c）逐层下挖。

（2）反铲挖掘机 介绍如下：

1）反铲挖掘机的工作特点、性能及适用范围。反铲挖掘机的工作特点是：“后退向下，

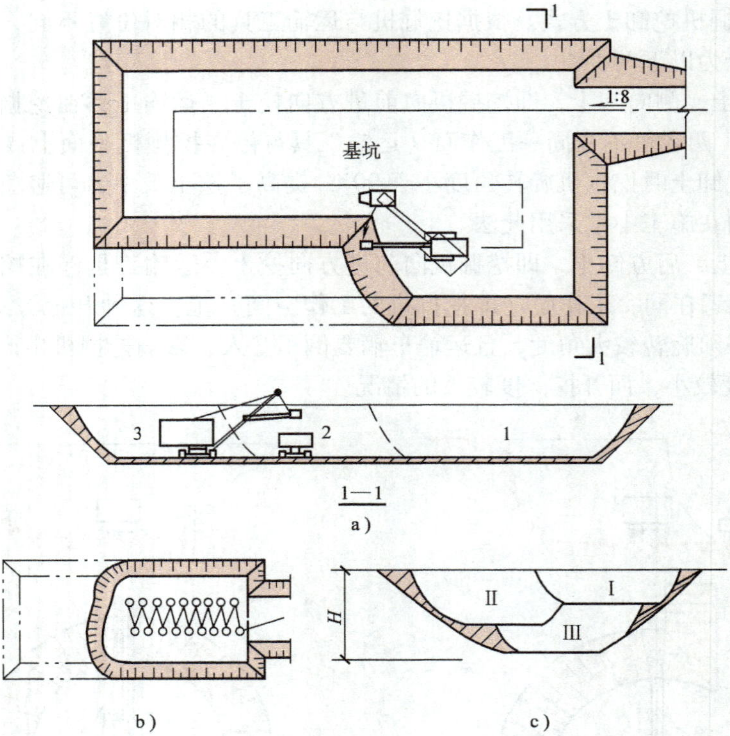

图 1-37 正铲挖掘机开挖基坑

a）一层通道多次开挖 b）开行通道加宽工作面 c）三层通道布置

1、2、3—通道断面及开挖顺序

强制切土”，用于开挖停机平面以下的一至三类土，不需设置进出口通道。适用于开挖基坑、基槽和管沟，有地下水的土壤或泥泞土壤。一次开挖深度取决于挖掘机的最大挖掘深度等技术参数。

表 1-9 和图 1-38 表示了液压反铲挖掘机的主要性能及工作尺寸。

表 1-9 液压反铲挖掘机的主要性能

技术参数	符号	W2—40	W4—60
铲斗容量/m^3	Q	0.4	0.6
最大挖土半径/m	R	7.03	7.3
最大挖土深度/m	h	3.74	3.7
最大挖土高度/m	H	5.98	6.4
最大卸土高度/m	H_1	4.52	4.7

2）反铲挖掘机的开挖方式。反铲挖掘机的开挖方式有沟端开挖和沟侧开挖两种。

① 沟端开挖（图 1-39a），即挖掘机在基坑（槽）或管沟的一端，向后倒退挖土，开行方向与开挖方向一致，汽车停在两侧装土。其优点是挖土方便，挖土宽度和深度较大，单面装土时宽度为 $2.3R$，两面装土时为 $1.7R$。深度可达最大挖土深度 h。当基坑（槽）宽度超过 $1.7R$ 时，可分次开行开挖或以“之”字形路线开行开挖。当开挖大面积的基坑时，可分

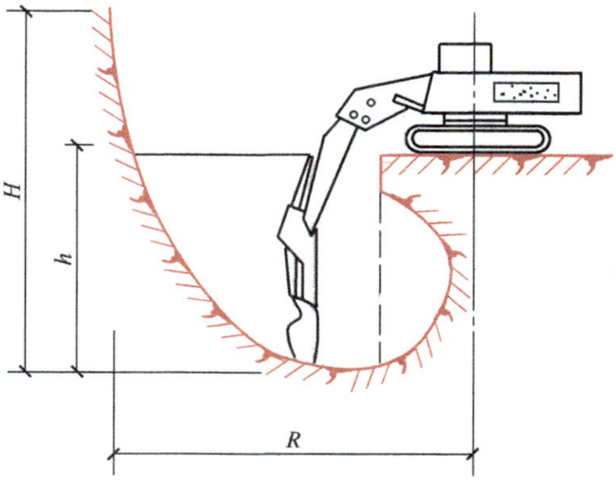

图 1-38 液压反铲挖掘机的工作尺寸

段开挖或多机同挖。当开挖深槽时，可采用分段分层开挖。

② 沟侧开挖（图 1-39b），即挖掘机在基坑（槽）一侧挖土、开行。由于挖掘机移动方向与挖土方向垂直，所以其稳定性较差，挖土宽度和深度也较小，且不能很好地控制边坡。但当土方需就近堆放在坑（沟）旁时，此法可弃土于距坑（沟）较远的地方。

（3）拉铲挖掘机 拉铲挖掘机用于开挖停机面以下的一、二类土。它工作装置简单，可直接由起重机改装。其特点是铲斗悬挂在钢丝绳下而不需刚性斗柄，土斗借自重使斗齿切入土中，开挖深度和宽度均较大，常用于开挖大型基坑、沟槽和水下开挖等。与反铲挖掘机相比，拉铲挖掘机的挖土深度、挖土半径和卸土半径均较大，但开挖的精确性差，且大多将土弃于土堆，如需卸在运输工具上，则操作技术要求高，且效率降低。

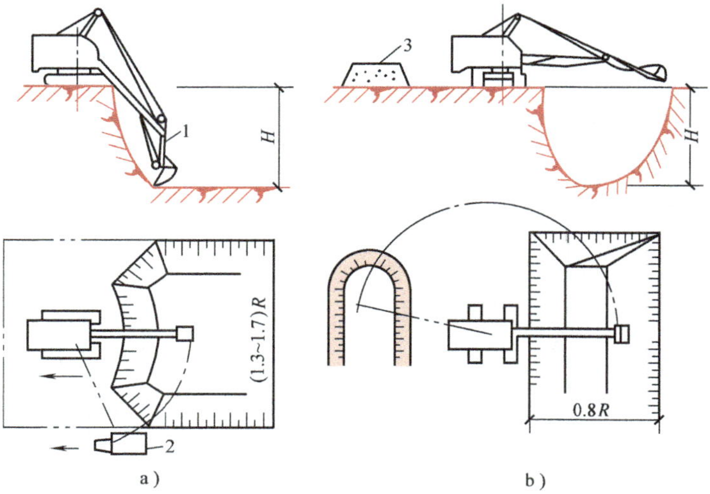

图 1-39 反铲挖掘机开挖方式与工作面

a）沟端开挖 b）沟侧开挖

1—反铲挖掘机 2—自卸汽车 3—弃土堆

拉铲挖掘机的开行路线与反铲挖掘机开行路线相同（图 1-40）。

（4）抓铲挖掘机 抓铲挖掘机是在挖掘机臂端用钢索装一抓斗，也可由履带式起重机改装。它可用以挖掘一、二类土，宜用于挖掘独立柱基的基坑（图 1-41），沉井及开挖面积较小、深度较大的沟槽或基坑，特别适宜于水下挖土。抓铲挖掘机抓斗的工作示意如图 1-42 所示。

（二）土方开挖机械的选择与配套计算

1. 土方开挖机械的选择

土方开挖机械的选择主要是确定类型、型号、台数。挖掘机械的类型是根据土方开挖类

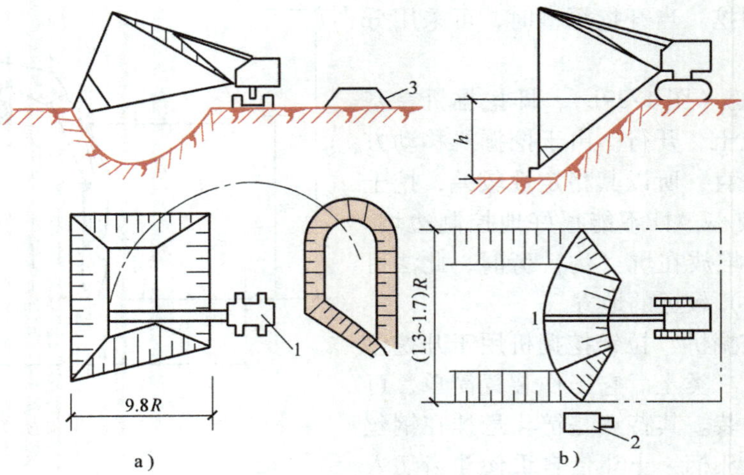

图 1-40 拉铲挖掘机开挖方式

a）沟侧开挖 b）沟端开挖

1—拉铲挖掘机 2—汽车 3—弃土堆

型、工程量、地质条件及挖掘机的适用范围确定。其型号再根据开挖场地条件、周围环境及工期等确定。最后确定挖掘机台数和配套汽车数量。下面主要介绍挖掘机数量的确定方法。

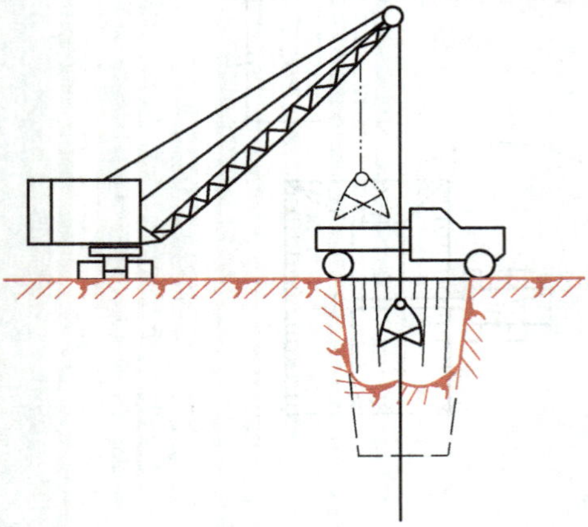

图 1-41 抓铲挖掘机开挖柱基基坑

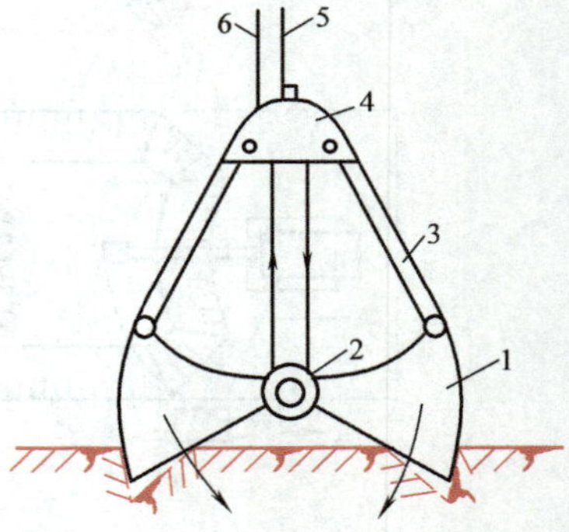

图 1-42 抓铲挖掘机抓斗的工作示意

1—斗瓣 2—中心铰 3—拉杆

4—顶铰 5—升降索 6—取土索

（1）挖掘机生产率 Q_d（m^3/台班） 按下式计算（或查定额手册确定）：

$$Q_d = 8Q_hK_b \tag{1-37a}$$

式中 Q_h——单斗挖掘机纯工作小时生产率（m^3/h），用下式计算：

$$Q_h = 60qnk \tag{1-37b}$$

q——挖掘机铲斗容量（m^3）；

n——每分钟挖掘次数，用下式计算：

$$n = 60/T_p \tag{1-37c}$$

T_p——挖掘机每次作业循环延续时间（s）；

k——系数，一般取0.6～0.87或按下式计算：

$$k = k_c / k_s \tag{1-37d}$$

k_c——铲斗的充盈系数，可取0.8～1.1；

k_s——土的最初可松性系数；

K_b——工作时间利用系数：在向汽车装土时，$K_b=0.68\sim0.72$；在侧向堆土时，$K_b=0.78\sim0.88$；挖爆破后的岩石时，$K_b=0.60$；铲斗容量越小，K_b值越低。

（2）挖掘机的数量N 按下式计算：

$$N = \frac{Q}{Q_d} \cdot \frac{1}{TCK} \tag{1-38}$$

式中 Q——土方量（m^3）；

Q_d——挖掘机生产率（m^3/台班）；

T——工期（工作日）；

C——每天工作班数；

K——工作时间利用系数（0.8～0.9）。

2. 自卸汽车配备台数N'的确定

$$N' = P/P' \tag{1-39}$$

式中 P——挖掘机台班产量（m^3/台班）；

P'——自卸汽车台班产量（m^3/台班）。

或按下式计算：

$$N' = t/t' \tag{1-40a}$$

式中 t——每一循环车辆运输时间（min）；

t'——运输车辆装满一车土的时间（min），用下式计算：

$$t' = n_1 T_p \tag{1-40b}$$

式中 T_p——同前；

n_1——运输车辆每车装土次数，用下式计算：

$$n_1 = \frac{Q'}{q\dfrac{k_c}{k_s}\gamma} \tag{1-40c}$$

式中 γ——实土密度（kg/m^3）；

Q'——运输车辆载质量（kg）；

q、k_c、k_s——同前。

四、填土与压实

（一）填筑要求

土壤是由矿物颗粒、水、气体组成的三相体系。其特点是分散性较大，颗粒之间没有坚固的联结，水容易浸入。因此，在外力作用下或自然条件下遭受浸水或冻融都会发生变形。为了保证填土的强度和稳定性要求，必须正确选择土料和填筑方法。

1. 土料的选择

填方土料应符合设计要求，当设计无要求时，应符合下列规定：

1）碎石类土、砂土和爆破石渣（粒径不大于每层铺厚的2/3）可用于表层下的填料。

2）含水量符合压实要求的黏性土，可用作各层填料。

3）碎块草皮和有机质含量大于8%的土，仅用于无压实要求的填方。

4）淤泥和淤泥质土一般不能用作填料。但在软土或沼泽地区，经过处理使含水量符合压实要求后，可用于填方中的次要部位。

5）水溶性硫酸盐大于5%的土，不能用作回填土。在地下水作用下，硫酸盐会逐渐溶解流失，形成孔洞，影响土的密实性。

6）冻土、膨胀性土等不应作为填方土料。

2. 填土方法

填土应分层进行，每层厚度应根据所采用的压实机具及土的种类而定。

同一填方工程应尽量采用同类土填筑，当采用不同土填筑时，必须按类分层铺筑，应将透水性较大的土层置于透水性较小的土层之下。若已将透水性较小的土填筑在下层，则在填筑上层透水性较大的土壤之前，将两层结合面做成中央高些、四周略低的弧面排水坡度或设置盲沟，以免填土内形成水囊。决不能将各种土混杂一起填筑。

当填方位于倾斜的地面时，应先将斜坡改成阶梯状，然后分层填土以防填土滑动。

回填施工前，应清除填方区的积水和杂物，如遇软土、淤泥，必须进行换土回填。回填时，若分段进行，每层接缝处应作成斜坡形，辗迹重叠0.5～1.0m，上、下层接缝应错开不小于1.0m。应防止地面水流入，并应预留一定的下沉高度。回填基坑（槽）和管沟时，应从四周或两侧均匀地分层进行，以防止基础和管道在土压力作用下产生偏移或变形。

（二）填土压实方法

填土的压实方法一般有碾压（包括振动碾压）、夯实、振动压实等几种（图1-43）。

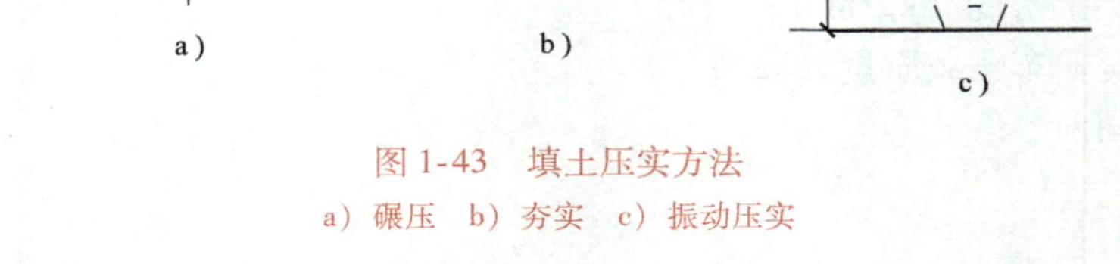

图1-43　填土压实方法

a）碾压　b）夯实　c）振动压实

碾压法是由沿填筑面滚动的鼓筒或轮子的压力压实土壤，多用于大面积填土工程。碾压机械有平碾（压路机）、羊足碾和气胎碾等。平碾有静力作用平碾和振动作用平碾之分。平碾对砂土、黏性土均可压实，静力作用平碾适用于较薄填土或表面压实、平整场地、修筑堤坝及道路工程；振动平碾使土受振动和碾压两种作用，效率高，适用于填料为爆破石渣、碎石类土、杂填土或轻亚黏土的大型填方。羊足碾需要较大的牵引力，与土接触面积小，但单位面积的压力比较大，土壤的压实效果好，适用于碾压黏性土。气胎碾在工作时是弹性体，其压力均匀，填土质量较好。

夯实方法是利用夯锤自由下落时的冲击力来夯实土壤，主要用于基坑（槽）、沟及各种零星分散、边角部位的小型填方的夯实工作。优点是可以夯实较厚的土层，且可以夯实黏性土及非黏性土。夯实机械有夯锤、内燃夯土机和蛙式打夯机等。人工夯土用的工具有木夯、石夯等。夯锤是借助起重机悬挂一重锤提起并落下，锤底面积约为0.15～0.25m^2，其重力不宜小于15kN，落距一般为2.5～4.5m，夯土影响深度可达0.6～1.0m，常用于夯实砂性土、湿陷性黄土、杂填土以及含有石块的填土。内燃夯土机作用深度为0.4～0.7m，它和蛙式打夯机都是应用较广的夯实机械。人工夯土方法目前已较少采用。

振动压实法是将振动压实机置于土层表面，借助振动机构使压实机械振动，土颗粒发生相对位移而达到紧密状态。这种方法主要用于非黏性土的压实。

（三）影响填方压实效果的主要因素

影响土壤压实效果的因素有内因和外因两方面。内因指土质和湿度；外因指压实功能（如机械性能，压实时间和速度，土层厚度）及压实时的外界自然和人为的其他因素等。归纳起来主要有以下几方面：

1. 含水量的影响

土中含水量对压实效果的影响比较显著。当含水量较小时，由于颗粒间引力（包括毛细管压力）使土保持着比较疏松的状态或凝聚结构，土中孔隙大都互相连通，水少而气多，在一定的外部压实功能作用下，虽然土孔隙中气体易被排出，密度可以增大，但由于水膜润滑作用不明显以及外部功能不足以克服粒间引力，土粒不易发生相对移动，因此压实效果比较差；含水量逐渐增大时，水膜变厚，引力缩小，水膜又起着润滑作用，外部压实功能比较容易使土粒移动，压实效果渐佳；土中含水量过大时，孔隙中出现了自由水，压实功能不可能使气体排出，压实功能的部分被自由水所抵消，减小了有效压力，压实效果反而降低。由图1-44土的干密度与含水量的关系可以看出，曲线有一峰值，此处的干密度为最大，称为最大干密度ρ_0，只有在土中含水达最佳含水量的情况下压实的土，水稳定性最好，土的密实度最大。然而含水量较小时土粒间引力较大，虽然干密度较小，但其强度可能比最佳含水量还要高。可是此时因密实度较低，孔隙多，一经饱水，其强度会急剧下降。因此，用干密度作为衡量填方密实程度的技术指标，取干密度最大时的含水量为最佳含水量，而不取强度最大时的含水量为最佳含水量。

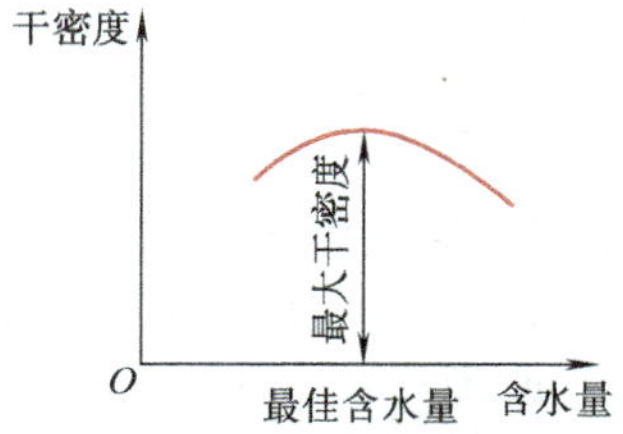

图1-44　土的干密度与含水量的关系

土的最佳含水量时的最大干密度，可由击实试验取得，也可查表1-10确定（仅供参考）。

表1-10　土的最佳含水量和最大干密度参考表

项　次	土的种类	最佳含水量（%）	最大干密度/（g/cm^3）
1	砂土	8～12	1.80～1.88
2	粉土	16～22	1.61～1.80
3	粉质黏土	18～21	1.65～1.74
4	黏土	19～23	1.58～1.70

2. 压实功能的影响

压实功能（指压实工具的质量（kg或t）、碾压遍数或锤落高度、作用时间等）对压实效果的影响，是除含水量以外的另一重要因素。当土偏干时，增加压实功能对提高土的干密度影响较大，偏湿时则收效甚微。故对偏湿的土企图用加大压实功能的办法来提高土的密实度是不经济的，若土的含水量过大，此时增大压实功能就会出现“弹簧”现象。另外，当压实功能加大到一定程度后对最大干密度的提高就不明显了（图1-45），所以在实际施工时，应根据不同的土以及压实密度要求和不同的压实机械来决定压实的遍数（见表1-11）。此外，松土不宜用重型碾压机直接滚压，否则土层会有强烈起伏现象，效率不高，若先用轻碾压实，再用重碾就可取得较好效果。

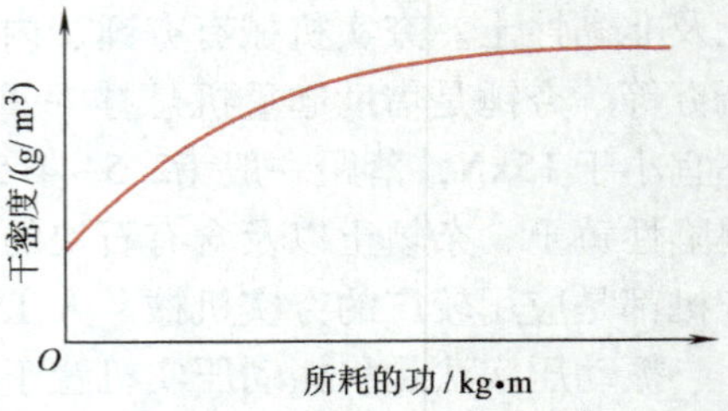

图1-45　土的密度与压实功能的关系

表1-11　不同压实机械分层填土虚铺厚度及压实遍数

压实方法或压实机械	黏性土		砂土	
	虚铺厚度/cm	压实遍数	虚铺厚度/cm	压实遍数
重型平碾（12t）	25~30	4~6	30~40	4~6
中型平碾（8~12t）	20~25	8~10	20~30	4~6
轻型平碾（<8t）	15	8~12	20	6~10
蛙夯（200kg）	25	3~4	30~40	8~10
人工夯（50~60kg）	18~22	4~5		

3. 铺土厚度的影响

压实厚度对压实效果有明显的影响。相同压实条件下（土质、湿度与功能不变），实测土层不同深度的密实度得知，密实度随深度递减，表层50mm最高（图1-46）。不同压实工具的有效压实深度有所差异，根据压实工具类型、土质及填方压实的基本要求，每层铺筑压实厚度有具体规定数值（见表1-11）。铺土过厚，下部土体所受压实作用力小于土体本身的粘结力和摩擦力，土颗粒不能相互移动，无论压实多少遍，填方也不能被压实；铺土过薄，则下层土体压实次数过多而受剪切破坏，所以规定了一定的铺土厚度。最优的铺土厚度应能使填方压实而机械的功耗最小。

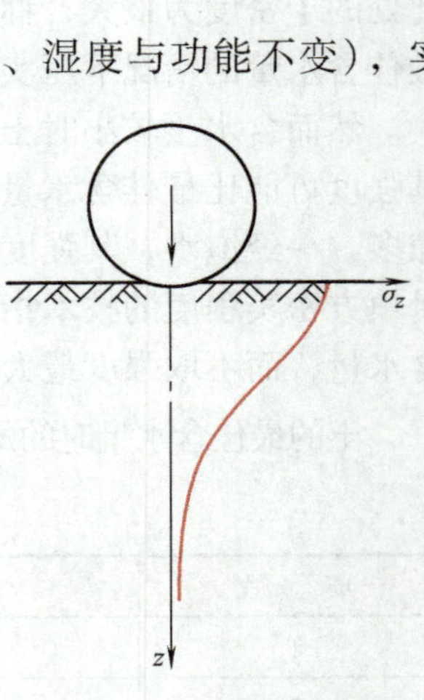

图1-46　压实作用沿深度的变化

4. 压实遍数的影响

在一定压实功能作用下，含粗粒越多的土，其最大干密度越大，即随着粗粒土增多，其压实曲线的峰点越向左上方移动（图1-47）。施工时应根据不同土质，分别确定其最大干密度和最佳含水量。

（四）填土压实的质量检查

填土压实后必须达到一定的密实度要求，填土密实度以设计规定的控制干密度 ρ_d 作为检查标准。土的控制干密度 ρ_d 与最大干密度 ρ_{dmax} 之比称为压实系数（λ）。不同的填方工程，设计要求的压实系数不同，一般场地平整的压实系数为 0.9 左右；地基填土为 0.91 ~ 0.97，具体取值视结构类型和填土部位而定。

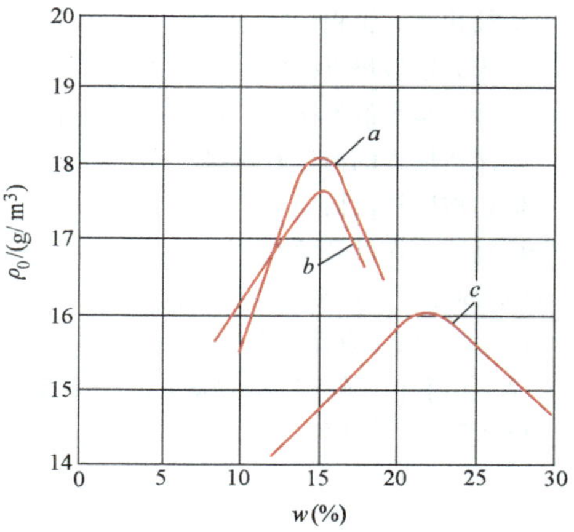

图 1-47 几种土质的压实曲线

a—亚砂土 b—亚黏土 c—黏土

土的最大干密度 ρ_{dmax} 由实验室击实试验或计算求得，再根据规范规定的压实系数即可算出填土控制干密度 ρ_d 值。实际工程中的检查结果应有 90% 以上符合要求，其余 10% 的最低值与设计值的差，不得大于 0.08g/cm^3，且应分散，不得集中。

土的实际干密度 ρ_0 可采用环刀法取样测定。其取样组数为：基坑回填为每 20 ~ 50m^3 取样一组（每个基坑不少于一组），基槽或管沟回填每层按长度 20 ~ 50m 取样一组，室内回填土每层按 100 ~ 500m^2 取样一组；场地平整填方每层按 400 ~ 900m^2 取样一组。取样部位一般应在每层压实后的下半部。试样取出后，先称出土的密度并测出含水量，然后用下式计算土的实际干密度 ρ_0（g/cm^3）：

$$\rho_0 = \frac{\rho}{1 + 0.01w} \tag{1-41}$$

式中 ρ——土的湿密度（g/cm^3）；

w——土的含水量（%）。

如果上式算得的 $\rho_0 \geq \rho_d$，则填土压实合格；若 $\rho_0 < \rho_d$，则填土压实不够，应采取措施，提高填土密实度。

当土的最大干密度 ρ_{dmax} 无试验资料时，可按下式计算：

$$\rho_{dmax} = \eta \frac{\rho_w d_s}{1 + 0.01 W_{op} d_s} \tag{1-42}$$

式中 η——经验系数，对于黏土取 0.95，粉质黏土取 0.96，粉土取 0.97；

ρ_w——水的密度（g/cm^3）；

d_s——土粒相对密度（重度）；

W_{op}——最佳含水量（%），可按当地经验或取 W_p +2%，粉土取 14%~18%；

W_p——土的塑限。

思考题

1. 影响基坑放坡大小的因素是什么？
2. 影响填土压实的因素有哪些？
3. 流砂防治的具体措施有哪些？

4. 简述土方工程的特点。
5. 土方边坡塌方的原因是什么?
6. 什么是土的可松性? 对土方施工有何影响?
7. 防治塌方的措施有哪些?
8. 边坡防护的措施有哪些?
9. 什么是流砂现象?
10. 简述产生流砂现象的原因。
11. 填土压实有几种方法?
12. 如何确定填土压实的质量符合要求?
13. 填方土料如何选择?

习　题

一、单项选择题

1. 从建筑施工的角度，根据（　　）可将土石分为八类。
A. 粒径大小　　B. 承载能力　　C. 坚硬程度　　D. 孔隙率
2. 根据土的坚硬程度，可将土石分为八类，其中前四类土由软到硬的排列顺序为（　　）。
A. 松软土、普通土、坚土、砂砾坚土
B. 普通土、松软土、坚土、砂砾坚土
C. 松软土、普通土、砂砾坚土、坚土
D. 坚土、砂砾坚土、松软土、普通土
3. 土的天然含水量是指（　　）之比的百分率。
A. 土中水的质量与所取天然土样的质量
B. 土中水的质量与土的固体颗粒质量
C. 土的孔隙与所取天然土样体积
D. 土中水的体积与所取天然土样体积
4. 土方填筑时，常以土的（　　）作为土的夯实标准。
A. 可松性　　B. 天然密度　　C. 干密度　　D. 含水量
5. 填土的密实度常以设计规定的（　　）作为控制标准。
A. 可松性系数　　B. 孔隙率　　C. 渗透系数　　D. 压实系数
6. 填方工程中，若采用的填料具有不同的透水性时，宜将透水性较大的填料（　　）。
A. 填在上部　　B. 填在中间
C. 填在下部　　D. 与透水性小的填料掺和
7. 可进行场地平整、基坑开挖、土方压实、松土的机械是（　　）。
A. 推土机　　B. 铲运机　　C. 平地机　　D. 摊铺机
8. 铲运机适用于（　　）工程。
A. 中小型基坑开挖　　B. 大面积场地平整
C. 河道清淤　　D. 挖土装车
9. 正铲挖掘机挖土的特点是（　　）。
A. 后退向下，强制切土　　B. 前进向上，强制切土
C. 后退向下，自重切土　　D. 直上直下，自重切土

二、多项选择题

1. 在轻型井点系统中，平面布置的方式有（ ）。

A. 单排井点　B. 双排井点
C. 环形井点　D. 四排布置
E. 二级井点

2. 影响填土压实质量的主要因素有（ ）。

A. 压实功　B. 机械的种类
C. 土的含水量　D. 土质
E. 铺土厚度

3. 土方填筑时，常用的压实方法有（ ）。

A. 水灌法　B. 碾压法
C. 堆载法　D. 夯实法
E. 振动压实法

4. 不能作为填土的土料有（ ）。

A. 淤泥　B. 砂土
C. 膨胀土　D. 有机质含量多于 8% 的土
E. 含水溶性硫酸盐多于 5% 的土

5. 井点降水方法有（ ）。

A. 轻型井点　B. 电渗井点　C. 深井井点
D. 集水井点　E. 管井井点

三、应用题

1. 建筑场地方格网及各顶点标高如图 1-48 所示，方格网边长为 20m，双向泄水坡度 $i_x = i_y = 0.3\%$，试按填挖平衡的原则确定设计标高（不考虑土的可松性）。

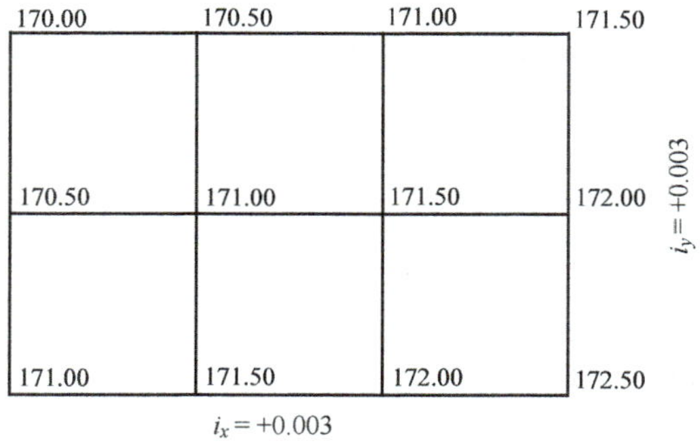

图 1-48

2. 图 1-49 所示是某场地平整方格网，方格边长 20m，方格角点地面标高如图所示，泄水坡度 $i_x = i_y = 0.3\%$，工艺上没有特殊要求。

试求在保证挖填方平衡及总土方量最小的条件下，按单平面的最佳设计平面进行场地竖向设计，并以此算出该场地平整的总挖方量和填方量。

3. 某建筑物的方格网及有关标高如图 1-50 所示，方格边长为 20m，试用公式法计算挖填土方总量。

4. 某厂房设备基础施工，基坑底宽 8m，长 12m，基坑深 4.5m，挖土边坡坡度为1:0.5，基坑平、剖面如图 1-51、图 1-52 所示。经地质勘探，天然地面以下 1m 为亚黏土，其下有 8m 厚细砂层，细砂层以下为不透水的黏土层。地下水位标高为 -1.500m。采用轻型井点法降低地下水位，试进行轻型井点系统设计。

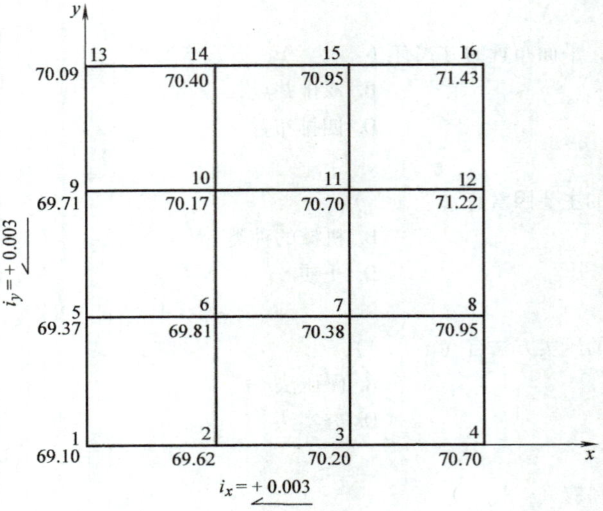

图　1-49

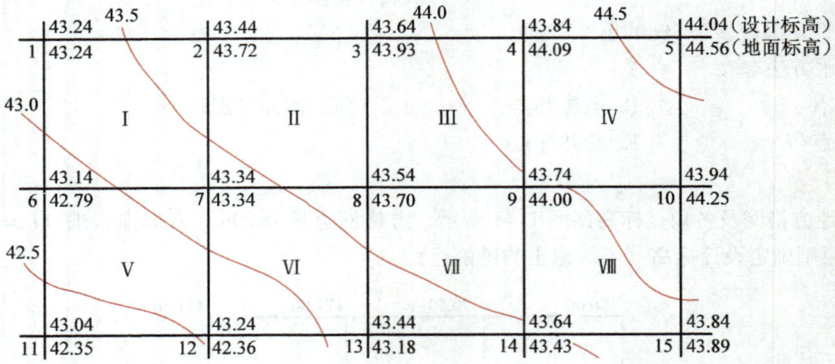

图　1-50

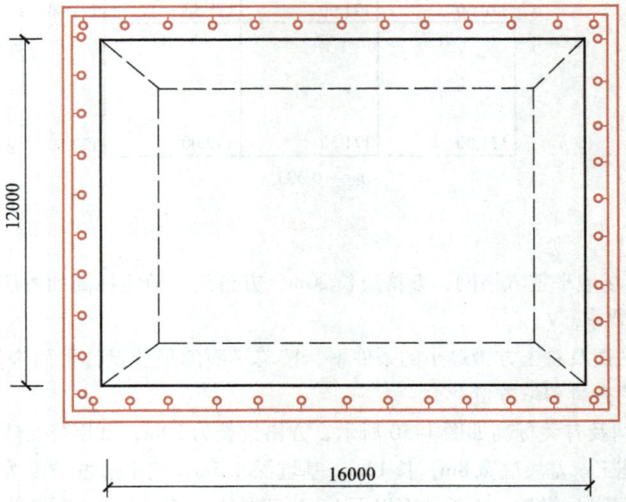

图　1-51

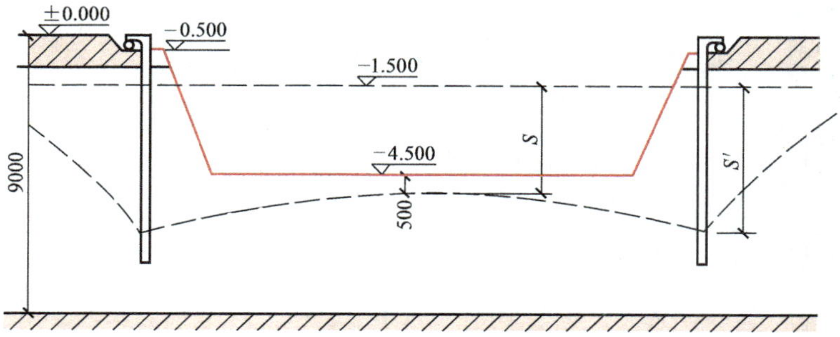

图　1-52

第二章 桩基础工程

本章概要

本章主要介绍了钢筋混凝土预制桩和混凝土灌注桩的施工工艺和施工方法。通过本章的学习，使学生了解钢筋混凝土预制桩的制作、起吊运输和堆放；掌握钢筋混凝土预制桩沉桩方法；掌握机钻孔灌注桩、套管成孔灌注桩的施工工艺和施工方法；熟悉人工挖孔灌注桩的施工工艺和施工方法；了解爆扩成孔灌注桩的施工工艺和施工方法；了解桩基础工程常见的质量事故及防治方法。

桩基础是一种常用的基础形式。它是由若干根土中单桩、顶部用承台或梁联系起来的一种基础形式。桩的作用是将上部建筑物的荷载传递到承载力较大的深处土层中；或使软弱土层挤密，以提高地基土的密实度及承载力。当上部建筑物荷载比较大而地基软弱，天然地基的承载能力、沉降量不能满足设计要求时，可采用桩基础。桩基础具有承载力高，沉降量小而均匀，沉降速度慢，能承受竖向力、水平力、上拔力、振动力等，施工速度快，质量好等特点。因此在工业建筑、高层建筑、高耸构筑物以及抗震设防建筑中广泛应用。

桩按传力及作用性质不同分为端承桩和摩擦桩两种（图 2-1）。端承桩是穿过软弱土层达到坚实土层的桩。上部建筑物的荷载主要由桩尖土层的阻力来承受。摩擦桩只打入软弱土层一定深度，将软弱土层挤压密实，提高土层的密实度及承载力，上部建筑物的荷载主要由桩身侧面与土层之间的摩擦力及桩尖的土层阻力承担。

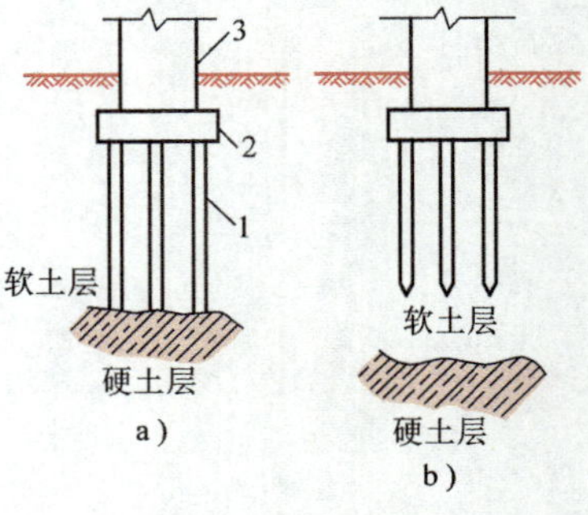

图 2-1 桩基础
a）端承桩 b）摩擦桩
1—桩 2—承台 3—上部结构

桩按施工方法分为预制桩及灌注桩。预制桩是在工厂或施工现场制作的各种材料和形式的桩（钢管桩、钢筋混凝土实心方桩、离心管桩等），然后用沉桩设备将桩沉入土中。预制桩按沉桩方法不同分为锤击沉桩（打入桩）、静力压桩、振动沉桩和水冲沉桩等。灌注桩是在施工现场的桩位处成孔，然后在孔中安放钢筋骨架，再浇筑混凝土成桩，也称为就地灌注桩。灌注桩的成孔，按设计要求和地质条件、设备情况，可采用钻孔、冲孔、抓孔和挖孔等不同方式。成孔作业还分为干式作业和湿式作业，分别采用不同的成孔设备和采取不同的技术措施。

第一节　钢筋混凝土预制桩施工

钢筋混凝土预制桩承载能力较大，桩的制作和沉桩具有工艺简单、施工速度快、沉桩机械普及、不受地下水位高低及潮湿变化影响等特点；较钢管桩和木桩等坚固耐用。其施工现场干净、文明程度高，但耗钢量（由于考虑吊装强度）较大，桩长也不易适应地层变化。

钢筋混凝土预制桩有实心方桩和离心管桩两种。实心桩为便于制作大多数做成方形断面，断面边长一般为250～550mm。管桩是在工厂离心法成型的空心圆柱形预制桩，其直径有400～500mm等几种。与实心桩相比，使用相同体积混凝土，管桩的直径大、表面积大、承载能力高。

单节桩的最大长度，取决于打桩架的高度，一般在27m以内；必要时可做到30m。若桩长超过桩架高度，则应分节（段）制作，打桩时采用接桩的方法把桩接长。

钢筋混凝土预制桩所用混凝土强度等级不宜低于C30；主筋根据桩断面大小及吊装验算确定，一般为4～8根，直径12～25mm；箍筋直径6～8mm，间距不大于200mm。在桩顶和桩尖部分应加强配筋。

钢筋混凝土预制桩施工包括桩的制作、起吊、运输、堆放和沉桩、接桩等工艺。

一、桩的制作、起吊、运输和堆放

较短的桩（长度10m以下）多在预制厂制作；较长的桩一般在施工现场附近露天就地预制。确定单节桩制作长度应考虑桩架的有效高度、制作场地大小、运输和装卸能力等，同时应考虑接桩节点的竖向位置，应避开硬夹层。

施工现场预制桩多采用叠层浇筑，重叠生产的层数应根据施工条件和地基承载力确定，一般不宜超过4层。预制场地应平整坚实，不应产生浸水湿陷和不均匀沉陷。制桩地模应素土夯实或垫石渣、炉灰等，上抹水泥砂浆一遍；上下层桩之间，邻桩之间及桩与地模和模板之间应做好隔离层，以防接触面粘结及拆模时损坏棱角。常用隔离剂有：纸筋石灰浆、皂脚滑石粉浆、塑料布等。隔离剂要求干燥快、隔离性能好、施工方便、造价低廉。上层桩及邻桩的混凝土浇筑，应在下层桩及邻桩混凝土达到设计强度等级的30%之后进行。对于两个吊点以上的桩，由于桩架滑轮组有左右之分，所以预制时应根据打桩顺序、行走路线来确定桩尖方向。钢筋混凝土预制桩的钢筋骨架宜采用对焊连接，主筋接头配置在同一截面内（30倍钢筋直径区域内，但不小于500mm）的数量不得超过50%；同一钢筋两个相邻接头间应大于30倍钢筋直径，且不小于500mm。桩尖应对正轴线，桩尖模板采用钢模板，也可用钢板焊在钢筋骨架上。桩顶主筋上部以伸至最上一层钢筋网片之下为宜，应联接成Π形，以有效接受和传递锤的冲击力，桩身混凝土保护层不可过厚，以25mm为宜，否则打桩时易脱落。钢筋混凝土预制桩如图2-2所示。

制桩时，混凝土应由桩顶向桩尖浇筑，不得中断。桩顶及桩身表面应平整坚实。掉角深度不应超过10mm，局部蜂窝和掉角缺损总面积不得超过全部表面积的0.5%，且不得过分集中。由于混凝土收缩产生的裂缝，其深度不得大于20mm，宽度不得大于0.25mm；横向裂缝长度不得超过边长或直径的一半；桩顶和桩尖处不得有蜂窝、麻面、裂缝和掉角。

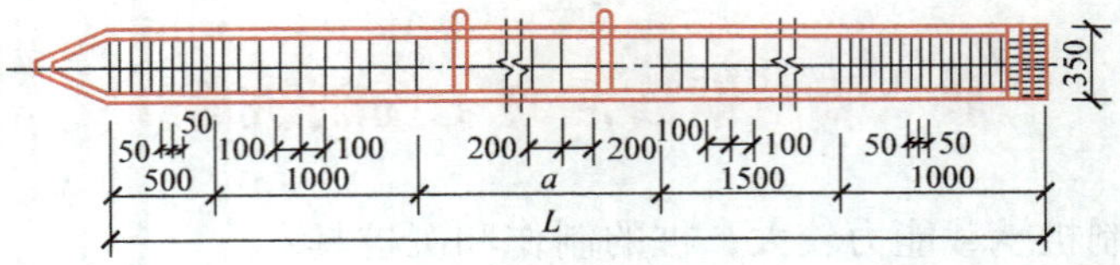

图 2-2 钢筋混凝土预制桩

钢筋混凝土预制桩应在混凝土达到设计强度等级的70%后方可起吊，达到100%才能运输和打桩。如提前起吊，必须作强度和抗裂度验算，并采取必要措施。起吊时，吊点位置应符合设计要求。无吊环时，绑扎点的数量和位置视桩长而定，当吊点或绑扎点为3个或少于3个时，其位置按正负弯矩相等原则计算确定；当吊点或绑扎点多于3个时，应按正负弯矩相等且吊点反力相等的原则确定吊点位置。几种不同吊点位置如图2-3所示。

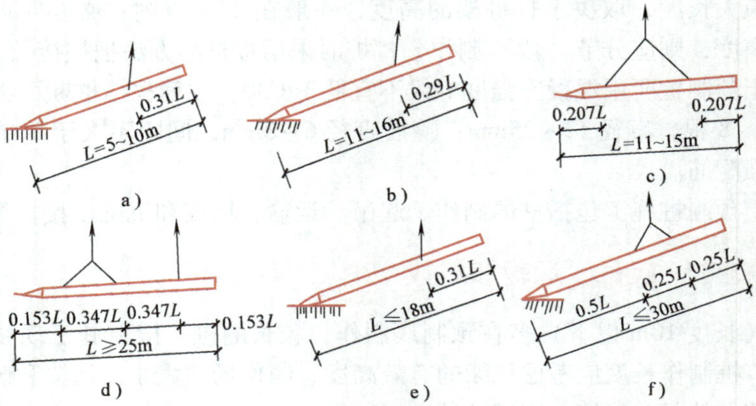

图 2-3 桩的吊点位置

a）、b）一点起吊 c）两点起吊 d）三点起吊 e）、f）管桩一点及两点起吊

桩的运输方法应根据打桩进度和打桩顺序确定，宜采用随打随运方法，这样可以减少二次搬运工作。当桩的运输距离较短时，可以在桩的下面垫滚筒，用卷扬机拖动桩身前进；当运距较远时，可采用轻便轨道小平台车运输；对于工厂生产的短桩，可采用汽车或平板拖车运输。

桩在堆放和运输中，垫木位置应与吊点位置相同，保持在同一平面上，并上下对齐。最下层垫木应适当加宽。堆放场地应平整坚实，堆放层数一般不宜超过4层，不同规格的桩应分别堆放。

二、锤击沉桩（打入桩）施工

锤击沉桩也称打入桩，是利用桩锤下落产生的冲击能量将桩沉入土中。锤击沉桩是预制钢筋混凝土桩最常用的沉桩方法，该法施工速度快、机械化程度高、适用范围广，但施工时有噪声、污染和振动，在城市中心和夜间施工有所限制。

（一）打桩机具及选择

打桩机具主要有打桩机及辅助设备。打桩机主要包括桩锤、桩架和动力装置三部分。

1. 桩锤

桩锤是对桩施加冲击力，将桩打入土层中的主要机具。打入桩桩锤按动力源和动力作用方式分为落锤、单动汽锤、双动汽锤和柴油锤。

（1）落锤　落锤是靠电动卷扬机或人力将锤提升到一定高度，然后自由落下，利用落锤自重夯击桩顶，将桩沉入土中。落锤一般为生铁铸成，为搬运需要和适应桩锤重量的变化，可以分片铸造，施工时根据所需重量用螺栓将各片连接起来，搬运时再拆开分片运输。但装配螺栓易在施打时受振动而断裂。落锤重 5～15kN，提升高度可随意调整，提升用电动卷扬机，利用脱钩装置或松开卷扬机刹车使桩锤下落。落锤每分钟打桩 6～20 次。该种锤构造简单、使用方便、冲击力大，但打桩速度慢、效率低。适用于在普通黏土和含砾石较多的土中打桩。

（2）单动汽锤　利用蒸汽和压缩空气的压力将桩锤的汽缸上举，然后自由下落冲击桩顶沉桩，其冲击部分为汽缸。工作时，由蒸汽或压缩空气推动升起汽缸，达到端部时，排出汽（气）体，由于没有汽（气）体顶托，锤自由下落，夯击桩顶将桩沉入土中。单动汽锤（图 2-4）重 15～150kN，冲击力较大、落距较小、打桩速度快，每分钟锤击 60～80 次，适用于各种桩在各类土中施工。

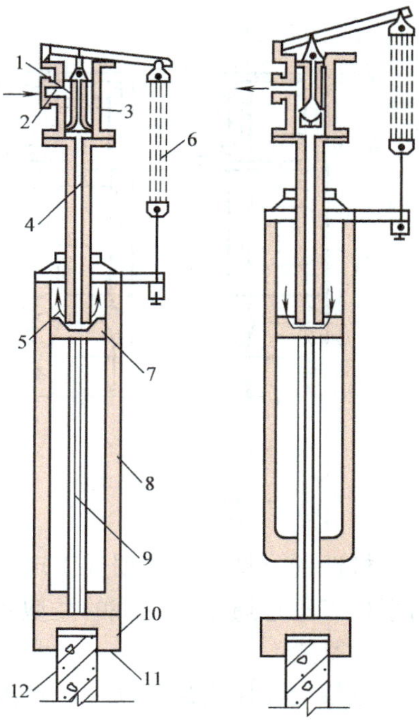

图 2-4　单动汽锤构造示意图
1—活塞　2—进汽（气）口　3—钢套
4—锤芯进汽（气）管　5—气室　6—拉簧
7—活塞　8—锤壳　9—顶杆　10—桩帽
11—桩垫　12—桩

（3）双动汽锤　双动汽锤是利用蒸汽或压缩空气的压力将桩锤上举和下冲，增加桩锤的夯击能量。双动汽锤打桩时，将锤固定在桩顶上，蒸汽或压缩空气由汽锤外壳的调节汽阀进入活塞下部，推动活塞升起，当活塞升到最上部位置时，蒸汽或压缩空气在压差作用下自动改变方向进入上部，而活塞下部汽体排出。活塞则在本身自重和上部汽体作用下冲击垫座，将冲击力传给桩顶，将桩沉入土中。双动汽锤向下的气体压力超过活塞重量的 3～10 倍，增加了夯击能量。双动汽锤重 6～60kN，冲击频率高，每分钟达 100～200 次，故打桩速度快、效率高。双动汽锤采用压缩空气可以在水下打桩，而且可以打斜桩和拔桩，适用范围较广（图 2-5）。

（4）柴油锤　柴油锤一般分为导杆式和筒式柴油锤两种，其工作原理是利用燃油爆炸产生的力推动活塞上下往复运动进行沉桩。柴油锤的冲击部分是沿导杆或缸体上下运动的活塞。首先利用机械能将活塞提升到一定高度，然后自由下落，使燃烧室内压力增大、产生高温而使燃油燃烧爆炸，其作用力将活塞上抛，反作用力将桩沉入土中。这样，活塞不断下落、上抛，循环进行，可将桩打入土中。柴油锤冲击部分重量为 1.2kN、6.0kN、12kN、18kN、25kN、40kN、60kN 等，每分钟锤击次数为 40～80 次。柴油锤构造简单、轻巧，易于搬动转运，不需要外部能源和动力设备。但施工时有噪声和空气污染、振动等公害，在城市中心和夜间施工受到一定限制；另外，在软土和过硬土层施工时，由于贯入度过大和过小，使桩锤反跳高度过小和过大。所以在软土中打桩时，反跳高度过小，燃烧室压力小，燃油不能爆炸（称“熄火”）造成工作循环中断，使打桩效率降低。反之，在硬土中打桩时，桩锤反弹高度大，使桩顶、桩身被打坏，或使桩锤顶部被活塞冲撞损伤（图 2-6）。

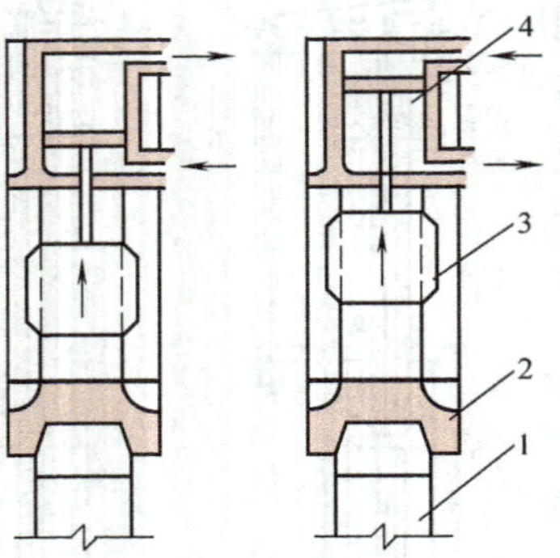

图2-5　双动汽锤
1—桩　2—垫座　3—冲击部分　4—蒸汽缸

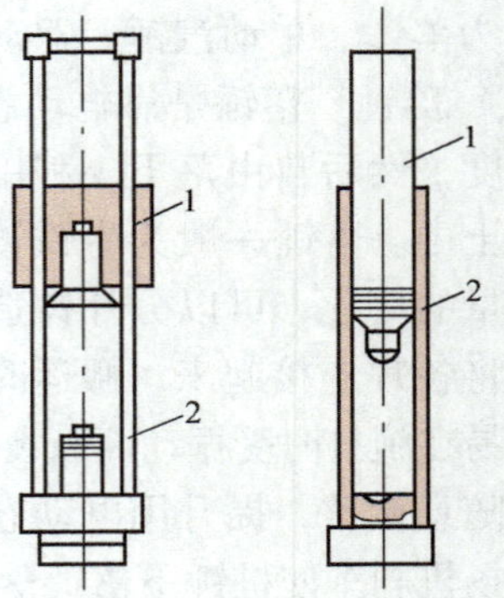

a)　　b)

图2-6　柴油锤类型示意图
a）杆式柴油锤　b）筒式柴油锤
1—活塞　2—汽缸

桩锤的类型，应根据施工现场情况、机具设备条件及工作方式和工作效率进行选择。然后根据工程地质条件、桩的类型和结构、密集程度及施工条件选择桩锤重。

2. 桩架

桩架的作用为吊桩就位、悬吊桩锤、打桩时引导桩身方向。桩架要求稳定性好、锤击准确、可调整垂直度；机动性、灵活性好，工作效率高。桩架的种类和高度，应根据桩锤的种类、桩的长度和施工条件确定。桩架高度应为：桩长 + 桩帽高度 + 桩锤高度 + 滑轮组高度 + 起锤工作伸缩的余位高度（1 ~ 2m）。若桩架高度不满足，则桩可考虑分节制作、现场接桩；若采用落锤，还应考虑落距高度。

桩架形式多种多样，常用桩架基本为两种形式；一种是沿轨道或滚杠行走移动的多功能桩架，另一种为装在履带式底盘上可自由行走的桩架。

1）多功能桩架由立柱、斜撑、回转工作台、底盘及传动机构等组成。它机动性和适应性较好，在水平方向可作360°回转，导架可伸缩和前后倾斜。底盘下装有铁轮，可在轨道上行走。这种桩架可用于各种预制桩和灌注桩施工。其缺点是机构较庞大，现场组装和拆卸、转运较困难（图2-7）。

2）履带式桩架以履带式起重机为底盘，利用履带式起重机作动力，增加导架、桩锤、导杆等。其行走、回转、起升的机动性好，使用方便，适用范围广泛（图2-8）。

3. 动力装置

打桩机械的动力装置及辅助设备主要根据选定的桩锤种类而定。落锤以电源为动力，再配置电动卷扬机、变压器、电缆等；蒸汽锤以高压饱和蒸汽为驱动力，配置蒸汽锅炉、蒸汽绞盘等；气锤以压缩空气为动力源，需配置空气压缩机、内燃机等；采用柴油锤，以柴油为能源，桩锤本身有燃烧室，不需要外部动力设备。

（二）打桩前的准备工作

1. 清除妨碍打桩施工的高空及地下障碍物、平整场地

打桩前应清除地上、地下的障碍物，如地下管线、既有基础、树木等。桩机进场及移动范围内的场地应平整压实，使地基承载力满足施工要求，并保证桩架的垂直度。施工现场及周围应保持排水通畅。架空高压电线距桩架顶部净空不小于10m。

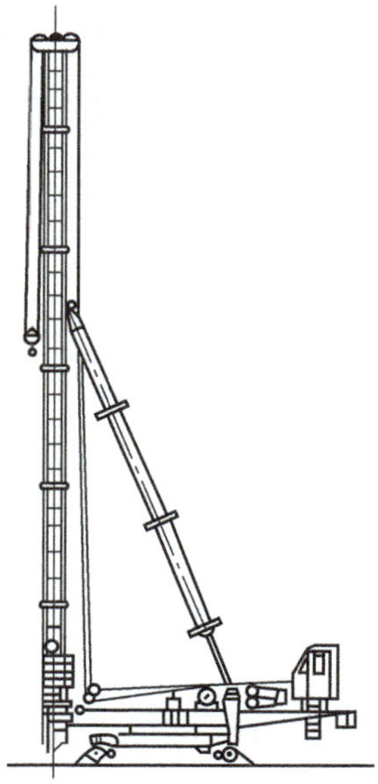

图 2-7　多功能桩架

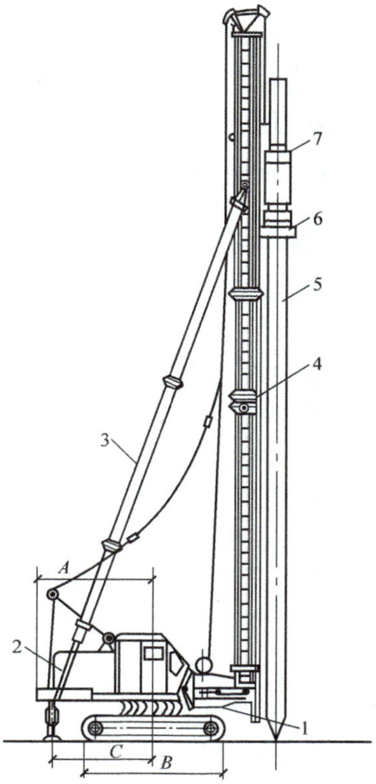

图 2-8　履带式桩架
1—立柱支撑　2—发动机　3—斜撑
4—立柱　5—桩　6—桩帽　7—桩锤

2. 材料机具准备及接通水电源

桩机进场后，按施工顺序铺设轨道、选定位置架设桩机和设备、接通水电源或燃炉升火、进行试机，并移机至起点就位，力求桩架平稳垂直。

3. 打桩试验

打试桩主要是检验打桩设备和工艺是否符合要求；了解桩的贯入深度、持力层强度及桩的承载力，以确定打桩方案和打桩技术。试桩时应做好试桩记录，画出各土层深度，打入各土层的锤击次数，最后精确测量贯入度。试桩数量不得少于 2 根。

4. 确定打桩顺序

打桩时，由于桩对土体的挤密作用，先打入的桩被后打入的桩水平挤推而造成偏移和变位，或被垂直挤拔造成浮桩；而后打入的桩难以达到设计标高或入土深度，造成土体隆起和挤压，截桩过大。所以群桩施打时，为了保证质量和进度、防止周围建筑物破坏，打桩前应根据桩的密集程度、规格、长短和方便桩架移动来正确选择打桩顺序。

1）当桩较密集时（桩中心距小于等于 4 倍边长或直径），应由中间向两侧对称施打（图2-9a），或由中间向四周施打（图 2-9b）。这样，打桩时土体由中间向两侧或四周挤压，易于保证施工质量。当桩数较多时，也可分区段施打。

2）当桩较稀疏时（桩中心距大于4d），可采用由一侧向单一方向进行施打的方式（图2-9c），即逐排施打。这样，桩架单方向移动，打桩效率高。但打桩前进方向一侧不宜有防侧移、防振动的建筑物、构筑物、地下管线等，以防土体挤压破坏。

3）当桩的规格、埋深、长度不同时，宜先大后小、先深后浅、先长后短施打。

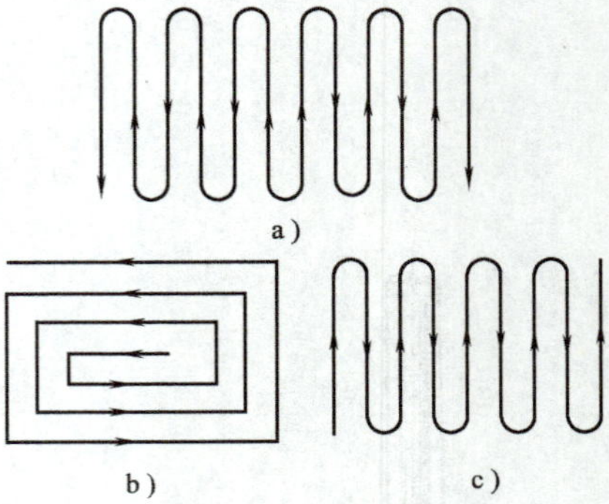

图2-9 打桩顺序
a）由中间向两侧对称施打 b）由中间向四周施打 c）由一侧向单一方向施打

5. 抄平放线、定桩位、设标尺

打桩现场附近应设置水准点，数量不少于两个，用以抄平场地和检查桩的入土深度；然后根据建筑物的轴线控制桩，定出桩基轴线位置及每个桩的桩位，其轴线位置允许偏差为20mm。当桩较稀时可用小木桩定位；当桩较密时，用龙门板（标志板）定位，以防打桩时土体挤压移位使桩错位。

为控制桩的入土深度应在桩架或桩侧面设置标尺，以观测、控制桩的入土深度。

（三）打桩施工

1. 提锤吊桩

桩机就位后应平稳垂直，导杆中心线与打桩方向一致并检查桩位是否正确，然后将桩锤和桩帽吊起使锤底高度高于桩顶，以便进行吊桩。

吊桩用桩架上的钢丝绳和卷扬机将桩提升就位，吊点数量和位置与桩运输起吊时相同。桩提离地面时，用拖拉绳稳住桩下部，防止撞击桩架。桩提升到垂直状态后，送入桩架导杆内，桩尖垂直对准桩位中心，扶正桩身，将桩缓缓下放插入土中。桩的垂直度偏差不得超过0.5%。

桩就位后，在桩顶放上弹性衬垫（如草纸、麻袋、草绳等）；扣上桩帽或桩箍，保证桩帽与桩周围有5~10mm间隙。待桩稳定后，即可脱去吊钩，再将桩锤缓慢落在桩帽上。桩锤底面、桩帽上下面及桩顶应保持水平；桩锤、桩帽（送桩）和桩身应在同一中心线上。此时，在锤重作用下，桩沉入土中一定深度达到稳定位置，再次校正桩位和垂直度后即可打桩。

2. 打桩

初打应采用小落距轻击桩顶数锤，落距以0.5~0.8m为宜，随即观察桩身与桩锤、桩架是否在同一垂线上。待桩入土一定深度，桩尖不易发生偏移时，再全落距施打。

打桩宜采用重锤低击方法。重锤低击对桩顶的冲量小、动量大、桩顶不易损坏、大部分能量用于克服桩身摩擦力与桩尖阻力；另外桩身反弹小，反弹张力波产生的拉应力不致使桩身被拉坏；桩锤的落距小、打桩速度快、效率高。当采用落锤或单动汽锤时，落距不宜大于1m，采用柴油锤应使桩锤跳动正常、落距不超过1.5m。

打桩时入土速度应均匀，锤击间歇时间不应过长，否则会使桩身与土层之间摩擦力恢复，造成固结现象，使桩施打困难。所以在组织施工和现场接桩时应尽量加快速度，保证施工连续进行。

打桩时应随时注意观察桩锤回弹情况。若桩锤经常性回弹较大，桩的入土速度慢，说明桩锤太轻，应更换桩锤；若桩锤发生突发的较大回弹，说明桩尖遇到障碍，应停止锤击，找出原因后进行处理。如果继续施打，贯入度突增，说明桩尖或桩身遭受破坏。打桩时，还要随时注意观察贯入度的变化，贯入度过小，可能遇到土中障碍，贯入度突然增大，可能遇到软土层、土洞或桩尖、桩身破坏。当贯入度剧变、桩身发生突然倾斜、移位或严重回弹，桩顶、桩身出现严重裂缝或破坏时，应暂停打桩并及时进行研究处理。

打桩时，桩顶要打入土中一定深度时，则采用送桩器，以减少预制桩的长度、节省材料。送桩是将桩送入地下的工具式短桩，安放在桩顶承受锤击，通常用钢材制作，其长度和尺寸视需要而定。送桩施打时，应保证桩与送桩尽量在同一垂直轴线上。送桩器两侧应设置拔出吊环，拔出送桩后，桩孔应及时回填。在城市中心或建筑群中打桩时，为减少噪声和土体对既有建筑物、构筑物及地下管线的挤压，可采用钻孔排土打入桩。即先用长杆螺旋钻在浅层钻孔排土，后插入桩进行施打。也可以采用挖防振沟、砂井排水、打隔离板桩等方法减少噪声和土体挤压移位。

打桩方式有顶打和退打两种。当桩顶实际标高在地面以下（如摩擦桩及采用送桩的端承桩），施打时可采用向前顶打方式，这样桩可预先布置，避免场地内二次搬运，但需将施打后的桩顶孔铺平。当桩的顶部高于自然地面时，只能采用向后退打方式，这种情况下，桩只能随打随运。

打桩工程属于隐蔽工程，为确保工程质量，应对每根桩施工过程进行观测，并做好记录，作为验收时鉴定质量的依据。若采用落锤、单动汽锤或柴油锤打桩，开始施打时应测量记录桩身每沉入 1m 的锤击次数及桩锤落距的平均高度，桩下沉接近设计标高时，应在规定落距下，锤击一阵（每阵 10 击）后测量其贯入度，当最后贯入度小于设计要求时，打桩即停止；当采用双动汽锤和振动桩锤时，开始即应记录每沉入土中 1m 的工作时间（将每分钟锤击次数记入备注栏），以观测沉入速度及均匀程度。当桩下沉接近设计标高时，应测量记录每分钟的沉入量，以保证桩的设计承载力。

打桩时要测量桩顶的水平标高，可采用水平仪测量控制。通常在桩架导杆底部每隔10～20mm 划一准线，定出桩锤应停止锤击的水平面数字，当桩锤上白线打至该数字时即应停止锤击。

3. 打桩质量控制

打桩质量评定主要有两个方面：一是能否满足贯入度及桩尖标高或入土深度要求；二是桩的位置偏差是否在允许范围之内。

当桩尖位于坚硬、硬塑的黏土，碎石土，中密以上砂土或风化岩等土层时，打桩以贯入度控制为主，以桩尖进入持力层深度或桩尖标高作参考；当桩尖标高或入土深度未达到，而贯入度已达到时，应继续锤击 3 阵，其每阵 10 击的平均贯入度不应大于规定数值。当桩尖位于其他软土层时，以桩尖设计标高或入土深度为主，贯入度作参考。贯入度指每锤击一次桩的入土深度，而工程中通常指最后贯入度，即最后 10 击桩的累计入土深度。控制贯入度应通过试验确定，测量最后贯入度应在下列正常条件下进行：锤的落距符合规定、桩帽和弹性衬垫等正常、锤击没有偏心、桩顶没有破坏或破坏处已凿平。

（四）接桩及桩头处理

预制桩按设计要求有时长达 30～40m。但受桩架有效高度、现场情况、运输、吊装能力等限制，桩只能分节制作、逐节打入、现场接桩。接桩方法有焊接接桩、法兰接桩和硫黄胶泥锚接桩三种。

（1）焊接接桩　焊接接桩是在上下两节桩端部四角侧面及端面预埋低碳钢钢板，其表面应保持清洁。当下节桩打至便于焊接的操作高度（距地面1m左右，同时应使桩尖避开硬土夹层）时，将上节桩用桩架吊起，对准下节桩头。用仪器在两个互成90°方向校正垂直度，接头间隙不平处用钢片填实并与桩端面预埋钢板焊牢。检查无误后，用定位焊将四角连接角钢与预埋钢板临时焊接，再次检查位置及垂直度后，随即由两名焊工对角对称施焊，焊接中应防止节点由于温度应力产生焊接变形而引起桩身歪斜。焊缝应连续饱满，焊接时间尽量缩短，以防止桩周土出现固结现象。焊接接桩适用于各类土层。焊接节点如图2-10所示。

（2）法兰接桩　法兰接桩主要用于离心法成型的钢筋混凝土管桩。制桩时，用低碳钢制成的法兰盘与混凝土整浇在一起，接桩时，上下节桩之间用石棉或纸板衬垫，垂直度检查无误后，在法兰盘的钢板孔中穿入螺栓，用扳手拧紧螺母，锤击数次后，再拧紧一次，并焊死螺母。法兰接桩速度快、质量好，但耗钢量大，造价高。该法适用于各种土层的离心管桩接桩。

（3）硫黄胶泥锚接桩　硫黄胶泥锚接法又称浆锚法。制桩时，在上节桩下端伸出4根锚筋，长度为$15d$；下节桩上端预留4个锚筋孔，孔径为$2.5d$，孔深为$15d+30$mm。接桩时，将上节桩的锚筋插入下节桩的锚筋孔，上下桩间隙为20mm左右。然后在四周安设施工夹箍（由4块木块及内侧人造革包裹40mm厚树脂海绵块连接而成），将熔化的硫黄胶泥注满锚筋孔内，并使之溢出桩面，然后将上节桩下落，当硫黄胶泥冷却后，拆除施工夹箍，则可继续压桩和打桩。图2-11所示为硫黄胶泥锚接桩节点。

硫黄胶泥是一种热塑冷硬性材料，它是由胶结料（硫黄）、细集料（普通砂、模型砂或石英砂）、填充料（低强度等级水泥、石墨粉）、增韧剂（聚硫780胶或聚硫甲胶）熔融搅拌混合而成。其质量配合比为：硫黄∶水泥∶粉砂∶聚硫780胶＝44∶11∶44∶1。

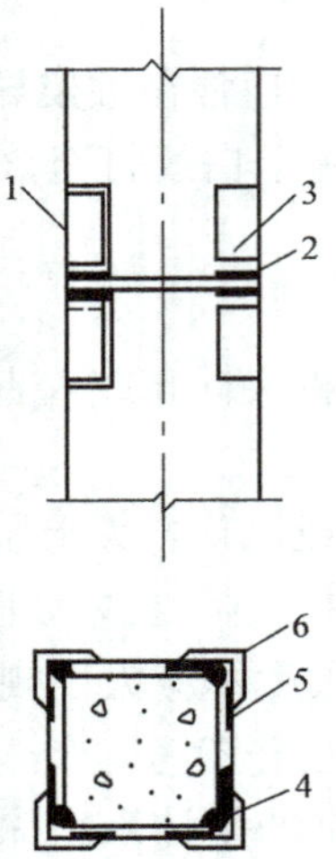

图2-10　焊接接桩节点

1—连接角钢　2—预埋垫板　3—预埋钢板

4—主筋　5—钢板　6—角钢

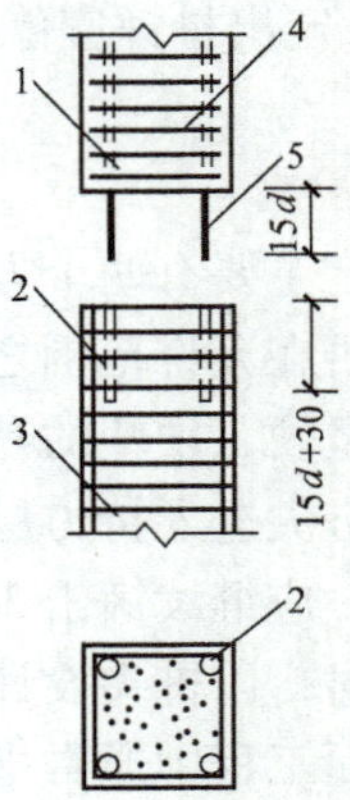

图2-11　硫黄胶泥锚接桩节点

1—上节桩　2—锚筋孔　3—下节桩

4—箍筋　5—螺纹钢筋

采用硫黄胶泥锚接桩时，钢筋应事先清刷干净并调直；应预先检查锚筋长度、孔深和平面位置，孔内应有完好螺纹，无积水、杂质和油污。接桩时节点平面和锚筋孔内应灌满硫黄胶泥。灌注时间不得超过2min。灌注后需停歇的时间见表2-1中的规定。

表2-1 硫黄胶泥灌注后需停歇的时间

项目 / 桩断面/mm×mm	不同气温下的停歇时间/min									
	0~10℃		11~20℃		21~30℃		31~40℃		41~50℃	
	打桩	压桩	打桩	压桩	打桩	压桩	打桩	压桩	打桩	压桩
400×400	6	4	8	5	10	7	13	9	17	12
450×450	10	6	12	7	14	9	17	11	21	14
500×500	13	—	15	—	18	—	21	—	24	—

硫黄胶泥掺入增塑剂后，可以改善其韧性，并显著提高其强度。其抗拉强度可达4MPa、抗压强度可达40MPa、与钢筋握裹强度可达11MPa。硫黄胶泥锚接桩适用于软弱土层中打桩和压桩，该法节约钢材、操作简单、施工速度快、质量好，是接桩工艺的一项改革。

预制桩施打完毕后，按设计桩顶标高，应将桩头多余部分凿除，凿桩头可用人工、风镐或小爆破方法。采用爆破方法时，制桩就应在桩顶和桩侧用砂袋预留药孔，否则制桩后凿孔困难。截桩用微量控制爆破法引爆，使桩头混凝土震裂震碎。

三、静力压桩施工

静力压桩是利用压桩机桩架自重和配重的静压力将预制桩逐节压入土中的沉桩方法。这种方法节约钢筋和混凝土、降低工程造价，而且施工时无噪声、无振动，对周围环境的干扰影响小，适用于软土地区城市中心或建筑物密集处以及精密工厂扩建工程等工程施工。

静力压桩机的构造和组成如图2-12所示。压桩机的主要部件有桩架、底盘、压梁、卷扬机、滑轮组、配重和动力设备等。压桩时，先将桩起吊，对准桩位，将桩顶置于压梁下，然后开动卷扬机牵引钢丝绳，逐渐将钢丝绳收紧，使活动压梁向下，将整个桩机的自重和配重荷载通过压梁压在桩顶，当静压力大于桩尖阻力和桩身与土层之间摩擦力时，桩被逐渐压入土中。常用压桩机有80t、120t、150t几种。

静力压桩在一般情况下桩分段预制，分段压入，逐段接长。每节桩长度取决于桩架高度，通常为6m左右，压桩桩长可达30m以上，桩断面为400mm×400mm。接桩方法有焊接法、硫黄胶泥锚接法。静力压桩沉桩程序如图2-13所示。

压桩施工前，应了解施工现场土层土质情况，检查桩机设备，以免压桩时中断，造成土层固结，使压桩出现困难。如果压桩过程原定需要停歇，则考虑桩尖应停歇在软弱土层中，以使压桩启动阻力不致过大。压桩机自重大，行驶路基必须有足够承载力，必要时应加固处理。

压桩时，应始终保持桩轴心受压，若有偏移应立即纠正。接桩应保证上下段桩轴线一致，并应尽量减少每根桩的接头个数，一般不宜超过4个接头。施工中，若压阻力超过压桩能力，使桩架上抬或倾斜时，应立即停压，查明原因，有可能桩尖遇到厚砂层等使阻力增大。这时可以用最大压桩力作用于桩顶，采用忽停忽开的办法，有可能使桩缓慢下沉，穿过砂层。

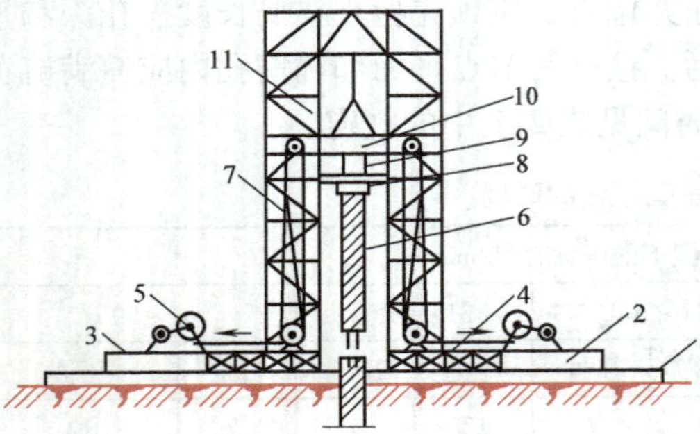

图2-12　静力压桩机

1—垫板　2—底盘　3—操作平台　4—加重物仓
5—卷扬机　6—上段桩　7—加压钢丝绳　8—桩帽
9—油压表　10—活动压梁　11—桩架

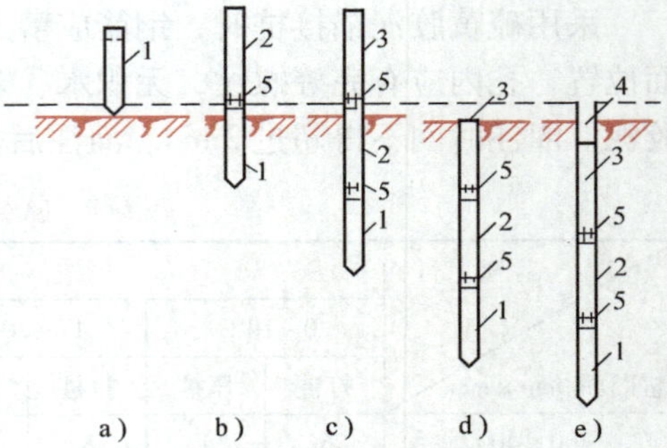

图2-13　静力压桩沉桩程序

a）准备压第一段桩　b）接第二段桩　c）接第三段桩
d）整根桩压入地面　e）采用送桩，压桩完毕
1—第一段桩　2—第二段桩　3—第三段桩
4—送桩　5—接桩处

当桩压至接近设计标高时，不可过早停压，应使压桩一次成功，以免发生压不下或超压现象。若工程中有少数桩不能压至设计标高，可采取截去桩顶的方法。

四、振动沉桩施工

振动沉桩是利用固定在桩顶部的振动器所产生的激振力，通过桩身使桩周围土颗粒受迫振动，改变排列组织、产生收缩和位移，使桩表面与土层间摩擦力减小，桩在自重和振动力共同作用下沉入土中。

振动沉桩设备简单，不需要其他辅助设备，重量轻、体积小、搬运方便、费用低、工效高，适用于在黏土、松散砂土及黄土和软土中沉桩，更适合于打钢板桩，同时借助起重设备可以拔桩。

振动桩锤构造示意图如图2-14所示。振动箱安装在桩头，用夹桩器将桩与振动箱固定。振动箱内装有两组偏心振动块，在电动机带动下，偏心块反向同步旋转产生离心力，离心力的水平分力大小相等、方向相反、相互抵消。而垂直分力大小相等、方向相同、相互叠加，使振动箱产生垂直方向的振动，使桩与土层摩擦力减小，逐渐沉入土中。

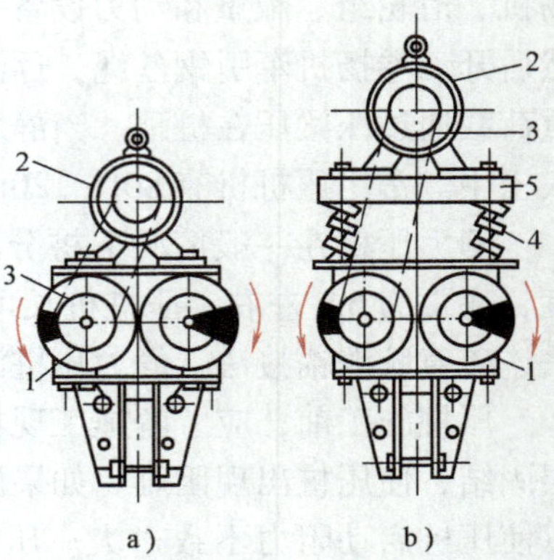

图2-14　振动桩锤构造示意图

a）刚性式　b）柔性式

1—激振器　2—电动机　3—传动带
4—弹簧　5—加荷板

振动桩机分为三种：超高频振动锤的振动频率为100～150Hz，与桩体自振频率一致而产生共振，桩振动对土体产生急速冲击，可大大减小摩擦力，以最小功率、最快的速度打桩，还可使振动对周围环境的影响减至最小，该种振动锤适合于城市中心施工；中高频振动锤振动频率为20～60Hz，适用于松散冲积层、松散及中密的砂石层施工，在黏土地区施工却显能力不足。低频振动锤适用于打大管径桩，多用于桥梁、码头工程，缺点是振幅大、噪声大，可采用以下方法来减小噪声：一是紧

急制动法，即停振时，使马达反转制动，使其在极短时间内越过与土层的共振域；二是采用钻振结合法，即先钻孔，后沉桩，噪声可降低到75dB以下；三是采用射水振动联合法。

振动沉桩器施工时，夹桩器必须夹紧桩头，避免滑动，否则影响沉桩效率，损坏机具。沉桩时，应保证振动箱与桩身在同一垂直线上。当遇有中密以上细砂、粉砂或其他硬夹层时，若厚度在1m以上，可能发生沉入时间过长或穿不过去的现象，应会同设计部门共同研究解决。振动沉桩施工应控制最后三次振动，每次5min或10min，以每分钟平均贯入度满足设计要求为准。摩擦桩以桩尖进入持力层深度或入土深度为准。

五、水冲沉桩施工

水冲沉桩又称射水沉桩，即在桩身旁侧安置几根与桩平行的射水管，下设喷嘴，管内通入高压水。在高压水流作用下，桩尖下土层被冲刷松软，减小桩身下沉的阻力。由于射水大部分沿桩身涌上地面，从而减小了土层与桩身之间的摩擦力，使桩在自重及桩锤作用下很快沉入土中。射水停止后，冲松的土沉落，又将桩身包裹，恢复了桩身与土层的摩擦力。由于水冲法对土体没有挤密作用，摩擦力将降低。水冲沉桩可提高工效，在砂质或松软的砾石土中可以与锤击沉桩或振动沉桩联合使用，并可使振动沉桩降低噪声，在城市中心施工而不影响居民生活、学习和工作。水冲沉桩如图2-15所示。

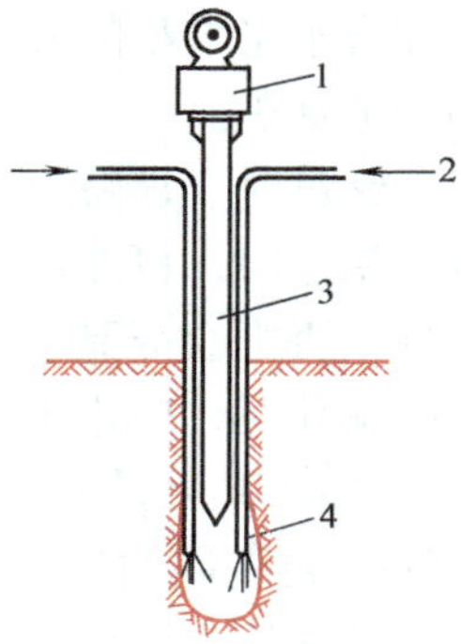

图2-15 水冲沉桩
1—振动箱 2—高压水 3—桩 4—射水管

水冲沉桩时，应使射水管位于桩尖下0.3～0.4m处，射水压力达400kPa，当桩沉至距设计标高1～2m时停止射水，拔出射水管，用锤击或振动方法将桩沉到设计标高。水冲沉桩对附近既有建筑物及构筑物的基础、地下建筑结构等易产生沉陷，施工时应特别注意。

第二节 混凝土灌注桩施工

混凝土灌注桩是直接在施工现场桩位上成孔，然后在孔内安装钢筋骨架，浇筑混凝土成桩。灌注桩按成孔方法可分为钻孔灌注桩、套管成孔灌注桩、挖孔灌注桩和爆扩成孔灌注桩等。

灌注桩与预制桩相比，能适应持力层变化，制成不同长度的桩，桩径大，具有节约钢筋、节省模板、施工方便、工期短、成本低等优点，而且施工时无噪声、无振动、对土体和周围建筑物无挤压（除套管成孔灌注桩之外）。但施工质量要求严格，出现问题不易观测到，施工时应严格遵守操作规程和技术规范。

一、钻孔灌注桩施工

（一）干作业成孔灌注桩施工

干作业成孔灌注桩是先用螺旋钻机在桩位处钻孔，然后在孔中放入钢筋笼，再浇筑混凝土成桩。干作业成孔灌注桩适用于地下水位以上的各种软硬土中成孔。干作业成孔机械有螺旋钻机、钻扩机、洛阳铲等。现以螺旋钻机为例，介绍干作业成孔灌注桩的施工方法，长杆螺旋钻机如图2-16所示。

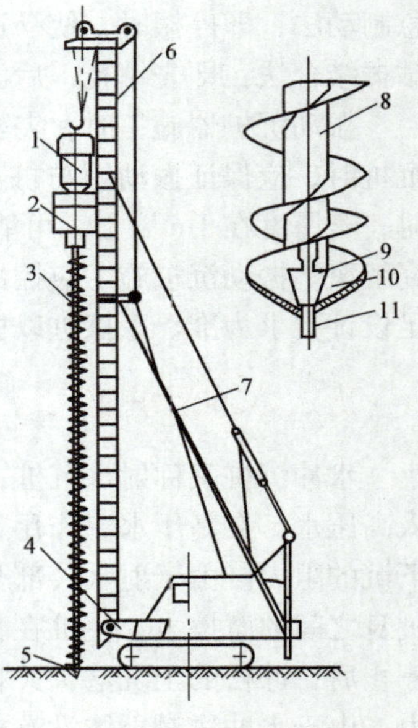

图2-16　长杆螺旋钻机

1—电动机　2—变速器　3—钻杆　4—托架　5—钻头　6—立柱　7—斜撑　8—钢管　9—钻头接头　10—刀板　11—定心尖

螺旋钻机利用动力旋转钻杆，钻杆带动钻头上的螺旋叶片旋转来切削土层，削下的土屑靠与土壁的摩擦力沿叶片上升排出孔外。螺旋钻机有长杆螺旋式（钻杆长度10m以上）及短杆螺旋式（钻杆长度3~8m），前者广泛用于工业与民用建筑的桩基础施工，后者主要用于爆扩桩桩身成孔。长杆螺旋钻钻头外径分别为400mm、500mm、600mm，钻孔深度分别为12m、10m和8m三种。钻杆根据叶片螺距不同，分为密纹叶片和疏纹叶片。在软塑土层中施工时，土的含水量大，应采用疏纹叶片，以便较快地钻进；在可塑或硬塑的黏土中或在含水量较小的砂土中成孔时，应采用密纹叶片，缓慢而均匀地钻进。

钻进时要求钻杆垂直，如发现钻杆摇晃、移动、偏斜或难以钻进时，可能遇到坚硬夹杂物，应立即停车检查，妥善处理，否则会导致桩孔严重偏斜，甚至钻具被扭断或损坏。钻孔偏移时，应连提起钻头上下反复打钻几次，以便削去硬土。如纠正无效，可在孔中局部回填黏土至偏孔处以上0.5m，再重新钻进。

钻孔达到设计深度后，应在原位空转清土，停钻后提出钻杆弃土。钻出的土及时运走，不要在孔口处堆放。孔底所余松土用夯锤夯实。钢筋笼宜一次整体吊放，如过长也可分段接长。钢筋笼吊放时应缓慢沉入，严防碰撞孔壁。

经检查合格后，应及时灌注混凝土，深度大于6m时靠混凝土自身下冲力砸实，小于6m时用加长的振动器或长竹竿捣实。浇筑振捣应分层进行，每层高度不大于1.5m。混凝土坍落度在一般黏性土中为50~70mm，砂类土中为70~90mm。干作业成孔灌注桩常用机扩法扩底，以增大桩的承载能力。图2-17所示为双管双螺旋钻机，用同一钻头，既能钻孔又能扩孔，一面切土，一面输土。这种钻机钻孔直径为350mm，扩孔最大直径为1200mm，最大钻孔深度为4~5m。

这种钻机有两根并列的管子，内装有输土螺旋叶片。两根管子上段并列焊在一起的，管

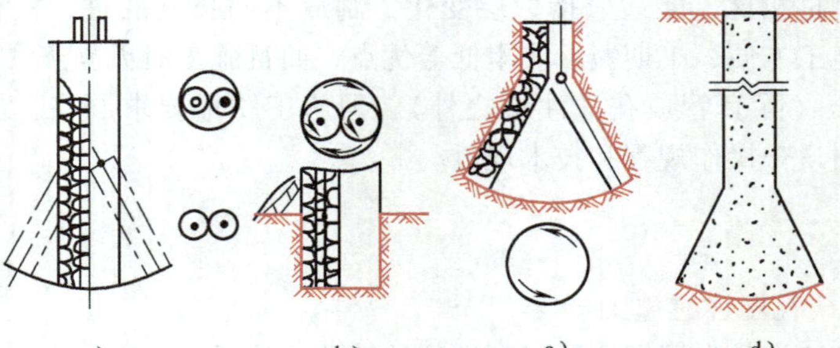

图2-17　双管双螺旋钻机钻孔示意图

a）钻头　b）钻孔　c）扩孔　d）机扩钻孔桩

子上段和下段铰接，并装有两组切削刀刃，下端装有钻孔刀，侧面装有扩孔刀。管子的下段可绕铰点转动，像两条腿一样，可以并拢或张开。钻孔时两腿并拢，土被钻头切削后由高速旋转的螺旋叶片带上地面，土从管壁的缺口甩出来；当钻孔达设计标高时，开动液压机构使两条腿逐渐张开，侧面扩孔刀开始切土，切碎的土屑从刀旁缝隙进入管内，由螺旋叶片输上地面。当扩大头直径达到设计要求后，收拢下部支管，提起钻头，即成扩孔桩孔。

钻机钻孔时，要注意对准桩位，保证钻孔垂直，孔位准确。当钻孔时，土屑进入管内，摩阻力增大，出现闷车转不动时，可往螺旋叶片内浇水润滑，同时钻杆下钻速度不宜过快，一般每分钟钻进 0.5m 左右。钻扩大头时，扩刀张开速度：扩至直径 0.8m 总时间为 2min，扩至直径 0.9m 总时间为 3min，扩至直径 1m 总时间为 4.5min。扩孔完毕，扩孔刀应继续转动约 10s，使扩孔刀抹光扩孔部分周围土壁，同时使螺旋叶片内的土尽量输送至地面甩尽。然后收拢扩刀，提起钻头。提钻时应尽量不使松土落入孔内。然后安放钢筋笼，浇筑混凝土成桩。

干作业钻孔灌注桩除上述作业方式外，还有钻孔压浆成桩法。其工艺原理是：先用螺旋钻机钻孔至要求深度，通过钻杆芯管利用钻头处的喷嘴向孔内自下而上高压喷注制备好的水泥浆液，使液面上升到地下水位或有坍孔危险的位置以上。提出全部钻杆后，向孔内沉放钢筋笼和集料至桩顶设计标高，最后再由孔底向上高压补浆。

此法可连续一次成孔，多次由下而上高压注浆成桩，具有无振动、无噪声、不需排除护壁泥浆等优点，又能在流砂、卵石、地下水位高易坍孔等复杂地质条件下顺利成孔成桩。由于高压注浆时水泥浆的渗透扩散，防止了断桩、缩颈、桩间虚土等现象的发生，还有局部膨胀扩径，因此其单桩承载力比普通灌注桩有明显提高。这种方法的成桩桩径一般为 300～1000mm，深度可达 50m。

（二）泥浆护壁成孔灌注桩施工

干作业钻孔的灌注桩，一般应用于地下水位以上地质条件较好的情况，当地下水位较高或土质较差（如淤泥、淤泥质土、砂土等）容易塌孔时，应采用泥浆护壁成孔的方法进行施工，这种桩也称为湿作业成孔灌注桩。

泥浆护壁成孔灌注桩施工时，先在施工现场测量放线定桩位，修筑泥浆池、安装桩架和导管架等。

1. 埋设护筒

护筒是用 3～5mm 厚钢板制成的圆筒，护筒内径应大于钻头直径。采用回转钻时，宜大 100mm；采用冲击钻时，宜大 200mm。埋设护筒时，先挖去桩孔处表土，将护筒埋入土中。其埋设深度，在黏土中不宜小于 1m，在砂土中不宜小于 1.5m。护筒中心线应与桩位中心线重合，偏差不得大于 50mm，护筒与坑壁之间用黏土填实，以防漏水；护筒顶面应高于地面 0.4～0.6m，并应保持孔内泥浆面高出地下水位 1m 以上。护筒的作用是固定桩孔位置，防止地面水流入，保护孔口，增高桩孔内水压力，防止塌孔，成孔时引导钻头方向。

2. 制备泥浆

泥浆在桩孔内孔壁上形成泥皮，将土壁上孔隙填渗密实，避免孔内壁漏水，保持护筒内水压稳定；泥浆密度大，加大孔内水压力，可以稳固土壁、防止塌孔。泥浆有一定粘度，通过循环泥浆可将切削碎的泥石碴屑悬浮后排出，起到携砂、排土的作用。同时，泥浆还对钻头有冷却和润滑作用。制备泥浆方法应根据土质条件确定；在黏性土中成孔时，可在孔中注入清水，钻机旋转时，切削土屑与水旋拌，用原土造浆，泥浆密度应控制在1.1～1.2t/m³；在其他土中成孔时，泥浆可就地选择塑性指数$I \geqslant 17$的黏土在泥浆池中配制；在砂土和较厚的夹砂层中成孔时，泥浆密度应控制在1.1～1.3t/m³；在穿过砂夹卵石层或容易塌孔的土层中成孔时，泥浆密度控制在1.3～1.5t/m³。施工中应经常测定泥浆密度，并定期测定粘度、含砂率和胶体率。

3. 成孔

泥浆护壁成孔灌注桩成孔方法有钻孔、冲孔和抓孔三种。

（1）钻孔　钻孔常用潜水钻机，它是一种将动力、变速机构与钻头连在一起加以密封，潜入水中工作的一种体积小而轻的钻机。这种钻机的钻头带有合金刃齿，由电动机带动刀齿旋转切削土层或岩层。钻头靠桩架悬吊吊杆定位，钻孔时钻杆不旋转，正循环送入泥浆，被切碎的土屑靠泥浆循环排出孔外。该钻机桩架轻便、移动灵活、钻进速度快（0.5～2m/min）、噪声小，钻孔直径为600～800mm，钻孔深度可达50m。钻孔成孔适用于黏性土、淤泥、淤泥质土及砂土，也可钻入岩层，尤其适于在地下水位较高的土层中成孔。潜水钻机及潜水钻如图2-18、图2-19所示。

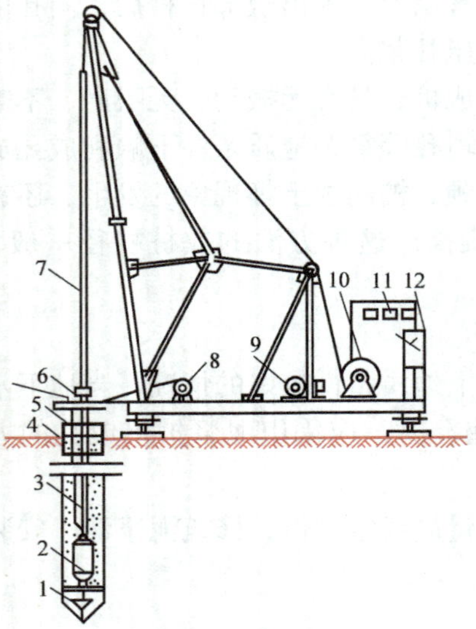

图2-18　潜水钻机示意图

1—钻头　2—潜水钻　3—电缆　4—护筒　5—水管　6—滚轮　7—钻杆　8—电缆盘　9—卷扬机　10—10kN卷扬机　11—电表　12—起动开关

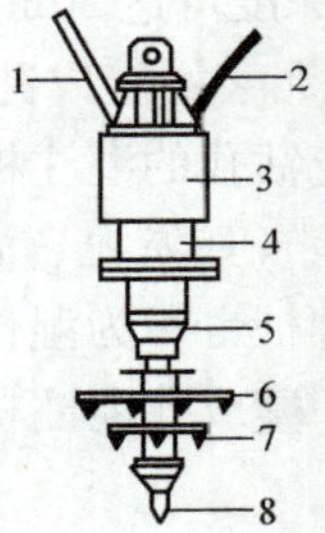

图2-19　潜水钻

1—泥浆管　2—防水电缆　3—电动机　4—齿轮减速器　5—密封装置　6—钻头　7—合金刃齿　8—钻尖

（2）冲孔　冲孔是用冲击钻机把带钻刃的重钻头（又称冲锤）提高，靠自由下落的冲击力来削切岩层，排出碎碴成孔。冲击钻机有钻杆式和钢丝绳式两种。前者所钻孔径较小、效率低，应用较少。后者钻孔直径大，有800mm、1000mm、1200mm几种。钻头可锻制或用铸钢制造，钻刃用T8号钢制造与钻头焊接。钻头形式有十字钻头（图2-20a）及三翼钻头（图2-20b）等。锤重500～3000kg。冲孔施工时，首先准备好护壁料，若表层为软土，则在护筒内加片石、砂砾和黏土（比例为3∶1∶1）；表层若为砂砾卵石，则在护筒内加小石子和黏土（比例为1∶1）。冲孔时，开始低锤密击，落距为0.4～0.6m。直至开孔深度达护筒底以下 3~4m 时，将落距提高至 1.5~2m。掏碴采用抽筒，用以掏取孔内岩屑和石碴，也可进入稀软土、流砂、松散土层排土和修平孔壁。掏碴每台班一次，每次约4~5筒。用冲击钻机冲孔冲程为 0.5~1.0m，冲击次数为 40~50 次/min，孔深可达 300m。这种冲击钻机适用于风化岩及各种软硬土层成孔。但由于冲击锤自由下落时导向不严格，扩孔率大，实际成孔直径比设计桩径要增大 10%~20%。若扩孔率增大，应查明原因后再成孔。

（3）抓孔　抓孔即用冲抓锥成孔机将冲抓锥斗提升到一定高度，锥斗内有压重铁块和活动抓片，松开卷扬机制动时，抓片张开，钻头便以自由落体冲入土中，如图 2-21a 所示。然后开动卷扬机提升钻头，这时抓片闭合抓土，冲抓锥整体被提升至地面上将土碴卸去，如图 2-21b 所示。如此循环抓孔。该法成孔直径为 450~600mm，成孔深度达 10m 左右。适用于有坚硬夹杂物的黏土、砂卵石土和碎石类土。

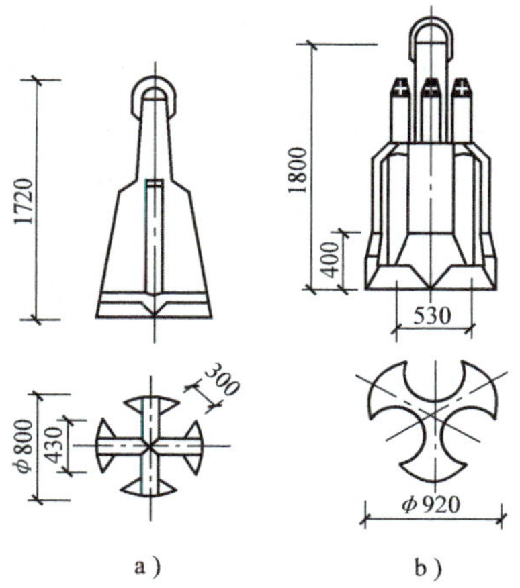

图 2-20　冲击钻机钻头

a）ϕ800mm 十字钻头　b）ϕ920mm 三翼钻头

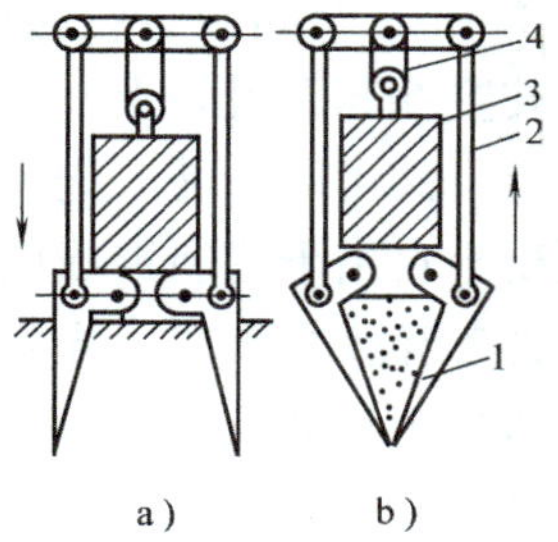

图 2-21　冲抓锥斗

a）抓土　b）提土

1—抓片　2—连杆　3—压重　4—滑轮组

4. 安放钢筋笼

钻孔达设计深度后（一般要求达到较坚实的持力层），即可安装钢筋笼，钢筋骨架预先在施工现场制作，用起重机械悬吊，在护筒上口分段焊接或绑扎后下放到孔内。吊放入孔时，不得碰撞孔壁，并应设置保护层垫块。

5. 清孔

安放钢筋笼后，则应立即清孔，即清除孔底沉碴、淤泥，以减少桩基础的沉降量。清孔宜在钢筋笼下放后进行，否则下放钢筋笼时会将孔壁土层刮落，影响清孔效果。清孔方法有射水法、置换法和空气吸泥机法等。

射水法是在孔口接驳清孔导管，分段连接后吊入孔内。清孔靠抽水机和空气压缩机进行。空气压缩机使导管内压力达 0.6~0.7MPa，在导管内形成强大空气流，同时向孔内注入清水。使孔底的泥碴、杂物被喷翻、搅动，随高压气流上涌，从喷嘴喷出，这样可将孔底沉渣清出，直到孔口喷出清水为止。清孔后，泥浆相对密度为 1.1 左右为清孔合格。该法可用于在原土造浆的黏土以及制浆的碎石类土和风化岩土层中清孔。

置换法是由新搅拌的泥浆置换孔底泥浆，即用泥浆循环的方法清孔。清孔后泥浆相对密度应控制在1.15～1.2之间，泥浆取样均应选在距孔底0.2～0.5m处。置换法适用于孔壁土质较差的软土、砂土以及黏土中清孔。

空气吸泥机或抓斗用于土质较好、不易塌孔的碎石类土、风化岩等硬土。因孔底沉碴颗粒大，采用空气吸泥机或抓斗可将颗粒较大的沉碴吸出或抓出。

清孔是否彻底对泥浆护壁成孔灌注桩的承载力和沉降量影响较大，施工时应严格控制。以摩擦力为主的灌注桩，沉碴允许厚度不得大于300mm；以端承力为主的灌注桩，沉碴允许厚度不得大于100mm。

6. 浇筑水下混凝土

泥浆护壁成孔灌注桩混凝土的浇筑在泥浆中进行，故为水下混凝土浇筑。水下混凝土的施工配合比应较设计强度等级提高一级，且不得低于C15，集料粒径不宜大于30mm，且不宜大于钢筋最小净距的1/3。水泥强度等级不低于32.5MPa，水泥用量350～400kg/m^3，混凝土要有良好的流动性，坍落度宜为16～22cm。混凝土浇筑应在钢筋笼下放到桩孔内后4h之内进行，以防止在钢筋表面形成过厚的泥皮，影响钢筋与混凝土之间的粘结强度。

水下浇筑混凝土通常采用导管法。导管直径250～300mm，每节长3m，但第一节底管长度应大于或等于4m；节间用法兰连接，要求接头严密，不漏浆、不进水。导管顶部设有漏斗。整个导管安置在起重设备上，可以升降和拔管后水平移动。采用导管可以防止混凝土中水泥浆被水带走，又可防止泥浆进入混凝土内形成软弱夹层，保证混凝土的密实性和强度，又可以减轻混凝土自由下落所造成的离析现象。导管法水下浇筑混凝土如图2-22所示。

采用导管法浇筑混凝土时，先将安装好的导管吊入桩孔内，导管顶部高于泥浆面3～4m，导管底部距桩孔底部0.3～0.5m。导管内设隔水塞（栓），用细钢丝悬吊在导管下口，隔水塞可采用预制混凝土块（四周加橡皮封圈）、橡胶球胆或软木球。前者一次性使用，后者可回收，重复使用。浇筑时，先在导管内灌入混凝土，其数量应保证混凝土第一次浇筑时，导管底端能埋入混凝土中0.8～1.3m。然后剪断悬吊隔水塞的钢丝，在混凝土自重压力作用下，隔水塞下落，混凝土冲出导管下口。由于混凝土的重度比泥浆大，因此混凝土下沉而泥浆上浮。然后连续浇筑混凝土，并边浇筑，边拔管，边拆除上部导管。拔管过程中，应始终保证导管下口埋入混凝土深度不小于1m。埋入深度大，混凝土顶面平整，但流出阻力大，浇筑困难，因此最大埋入深度应小于0.8m。但埋入深度过小，混凝土流出势头过强，易将上部浮沫层卷进混凝土中，形成软弱夹层。当混凝土浇筑面上升到泥浆液面附近时，冲击势头减小，这时导管出口处混凝土覆盖层厚度应为1m左右。最后，混凝土浇筑面应超过设计标高以上300～500mm，当混凝土达到一定强度时，将这300～500mm的浮浆软弱层凿除。

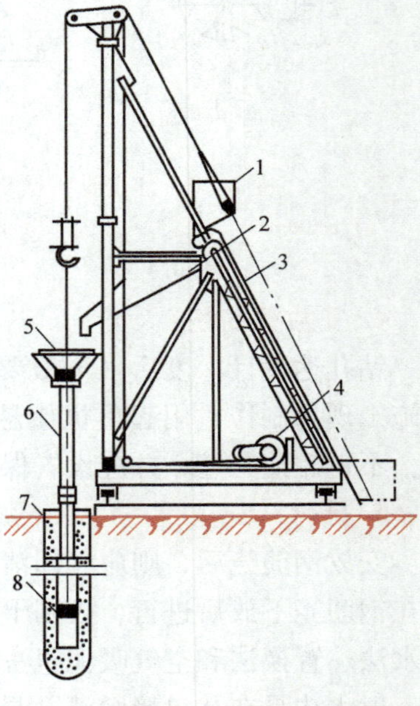

图2-22　导管法水下浇筑混凝土

1—上料斗　2—储料斗　3—滑道　4—卷扬机　5—漏斗　6—导管　7—护筒　8—隔水塞

二、套管成孔灌注桩施工

套管成孔灌注桩是利用锤击沉桩或振动沉桩方法，将带有桩尖的钢制桩管沉入土中，然后在钢管内放入钢筋骨架，边浇筑混凝土，边锤击、振动套管，边上拔套管，最后成桩。前者利用锤击沉管成孔，则称为锤击沉管灌注桩；后者利用振动沉管成孔，称为振动沉管灌注桩。套管成孔灌注桩整个施工过程在套管护壁条件下进行，不受地下水位高低和土质条件好坏的限制，适合于在地下水位高、地质条件差的可塑、软塑、流塑以上黏土，淤泥及淤泥质土，稍密和松散的砂土中施工。图 2-23 所示为沉管灌注桩施工过程。

（一）锤击沉管灌注桩施工

锤击沉管灌注桩又称为打拔管式灌注桩，是用锤击沉桩设备（落锤、汽锤、柴油锤）将桩管打入土中成孔。施工设备如图 2-24 所示，其施工工艺流程如下：桩机就位→安放桩尖→吊放桩管→扣上桩帽→锤击沉管至要求贯入度或标高，用吊铊检查管内有无泥水并测孔深→提起桩锤→安放钢筋笼→浇筑混凝土→拔管成桩。

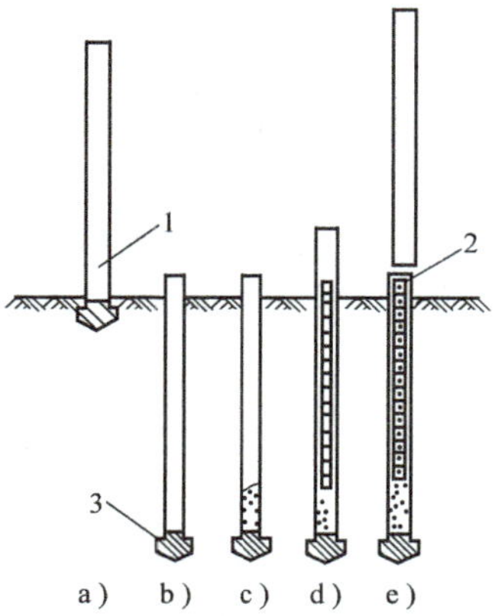

图 2-23　沉管灌注桩施工过程

a）就位　b）沉管　c）浇筑混凝土

d）下钢筋笼，继续浇筑混凝土　e）拔管成桩

1—桩管　2—钢筋　3—桩尖

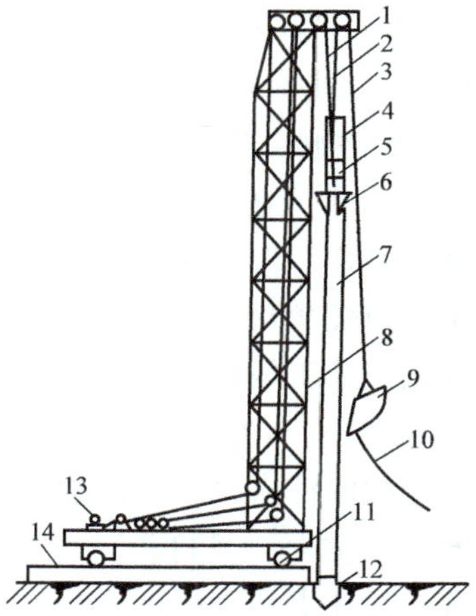

图 2-24　锤击沉管灌注桩施工机械

1—桩帽钢丝绳　2—桩管钢丝绳　3—吊斗钢丝绳

4—桩锤　5—桩帽　6—混凝土漏斗　7—桩管

8—桩架　9—漏斗　10—回绳　11—行驶用钢管

12—桩靴　13—卷扬机　14—枕木

锤击沉管灌注桩施工时，首先将打桩机就位，吊起桩管，对准预先在桩位埋好的预制混凝土桩尖，放置麻、草绳于桩管和桩尖连接处，以作缓冲和防止泥水进入桩管，然后缓慢放下桩管，套入桩尖，将桩管压入土中。然后桩管上部扣上桩帽，检查桩管与桩锤、桩尖是否在一条垂直线上，其垂直度偏差应小于 0.5% 桩管高度。

初打时应低锤轻击，观察桩管无偏移时，方能正常施打。桩锤施打的冲击频率视桩锤的类型和土质而定，宜采用低锤密击，即小落距、高频率，尽量控制每分钟击打 70 次以上，直至将桩管打至设计要求贯入度或桩尖标高并检查管内有无泥、水浆灌入。

当桩较稀疏时（中心距大于 3.5 倍桩径或 2m），可采用连打方法；当桩距较密集时

（中心距小于等于3.5倍桩距或2m），为防止断桩，应采用跳跃施打的方法，中间空出的桩应待邻桩混凝土达到设计强度等级的50%以上方可施打；对于土质较差的饱和淤泥质土，可采用控制时间的连打方法，即必须在邻桩混凝土终凝前，将影响范围内（中距小于等于3.5倍桩径或2m）的桩全部施工完毕。

浇筑混凝土以及拔管时应保证混凝土的质量，桩管内应尽量灌满混凝土，并应保持不少于2m高度，在测得混凝土确已流出桩管后，方能继续拔管。拔管速度不宜过快，以0.8～1.2m/min为宜，在软硬土层交界处，应控制在0.8m/min以内。拔管时应保持对桩管进行低锤密击，使桩管不断受到冲击振动，以振实混凝土。拔管过程中，应用吊铊测定混凝土下落和扩散情况，注意使桩管内混凝土高度保持略高于地面，直至全管拔出为止。灌入桩管内的混凝土，从拌制到最后拔管结束不得超过混凝土的初凝时间。

浮标用于测定混凝土浇筑时扩散情况。施工时桩管内设浮标（测铊），浮在混凝土面上，用以测定混凝土在桩管内的标高。当每次拔管高度为 H 时，用一根刻有标记的浮标拉绳可测得管内混凝土下落的高度为 h，由于混凝土要补充管壁体积，故 h 较 H 值大，我们把 h/H 称为充盈系数，即

$$h/H = D^2/d^2$$

式中　D——套管外径；

　　　d——套管内径。

正常条件下，充盈系数为一常数，若实测值高于这个常数，即表示混凝土扩散，实际桩径大于设计桩径，混凝土超灌量；若实测值低于该常数，即表示有缩径、吊脚、夹泥等问题。若实测值较常数相差很多，则采用复打法处理。锤击沉管灌注桩适用于一般黏土、淤泥质土、砂土、人工填土等。

（二）锤击沉管扩大灌注桩施工

前面介绍的锤击沉管灌注桩的施工方法，一般称为“单打法”。而锤击沉管扩大灌注桩的施工方法则称为“复打法”。

复打一般在下列情况下应用：一是属于设计要求扩大桩的直径、增加桩的承载力、减桩的数量、减小承台面积等；二是施工中处理工程问题和质量事故，例如怀疑或发现有缩径、吊脚、夹泥等缺陷或持力层起伏不平，个别桩由于桩管长度所限达不到设计规定的进入持力层深度，以致使贯入度不符合要求，作为补救措施而采用。复打法示意图如图2-25所示。

复打是在第一次单打将混凝土浇筑到桩顶设计标高后，清除桩管外壁上的污泥和孔周围地面上的浮土，立即在原桩位上再次安放桩尖，进行第二次沉管，使第一次未凝固的混凝土向四周挤压密实，使桩径扩大。然后第二次浇筑混凝土成桩。

复打施工时，桩管中心线应与初打（单打）中心线重合；第一次灌注的混凝土应接近自然地面标高；复打前应清除桩管外壁污泥；必须在第一次（单打）灌注混凝土初凝前完成复打工作；复打以一次复打为宜。钢筋笼在第二次沉管后吊放。

复打法分全复打、半复打或局部复打。如果缺陷在下半段，则第一次混凝土浇筑到半个桩长，另加1m以防复打时上段塌落影响质量。如果缺陷在上半段，则第一次浇筑混凝土到顶后，将桩管打入1/2桩长，再第二次灌注混凝土。对于饱和淤泥或淤泥质软土则宜采用全桩长复打法。

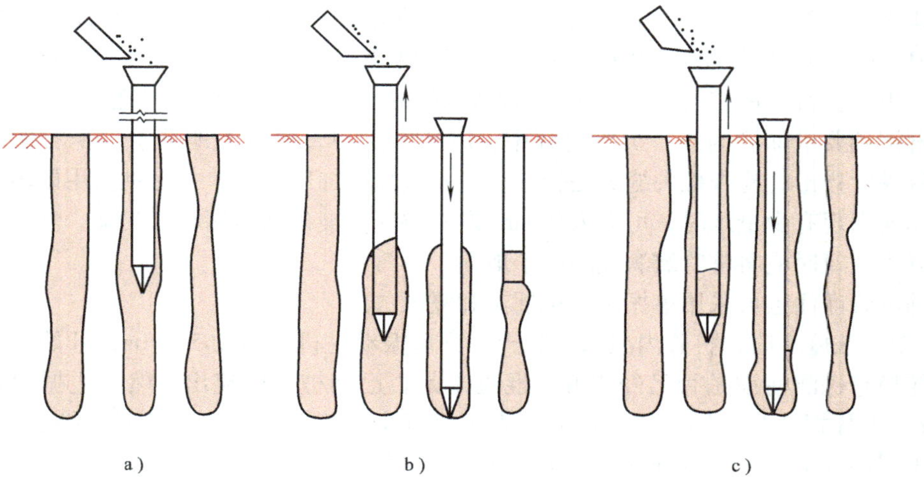

图 2-25 复打法示意图

a) 全部复打桩 b)、c) 局部复打桩

(三) 振动沉管灌注桩

振动沉管灌注桩是采用振动冲击锤(激振器)沉入套管,它与锤击沉管灌注桩的区别是用振动箱代替桩锤。振动箱与桩管刚性连接,桩管下安设活瓣桩尖,活瓣桩尖应有足够的强度和刚度,活瓣间缝隙应紧密。图 2-26 所示为振动沉管灌注桩设备,活瓣桩尖如图 2-27 所示。

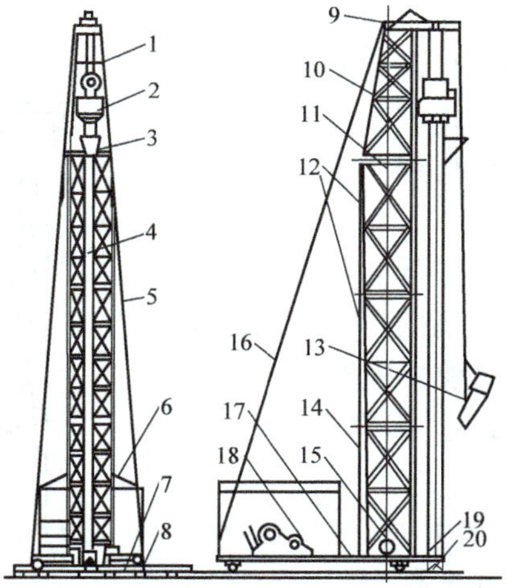

图 2-26 振动沉管灌注桩设备示意图

1—滑轮组 2—激振器 3—漏斗 4—桩管 5—前拉索 6—遮栅 7—滚筒 8—枕木 9—架顶 10—架身顶段 11—钢丝绳 12—架身中段 13—吊斗 14—架身下段 15—导向滑轮 16—后拉索 17—架底 18—卷扬机 19—加压滑轮 20—活瓣桩尖

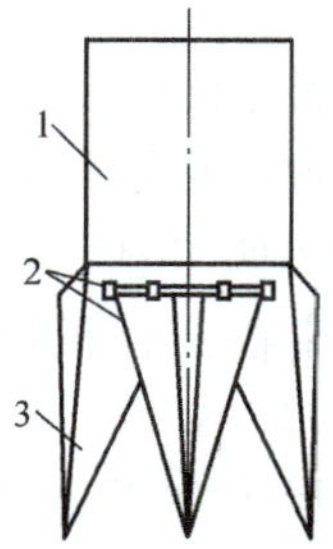

图 2-27 活瓣桩尖

1—桩管 2—锁轴 3—活瓣

振动沉管施工时,先将桩管下端活瓣闭合,对准桩位,徐徐放下桩管压入土中,然后校正垂直度,即可开动振动器沉管。沉管时,由电动机带动的偏心块旋转产生振动,桩管受振

后与土体之间的摩擦力减小，当振动频率与土体自振频率相同时（一般黏性土自振频率为600～750r/min，砂土为900～1000r/min），土体结构因共振而破坏，同时在桩管上加压，桩管即沉入土中。常利用桩架自重加压，通过收紧加压滑轮组上的钢丝绳把压力传到桩管上，直到桩管沉到要求深度为止。沉管过程中，应经常探测管内有无地下水，若发现进水过多时，应将桩管拔出，检查桩尖缝隙是否过疏，若过疏应加以修理，并将桩孔用砂填满再重新沉管。倘若发现有少量水时，可灌入0.1m^3左右混凝土或砂浆封堵桩管尖部，然后再继续施工。混凝土浇筑时应将桩管灌满或略高于地面。

振动沉管灌注桩可采用单振法、反插法和复振法。

1）单振法施工时，桩管内灌满混凝土，开动振动桩机，振动5～10s，开始拔管，此时应用吊铊检查探测活瓣是否已经张开，混凝土是否已从桩管中流出。然后边振边拔，每拔0.5～1m，停拔振动5～10s，如此反复，直到桩管全部拔出为止。拔管时应控制拔管速度，在一般土层中为1.2～1.5m/min，在较软弱土层中为0.8～1.0m/min，不宜大于2.5m/min。

2）反插法施工是在管内灌满混凝土后，先振动再开始拔管，每次拔管高度为0.5～1.0m，再向下反插0.3～0.5m，如此反复进行并始终保持振动，直至桩管拔出地面。反插法能使混凝土的密实性增加、桩的直径增大，从而提高桩的承载力，宜在较差的软土地基中应用。

3）复振法与锤击沉管灌注桩的复打法基本相同。

振动沉管灌注桩适用范围与锤击沉管灌注桩大致相同，还适于在稍密及中密的碎石类土中施工。

三、人工挖孔灌注桩施工

人工挖孔灌注桩，具有机具设备简单，施工操作方便，占用施工场地小，对周围建筑物影响小，施工质量可靠，可全面展开施工并缩短工期，可降低造价等优点，因此得到广泛应用。

（一）适用范围

人工挖孔灌注桩适用于土质较好、地下水位较低的黏土、亚黏土、含少量砂卵石的黏土层等地质条件，可用于高层建筑、公用建筑、水工结构（如泵站、桥墩）的桩基，作支承、抗滑、挡土之用。对软土、流砂、地下水位较高、涌水量大的土层不宜采用。

（二）一般构造要求

桩的一般形式如图2-28所示。桩直径一般为800～2000mm，最大直径可达3500mm。底部采取不扩底和扩底两种方式，扩底直径为（1.3～3.0）d，最大扩底直径可达4500mm。扩底变径尺寸按 $(d_1-d)/2:H=1:4$ 或 $(d_1-d)/2:H=1:2$，$h\geqslant(d_1-d)/2$ 进行控制。桩底应支承在可靠的持力层上。

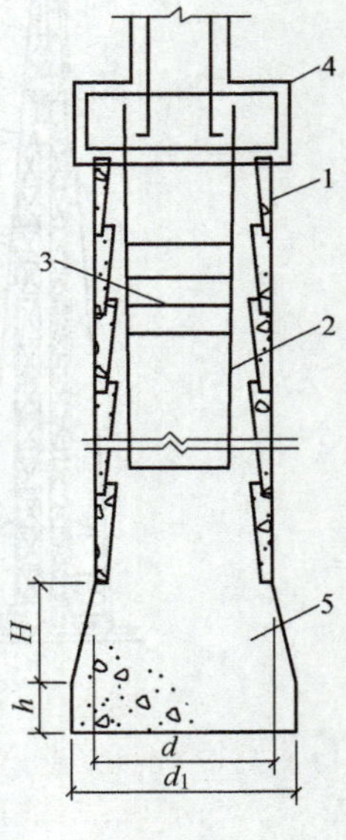

图2-28　人工挖孔灌注桩构造示意图
1—现浇混凝土护壁
2—主筋　3—箍筋
4—承台　5—灌注桩混凝土

（三）施工工艺

1. 施工程序

场地整平、放线、定桩位→挖第一节桩孔土方→支模、浇灌第一节护壁混凝土→在护壁上二次投测标高及桩位十字轴线→安装活动井盖，设置垂直运输架，安装卷扬机或电动葫芦、吊土桶、潜水泵、鼓风机、照明设施等→挖第二节桩孔土方→清理桩孔四壁、校核桩孔垂度和直径→拆上节模板、支第二节模板、浇筑第二节护壁混凝土→重复上述施工过程直至设计深度→检查持力层后进行扩底→对桩孔直径、深度、扩底尺寸、持力层进行全面检查验收→清虚土、排除孔底积水→吊放钢筋笼→浇筑桩身混凝土。

当桩孔不设支承护壁和不扩底时，无支护和扩底两道工序。

2. 护壁设计和施工

为防止桩孔土体坍滑，确保施工操作安全，大直径桩孔在施工中一般需设置护壁。护壁可采用现浇混凝土（或配少量钢筋）、喷射混凝土或型钢-木板工具式护壁、沉井等。由于现浇混凝土护壁整体性好，能紧靠土壁、受力均匀，应用较为广泛。对于桩径较小、深度不大、土质较好、地下水量少的桩孔也可采用型钢-木板组合工具式护壁或不设护壁。

混凝土护壁分段高度根据土质情况和施工方便而定，一般为0.9～1.0m。

护壁混凝土强度等级采用C25或C30，厚度经计算确定，一般取100～150mm或加配适量直径6～8mm的钢筋。相邻两节护壁之间用钢筋拉结。

护壁施工采取一节组合钢模板（或4～8块弧形工具式钢模）拼装而成，拆上节、支下节，循环周转使用。模板间用U形卡连接，上下设两道槽钢护圈顶紧，钢圈由2～3块弧形槽钢组成，中间用螺栓连接，不另设支撑。第一节混凝土护壁宜高出地面200mm，便于挡水和定位，也可防止地面土块滚入桩孔中。

3. 桩孔土开挖方法

挖土由人工从上到下逐层用锹、镐进行，遇坚硬土用大锤、钢钎破碎。挖土次序为先挖中间部分，后挖周边。按设计桩直径加2倍护壁厚度控制截面，允许尺寸误差为30mm。扩底部分先挖桩身圆柱体，再按扩底尺寸从上到下削土修成扩底形。弃土装入活底吊桶或箩筐内。垂直运输，在孔口上安支架、轨道，用电动葫芦或慢速卷扬机提升。

如有少量地下水，可随挖土随用吊桶将泥水一起吊出。如遇大量渗水，可在一侧挖集水坑，用潜水泵排除。

4. 安全技术措施

挖孔桩施工应对施工安全予以特别重视，应制定周密可靠的安全技术措施、安全操作规定，并严格认真执行，经常检查。

1）在孔口设水平移动式活动安全盖板，当土吊桶提升到离地面一定高度后，推活动盖板关闭孔口，手推车推至盖板上卸土后，再开盖板，下吊桶装土，以防土块、操作人员掉入孔内伤人。采用电动葫芦提升吊桶，桩孔四周应设安全护栏。

2）多桩孔同时成孔，应采取间隔挖孔的方法，以减少水的渗透和防止土体滑动。

3）孔内严禁放炮，以防震动土壁，造成事故。

4）桩孔内设36V低压安全照明。用鼓风机向孔下送新鲜空气，并防止有害气体中毒。

5）人员上下可利用吊桶，但要配备滑车、粗绳或绳梯，供停电时应急用。

6）井口作业人员挂安全带，井下作业须戴安全帽。

7）加强对孔壁上层涌水情况的观察，发现异常情况及时处理。

四、爆扩成孔灌注桩

爆扩成孔灌注桩（简称爆扩桩）由桩身和扩大头两部分组成。爆扩桩桩身直径d一般为200～350mm，扩大头直径D为（2.5～3.5）d，桩距$L \geq 15D$，桩长H为3～6m（最长不超过10m）；混凝土强度等级不宜低于C15，粗集料粒径不宜大于25mm；混凝土坍落度在引爆前为100～140mm，在引爆后为80～120mm。

爆扩桩的一般施工过程是：用钻孔或爆破方法使桩身成孔；孔底放进有引出导线的雷管炸药包；孔内灌入适量用作压爆的混凝土；通电使雷管炸药引爆，孔底便形成圆球状空腔扩大头，瞬间孔中压爆的混凝土即落入孔底空腔内；桩孔内放入钢筋笼，灌注桩身及扩大头混凝土而成爆扩桩（图2-29）。

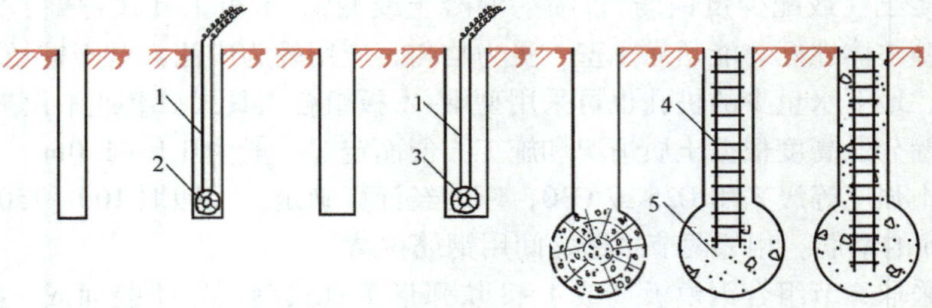

图2-29 爆扩成孔灌注桩施工工艺图

a）钻导孔 b）放炸药条 c）爆扩桩孔 d）放炸药包

e）爆扩大头 f）放钢筋笼 g）浇混凝土

1—导线 2—炸药条 3—炸药包 4—钢筋笼 5—混凝土

爆扩桩的特点是用爆扩方法使土壤压缩形成扩大头，因而增加了地基对桩端的支承面，又由于爆炸使土壤压缩挤密，进而又提高了地基的承载力。这种桩具有成孔简便、节省劳力和成本低廉等优点。爆扩桩适应性广泛，除软土、砂土和新填土外，其他各种土层中均可使用，尤其适于在大孔隙的黄土地区施工。

（1）爆扩成孔 爆扩桩成孔的方法，可根据土质情况确定，一般有人工成孔（洛阳铲或手摇钻）、机钻成孔、套管成孔和爆扩成孔等多种。其中爆扩成孔的方法是，先用洛阳铲或钢钎打出一个直孔，当土质较好时，孔的直径为40～70mm，当土质差且地下水位又较高时孔的直径为100mm；然后在直孔内吊入玻璃管装的炸药条，管内放置2个串联的雷管，经引爆并清除积土后即形成桩孔。

（2）爆扩大头 扩大头的爆扩，宜采用硝铵炸药和电雷管进行，且同一工程中宜采用同一种类的炸药和雷管。炸药用量应根据设计所要求的扩大头直径，由现场试验确定。药包制成近似球体，用能防水的塑料薄膜等材料紧密包扎，并用防水材料封闭浸水，以免受潮后出现瞎炮。每个药包内放2个并联的雷管与引爆线路连接。药包制成后，先用绳子将其吊放入孔底，然后再灌150～200mm厚的砂子。如桩孔内有积水时应在药包上绑扎重物，使其沉入孔底。随着向桩孔中灌入一定量的混凝土后，即进行扩大头的引爆。

扩大头引爆前，灌入的压爆混凝土量要适当。量过少会引起压爆混凝土“飞扬”现象；量过多则又可能产生混凝土“拒落”事故。一般情况下压爆混凝土量应达2～3m高，或约为扩大头体积的一半为宜。为保证施工质量必须严格遵守如下引爆顺序：当相邻桩的扩大头在同一标高时，若桩距大于爆扩影响间距，可采用单爆方式，反之宜用联爆方式；当相邻的扩大头不在同一标高时必须是先浅后深，否则会造成深桩柱的变形或开裂。扩大头引爆后，压爆混凝土落入空腔底部。此时应检查扩大头的尺寸，并将扩大头底部混凝土捣实，随即吊入钢筋笼（主筋数量宜为4～6根，钢筋间距宜为200mm），并灌注桩身混凝土，混凝土应分层捣实，连续浇筑完毕，不留施工缝。

爆扩桩的平面位置和垂直度的允许偏差与钻孔灌注桩相同。桩身直径允许偏差为±20mm，桩孔底面标高允许低于设计标高150mm，扩大头直径允许偏差为±50mm。

第三节　桩基础工程常见的质量事故及防治

一、钢筋混凝土预制桩施工

打桩施工中，常会发生桩被打坏、打歪、打不下去等问题。产生这些问题的原因是随机的、复杂的，主要有制桩质量、土质变化和工艺技术等方面的原因，因此应具体分析原因和及时处理。

（一）桩顶、桩身被打坏

这种现象一般是桩顶四角或周边被打坏、打秃、打碎，钢筋网片外露；或是桩身混凝土崩裂剥落，甚至桩身折断。产生的原因及处理如下：

1）打桩时，桩顶由于受冲击产生很高的局部应力，若桩顶混凝土不密实、配筋下料不合理，遭受锤击后，则桩顶被打碎、打秃；主筋过长则会旁弯、颤动，引起混凝土剥落。所以桩顶混凝土应认真捣实，主筋不能过长；一旦桩角打秃，则应凿平再打。

2）桩身混凝土保护层太厚、主筋安放不正，直接受冲击的是素混凝土，因此保护层容易剥落。

3）桩顶不平、桩帽不正或不平，使桩偏心受锤击，局部应力增大，极易受损。所以制桩时，桩顶面与桩轴线应严格保持垂直；施打前，桩帽要安放平整；打桩时要避免打歪后继续施打，发现后应及时纠正。

4）桩的下沉速度慢、施打时间长，锤击次数多或冲击能量大称为过打。过打多发生在下列情况下：一是桩尖通过硬层；二是最后贯入度定得过小；三是桩锤落距过大。由于混凝土抗冲击强度仅为抗压强度的50%，所以桩身受反复过度冲击容易破坏。如遇过打则应分析地质资料，判断土层情况，改善操作方法，采取有效措施解决。

5）桩身混凝土强度等级不高。有材料质量问题、施工方法问题、养护龄期问题等。若桩身被打坏，可加钢夹箍用螺栓拉紧焊牢。

（二）打歪

桩顶不平、桩身凸肚、桩尖偏心、桩帽及接桩不正、土中障碍及操作不当均能使桩打歪。防止桩打歪可采取以下措施：

1）桩机导架必须校正两个方向垂直度。

2）桩身垂直，桩尖对准桩位，桩顶正确套入桩帽内，并保证在同一垂直线上。

3）初打时采用小落距，待桩入土一段长度后，再增大落距连续锤击。

4）注意制桩质量和验收检查。

5）地下障碍物应设法排除。

（三）滞桩

滞桩即打不下去，指贯入度突然变小，桩锤严重回弹。主要原因有：

1）浅层滞桩可能为旧灰土或混凝土基础等障碍，必要时彻底清除或钻透后再打。

2）桩顶、桩身已被打坏。

3）土层中有较厚的砂夹层或硬土层、孤石等障碍。遇到这种情况，应查明原因，会同设计勘测部门共同研究解决。

4）打桩过程中停歇时间过长、桩身与周围土层形成固结。

（四）浮桩

浮桩即一桩打下，邻桩上升，这种现象多发生在软土中。当桩沉入土中时，桩身周围土体受到急剧挤压和扰动，将使土层水平移位和垂直隆起。当桩较密集，打桩顺序又欠合理时，土体隆起产生的摩擦力使已打入的桩上浮。浮桩将影响桩的承载力和沉降量，故软土中施打密桩时应合理确定打桩顺序。

二、套管成孔灌注桩施工

套管成孔灌注桩施工时常发生断桩、缩径桩、吊脚桩、夹泥桩、桩尖进水或进泥砂等问题，出现这些问题应认真分析原因并及时处理。

1. 断桩

断桩指桩身裂缝贯通全截面，呈水平或略倾斜状，多出现在地面以下1～3m深的软硬土层交界处。断桩产生的主要原因是桩距过小，邻桩施打时土体水平挤压产生的横向水平力和土体反弹、隆起的竖向上拔力共同作用，使刚终凝不久的桩身混凝土受弯、受剪而造成断桩。避免断桩的措施为布桩不宜过密。过密时可采用跳打法或控制时间法以减小振动的影响；合理制定打桩顺序和桩架行走路线；当桩身混凝土强度较低时，应避免振动、挤压的影响。断桩检查，可用锤敲击桩头侧面，同时用脚踏在桩头上，如桩已断，会感到浮振。断桩一旦发现，应将断桩段拔去，略增大面积或加铁箍连接，再重新浇筑混凝土补做桩身。

2. 缩径桩

缩径桩也称缩孔桩、瓶颈桩，指桩身某部分桩径缩小。缩径常出现在饱和淤泥质土中，产生的主要原因是：在含水量高的黏性土中成孔时，土体受到强烈扰动和挤压，产生很高的孔隙水压力，桩管拔出后，这种水压力作用在新浇筑的塑性混凝土桩身上，使桩身产生不同程度的缩径；若拔管速度过快，管内混凝土量少或和易性差，使混凝土扩散性差或者桩距过小，桩身受挤压造成缩径。施工时应经常观测管内混凝土的下落情况，比较充盈系数。出现缩径可用复打法处理。

3. 吊脚桩

吊脚桩是指桩底部混凝土隔空或混凝土混入泥砂而形成软弱夹层。造成吊脚桩的原因是：预制桩尖质量差，被打碎后泥砂挤入桩管，或桩尖挤进桩管内，而拔管时，管内混凝土高度不足，振动不足，待桩管拔到一定高度时，桩尖才下落、卡在硬土层或悬在半空中，造成吊脚桩；振动沉管时，活瓣桩尖抽管时不张开，至一定高度才张开，混凝土下落，但有空隙，不密实。防止出现吊脚桩的措施有：施工前严格检查预制桩尖的规格、强度和质量；沉管时用吊铊检查桩尖是否缩入桩管或活瓣桩尖是否张开，发现吊脚现象后应立即将桩管拔出，回填砂子后再沉管，也可用复打或反插法处理。

4. 桩尖进水或进泥砂

常见于地下水位高、含水量大的淤泥和粉砂土层。处理方法：可将桩管拔出，修复桩尖缝隙后，用砂回填再打。地下水量大时，桩管沉到地下水位附近时，用水泥砂浆灌入管内约0.5m做封底，再灌1m高的混凝土，然后再打下。

三、钻孔灌注桩

泥浆护壁成孔灌注桩施工时常易发生孔壁坍塌、斜孔、孔底隔层、夹泥、流砂等工程问题，因水下混凝土浇筑属隐蔽工程，一旦发生质量事故难以观察和补救，所以严格遵守施工操作规程，在有经验的施工技术人员指导下认真施工，并做好隐蔽工程记录，以确保工程质量。

（1）孔壁坍塌　指成孔过程中孔壁上层不同程度坍落。主要原因是提升下落冲击锤、掏渣筒或钢筋骨架时碰撞护筒及孔壁；护筒周围未用黏土紧密填实，孔内泥浆液面下降，孔内水压降低等造成塌孔。

塌孔处理方法：在孔壁坍塌段投入石子、黏土，重新开钻，并调整泥浆密度和液面高度；使用冲孔机时，填入混合料后低锤密击，造成坚固孔壁后，再正常冲击。

（2）偏孔　指成孔过程中出现孔位偏移或孔身倾斜。主要原因是桩架不稳固、导杆不垂直或土层软硬不均；用冲孔成孔时可能为导向不准确或遇到探头石及基岩倾斜。处理方法为：将桩架重新安装牢固、平稳垂直；如偏移过大，应填入石子、黏土，重新成孔；如有探头石，可用取岩钻除去或低锤密击将石击碎；遇基岩倾斜，可投毛石于低处，再开钻或密打。

（3）孔底隔层　指孔底残留石碴过厚，孔脚涌进泥砂或坍壁泥土落底。主要原因是清孔不彻底，清孔后泥浆密度减小或浇筑混凝土，安放钢筋骨架时碰撞孔壁造成塌孔落土。主要防止方法为：做好清孔工作；注意泥浆密度及孔内水位变化，施工时注意保护孔壁。

（4）夹泥或软弱夹层　指桩身混凝土混进泥土或形成浮浆泡沫软弱夹层。主要原因是浇筑混凝土时孔壁坍塌或导管下口埋入混凝土高度太小，泥浆被喷翻，掺入混凝土中。防止措施是经常注意混凝土表面标高变化，并保持导管下口埋入混凝土下的高度。并应在钢筋笼下放孔内4h内浇筑混凝土。

（5）流砂　指成孔时发现大量流砂涌塞孔底。产生原因是孔外水压力比孔内水压力大，孔壁土松散。流砂严重时可抛入碎砖石、黏土，用锤冲入流砂层，阻止流砂涌入。

思考题

1. 摩擦型桩和端承型桩受力上有何不同？各自的适用范围是什么？
2. 预制桩的吊点应如何设置？
3. 如何确定桩架的高度和选择桩锤？
4. 打桩顺序有哪几种？打桩顺序与哪些因素有关？如何确定打桩顺序？
5. 接桩方法有哪些？各适用于什么情况？
6. 试述锤击沉管灌注桩的施工工艺。其常见的质量问题有哪些？如何预防？
7. 人工挖孔灌注桩有何优点？施工中应注意哪些问题？

习　题

单项选择题

1. 桩按传力及作用性质不同分为（　　　）两种。

A. 端承桩和摩擦桩　　B. 端承桩和预制桩

C. 灌注桩和摩擦桩　　D. 预制桩和灌注桩

2. 桩按施工方法分为（　　）两种。

A. 端承桩和摩擦桩　　B. 端承桩和预制桩

C. 灌注桩和摩擦桩　　D. 预制桩和灌注桩

3. 上层桩及邻桩的混凝土浇筑，应在下层桩及邻桩混凝土达到设计强度的（　　）以后进行。

A. 25%　　B. 30%　　C. 35%　　D. 40%

4. 钢筋混凝土预制桩应在混凝土达到设计强度等级的（　　）方可起吊，达到（　　）才能运输和打桩。

A. 60%；100%　　B. 100%；70%

C. 70%；100%　　D. 70%；50%

5. 钢筋混凝土预制桩打桩施工，宜采用（　　）。

A. 重锤低击方法　　B. 轻锤低击方法

C. 重锤高击方法　　D. 轻锤高击方法

6. 钢筋混凝土预制桩制桩时，混凝土应（　　）浇筑，不得中断。

A. 由桩尖向桩顶　　B. 由桩顶向桩尖

C. 桩尖桩顶同时进行　　D. 以上全都正确

7. 钢筋混凝土预制桩施工时无噪声，无振动，对周围环境干扰小，适合城市中施工的是（　　）。

A. 锤击沉桩　　B. 振动沉桩　　C. 射水沉桩　　D. 静力压桩

8. 在桩间距小且较密集群桩中打钢筋混凝土预制桩时，可选用（　　）顺序打桩。

A. 逐排打设　　B. 由中间向一侧对称施工

C. 由中央向四周施打　　D. 由外周向中央施打

9. 钢筋混凝土预制桩制桩时桩顶及桩身表面应平整坚实，掉角深度不应超过（　　），局部蜂窝和掉角缺损总面积不得超过全部表面积的（　　），且不得过分集中。

A. 8mm；0.5%　　B. 10mm；0.5%

C. 10mm；0.8%　　D. 8mm；0.8%

10. 沉管灌注桩在施工时，拔管速度不应大于（　　）m/min。

A. 1　　B. 2　　C. 3　　D. 4

11. 沉管灌注桩在施工时，在软弱土层及软硬土层交界处拔管时，其速度不得大于（　　）m/min。

A. 0.5　　B. 0.8　　C. 1.0　　D. 1.2

12. 钢筋混凝土预制桩起吊时，吊点位置应符合设计要求。无吊环时，当吊点或绑扎点大于 3 个时，应按（　　）原则确定吊点位置。

A. 正负弯矩相等　　B. 吊点反力相等

C. 正负弯矩不等，吊点反力相等　　D. 正负弯矩相等且吊点反力相等

砌筑工程　第三章

本章概要

本章主要介绍了砖砌体和中型砌块的施工工艺和施工方法。通过本章的学习，使学生掌握砖砌体的施工工艺和施工方法；熟悉中型砌块的施工工艺和施工方法，了解砌筑材料准备及运输、砌筑工程质量与安全保证措施。

砌筑工程是指用砂浆砌筑砖、石、砌块等砌体结构的施工。

砌体结构建筑在我国有悠久的历史，目前在建筑工程中仍占有相当大的比重。这种结构虽然取材方便，施工简单，成本低廉，保温隔热性和耐火耐久性较好，但它的施工仍以手工操作为主，劳动强度大，生产率低，而且烧制黏土砖占用大量农田，因而采用新型墙体材料，改善砌体施工工艺是砌筑工程改革的重点，并能促进传统砌筑工程的施工技术进步。

砌筑工程是一个综合的施工过程，它包括砂浆制备、材料运输、脚手架搭设和砌体砌筑等。

第一节　砌筑材料准备及运输

一、砌筑材料准备

砌筑工程所用材料主要是砖、石或砌块以及砌筑砂浆。

常温下砌砖，烧结类块体的相对含水率宜为60%~70%，一般应提前1~2天浇水润湿，避免砖吸收砂浆中过多的水分而影响粘结力，并可除去砖面上的粉末，严禁砌筑前临时浇水。但浇水过多会产生砌体走样或滑动。气候干燥时，石料亦应先喷水润湿。但灰砂砖、粉煤灰砖等非烧结类块体不宜浇水过多，其相对含水率控制在40%~50%为宜。检查含水率的最简易方法是现场断砖，砖截面周围吸水深度为15~20mm视为符合要求。

砌筑砂浆有水泥砂浆、石灰砂浆和混合砂浆。砂浆种类选择及其等级的确定，应根据设计要求。

水泥砂浆和混合砂浆可用于砌筑潮湿环境和强度要求较高的砌体，但对于基础一般只用水泥砂浆。

石灰砂浆宜用于砌筑干燥环境中以及强度要求不高的砌体，不宜用于潮湿环境的砌体及基础，因为石灰属气硬性胶凝材料，在潮湿环境中，石灰膏不但难以硬结，而且会出现溶解流散现象。

制备混合砂浆和石灰砂浆用的石灰膏，应用建筑生石灰、建筑生石灰粉在化灰池中熟化，其熟化时间分别不得少于7天和2天，严禁使用脱水硬化的石灰膏。

砂浆的拌制一般用砂浆搅拌机，要求拌和均匀，为改善砂浆的保水性可掺入黏土、电石膏、粉煤灰等塑化剂，砂浆应随拌随用，拌制的砂浆应在3h内使用完毕，当施工期间最高气温超过30℃时，应在2h内使用完毕。

砂浆稠度的选择主要根据墙体材料、砌筑部位及气候条件而定。一般实心砖墙和柱，砂浆的流动性宜为70～100mm；砌筑平拱过梁、毛石及砌块，砂浆的流动性宜为50～70mm。

二、材料运输

砌筑工程中不仅要运输大量的砖（或砌块）、砂浆，而且还要运输脚手架、脚手板和各种预制构件。不仅有垂直运输，而且有地面和楼面的水平运输。其中垂直运输是影响砌筑工程施工速度的重要因素。

（一）垂直运输

常用的垂直运输机具有塔式起重机（详见本书第六章）、井架及龙门架。

塔式起重机生产效率高，并可兼作水平运输，在可能条件下宜优先选用。

1）井架也是砌筑工程垂直运输常用设备之一（图3-1）。井架通常带一个起重臂和吊盘。起重臂起重能力为5～10kN，在其外伸工作范围内也可作小距离的水平运输。吊盘起重量为10～15kN，其中可放置运料的手推车或其他散装材料。搭设高度一般为40m左右，需设缆风绳保持井架的稳定。

2）龙门架是由两根三角形截面或矩形截面的立柱及横梁（又称天轮梁）组成的门式架。在龙门架上设滑轮、导轨、吊盘、缆风绳等，进行材料、机具和小型预制构件的垂直运输（图3-2）。

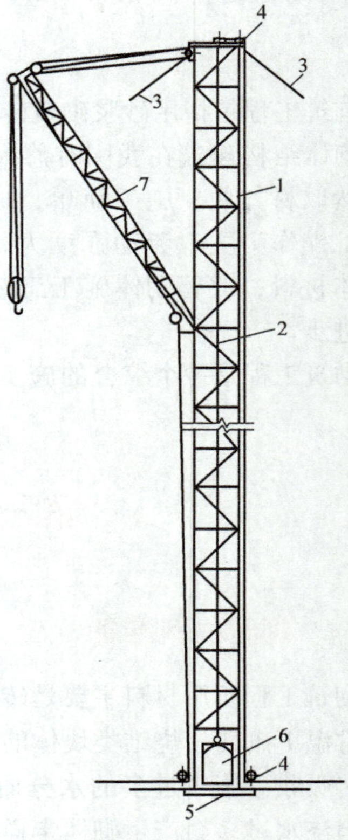

图3-1 钢井架

1—井架 2—钢丝绳 3—缆风绳 4—滑轮 5—垫梁 6—吊盘 7—辅助吊臂

（二）水平运输

砌筑工程中水平运输除可用塔式起重机外，散料一般用双轮手推车或机动翻斗车。运输过程中，应防止砖块破损和砂浆的分层离析。预制楼板通常采用杠杆车运输。

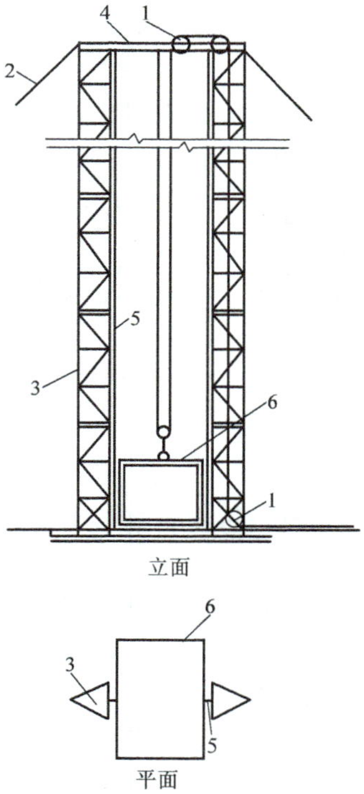

图 3-2 龙门架
1—滑轮 2—缆风绳 3—立柱
4—横梁 5—导轨 6—吊盘

第二节 砖砌体施工

一、砖砌体组砌形式

一块砖有三个两两相等的面，最大的面叫做大面；长的一面叫做条面；短的一面叫做丁面。砖砌入墙体后，条面朝向操作者的叫顺砖，丁面朝向操作者的叫丁砖。

（一）砖墙的组砌形式

普通砖墙厚度有半砖、一砖、一砖半和二砖等。用普通砖砌筑的实心砖墙，其组砌形式有一顺一丁、三顺一丁、梅花丁等。

1. 一顺一丁砌法

这是最常见的一种组砌形式，也称满丁满条组砌法。由一皮顺砖、一皮丁砖组砌而成，上下皮之间竖向灰缝都相互错开 1/4 砖长（图 3-3）。

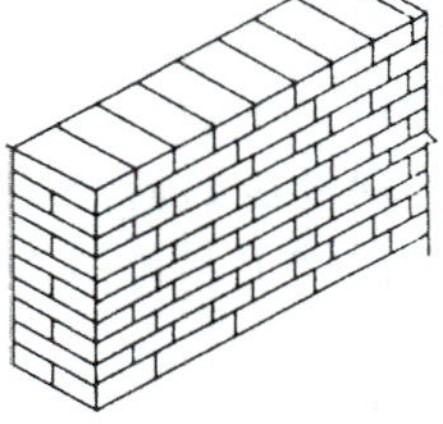

图 3-3 一顺一丁砌法

2. 三顺一丁砌法

三顺一丁砌法是采用三皮顺砖间隔一皮丁砖的组砌方法。上下皮顺砖搭接半砖长，丁砖与顺砖搭接 1/4 砖长，同时要求山墙与檐墙的丁砖层不在同一皮砖上，以利于错缝搭接（图3-4）。

3. 梅花丁砌法

梅花丁砌法又称沙包式砌法。这种砌法是在同一皮砖上采用两块顺砖夹一块丁砖的砌法，上下两皮砖的竖向灰缝错开1/4砖长（图3-5）。

图3-4　三顺一丁砌法

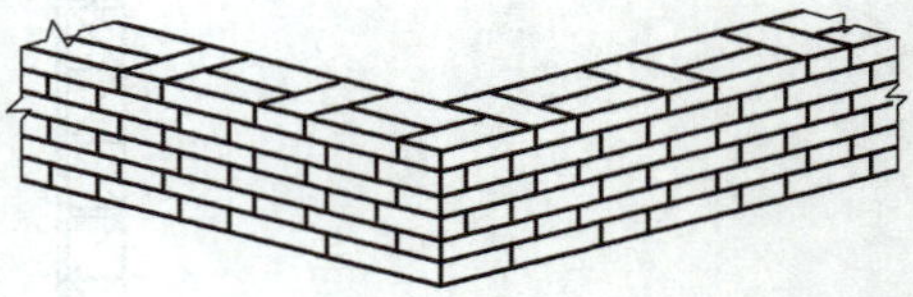

图3-5　梅花丁砌法

4. 其他砌法

（1）全顺砌法　全部采用顺砖砌筑，每皮砖搭接1/2砖长（图3-6），适用于半砖墙的砌筑。

（2）全丁砌法　全部采用丁砖砌筑，每皮砖上下搭接1/4砖长，适于圆形烟囱与窨井的砌筑。

（3）两平一侧砌法　当设计要求180mm或300mm厚砖墙时，可采用此砌法，即连砌两皮顺砖或丁砖，然后贴一层侧砖（条面朝下）。丁砖层上下皮搭接1/4砖长，顺砖层上下皮搭接1/2砖长。每砌两皮砖以后，将平砌砖和侧砖里外互换，即可组成两平一侧砌体（图3-7）。

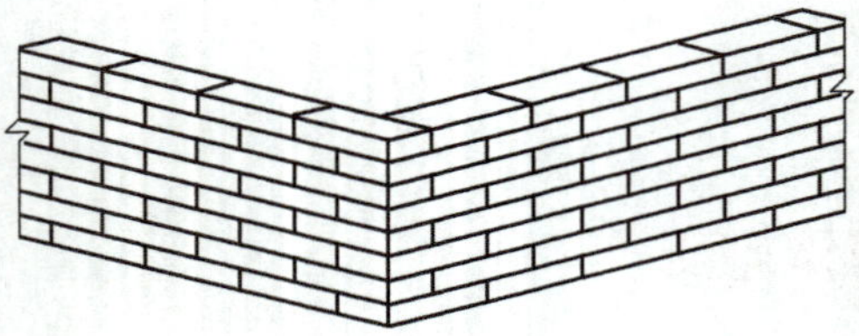

图3-6　全顺砌法

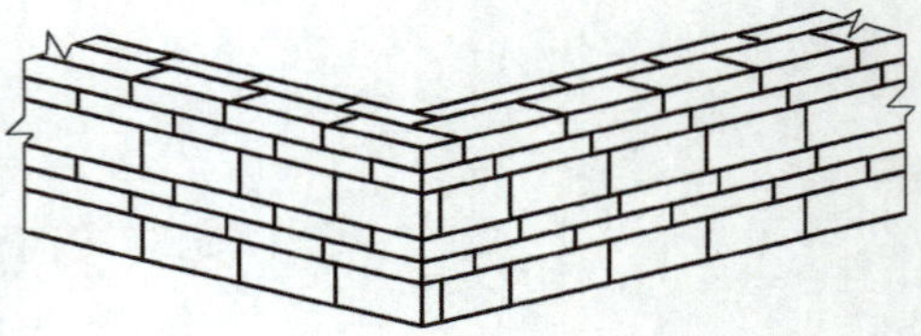

图3-7　两平一侧砌法

（二）砖柱组砌

砖柱组砌，应使柱面上下皮的竖缝互相错开1/2砖长或1/4砖长，在柱心无通天缝，少砍砖，并尽量利用七分头砖（即3/4砖），严禁用包心组砌法（图3-8）。

（三）砖垛

砖垛的组砌方法，应根据不同墙厚和垛的大小而定。无论用哪种砌筑方法都应使垛与墙体逐皮搭砌，切不可分离砌筑。搭砌长度不得小于1/2砖长（个别情况下至少1/4砖长）。垛根据错缝需要，可加砌七分头砖或半砖。砖垛砌筑应与墙体同时砌起，不能先砌墙后砌垛或先砌垛后砌墙。图3-9所示是一砖墙附墙几种砖垛的砌法。

砖垛的砌筑质量，一定要符合施工规范的要求。最基本的要做到：砖垛灰缝同实心砖墙一致；砖垛上不得留设脚手眼；砖垛每日砌筑高度应与相附墙体砌筑高度相等，不可一高一低。

（四）多孔砖和空心砖墙组砌

规格190mm×190mm×90mm的承重多孔砖，一般都是整砖顺砌，上下皮竖缝互相错开

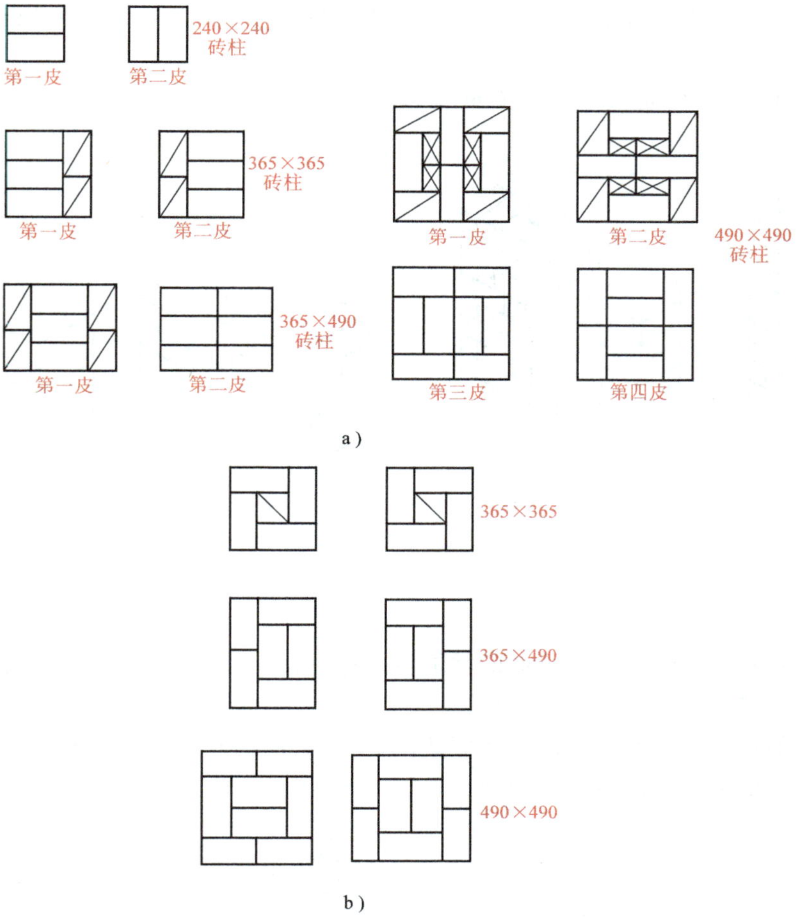

图 3-8　砖柱组砌形式

a）矩形柱的正确砌法　b）矩形柱的错误砌法（包心组砌）

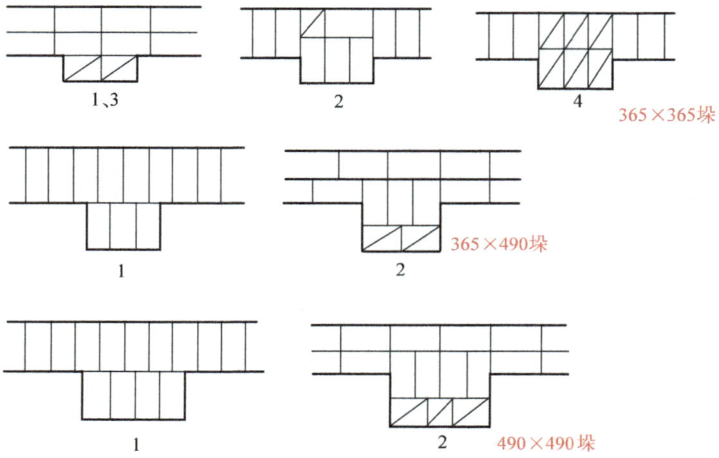

图 3-9　一砖墙附墙砖垛砌法

1/2 砖长（100mm）。如有半砖规格的，也可采用每皮中整砖与半砖相隔的梅花丁砌筑形式（图 3-10）。

规格为 240mm×115mm×90mm 的承重多孔砖，一般采用一顺一丁或梅花丁砌筑形式（图 3-11）。

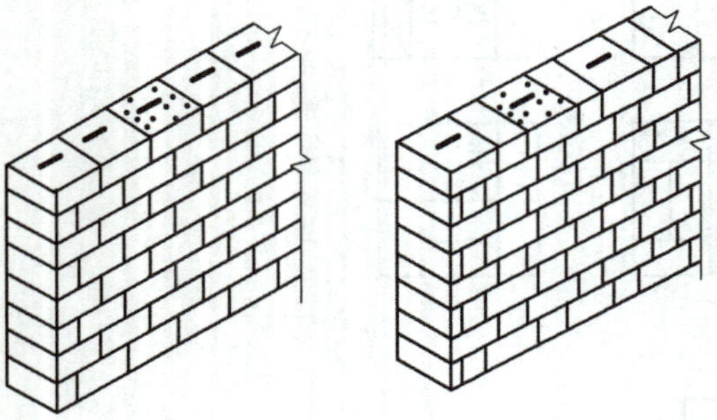

图 3-10　190mm×190mm×90mm 多孔砖砌筑形式
a）整砖顺砌　b）梅花丁砌筑

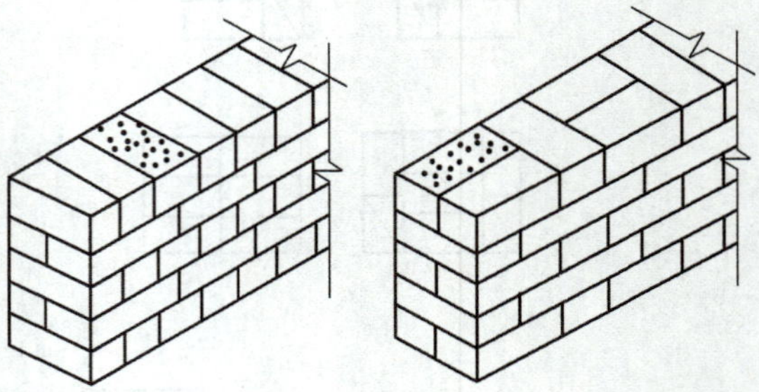

图 3-11　240mm×115mm×90mm 多孔砖砌筑形式

规格为 240mm×180mm×115mm 的承重多孔砖一般采用全顺或全丁的砌筑形式。

非承重空心砖，一般是侧砌的，上下皮相互错开 1/2 砖长（图 3-12）。

多孔砖墙的转角及丁字交接处，应加砌半砖，使灰缝错开。转角半砖砌在外角上，丁字交接处半砖砌在横墙端头，如图 3-13 所示。

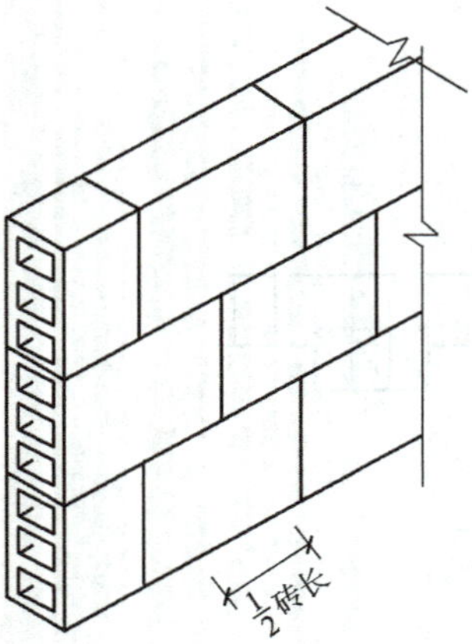

图 3-12　空心砖砌筑形式

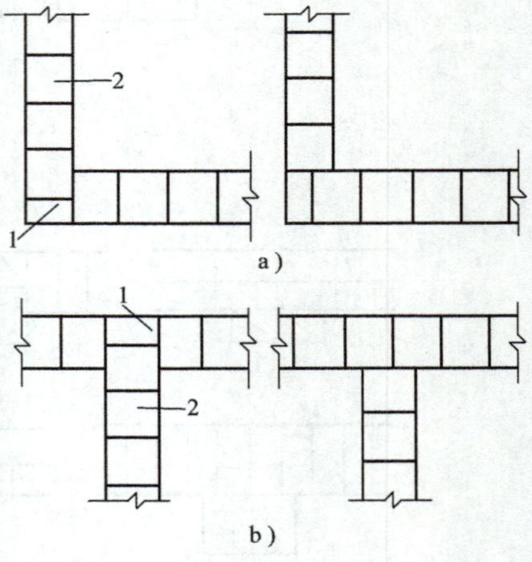

图 3-13　多孔砖墙转角及丁字交接
a）转角　b）丁字交接
1—半砖　2—整砖

二、砖砌体的质量要求

砖砌体总的质量要求是：横平竖直，砂浆饱满，错缝搭接，接槎可靠。

1. 横平竖直

砖砌体的抗压性能好，而抗剪性能差。为使砌体均匀受压，不产生剪切水平推力，砌体灰缝应保证横平竖直，否则在竖向荷载作用下，沿砂浆与砖块结合面会产生剪应力。竖向灰缝必须垂直对齐，对不齐而错位，称游丁走缝，影响墙体外观质量。

2. 砂浆饱满

为保证砖块均匀受力和使砌块紧密结合，要求水平和垂直灰缝砂浆饱满，厚薄均匀，否则砖块受力后易弯曲而断裂。灰缝厚度一般为8~12mm，砖墙水平灰缝的砂浆饱满度不得低于80%，砖柱水平灰缝和竖向灰缝的饱满度不得低于90%。

3. 错缝搭接

为了提高砌体的整体性、稳定性和承载力，砌块排列应遵循内外搭砌、上下错缝的原则，避免出现连续的垂直通缝。错缝的长度一般不应小于60mm，同时还要照顾到砌筑方便和尽量少砍砖。

4. 接槎可靠

接槎是指先砌的砌体和后砌的砌体之间的接合方式。接槎方式合理与否，对砌体质量和建筑物的整体性有极大的影响，特别在地震区将会影响建筑物的抗震能力。砖墙转角处和交接处应同时砌筑。对不能同时砌筑而又必须留置的临时间断处，应尽可能砌成斜槎，斜槎长度不应小于高度的2/3。这种留槎方法操作方便，接槎时砂浆饱满，易于保证工程质量。留斜槎确有困难时，除转角处外，可留直槎，但必须留凸槎，不得留凹槎，并设拉结筋。拉结筋的数量为每12cm墙厚放置1根直径6mm的钢筋，间距沿墙高不得超过500mm；伸入两侧墙中每边均不应小于500mm（图3-14）。埋入长度从墙的留槎处算起，每边不小于500mm，末端应有90°角弯钩。

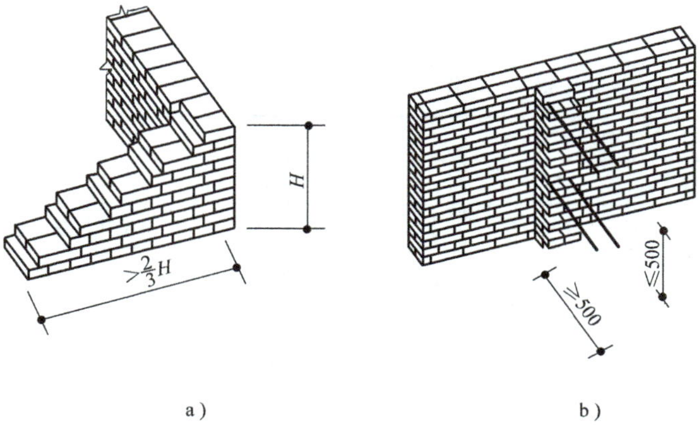

图3-14 墙体接槎
a）斜槎 b）直槎

隔墙与主墙或柱如不同时砌筑而又不能留成斜槎时，可于主墙或柱中引出凸槎，并于主墙的立缝处预埋拉结筋，其构造要求同上，但每道不少于2根钢筋（图3-15）。

砖砌体接槎时，必须将接槎处的表面清理干净，浇水湿润，并应填实砂浆，保持灰缝平直。框架结构房屋的填充墙，应与框架中预埋的拉结筋连接。隔墙和填充墙的顶面与上部结构接触处宜用侧砖或立砖斜砌挤紧。

每层承重墙的最上一皮砖，应用丁砖砌法。在梁或梁垫的下面，砖砌体的阶台水平面上以及砖砌体的挑出层（挑檐、腰线等）中，也应用丁砌层砌筑。以上丁砖均应用整砖，半砖和破损的砖应分散使用在受力较小的砌体中和墙心。

为了保证墙体质量，在砌筑过程中应随时检查墙体的水平度和垂直度，其检查方法和允许偏差见表3-1。

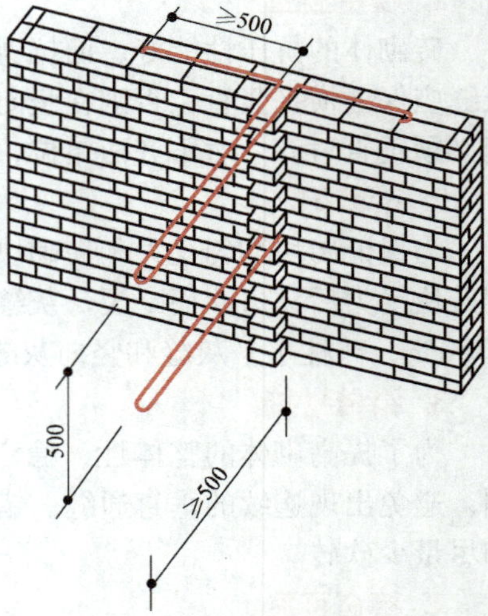

图3-15　隔墙与主墙的接槎构造

三、实心砖墙的砌筑工艺

实心砖墙的砌筑工艺一般为：抄平、放（弹）线、摆砖样（排脚、撂底）、立皮数杆、盘角（砌头角）、挂线、砌筑、勾缝、楼层轴线标高引测及检查等。

1. 抄平、放线

为了保证建筑物平面尺寸和各层标高的正确，砌筑前，必须准确地定出各层楼面的标高和墙柱的轴线位置，以作为砌筑时的控制依据（图3-16）。

（1）底层放线　当基础砌筑到±0.000标高下一皮砖时，用水准仪测设防潮层的标高（可以用控制防潮层厚薄的办法来调整高低）。然后根据对应龙门板上的轴线钉拉通线，并沿通线挂线锤，将墙轴线引测到防潮层面上，再以轴线为基准弹出墙边线，并按设计要求定出门窗洞口的平面位置。

轴线放出并经复查无误后，再将轴线引测到外墙面上，画上特定的符号，以作为引测到楼层轴线时的依据。

表3-1　砖砌体的允许偏差和检验方法

序号	项目			允许偏差/mm	检验方法
1	轴线位移			10	用经纬仪复查或检查测量记录
2	基础、墙、柱顶面标高			±15	用经纬仪复查或检查测量记录
3	墙面垂直度	每层		5	用2m托线板检查
		全高	小于或等于10m	10	用经纬仪或吊线和尺检查
			大于10m	20	
4	表面平整度		清水墙、柱	5	用2m直尺和楔形塞尺检查
			混水墙、柱	8	
5	水平灰缝平直度		清水墙	7	拉10m线和尺检查
			混水墙	10	
6	清水墙游丁走缝			20	吊线和尺检查，以每层第一皮砖为准
7	门窗洞口高、宽（后塞口）			±10	用尺检查
8	外墙上下窗口偏移			20	用经纬仪或吊线检查，以底层窗口为准

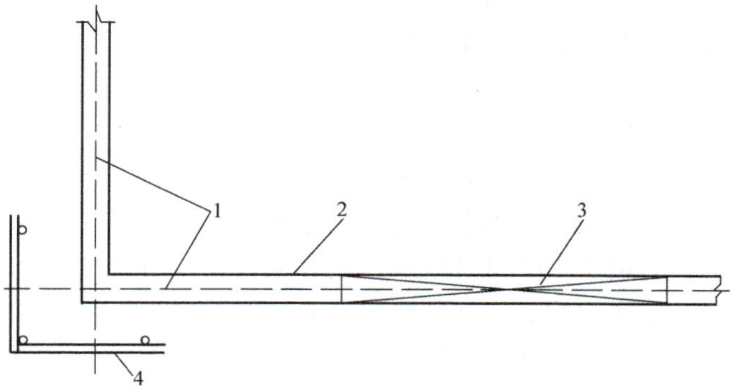

图 3-16 放线示意

1—墙轴线 2—墙边线 3—门洞 4—龙门板

还应在建筑物四角外墙面上引测 ±0.000 标高，画上符号并注明，作为楼层标高引测时的依据。轴线和标高引测到墙面上以后，龙门桩、龙门板就可以拆除。

（2）楼层放线 为了保证各楼层墙身轴线的重合，并与基础定位轴线一致，可利用经纬仪或线锤，把底层的控制轴线引测到各楼层的楼板边缘或墙上。轴线的引测是楼层放线的关键，故引测后，一定要用钢卷尺丈量各轴线间距，经校核无误后，再弹出各分间的轴线和墙边线，并按设计要求定出门窗洞口的平面位置。

（3）楼层标高的传递及控制 房屋建筑施工中，由下层向上层传递标高，可以用皮数杆传递，也可以用钢卷尺沿某一墙角的标高标志向上直接丈量。每层楼的墙体砌到一定高度（一般为 1.5m）后，在各内墙面分别进行抄平，并在墙面上弹出距地面 500mm 高的水平标高线，这条标高线可作为该层地面和室内装饰施工时控制标高的依据。

2. 摆砖样

按选定的组砌方式，在墙基顶面用砖块试摆，以便对灰缝进行调整，使灰缝均匀，减少砍砖。摆砖样是指在墙基顶面上，按墙身长度和组砌方式先用砖块试摆，核对所弹的门洞位置线及窗口、附墙垛的墨线是否符合所选用砖型的模数，通过对灰缝进行调整，使每层砖的砖块排列和灰缝均匀，并尽可能减少砍砖，在砌清水墙时尤为必要。摆砖样的工作相当重要，应由有经验的师傅进行。

3. 立皮数杆

皮数杆是一种方木标志杆。立皮数杆的目的是控制每皮砖砌筑时的竖向尺寸，并使铺灰、砌砖的厚度均匀，保证砖缝水平。皮数杆上除划有每皮砖和灰缝的厚度外（一般每米画 16 块砖），还画出了门窗洞、过梁、楼板等的位置和标高，用于控制墙体各部位构件的标高。

皮数杆长度应有一层楼高（不小于 2m），一般立于墙的转角处、内外墙交接处，每隔 10~15m 立 1 根。采用外脚手架时，皮数杆一般立在墙内侧；采用里脚手时，皮数杆应立在墙外侧。立皮数杆时，应使皮数杆上的 ±0.000 标高线与房屋的标高起点线相吻合。

4. 盘角（砌头角）、挂线

皮数杆立好后，即可根据皮数杆拉线砌筑，但通常是先按皮数杆砌墙角（盘角），然后将准线挂在墙角上，拉线砌中间墙身，每砌一皮砖，线绳向上移动一次。一般370mm 厚以下的墙身砌筑单面挂线即可，更厚的墙身砌筑则应双面挂线。墙角是确定墙身位置的主要依据，其砌筑的好坏，对整个建筑物的砌筑质量有很大影响。

5. 墙体砌筑、勾缝

砖砌体的砌筑方法有“三一”砌法、挤浆法、刮浆法和满口灰法等。一般采用一块砖、一铲灰、一挤揉的“三一”砌法。其优点是灰缝容易饱满、粘结力好、墙面整洁。

砌体除应采用符合质量要求的原材料外，还必须有良好的砌筑质量，以使砌体有良好的整体性、稳定性和良好的受力性能。其砌筑质量应达到国家有关规范的要求。要预防不均匀沉降引起开裂及注意施工中墙柱的稳定性。

砌筑时水平灰缝的厚度一般为8~12mm，竖缝宽一般为10mm。为了保证砌筑质量，墙体在砌筑过程中应随时检查垂直度，一般要求做到“三皮一吊线，五皮一靠尺”。为减少灰缝变形引起砌体沉降，一般每日砌筑高度不宜超过1.8m。当施工过程中可能遇到大风时，应遵守规范所允许自由高度的限制。

清水墙砌完后，应进行勾缝，勾缝是砌清水墙的最后一道工序。勾缝的作用除了使墙面清洁、整齐美观外，更主要是保护墙面。勾缝的方法有两种：一种是原浆勾缝，即利用砌墙的砂浆随砌随勾，多用于内墙面；另一种是加浆勾缝，即墙体砌筑完毕后，利用1:1水泥砂浆或加色砂浆进行勾缝。勾缝要求横平竖直，深浅一致，搭接平整并压实抹光。勾缝完毕后应清扫墙面。

四、砖柱、砖拱、钢筋砖过梁砌筑

(一) 砖柱

砖柱分独立柱与带壁柱（砖垛）两种。

组砌独立砖柱时，不得采用先砌四周后填心的包心方法。成排砖柱应拉通线砌筑。砖柱上不得留脚手眼，每日砌筑高度不宜超过1.8m。

带壁柱应与墙身同时砌筑，轴线应准确，成排带壁柱应在外边缘拉通线砌筑。

(二) 过梁

一般门窗洞口宽度大于1.5m或洞口上部搭有预制板时，应该采用钢筋混凝土过梁；门窗洞口宽度在1.5m以下的非承重墙则可采用砖平（弧）拱和钢筋砖过梁。

1. 砖平拱

砖平拱是用普通砖整砖侧砌而成。拱的截面高度有240mm、300mm、365mm，拱的截面宽度等于墙厚。

砖平拱应采用不低于MU7.5的砖与不低于M5的砂浆砌筑。砌筑时，在拱脚两边各伸入墙内10~30mm，并砌成斜面，斜面的斜度为1/4~1/6。在拱底处支设模板，模板中部应有1%的起拱。在模板上画出砖及灰缝的位置和宽度，侧砌砖的块数应为单数。砌筑时应从两边向中间砌，每块砖应对准模板上的画线，正中一块应挤紧。竖向灰缝应砌成上宽下窄的楔形缝，在拱底的灰缝宽度不应小于5mm，拱顶灰缝宽度不小于15mm。

砖平拱（图3-17）又称平拱式过梁，一般用于门窗宽度不大于1.2m的门窗洞口。

2. 砖弧拱

砖弧拱的构造与砖平拱基本相同，只是外形呈弧形。

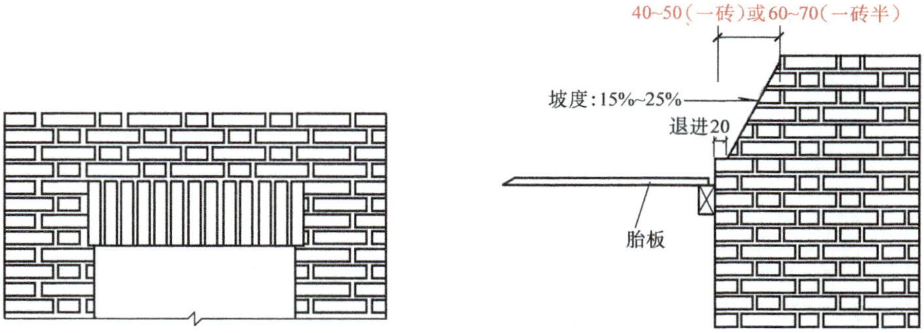

a)　　　　b)

图 3-17　砖平拱的砌法

a）外观　b）支模方法

砌筑砖弧拱时模板应支设成设计所要求的圆弧形，拱的截面高度一般为240mm，拱的截面宽度等于墙厚。砌筑方法与砖平拱基本相同。

砖平拱与砖弧拱底部的模板，应待灰缝砂浆达到设计强度的50%以上时，方可拆除。

3. 钢筋砖过梁

钢筋砖过梁是用普通黏土砖和砂浆砌成，底部配有钢筋的砌体，一般用于门窗宽度不大于1.5m的门窗洞口。在过梁的作用范围内（不少于六皮砖的高度或过梁宽度的1/4高度范围内），砖的强度等级不低于MU7.5，砂浆的强度等级不低于M5。

钢筋的设置应符合设计及规范要求，其直径不小于6mm，每半砖放置一根。钢筋的水平间距不大于120mm，钢筋两端应弯成直角钩，伸入墙内的长度不小于240mm（图3-18）。

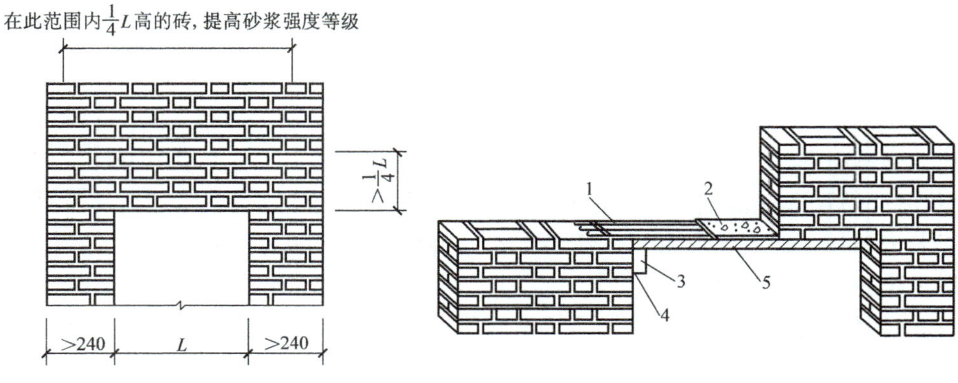

a)　　　　b)

图 3-18　钢筋砖过梁

a）外形　b）支模方法

1—钢筋　2—水泥砂浆　3—砖　4—大钉或木楔　5—胎板

砌筑时，在过梁底部应支设模板，模板中部应有1%的起拱。在模板上铺设1∶3水泥砂浆，厚度不小于30mm，然后，将钢筋埋入砂浆中，钢筋弯钩要向上，两头伸入墙内的长度应一致，钢筋弯钩应置于竖缝内。钢筋上的第一皮砖应丁砌，然后逐层向上砌筑，在过梁范围内用一顺一丁砌法，与两侧砖墙同时砌筑。当砂浆强度达到50%以上时，方可拆模。

五、砖挑檐和砖砌窗台的砌筑

1. 砖挑檐

砖挑檐有一皮一挑、二皮一挑和二皮与一皮间隔挑等（图3-19），挑层下面一皮砖应为丁砖。挑出宽度每次不大于60mm，总的挑出宽度应小于墙厚。砌筑时应靠挑檐外边每一挑层底角处拉线，依线砌筑，以使挑头齐平。水平灰缝宜使挑檐外侧稍厚，内侧稍薄。挑层中竖向灰缝必须饱满。

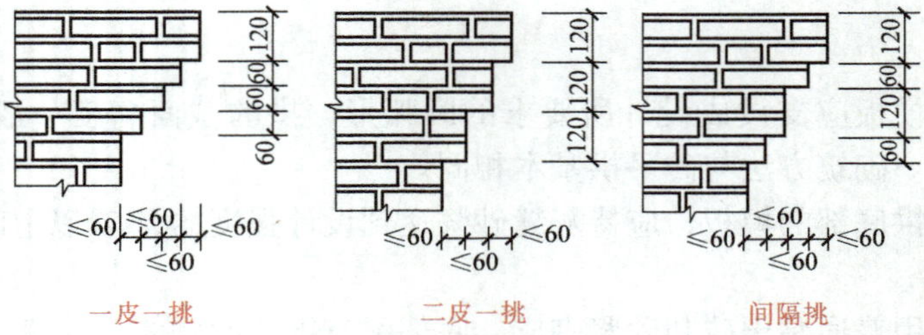

图3-19　砖挑檐形式

2. 砖砌窗台

砖砌窗台分不抹面的清水窗台和有抹面的混水窗台两种。砌筑时先在距墙面60mm处拉通线，然后量出窗台长度（两边应伸入窗边墙半砖），计算所需砖块和估计灰缝的大小。考虑到排水的要求，砌筑时应使窗台砖表面有一斜度，一般里面比外面高出20mm（图3-20）。

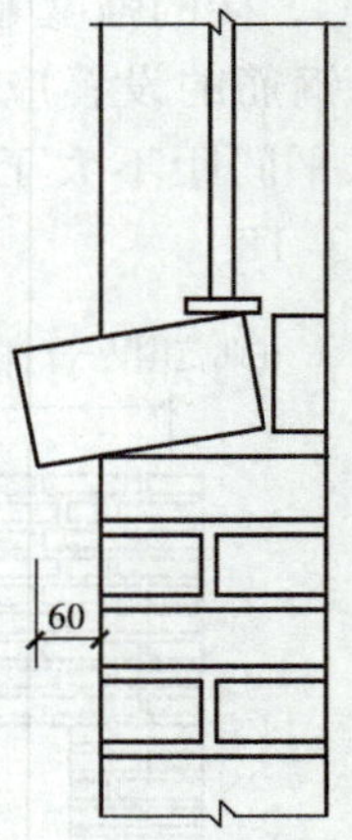

图3-20　窗台砌法

六、砖基础的砌筑

砖基础砌筑应做到：

1）将基础垫层表面清扫干净，用水准仪复核垫层上表面的标高，如高差不大于30mm时，用水泥砂浆找平；若高差大于30mm时，宜用C15以上的细石混凝土填平。

2）利用墙体定位轴线桩或标志板（龙门板），在基础垫层上表面放出基础中心线，依基础中心线向两侧（或四侧）放出基础底面宽度线。

3）基础大放角用一顺一丁形式组砌，竖缝要错开，在十字及丁字交接处，纵横墙要隔皮砌通，大放角最下一皮及每个台阶的上面一皮应以丁字为主。

4）砌砖时，按皮数杆先砌上皮转角处及交接处的砖，并在其间拉准线，再砌中间部分。皮数杆的间距不宜超过15m。

5）砖基础的水平灰缝和竖向灰缝宽度宜为10mm，但不应小于8mm，也不应大于12mm。

6）砌到最后一个台阶时，应从龙门板上拉线将墙的轴线引下，以保证最后一个面正确。

7）砌完基础后两侧应及时回填土，并分层夯实，以防止不对称回填土使基础侧移。

第三节 中型砌块的施工

中型砌块在我国已得到广泛应用，砌块按材料分，有粉煤灰硅酸盐砌块、普通混凝土空心砌块、轻集料混凝土空心砌块、煤矸石硅酸盐空心砌块等。中型砌块的规格不一，一般高度为380～940mm，长度为高度的1.5～2.5倍，厚度为180～300mm，每块砌块质量为50～200kg。

一、砌块排列

由于中型砌块体积较大、较重，不像砖块可以随意搬动，多采用专用设备进行吊装砌筑，因此在吊装前应绘制砌块排列图，以指导吊装砌筑施工。砌块排列图按每片纵、横墙分别绘制（图3-21），要求做到：

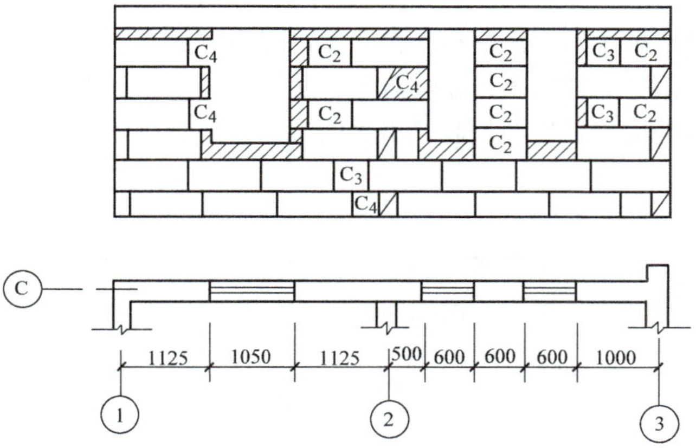

图3-21 砌块排列图

1）尽量采用主规格砌块，减少镶砖。

2）错缝搭砌，搭接长度不小于砌块高度的1/3，并不小于150mm。外墙转角处及纵横墙交接处应用砌块互相搭接，如不能互相搭接，则每两皮应设置一道拉结钢筋网片。

3）水平灰缝一般为10～20mm，有配筋的水平灰缝为20～25mm。竖缝宽度为15～20mm，当竖缝宽度大于40mm时，应用与砌块同强度的细石混凝土填实，当竖缝大于100mm时，应用黏土砖镶砌。

4）当楼层高度不是砌块（包括水平灰缝）的整数倍时，用黏土砖镶砌。

二、砌块吊装施工

1. 砌块吊装方案

砌块墙的施工特点是砌块数量多，吊次也相应地多，但砌块的重量不很大，通常采用的吊装方案有两种：

1）一是用塔式起重机进行砌块、砂浆的运输，以及楼板等构件的吊装，由台灵架吊装砌块。台灵架在楼层上的转移由塔式起重机来完成。如工程量大，组织两栋房屋对翻流水等可采用这种方案。

2）二是用井架进行材料的垂直运输、杠杆车进行楼板吊装，所有预制构件及材料的水平运输则用砌块车和劳动车，台灵架负责砌块的吊装（图3-22）。

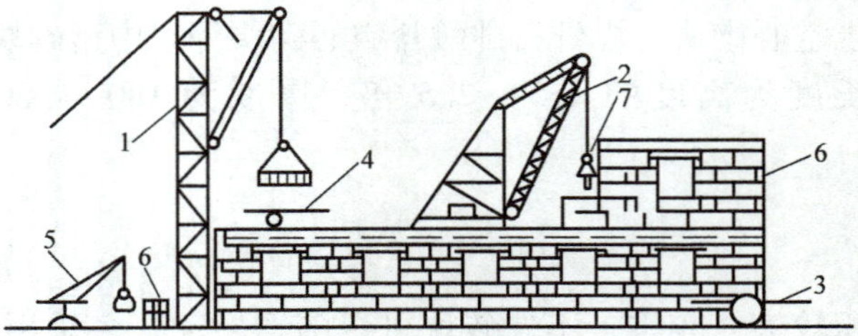

图3-22　砌块吊装示意图

1—井架　2—台灵架　3—杠杆车　4—砌块车　5—少先吊　6—砌块　7—砌块夹

吊装砌块一般是按施工段依次进行，在住宅工程中，通常是一个开间或两个开间为一个施工段。吊装砌块一般是先外后内，先远后近，先下后上。在分段处应留斜槎。当采用井架方案时，吊装路线应考虑台灵架在最后退出楼层时，收头恰在井架吊杆下面，如采用塔式起重机则比较自由。

2. 砌块吊装工艺

当采用井架和台灵架吊装砌块时，其工艺流程如图3-23所示。

砌块吊装的主要工序为：铺灰、砌块吊装就位、校正、灌缝和镶砖。

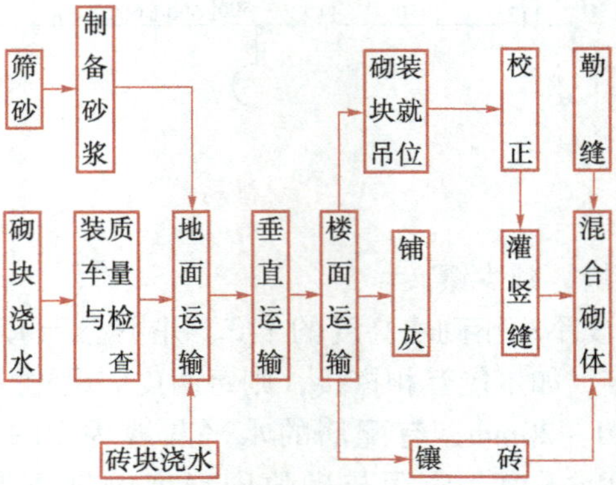

图3-23　砌块吊装的工艺流程

第四节　砌筑工程的质量与安全

一、常见的质量通病

1）砂浆强度等级达不到设计要求。其主要原因是：配合比有误或计量不准；砂浆搅拌不均匀；塑化材料（石灰膏）掺量过多等。

2）砂浆和易性不好、保水性差。其主要原因有：水泥用量过少，砂子间摩擦力较大；砂子过细；砂浆中塑化材料（石灰膏）质量差，不能很好地起到改善砂浆和易性的作用；拌好的砂浆存放时间过久。

3）灰缝砂浆不饱满。造成灰缝砂浆不饱满的主要原因：砂浆和易性差；干砖上墙，砖过多吸收砂浆中的水分；用推尺铺灰法砌筑，由于铺灰过长，砌筑跟不上，砂浆中的水分被砖吸收。

4）墙体留置阴槎，接槎不严，拉结筋遗漏。

5）清水墙面游丁走缝。出现的现象是清水墙面出现丁砖竖缝歪斜、宽窄不匀，丁不压中。造成清水墙面游丁走缝的主要原因是：砖的尺寸误差过大；灰缝厚度不一致。

6）砌体内部的砌块与砂浆之间的粘结力不够，其主要原因有：砂浆强度等级不够，干砖上墙及砌块表面有粉尘。

7）砖的强度等级达不到设计要求。

8）墙体垂直度达不到规范要求。

9）毛石基础、毛石挡墙、砖柱采用“包心砌法”。

10）墙上任意留置脚手眼。

11）毛石挡墙泄水孔遗漏或堵塞。

二、砌筑工程的质量保证措施

1）砖的品种、强度等级必须符合设计要求，并规格一致。用于清水墙的砖应边角整齐、色泽一致。

2）砂浆中宜用中砂，并应过筛，含泥量不得超过规定范围。

3）干砖不得上墙。

4）水泥应按品种、强度等级、出厂日期分别堆放，并保持干燥。水泥出厂日期超过3个月，经试验鉴定后方可使用。

5）砂浆的种类、强度等级应满足设计要求。

6）砂浆的饱满度应满足规范要求。

7）砖砌体组砌得当、接槎可靠。

三、砌筑工程安全施工保证措施

1）在操作之前必须检查操作环境是否符合安全要求，道路是否通畅，机具是否完好牢固，安全设施和防护用品是否齐全。

2）砌基础时，应注意坑壁有无崩裂现象，堆放砖石材料应离坑边1m以上。

3）严禁站在墙顶上画线、刮缝、清扫墙面及检查等。

4）砍砖时应面向内打，以免碎砖落下伤人。

5）脚手架堆料量不得超过规定荷载，堆砖高度不得超过3皮侧砖，同一块操作板上的操作人员不得超过2人。

6）用于垂直运输的吊笼、绳索等，必须满足负荷要求，牢固无损。吊运时不得超载，并经常检查，发现问题及时处理。

7）在楼层（特别是预制板）上施工时，堆放机具、砖块等物品不得超过使用荷载。如超过使用荷载时，必须经过验算并采取有效加固措施后，方可进行堆放和施工。

8）进入现场必须戴好安全帽。

9）脚手架必须有足够的强度、刚度和稳定性。

10）脚手架的操作面必须满铺脚手板，不得有探头板。

11）井字架、龙门架不得载人。

12）必须有完善的安全防护措施，按规定设置安全网、安全护栏。

思考题

1. 砖石砌筑工程应做哪些施工准备工作？砌筑前砖为什么要浇水湿润？
2. 砌筑工程用砖有哪几类？普通黏土砖的基本尺寸是多少？
3. 砌筑砂浆有哪些种类？
4. 砖墙的组砌形式有哪些？
5. 砖平拱、砖弧拱施工时应注意哪些事项？
6. 钢筋砖过梁施工时应注意哪些事项？
7. 墙体接槎应如何处理？
8. 砌筑时为什么要做到横平竖直，砂浆饱满？
9. 什么是原浆勾缝？什么是加浆勾缝？
10. 砌筑时如何控制砌体的位置和标高？
11. 砖砌体的施工过程包括哪些内容？
12. 砖砌体总的质量要求是什么？
13. 什么是“三一”砌法？
14. 楼层墙身轴线和楼面标高线如何确定？
15. 砌体工程施工中应注意哪些安全事项？

习题

一、单项选择题

1. 常温下砌砖，烧结类块体的相对含水率宜为（　　），一般应提前1~2天浇水润湿。

A. 5%~10%　　B. 10%~15%　　C. 15%~20%　　D. 60%~70%

2. 检查含水率的最简易方法是现场断砖，砖截面周围溶水深度（　　）mm视为符合要求。

A. 5~10　　B. 10~15　　C. 15~20　　D. 20~25

3. 砂浆的拌制一般用砂浆搅拌机，要求拌和均匀，为改善砂浆的保水性可掺入黏土、电石膏、粉煤灰等（　　）。

A. 减水剂　　B. 保水剂　　C. 早强剂　　D. 塑化剂

4. 砂浆稠度的选择主要根据墙体材料、砌筑部位及气候条件而定。一般实心砖墙和柱，砂浆的流动性宜为（　　）mm。

A. 50~70　　B. 70~100　　C. 100~120　　D. ≥120

5. 墙体竖向灰缝必须垂直对齐，对不齐而错位，称为（　　），影响墙体外观质量。

A. 游丁走缝　　B. 走丁游缝　　C. 上下错缝　　D. 左右错缝

6. 墙体水平灰缝砂浆饱满，厚薄均匀，否则砖块受力后易弯曲而断裂。砂浆饱满度不得低于（　　）。

A. 70%　　B. 80%　　C. 90%　　D. 100%

7. 砌块排列的原则应遵循“内外搭砌、上下错缝”的原则，错缝的长度一般不应小于（　　）mm。

A. 30　　B. 60　　C. 90　　D. 120

8. 每层楼的墙体砌到一定高度（一般为 1.5m）后，在各内墙面分别进行抄平，并在墙面上弹出离距地面 500mm 高的水平标高线，作为该层地面和室内装饰施工时控制（　　）的依据。

A. 平面位置　　B. 标高　　C. 垂直度　　D. 强度

9. 砖墙转角处和交接处应同时砌筑。对不能同时砌筑而又必须留置的临时间断处，应尽可能砌成斜槎，斜槎长度不应小于高度的（　　）。

A. 1/3　　B. 1/2　　C. 2/3　　D. 1

10. 每层承重墙的最上一皮砖，应用（　　）砌法。

A. 丁砖　　B. 顺砖　　C. 侧砖　　D. 立砖

11. 为减少灰缝变形引起砌体沉降，墙体一般每日砌筑高度不宜超过（　　）m。

A. 1.2　　B. 1.5　　C. 1.8　　D. 2.2

12. 砖平拱与砖弧拱底部的模板，待灰缝砂浆达到设计强度的（　　）以上时，方可拆除。

A. 50%　　B. 75%　　C. 95%　　D. 100%

13. 砖挑檐有一皮一挑、二皮一挑和二皮与一皮间隔挑等，挑出宽度每次不大于（　　）mm。

A. 30　　B. 60　　C. 90　　D. 120

二、多项选择题

砖墙一般采用（　　）的“三一”砌法。

A. 一块砖　　B. 一吊线

C. 一铲灰　　D. 一靠尺

E. 一挤揉

第四章 混凝土结构工程

本章概要

本章主要介绍了钢筋工程、模板工程和混凝土工程的施工工艺和施工方法。通过本章的学习，使学生掌握钢筋的检查与验收、钢筋的连接、钢筋的配料、钢筋的加工与安装；了解钢筋冷加工、钢筋代换；熟悉模板的基本要求、模板的构造、模板的拆除；了解模板设计；掌握混凝土的施工配料、浇筑与振捣；熟悉混凝土的搅拌与运输、混凝土的养护、混凝土的强度检验；了解混凝土结构工程常见的质量事故及防治方法。

以混凝土为主制成的结构称为混凝土结构，包括钢筋混凝土结构、预应力混凝土结构和素混凝土结构等。本章主要介绍的混凝土结构工程指钢筋混凝土结构。它是按设计要求将钢筋和混凝土两种材料，利用模板浇筑而成的。在钢筋混凝土结构中，混凝土的抗压强度高而抗拉强度低（约为抗压强度的1/10），受拉时容易产生断裂现象，因此在结构构件的受拉区配置适当的钢筋，充分利用钢筋的抗拉能力强的特点，使结构既能受压，也能受拉，以满足工程结构的使用要求。

钢筋和混凝土是两种不同性质的材料，为了使它们能协同工作，需要混凝土硬化后与钢筋之间有良好的粘结力，从而可靠地结合在一起，共同变形，共同受力。由于钢筋和混凝土两种材料的温度线膨胀系数十分接近（钢筋 1.2×10^{-5}/℃；混凝土 $1.0\times10^{-5}\sim1.5\times10^{-5}$/℃），当温度变化时钢筋与混凝土之间不会产生由温度引起的较大的相对变形造成的粘结破坏。但能否保证钢筋与混凝土共同工作，关键仍在于施工，必须给予高度重视。本章主要介绍混凝土结构施工的主要工种工程：钢筋工程、模板工程和混凝土工程。

混凝土结构工程具有良好的耐久性、耐火性、整体性和可塑性，并且节约钢材，取材容易，因此在工程建设中应用极为广泛，我国在高层建筑和多层框架中大多采用混凝土结构，是使用混凝土结构最多的国家。但混凝土结构也存在一些缺点，主要是：自身重力较大，抗裂性较差，现场浇筑受季节气候条件的限制，补强修复困难等。不过，随着科学技术的发展，高强度钢筋和高强度、高性能混凝土的研制使用，混凝土施工工艺的不断完善，混凝土的应用领域将不断扩大。

第一节 钢筋工程

一、钢筋的种类与检查验收

（一）钢筋的种类和性能

钢筋的种类很多，按生产工艺可分为：热轧钢筋、冷拉钢筋、冷拔钢丝、热处理钢筋、碳素钢丝和钢绞线等，其中热轧钢筋是工程中使用最广泛的一个品种，按力学性能热轧钢筋又可分为 HPB300、HRB335、HRB400、HRB500 以及细晶粒热轧钢筋 HRBF335、HRBF400、HRBF500；按轧制外形热轧钢筋又可分为光圆钢筋和变形钢筋。钢筋还可按化学成分分为碳素钢钢筋和普通低合金钢钢筋，其中碳素钢筋按含碳量多少又可分为低碳钢、中碳钢和高碳钢；钢筋也可按供应形式分为盘圆钢筋（直径不大于 10mm）和直条钢筋（长度为 6 ~ 12m）。

钢筋混凝土用热轧钢筋，应符合国家标准《钢筋混凝土用钢　第 1 部分：热轧光圆钢筋》（GB 1499.1—2008）、《钢筋混凝土用钢　第 2 部分：热轧带肋钢筋》（GB 1499.2—2007）的规定。

（二）钢筋的检查与验收

根据《混凝土结构工程施工规范》（GB 50666—2011）和《混凝土结构工程施工质量验收规范（2011 年版）》（GB 50204—2002）（下文均简称为《规范》）的要求，钢筋进场时应按现行国家标准的规定抽取试件做力学性能检验，其质量必须符合有关标准的要求；对有抗震设防要求的框架结构，其纵向受力钢筋的强度应满足设计要求；当设计无具体要求时，对一、二、三级抗震等级，检验所得的强度实测值应符合下列规定：钢筋的抗拉强度实测值与屈服强度实测值的比值不应小于 1.25；钢筋的屈服强度实测值与屈服强度标准值的比值不应大于 1.3；钢筋的最大力下总伸长率不应小于 9%。

钢筋出厂时，应在每捆（盘）上都挂两个标牌（注明生产厂、生产日期、钢号、炉罐号、钢筋级别、直径等标记），还应具有产品合格证、出厂检验报告，并按品种、批号及直径分批验收。每验收批由同一截面尺寸和同一炉号的钢筋组成，重量不大于 60t，验收内容包括外观检查、重量偏差检验和力学性能试验等。

外观检查要求热轧钢筋平直、无损伤，表面不得有裂纹、油污、颗粒状或片状老锈。钢筋表面允许有凸块，但不得超过横肋的最大高度。钢筋的外形尺寸应符合规定。

《钢筋混凝土用钢》中规定每批抽取 5 个试件，先进行重量偏差检验，再取其中 2 个试件进行力学性能检验。

进行力学性能试验时，应从每批钢筋中任选 2 根钢筋，每根取 2 个试样分别进行拉力试验（包括屈服强度、抗拉强度和伸长率）和冷弯试验，每超过 40t 将增加一个拉伸和弯曲试样，试验结果应符合表 4-1、表 4-2 的要求；如有一项试验结果不符合要求，则从同一批中另取双倍数量的试样重做各项试验；如仍有一个试样不合格，则该批钢筋为不合格品。

表 4-1　普通钢筋强度标准值　（单位：N/mm^2）

牌　　号	符　　号	公称直径 d/mm	屈服强度标准值 f_{yk}	极限强度标准值 f_{stk}
HPB 300	Φ	6～22	300	420
HRB 335 HRBF 335	Φ Φ^F	6～50	335	455
HRB 400 HRBF 400 RRB 400	Φ Φ^F Φ^R	6～50	400	540
HRB 500 HRBF 500	Φ Φ^F	6～50	500	630

表 4-2　普通钢筋及预应力筋在最大力下的总伸长率限值

钢筋品种	普通钢筋			预应力筋
	HPB 300	HRB 335、HRBF 335、HRB 400、HRBF 400、HRB 500、HRBF 500	RRB 400	
δ_{gt}（%）	10.0	7.5	5.0	3.5

当钢筋在加工过程中发生脆断、焊接性能不良或力学性能显著不正常等现象时，应进行化学成分分析或其他专项检验。

进场后的钢筋在运输和储存时应注意不得损坏标志，并应根据品种、规格按批分别挂牌堆放，并标明数量。

二、钢筋冷加工

在常温下，钢材经拉、拔或轧等加工，产生塑性变形，调整其性能的方法称为冷加工。对钢筋进行冷加工是充分发挥材料的效用、节约钢材和满足预应力钢筋要求的重要途径。钢筋冷加工最常用的方法有冷拉和冷拔。

（一）钢筋冷拉

1. 冷拉原理

钢筋冷拉是在常温下拉伸钢筋，使钢筋的拉力超过屈服点，产生塑性变形，强度提高。软钢钢筋经冷拉后的性能变化规律，如图 4-1 所示。

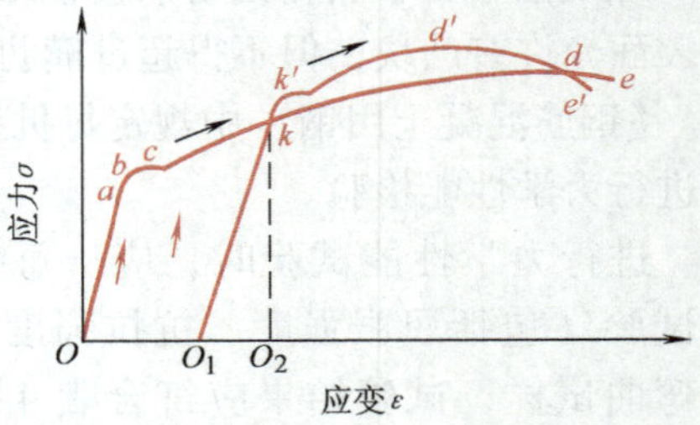

图 4-1　钢筋冷拉应力应变示意图

先将钢筋拉伸，使拉力超过屈服强度（点 b），达到图中的点 k，然后卸荷。由于钢筋产生塑性变形，曲线沿 kO_1 下降至点 O_1，kO_1 大致与 aO 平行。如立即加荷载，应力应变曲线则沿 O_1kde 变化，并在点 k 出现新的屈服。这个屈服强度明显高于冷拉前的屈服强度，这种现象叫做“变形硬化”（冷硬）。冷硬后的新的屈服强度并非保持不变，而是随时间有所提高，这种现象称为“时效硬化”。由于变形硬化和时效硬化的结果，其新的应力应变曲线则为 $O_1k'd'e'$，屈服点进一步提高，塑性再次降低。这是因为在冷拉过程中，钢筋内部的晶体沿着结合力最差的结晶面产生相对滑移，使滑移面上的晶格歪扭变形，晶格破碎造成滑移面的凹凸不平，阻碍晶体的继续滑移，使钢筋内部组织发生了变化。这种变化随着时间的增长而逐渐稳定，也就是说要通过时效硬化后才能有稳定的屈服强度。

对于 HPB300、HRB335 钢筋在常温下一般要经过 15～20 天才能完成这一过程（称自然时效），但在 100℃温度下，则只需 2h。所以为加速时效硬化，必要时可利用蒸汽或电热对冷拉后的钢筋进行人工时效，尤其是 HRB400、RRB400 的冷拉钢筋，在自然时效难以达到时效效果的情况下，更宜采用人工时效。此时，只需加热到 150～200℃，经过 15～20min，就可以完成时效过程。但须注意，加温不宜过高，否则会得到相反的结果。如加温到 450℃时，冷拉钢筋的强度反而有所降低，塑性却有所增强；当加温到 700℃时，冷拉钢筋会恢复到冷拉前的力学性能。所以做预应力用的钢筋如需焊接时，应在焊接后进行冷拉，以免因焊接产生高温而降低冷拉后所获得的强度。

2. 冷拉参数及控制方法

钢筋冷拉的控制应力与冷拉率是影响钢筋冷拉质量的两个主要参数，相应地，钢筋冷拉控制方法有控制冷拉率和控制应力两种。图 4-1 中的点 k 即为冷拉钢筋的控制应力，O_2 即为相应的冷拉率。钢筋冷拉后，强度提高，但塑性降低、脆性增大。钢筋强度的提高与冷拉率有关，在一定限度内，冷拉率越大，则强度提高越多。但钢筋冷拉后应有一定的塑性，有明显的流幅，屈服强度与抗拉强度应保持一定比值，使钢筋有一定的强度储备。

采用控制冷拉率法时，钢筋冷拉伸长值 ΔL 可按下式计算：

$$\Delta L = \delta L \tag{4-1}$$

式中 δ——试验所得的冷拉率（%）；

L——钢筋冷拉前的长度（m）。

用控制应力法冷拉钢筋时，其冷拉力 P 为：

$$P = \sigma_g A_g \tag{4-2}$$

式中 σ_g——钢筋冷拉时的控制应力（MPa）；

A_g——钢筋冷拉前的截面面积（mm^2）。

3. 钢筋冷拉设备

钢筋冷拉设备主要由拉力装置、承力结构、钢筋夹具及测量装置等组成。钢筋冷拉可采用卷扬机或千斤顶。当采用卷扬机冷拉时，其布置方案如图 4-2 所示。

方案一：设备简单，两端采用地锚承力。a）回程装置用冷拉滑轮组、回程荷重架，标尺测伸长；b）回程装置采用与冷拉相同的滑轮组，弹簧测力计测力，宜用于施工现场或构件厂。

方案二：c）采用单压柱式台座承力，回程滑轮组的门数小于冷拉滑轮组，电子秤测力；d）采用双压柱式台座承力，回程滑轮组与冷拉滑轮组相同，液压千斤顶测力。

以上方案除 a）采用冷拉率控制外，其余方案均可采用应力控制。

（二）钢筋冷拔

1. 冷拔原理及工艺

钢筋的冷拔原理与冷拉相似，只不过冷拉是纯拉伸线应力，而冷拔是拉伸与压缩兼有的立体应力。它是以强力拉拔的方法，使直径为 6～10mm 的 HPB300 钢筋，在常温下通过比其直径小 0.5～1.0mm 的特制的钨合金拔丝模孔而拔成比原钢筋直径小的钢丝，叫冷拔低碳钢丝。冷拔低碳钢丝呈硬钢性质，塑性降低，没有明显的屈服阶段，属于硬钢。

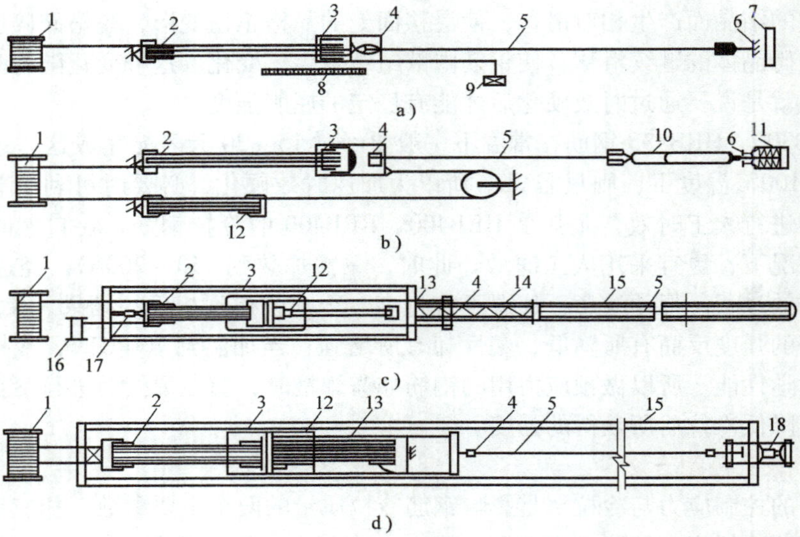

图4-2　用卷扬机冷拉钢筋时设备布置方案

1—卷扬机　2—滑轮组　3—冷拉小车　4—钢筋夹具　5—钢筋　6—地锚　7—防护壁　8—标尺　9—回程荷重架　10—连接杆　11—弹簧测力器　12—回程滑轮组　13—传力器　14—钢压柱　15—槽式台座　16—回程卷扬机　17—电子秤　18—液压千斤顶

冷拔钢筋的工艺是：剥壳→轧头→润滑→拔丝。

由于钢筋表面常有一层氧化铁锈渣硬壳，易使模孔损坏，并能使钢筋表面产生沟纹，造成断丝现象。因此，在拔丝前应用除锈剥皮机或用旧拔丝模进行清除，俗称“剥壳”。将剥壳钢筋端头放在轧头机上压细后，再通过润滑剂进入拔丝模，进行拔丝工作。

2. 影响冷拔钢筋质量的因素

冷拔低碳钢丝经数次反复冷拔而成。冷拔次数应选择适宜，次数过多，易使钢筋变脆，且降低冷拔机的生产率；次数过少，每次压缩过大，不仅拔丝模损耗增加，而且易产生断丝和安全事故。所以冷拔次数主要取决于拔丝机拉力的大小及钢筋是否会被拉断。

冷拔后的抗裂强度，随冷拔总压缩率的增大而成比例地提高，与冷拔次数关系不大。但压缩率越大，冷拔次数越多，钢材的塑性越低。为了保证冷拔低碳钢丝强度和塑性的相对稳定，必须控制总压缩率。

此外，影响拔丝质量的因素除材料质量外，还有模孔的孔型及润滑剂质量等。实践证明：模孔工作区角度宜为14°~18°，定径区的长度应小于所拔钢丝的直径，润滑剂常用生石灰、动植物油、肥皂水，按一定配合比（1:0.2:2）制成。

三、钢筋的连接

钢筋的接长方法有三种：焊接连接、机械连接和绑扎。

（一）钢筋焊接连接

焊接是钢材连接的主要方法，与绑扎搭接的连接方法相比，焊接可节约钢材、改善结构受力性能、提高功效、降低成本。且当钢筋直径大于28mm时，不宜采用绑扎搭接。

钢筋的焊接效果与钢材的焊接性有关。钢材的焊接性指被焊钢材在采用一定焊接材料、焊接工艺条件下，获得优质焊接接头的可能性，也就是钢材对焊接加工的适应性。它包括以下两个方面：一是工艺焊接性，也就是结合性能，是指在一定焊接工艺条件下焊接接头中出现各种裂纹及其他工艺缺陷的敏感性和可能性。这种敏感性和可能性越大，则其工艺焊接性能越差。二是使用焊接性，指在一定焊接条件下焊接接头对使用要求的适应性，以及影响使用可靠性的程度。这种适应性和使用可靠性越大，则其使用焊接性越好。

钢材的焊接性与碳元素及一些合金元素的含量有关，常用碳当量来估计。所谓碳当量法就是根据钢材的化学成分与焊接影响区淬硬性的关系，粗略评价焊接时产生冷裂纹的倾向和脆化倾向的一种估算方法。

钢筋的焊接性还与焊接工艺有关。改善钢筋焊接工艺是提高焊接质量的有效措施。

工程中钢筋焊接常用的方法有：电弧焊、电渣焊、闪光对焊、点焊和气压焊等。

1. 电弧焊

电弧焊的工作原理如图 4-3 所示。

电弧焊的主要设备是弧焊机，有直流和交流两种。电焊时，弧焊机送出低压的强电流，使焊条与焊件之间产生高温电弧，将焊条与焊件金属熔化，凝固后形成一条焊缝。电弧焊应用较广，如现浇钢筋混凝土结构中钢筋的接长，装配式钢筋接头、钢筋骨架焊接及钢筋与钢板的焊接等。

（1）钢筋电弧焊的接头形式 包括以下几种：

1）搭接焊，如图 4-4 所示，适用于直径 10～40mm 的 HPB300、HRB335、HRB400 钢筋。焊接时，先将主钢筋的端部按搭接长度预弯，使被焊接的两钢筋的轴线在同一直线上，并采用两端点焊定位，定位焊缝应离搭接端面 20mm 以上。搭接焊宜采用双面焊，确有困难时，也可采用单面焊。

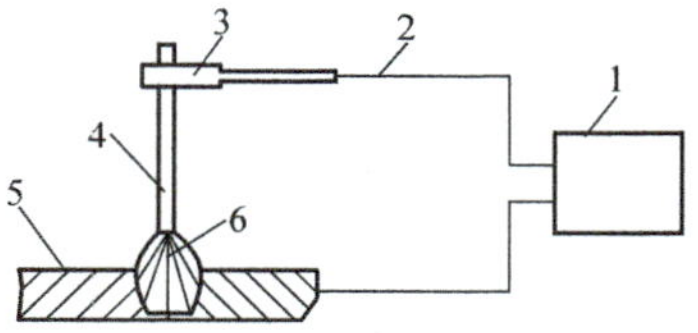

图 4-3 电弧焊示意图

1—电源 2—导线 3—焊钳 4—焊条 5—焊件 6—电弧

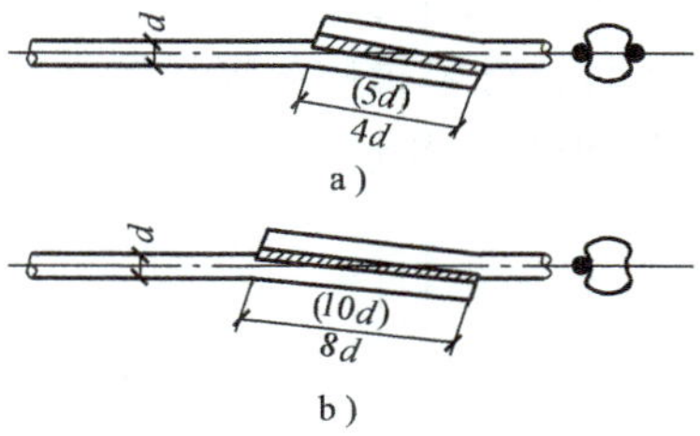

图 4-4 搭接接头

a）双面焊缝 b）单面焊缝

2）帮条焊接头，如图 4-5 所示，适用范围与搭接焊接头相同。帮条钢筋宜与主筋同级别、同直径，如帮条与被焊接钢筋的级别不相同时，还应按钢筋的计算强度进行换算。所采用帮条的总截面面积应满足：当被焊接钢筋为 HPB300 时，应不小于被焊接钢筋截面的 1.2 倍；为 HRB335、HRB400 时则应不小于 1.5 倍。两主筋端面的间隙应为 2～5mm；帮条和主筋之间用四点对称定位焊加以固定。

钢筋搭接接头和帮条接头焊接时，从钢筋内侧打弧，引弧应在帮条或搭接钢筋的一端开始，收弧应在帮条或搭接钢筋端头上，弧坑应填满。

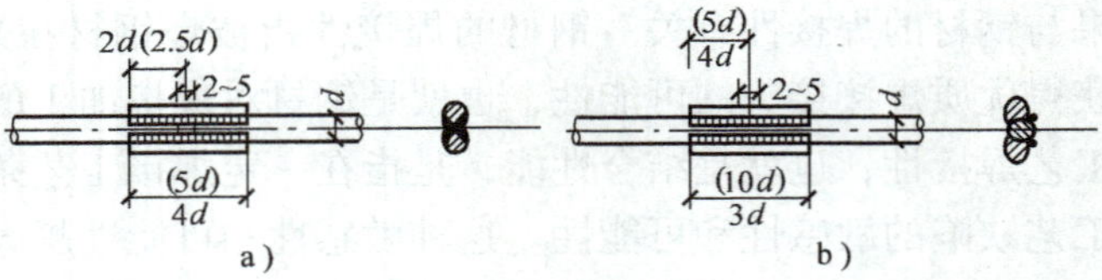

图4-5 帮条焊接头
a）双面焊缝 b）单面焊缝

钢筋接头采用帮条或搭接焊时，焊缝长度不应小于帮条或搭接长度，焊缝高 $h \geqslant 0.3d$，且不得小于4mm；焊缝宽度 $b \geqslant 0.7d$，且不得小于10mm；钢筋与钢板接头采用搭接焊时，焊缝高度 $h \geqslant 0.35d$，且不得小于6mm；焊缝宽度 $b \geqslant 0.5d$，且不得小于8mm。

3）坡口焊坡口接头，分平焊和立焊，如图4-6所示。施焊前的准备工作，应符合下列要求：钢筋坡口面平顺，凹凸不平度不得超过1.5mm，切口边缘不得有裂纹和较大的钝边、缺楞；钢筋坡口平焊时，V形坡口角度为55°~65°，坡口立焊时，坡口角度为45°~55°，其中下钢筋为0°~10°，上钢筋为35°~45°，钢垫板长度为40~60mm，厚度为4~6mm。平焊时，钢垫板宽度为钢筋直径加10mm；立焊时，其宽度为钢筋直径；钢筋根部间隙，平焊时为4~6mm；立焊时为3~5mm。最大间隙不宜超过10mm。

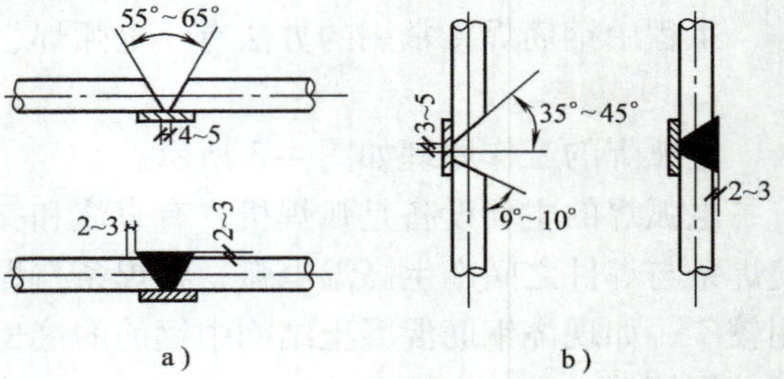

图4-6 钢筋坡口接头
a）坡口平焊 b）坡口立焊

4）钢筋与预埋件T形接头的焊接 预埋件接头电弧焊的接头形式可分对接接头和搭接接头两种，对接接头又可分为贴角焊和穿孔塞焊两种。如图4-7所示，当钢筋直径为6~25mm时，可采用贴角焊；当钢筋直径为20~30mm时，宜采用穿孔塞焊。角焊缝焊脚 K 对于HPB300、HRB335钢筋分别不小于钢筋直径的0.5~0.6倍。

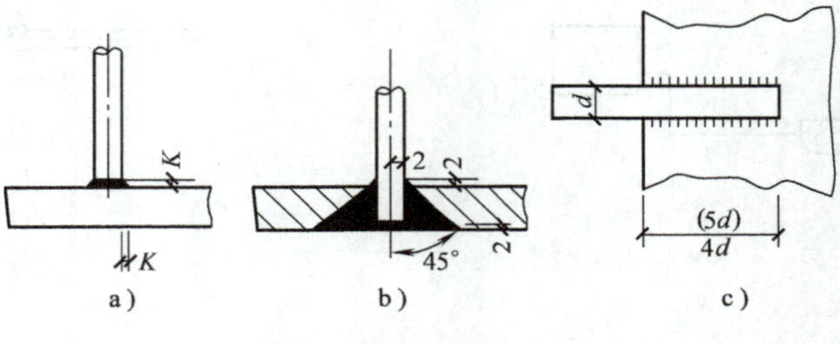

图4-7 钢筋与预埋件焊接
a）贴角焊 b）穿孔塞焊 c）搭接焊

（2）质量检验 《规范》规定，在钢筋母材以及焊接材料等符合有关标准规定的前提下，电弧焊接头的检验包括外观检查和力学性能试验。

进行强度检验时，按取样数量要求，从成品中每批切取3个接头进行拉伸试验。钢筋电弧焊接头拉力试验结果，应符合下列要求：3个试件的抗拉强度均不得低于该级别钢筋的抗拉强度标准值；至少有2个试件呈塑性断裂。当检验结果有1个试件的抗拉强度低于规定指标，或有 2 个试件发生脆性断裂时，应取双倍数量的试件进行复验。复验结果如仍有 1 个试件的抗拉强度低于规定指标，或有 3 个试件呈脆性断裂时，则该批接头即为不合格。

钢筋电弧焊接头的外观检查应在接头清渣后逐个进行目测或量测。具体要求是：焊缝表面应平整，不得有凹陷或焊瘤；接头区域不得有裂纹；没有明显的咬边、夹渣及气孔；用小锤敲击焊缝时，应发出与其金属母体相同的清脆声；坡口焊、熔槽帮条焊等的焊缝余高不得大于 3mm。

（3）电弧焊机与焊条　电弧焊使用的弧焊机有直流与交流之分，常用的交流弧焊机有 BX_3、BX—500 型，直流弧焊机有 AX—300、AX—500 型。弧焊所用焊条的直径为 1.6 ~ 5.8mm，长度为 215 ~ 400mm。焊条直径和焊接电流的选用可参考施工手册 。

2. 电渣焊

电渣焊是利用电流通过渣池产生的电阻热将钢筋端部熔化，然后施加压力使钢筋焊合。主要用于现浇结构中直径差 9mm 以内 $\phi14$ ~ $\phi40$mm 的 HPB300、HRB335、HRB400 钢筋竖向或斜向（倾斜度在 4:1 内）接长。这种焊接方法操作简单、工作条件好、工效高、成本低，比电弧焊接头节电 80% 以上，比绑扎连接和帮条搭接节约钢筋 30%，提高工效 6 ~ 10 倍。

电渣焊设备包括焊接电源、焊接夹具和焊剂盒等，如图 4-8 所示。焊接电源宜采用 BX2—1000 型焊接变压器；焊接夹具应具有一定刚度，使用灵巧，坚固耐用，上、下钳口同心。焊剂盒的内径为 90 ~ 100mm，与所焊接钢筋的直径大小相适应。电渣焊用的焊剂，一般采用 431 焊药，该焊药使用前必须在 250℃ 温度上烘烤 2h，以保证焊剂容易熔化，形成渣池。

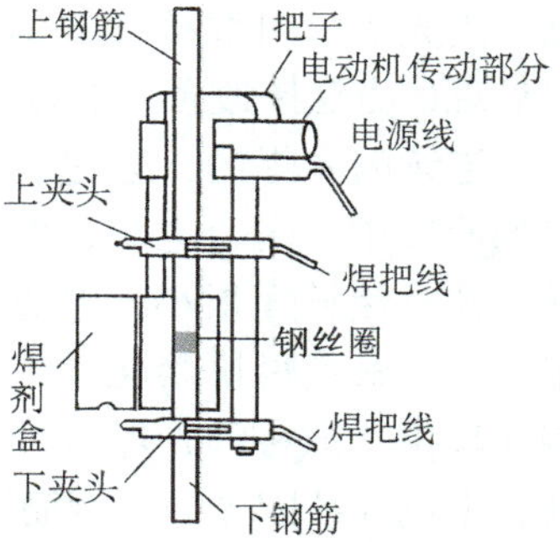

图 4-8　电渣焊接机机头示意图

（1）电渣焊焊接工艺　施焊前先将钢筋端部 120mm 范围内的铁锈、污物等杂质清除干净；将夹具的下夹头夹牢下钢筋，再将上钢筋扶直并夹牢于活动电极中，使上下钢筋在同一轴线上；然后在上下钢筋间安装引弧导电钢丝圈；再放焊剂盒，用石棉布塞封焊剂盒下口，同时装满焊剂。

竖向钢筋电渣焊工艺过程包括：引弧、电弧、电渣和顶压过程，分为手工和自动两种。手工电渣焊，可采用直接引弧法。先将上钢筋与下钢筋接触，通电后，即将上钢筋提升 2 ~ 4mm 引弧；然后，继续缓提 5 ~ 7mm 使电弧稳定燃烧；之后，随着钢筋的熔化，上钢筋逐渐插入渣池中，此时，电弧熄灭，转为电渣过程，焊接电流通过渣池而产生大量的电阻热，使钢筋端部继续熔化；钢筋端部熔化到一定程度后，在切断电源的同时，迅速进行顶压。持续几秒钟，方可松开操纵杆，以免接头偏斜或接合不良。

电渣焊的焊接参数主要包括：渣池电压、焊接电流、焊接通电时间等，可参考有关的施工手册选用。

（2）质量检验　在钢筋母材以及焊接材料符合有关标准的前提下，电渣焊的质量检验包括两方面，即外观检查和拉力试验。

钢筋电渣焊接头的外观检查应逐个进行，其外观检查结果应符合下列要求：接头焊包四周均匀，凸出钢筋表面的高度应大于等于 4mm；不得有裂纹，钢筋表面无明显烧伤等缺陷；

接头处钢筋轴线的偏移不得超过0.1倍钢筋直径，同时不得大于2mm；接头处弯折角度不得大于4°。对外观检查不合格的接头，应将其切除重焊。

强度检验时，从每批成品中切取3个试件，进行拉力试验。钢筋电渣焊接头拉力试验结果，3个试件均不得低于该级别钢筋的抗拉强度标准值。如有1个试件的抗拉强度低于规定数值，应取双倍数量的试件进行复验；复验结果，如仍有1个试件的强度达不到上述要求，则该批接头即为不合格。

电渣焊的取样数量要求是：在一般建筑物中，每300个同类型接头作为一批；在现浇钢筋混凝土框架结构中，每一楼层中以300个同类型接头作为一批；不足300个时，仍作为一批。

3. 闪光对焊

钢筋闪光对焊是利用对焊机使两段钢筋接触，通以低压的强电流，把电能转化为热能，当钢筋加热到接近熔点时，施加压力顶锻，使两根钢筋焊接在一起，形成对焊接头。如图4-9所示。

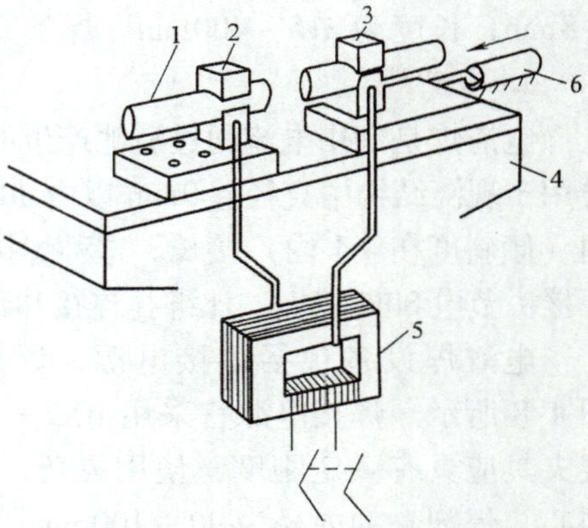

图4-9　钢筋闪光对焊原理

1—焊接的钢筋　2—固定电极　3—可动电极　4—机座　5—变压器　6—平动顶压机构

（1）对焊工艺　根据钢筋的品种、直径和所用的对焊机功率大小，闪光对焊可分为连续闪光焊和预热闪光焊。对焊接性差的钢筋，对焊后采取通电热处理的方法来改善对焊接头的塑性。

连续闪光焊的工艺过程为：先将钢筋夹入对焊机的两极中，闭合电源，然后使两钢筋端部轻微接触。此时接触面很小，电流通过时电流密度和电阻很大，接触点很快熔化，产生金属蒸气飞溅，形成闪光现象（故称闪光焊）。形成闪光后，徐徐移动钢筋，形成连续闪光。当钢筋熔化到对顶长度后，以一定的压力迅速进行顶锻。先带电顶锻，再无电顶锻到一定长度，焊接完成。连续闪光焊一般用于焊接直径22mm以内的HPB300、HRB335、HRB400和RRB400钢筋，以及直径16mm以内的HRB500钢筋。

预热闪光焊的工艺过程为：一次闪光将钢筋端部闪平，然后使两根钢筋端面交替地轻微接触和分开，发出断续闪光使钢筋预热，当钢筋烧化到预热留量后随即进行连续闪光和顶锻。预热闪光焊一般用于直径较大的钢筋的焊接。

焊后通电热处理在对焊机上进行。钢筋对焊完毕稍冷却后松开夹具，放大钳口距离并重新夹紧钢筋，当对焊接头温度降低至暗黑色以后，进行低频脉冲式通电加热。钢筋加热至表面呈橘红色时，通电结束。通电热处理可以改善对焊接头的塑性，用于焊接性较差的HRB500钢筋。

（2）闪光对焊参数　闪光对焊的焊接参数主要有：调伸长度、闪光留量、闪光速度、预热留量、顶锻留量、顶锻速度、顶锻压力及变压器级次等（各参数的取值可查阅《建筑施工手册》）。

调伸长度指焊接前两钢筋端部从电极钳口伸出的长度。它的选择应使钢筋接头区得以均匀加热，顶锻时不会旁弯。调伸长度的选择与钢筋的品种和直径有关。

闪光留量是指闪光过程中由于闪出金属所消耗的钢筋长度。它的选择应使闪光过程结束时，钢筋端部能均匀加热，并达到足够的温度。钢筋直径越大，闪光留量越大。

闪光速度是指闪光过程进行的快慢。它随着钢筋直径的加大而降低。开始慢，后来快，闪光终止时比较强烈，以保护焊缝金属免受氧化。

预热留量指在闪光结束、顶锻压紧时，由于接头处挤出金属而使钢筋长度缩短的值。它包括有电顶锻和无电顶锻。顶锻留量的选择应使顶锻结束时，焊接接头整个断面紧密接触并具有适当的塑性变形。

顶锻速度越快越好，特别是顶锻开始应将钢筋压缩2~3mm，以使坡口迅速闭合以免氧化。

顶锻压力大小与钢筋直径有关，随着钢筋直径增大而增大。顶锻压力过小会使熔渣和氧化的金属粒子留在坡口内，且坡口断面不能压紧；顶锻压力过大，坡口会被压裂。

变压器级次用来调节焊接电流的大小，根据钢筋的直径来选择。

（3）质量检查　钢筋对焊完毕应对全部接头进行外观检查，并抽样进行机械性能检验。

外观检查的要求是：对焊接头具有适当的镦粗和均匀的金属毛刺；钢筋表面没有明显裂纹和烧伤；接头如有弯折，其角度不得大于4°；接头轴线偏移不大于0.1d且不大于2mm。

进行机械性能试验时应按要求取样，达到相应的国家标准要求方为合格。

4. 点焊

在各种预制构件中，利用点焊机进行交叉钢筋的焊接，使单根钢筋成型为各种网片、骨架，以代替人工绑扎，是实现生产机械化、提高工效、节约劳动力和材料（钢筋端部不须弯钩）、保证质量、降低成本的一种有效措施。而且采用焊接骨架或焊接网，可使钢筋在混凝土中能更好地锚固，可提高构件的刚度和抗裂性，因此，钢筋骨架成型应优先采用点焊。

（1）点焊原理　点焊的原理就是将已经除锈的钢筋交叉点放在点焊机的两电极间，使钢筋通电发热至一定温度后，加压使焊接点金属焊合。当圆钢筋交叉点焊时，由于接触只有一点，而在接触处有较大的接触电阻。因此，在接触的瞬间，全部热量都集中在这一点上，使金属很快地受热，达到熔化连接的温度。

（2）点焊接参数　点焊接的参数主要有：电流、通电时间和电极压力等。

根据焊接电流大小和通电时间长短，点焊接参数分为强参数和弱参数。强参数的通电时间短而电流大（时间为0.1~0.5s，电流为120~360A/mm^2）。这种点焊工艺能减少电能消耗，但需要大功率焊机。弱参数的通电时间长而所需的电流小（时间为0.5s至数秒，电流为80~120A/mm^2）。除因为钢筋直径较大而焊机功率不足采用弱参数外，一般应采用强参数。

电极压力大小取决于钢筋直径。钢筋直径越大，电极压力也随之增大。不同直径钢筋点焊接施工时，应根据小直径钢筋选择上述参数。

（3）质量检查　点焊接的质量检查包括外观检查和强度检验。外观抽样检查包括：焊接骨架焊点处熔化金属应均匀；压入深度等应符合有关规程要求；检查焊点有无脱落、漏焊、开焊，其数量不得超出规程规定；焊点应无裂纹、多孔性缺陷及明显的烧伤现象；焊接网钢筋表面不得有裂纹、折叠、结疤、凹坑、油污等。强度检验应抽样做剪力试验，具体的试件取法可参考建筑施工手册。

5. 气压焊

钢筋气压焊是利用氧气和乙炔气，按一定的比例混合燃烧的火焰，将被焊钢筋端部加热到塑性状态，并施加一定压力使两根钢筋焊合。这种焊接工艺具有设备简单、操作方便、质量好、成本低等优点。适用于各种位置的钢筋焊接；但对焊工要求严，焊前对钢筋端面处理要求高。

钢筋气压焊设备包括氧、乙炔供气设备，加热器，加压器及钢筋夹具等。

（1）气压焊工艺　钢筋气压焊的工艺包括：预压、加热与压接过程。即先用加压器对两根待焊钢筋施加5～10N/mm^{2}的初压力，使钢筋端面密实，间隙不超过3mm；然后在钢筋压接面的间隙未闭合前，用强炭化焰加热，且火焰中心不离开钢筋焊接部位，使钢筋内外温度均匀并防止钢筋端面氧化；当钢筋端面间隙闭合后改用中性焰加热，在以焊缝为中心的2倍钢筋直径范围内均匀摆动。待钢筋端面加热到所需温度时，对钢筋轴向加压到30～40N/mm^2，直到焊缝处对称均匀变粗，其直径为钢筋直径的1.4～1.6倍，变形长度为钢筋直径的1.3～1.5倍，即可停止加热、加压，待接点的红色消失后方能取下夹具，以免钢筋接头弯曲。

（2）质量检查　同其他焊接方法一样，在母材、焊接材料合格的前提下，应对接头进行力学性能试验和外观检查。力学性能试验应符合相应的标准要求，接头的外观应符合以下要求：接头处弯折角不得大于4°；接头偏心量不得大于0.15倍钢筋直径，且不得大于4mm；气压焊镦粗直径不小于1.4倍钢筋直径，镦粗长度不小于1.2倍钢筋直径，凸起部分平整圆滑；气压焊的压焊面偏移不大于钢筋直径的0.2倍。

（二）钢筋机械连接

钢筋机械连接是通过机械手段将两根钢筋进行对接。近年来在一些大型现浇混凝土结构工程中广泛用于粗钢筋的连接。常用的方法有钢筋冷挤压连接和锥形螺纹钢筋连接。

1. 钢筋冷挤压连接

钢筋冷挤压连接是将两根待连接钢筋插入一个金属套管，然后采用挤压机和压模在常温下对金属套管加压，使两根钢筋紧固成一体。冷挤压连接具有操作简单、容易掌握、对中度高、钢筋连接质量优于钢筋母材的力学性能、连接速度快、安全可靠、无明火作业、无着火隐患、不污染环境、实现文明施工等优点。冷挤压连接又分为径向挤压套管连接和轴向挤压套管连接两种。

（1）径向挤压套管连接　径向挤压套管连接是沿套管直径方向从套管中间依次向两端挤压套管，使之冷塑性变形把插在套管里的两根钢筋紧紧咬合成一体，如图4-10所示。它适用于带肋钢筋连接，可连接HRB335、HRB400直径12～40mm钢筋。

（2）轴向挤压套管连接　轴向挤压套管连接是沿钢筋轴线冷挤压金属套管，把插入套管里的两根待连接热轧钢筋紧固连成一体，如图4-11所示。它适用于一、二级抗震设防的地震区和非地震区的钢筋混凝土结构工程的钢筋连接施工，可连接HRB335、HRB400直径12～32mm竖向、斜向和水平钢筋。套管的材料和几何尺寸应符合接头规程的技术要求，并应有出厂合格证。套管的标准屈服承载力和极限承载力应比钢筋大10%以上，套管的保护层厚度不宜小于15mm，净距不宜小于25mm。当所用套管外径相同时，钢筋直径相差不宜大于两个级差。

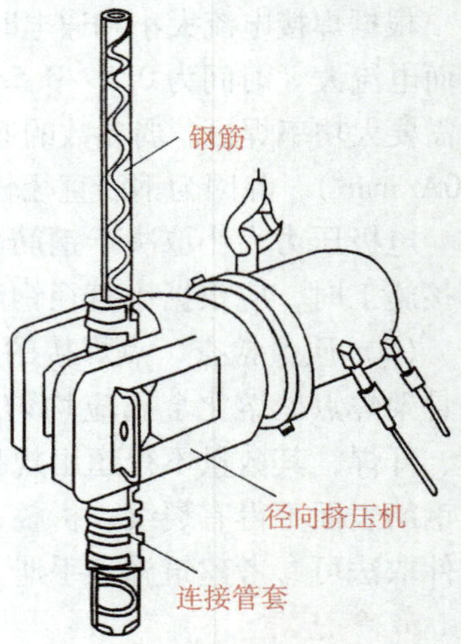

图4-10　径向挤压套管连接

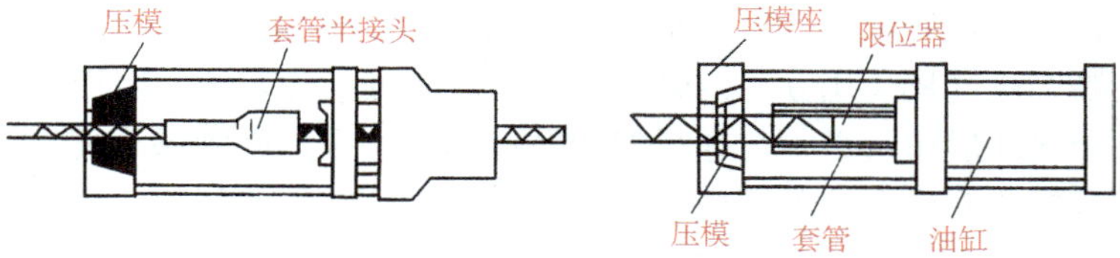

图 4-11　轴向挤压套管连接示意图
a）钢筋半接头挤压　b）钢筋连接挤压

（3）质量检验　冷挤压接头主要进行外观检查，要求如下：钢筋连接端花纹要完好无损，不准打磨花纹；连接处不准有油污、水泥等杂物；钢筋端头离套管中线不应超过10mm；压痕间距宜为 1～6mm，挤压后的套管接头长度为套管原长度的 1.1～1.15 倍，挤压后套管接头外径用量规测量应能通过（量规不能从挤压套管接头外径通过的，更换挤压模重新挤压一次即可），压痕处最小外径为套管原外径的 0.85～0.90 倍；挤压接头处不得有裂纹，接头弯折角度不得大于 4°。

冷挤压接头的力学性能应符合有关规定。

2. 锥形螺纹钢筋连接

锥形螺纹钢筋连接是将两根待接钢筋的端部和套管预先加工成锥形螺纹钢筋，然后用手和力矩扳手将两根钢筋端部旋入套筒形成机械式钢筋接头，如图 4-12 所示。它能在施工现场连接直径 16～40mm 的同径或异径的竖向、水平或任何倾角的钢筋，不受钢筋有无花纹及含碳量的限制。当连接异径钢筋时，所连接钢筋直径之差不应超过 9mm。锥形螺纹钢筋连接速度快、对中性好、工艺简单、安全可靠、无明火作业、不污染环境、节约钢材和能源、可全天候施工，有利于工业化文明施工，有明显的技术、经济和社会效益，适用于按一、二级抗震设防的一般工业与民用房屋及构筑物的现浇混凝土结构的梁、板、柱、墙、基础的钢筋连接施工。但不得用于预应力钢筋或经常承受反复动荷载及承受高应力疲劳荷载的结构。

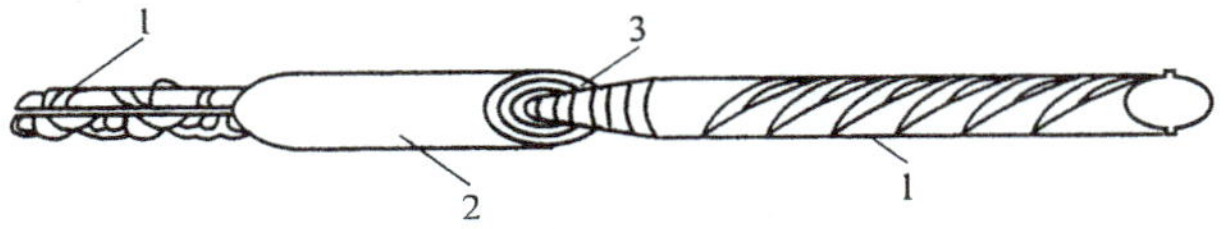

图 4-12　锥形螺纹钢筋接头
1—钢筋　2—套筒　3—锥形螺纹

锥形螺纹加工套管的抗拉强度必须大于钢筋的抗拉强度，锥形螺纹可用锥形螺纹旋切机加工；钢筋用套丝机套丝，可在施工现场或钢筋加工厂进行预制。套丝完成后应用牙形规和卡规对钢筋端部螺纹按 3% 比例抽样检查，如有不合格品，应对该批端部螺纹进行逐个检验，不合格者应切去重新套丝。对达到质量要求的丝头，拧上塑料保护帽，按规定的力矩值拧上连接套。在进行钢筋连接时，先取下钢筋连接端的塑料保护帽，检查螺扣牙形是否完好无损、清洁，钢筋规格与连接规格是否一致；确认无误后把拧上连接套的一头钢筋拧到被连接钢筋上，并用力矩扳手按规定的力矩值拧紧钢筋接头，当听到扳手发出“咔哒”声时，表明钢筋接头已拧紧，做好标记，以防钢筋接头漏拧。

钢筋接头连接方法（图4-13），钢筋拧紧的扭矩值可参考表4-3取用。接头质量应符合以下要求：钢筋套丝牙形质量必须与牙形规吻合；其完整牙形必须满足要求；钢筋锥形螺纹小端直径必须在卡规的允许误差范围内，连接套规格必须与钢筋规格一致；钢筋接头的拧紧扭矩值，按每根梁、柱构件抽验1个接头；板、墙、基础底板构件每100个同规格接头作为一批（不足100个接头也作为一批）。每批抽验3个接头，要求抽验的钢筋接头100%达到规定的扭矩值。如发现1个接头不合格，必须加倍抽验，再发现1个接头达不到规定扭矩值，则要求构件的全部接头重新复拧到符合质量要求。若复验时仍发现不合格接头，则该接头必须采用贴角焊缝补强，将钢筋与连接套焊在一起，焊缝高不小于5mm；连接好的钢筋接头螺扣，不准有一个完整螺扣外露，如果发现有这样的钢筋接头，必须查明原因重新拧紧到规定的扭矩值，且无一个完整螺扣外露。

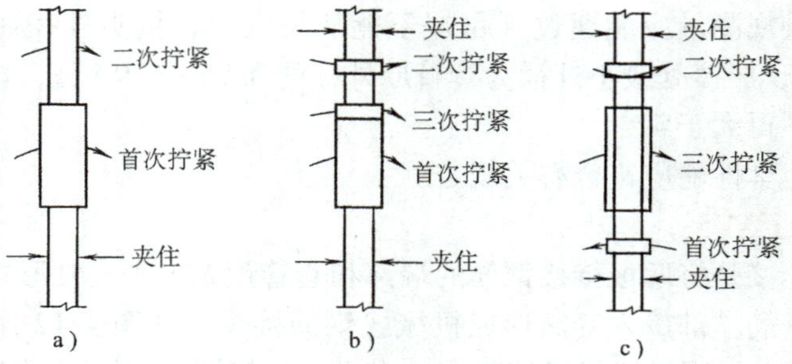

图4-13　钢筋接头连接方法

a）同径或异径钢筋连接　b）单向可调接头连接　c）双向可调接头连接

注：连接水平钢筋时，必须把钢筋托平，再按以上方法连接。

表4-3　锥形螺纹接头安装时的最小拧紧扭矩值

钢筋直径/mm	≤16	18～20	22～25	28～32	36～40
拧紧扭矩/N·m	100	180	240	300	360

（三）钢筋的绑扎

钢筋绑扎连接，其工艺简单、不需要连接设备，目前仍是一种施工中常用的钢筋连接方法。下面以常见的结构构件或部位为例，介绍钢筋绑扎的有关要求。

1. 准备工作

钢筋绑扎前，首先，要核对成品钢筋的钢号、直径、形状、尺寸和数量等是否与料单相符合；如有错漏，应纠正增补。

其次，准备绑扎用的钢丝、绑扎工具等。钢筋绑扎用的钢丝，可采用20～22号钢丝或镀锌钢丝，其中22号钢丝只用于绑扎直径在12mm以下的钢筋。

最后，准备控制混凝土保护层用的水泥砂浆垫块或塑料卡。

2. 基础钢筋绑扎

绑扎钢筋网时，四周两行钢筋交叉点应每点扎牢，中间部分可相间交错扎牢，但必须保证受力钢筋不移位。双向主筋的钢筋网，则需将全部钢筋相交点扎牢。绑扎时应注意相邻绑扎点的螺扣要成八字形，以免网片歪斜变形。

基础底板采用双层钢筋网时，在上层钢筋网下面应设置钢筋撑脚或混凝土撑脚，以保证钢筋位置正确。

钢筋的弯钩应朝上，不要倒向一边；但双层钢筋网的上层钢筋弯钩应朝下。

独立柱基础为双向弯曲，其底面短边的钢筋应放在长边钢筋的上面。

现浇柱与基础连接用的插筋，其箍筋应比柱的箍筋缩小一个直径，以便连接。插筋位置一定要固定牢靠，以免造成柱轴线偏移。

3. 柱钢筋绑扎

柱中的竖向钢筋搭接时，角部钢筋的弯钩应与模板成45°角，中间钢筋的弯钩应与模板成90°角。如果用插入式振动器振捣小截面柱时，弯钩与模板的角度不得小于15°。

箍筋的接头（弯钩叠合处）应交错布置在四角纵向钢筋上，箍筋转角与纵向钢筋交叉点均应扎牢，箍筋平直部分与纵向钢筋交叉点可间隔扎牢，绑扎箍筋时绑扣相互间应成八字形。

下层柱的钢筋露出楼面部分，应用工具式柱箍将其收进一个柱箍直径，以利于上层柱的钢筋搭接。当柱截面有变化时，其下层柱钢筋的露出部分必须在绑扎梁的钢筋前，先行收缩准确。

框架梁、牛腿、柱帽等钢筋，应放在柱的纵向钢筋内侧。

4. 墙的钢筋绑扎

墙的垂直钢筋每段长度不宜超过4m（直径小于12mm）或6m（直径大于12mm），水平钢筋每段长度不宜超过8m，以利绑扎；墙的钢筋网绑扎同基础，钢筋的弯钩应朝向混凝土内；采用双层钢筋网时，在两层钢筋间应设置撑铁，以固定钢筋间距。撑铁可用直径6～10mm的钢筋制成，长度等于两层网片的净距，间距为1m，相互错开排列。

5. 梁、板钢筋绑扎

纵向受力钢筋双层排列时，两排钢筋之间应垫以直径大于25mm的短钢筋，以保持其设计距离。

箍筋的接头应交错布置在两根架立筋上，其余同柱。

板的钢筋网绑扎与基础相同，但应注意板上部的负筋，要采取措施，防止被踩下；特别是雨篷、挑檐、阳台等悬臂板，要严格控制负筋位置，以免拆模后板断裂。

板、次梁与主梁交叉处，板的钢筋在上，次梁的钢筋居中，主梁的钢筋在下；当有圈梁或垫梁时，主梁的钢筋在上。

框架节点处钢筋穿插十分稠密时，应特别注意梁顶面主筋间的净距，以利于混凝土的浇筑。

四、钢筋的配料

所谓钢筋配料，就是根据构件配筋图，计算构件中各钢筋的直线下料长度、总根数以及钢筋总重量，然后编制钢筋配料单，作为备料加工的依据。

（一）钢筋下料长度计算

下料长度计算是配料中的关键，由于结构构造的要求，钢筋外应有保护层，且不同结构、不同部位的保护层厚度（从混凝土外表面至钢筋外表面的距离）要求不同。受力钢筋的混凝土保护层厚度，应符合设计要求；当设计无具体要求时，不应小于受力钢筋直径，并应符合表4-4的规定。

同时，由于受力方面的要求，多数钢筋需在中间弯曲和两端弯成弯钩，如图4-14所示。钢筋弯曲时，其外壁伸长，内壁缩短，而中心线长度并不改变。但是简图尺寸或设计图中注明的尺寸是外包尺寸（从钢筋外皮到外皮量得的尺寸），在钢筋加工时，也按外包尺寸进行验收。显然外包尺寸大于中心线长度，它们之间存在一个差值，称为“量度差值”。因此，钢筋的下料长度计算可采用下列公式：

直钢筋下料长度 = 构件长度 - 保护层厚度 + 弯钩增加长度

弯起钢筋下料长度 = 直段长度 + 斜段长度 - 弯曲量度差值 + 弯钩增加长度

箍筋下料长度 = 箍筋周长 + 箍筋调整值

上述钢筋需要搭接的，还应增加钢筋搭接长度。

表4-4 受力钢筋的混凝土保护层最小厚度 （单位：mm）

环境类别	墙			梁			柱		
	≤C20	C25 ~ C45	≥C50	≤C20	C25 ~ C45	≥C50	≤C20	C25 ~ C45	≥C50
室内正常	20	15	15	30	25	25	30	30	30
室内潮湿、非严寒地区露天	—	20	20	—	30	30	—	30	30
严寒露天	—	25	20	—	35	30	—	35	30
严寒地区冬季水位变动	—	30	25	—	40	35	—	40	35

注：机械连接接头连接件的混凝土保护层厚度应满足受力钢筋保护层最小厚度的要求，连接件之间的横向净距不宜小于25mm。

（二）弯起钢筋中间部位弯折处的量度差值

当弯心直径 D 为 $2.5d$ 时，各种弯曲角度的量度差的计算方法如下（图4-14b、c）。

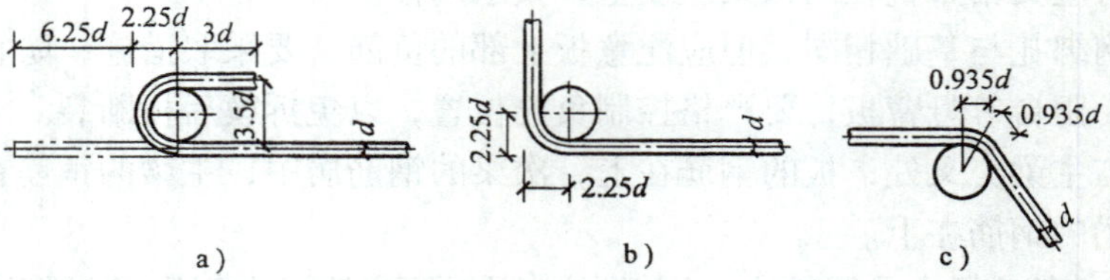

图4-14 钢筋弯钩及弯曲计算

a）半圆弯钩 b）弯曲90° c）弯曲45°

弯曲90°时的量度差：

外包尺寸：$2\ (D/2+d)\ =2\ (2.5d/2+d)\ =4.5d$

中心线尺寸：$(D+d)\ \pi/4=\ (2.5d+d)\ \pi/4=2.75d$

量度差：$4.5d-2.75d=1.75d$

同理可得：当 $D=5d$ 时，弯曲90°时的量度差值为 $2.29d$，取 $2d$。

在实际工作中，为了方便计算，钢筋弯曲量度差可按表4-5取值计算。

表 4-5　钢筋弯曲量度差取值

钢筋弯曲角度	30°	45°	60°	90°	135°
钢筋弯曲量度差	0.35d	0.5d	1d	2d	3d

（三）钢筋末端弯钩或弯折时下料长度的增加值

半圆弯钩的增加长度（如图 4-14a 所示，弯心直径 D 为 2.5d，平直部分为 3d）：

弯钩全长：$3d+3.5\pi d/2=8.5d$

弯钩增加长度（包括量度差）：$8.5d-2.25d=6.25d$

其余端部弯钩增加值的计算同上。

根据《规范》要求，HPB235 钢筋的末端需做 180°弯钩，其圆弧弯曲直径不应小于钢筋直径的 2.5 倍，平直部分的长度不宜小于钢筋直径的 3 倍，则每一个 180°弯钩的增长值为 6.25d。

当设计要求 HRB335、HRB400 钢筋末端弯折时，需做 135°弯折，钢筋的弯曲直径不宜小于钢筋直径的 4 倍，则每一弯折处的增长值为：2.9d + 平直长度；弯钩后的平直部分长度应符合设计要求；计算时取 3d + 平直长度。

当设计要求 HRB500 级钢筋末端弯折时，需做 135°弯折，钢筋的弯曲直径不宜小于钢筋直径的 5 倍，则每一弯折处的增长值为：3.58d + 平直长度；弯钩后的平直部分长度应符合设计要求；计算时取 3.5d + 平直长度。

（四）箍筋调整值

除焊接封闭环式箍筋外，箍筋的末端应做弯钩，弯钩形式应符合设计要求；当设计无具体要求时，应符合下列规定：一般结构，箍筋的弯折角度不应小于 90°，箍筋弯后平直部分长度不宜小于箍筋直径的 5 倍；有抗震要求的结构，箍筋的弯折角度不应小于 135°，箍筋弯后平直部分长度不宜小于箍筋直径的 10 倍；箍筋弯钩的弯曲直径应大于受力箍筋直径，且不小于箍筋直径的 2.5 倍。

箍筋调整值，即为弯钩增加长度和弯曲量度差两项相加或相减（采用外包尺寸时相减，采用内包尺寸时相加），计算方法同上，只是弯心直径和端部弯钩平直段长度要根据规定有所调整，为简化计算，可直接在表 4-6 中查用。

表 4-6　箍筋调整值　（单位：mm）

箍筋量度方法	箍筋直径			
	4~5	6	8	10
量外包尺寸	40	50	60	70
量内包尺寸	80	100	120	150~170

例 4-1　某预制钢筋混凝土梁 L_1：梁长 6m，断面 $bh=250\text{mm}\times600\text{mm}$，钢筋简图见表 4-7。试计算梁 L_1 中钢筋的下料长度。

解：① 号钢筋下料长度为：

$$(5950+2\times6.25\times20)\ \text{mm}=6200\text{mm}$$

② 号钢筋下料长度为：

$$[(250+400+761)\times2+4074-4\times0.5\times20-2\times2\times20+2\times6.25\times20]\text{mm}=7026\text{mm}$$

③号钢筋下料长度为：

$$(5950+2\times6.25\times12)\text{mm}=6100\text{mm}$$

④号钢筋下料长度为：

$$[(550+200)\times2+50]\text{mm}=1550\text{mm}$$

表4-7 钢筋配料单

构件名称	钢筋编号	钢筋简图	钢筋符号	直径/mm	下料长度/mm	数量
L_1梁	①		ϕ	20	6200	2
	②		ϕ	20	7026	2
	③		ϕ	12	6100	2
	④	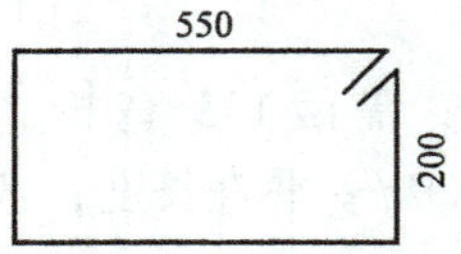	ϕ	6	1550	21

五、钢筋代换

为确保结构安全，《规范》规定：施工中如供应的钢筋品种、级别或规格与设计不符，需做变更时，应办理设计变更文件，进行钢筋代换。

如要在现场进行代换，根据具体情况可选择的代换方法有：等强度代换与等面积代换。选择的依据是：当构件受强度控制时，钢筋可按强度相等原则进行代换；当构件按最小配筋率配筋时，钢筋可按面积相等原则进行代换；当构件受裂缝宽度或挠度控制时，代换后应进行裂缝宽度或挠度验算。

（一）等强度代换

$$n_2\geqslant\frac{n_1d_1^2f_{y1}}{d_2^2f_{y2}} \tag{4-3}$$

式中 n_2、d_2、f_{y2}——代换钢筋根数、直径、抗拉强度设计值；

n_1、d_1、f_{y1}——原设计钢筋根数、直径、抗拉强度设计值。

上式有两种特例，即设计强度相同、直径不同的钢筋代换和直径相同、设计强度不同的钢筋代换。

（二）等面积代换

代换时应满足下式：

$$A_{s2}=A_{s1} \tag{4-4}$$

式中 A_{s1}——原设计钢筋的计算面积；

A_{s2}——拟代换钢筋的计算面积。

钢筋代换后，有时由于钢筋直径加大或根数增加，而需要增加排数，则构件截面的有效高度 h_0 减小，截面强度降低，此时需复核截面强度。对矩形截面的受弯构件，可根据弯矩相等，按下式复核截面强度：

$$N_2\left(h_{02}-\frac{N_2}{2f_{cm}b}\right)\geqslant N_1\left(h_{01}-\frac{N_1}{2f_{cm}b}\right) \tag{4-5}$$

式中 N_1、N_2——原设计钢筋的拉力和代换钢筋的拉力；

h_{01}、h_{02}——代换前后钢筋的合力作用点到构件截面受压边缘的距离（截面的有效高度）；

f_{cm}——混凝土的弯曲抗压强度设计值；

b——构件截面宽度。

（三）钢筋代换的注意事项

1）对某些重要构件或抗裂性要求较高的构件，不宜用 HPB235 钢筋代换带肋的钢筋，以免裂缝开展过大。

2）钢筋代换后，应满足配筋构造规定，如钢筋的最小直径、间距、根数、锚固长度等；且不宜改变构件中的有效高度；同时，代换后的钢筋用量不宜大于原设计用量的 5%，也不宜低于 2%。

3）同一截面内，可同时配有不同种类和直径的代换钢筋，但每根钢筋的拉力差不应过大（如同品种钢筋的直径差值一般不大于 5mm），以免构件受力不匀。

4）梁的纵向受力钢筋与弯起钢筋应分别代换，以保证正截面与斜截面强度。

5）偏心受压构件或偏心受拉构件作构件代换时，不取整个截面配筋计算，应按受力（受压或受拉）分别代换。

六、钢筋的加工与安装

（一）钢筋加工

1. 钢筋除锈

钢筋的表面应洁净。油渍、浮皮铁锈等应在使用前清除干净。钢筋的除锈一般可通过以下两个途径：一是在钢筋冷拉或调直过程中除锈，二是用机械方法除锈，对钢筋的局部除锈可采用手工方法。在除锈过程中发现钢筋表面的氧化铁浮皮鳞落现象严重并已损伤钢筋截面，或在除锈后钢筋表面有严重的麻坑、斑点伤蚀截面时，应降级使用或剔除不用。

2. 钢筋调直

钢筋宜采用无延伸功能的机械设备进行调直，也可采用冷拉方法调直。当采用冷拉方法调直时，HPB235、HPB300 光圆钢筋的冷拉率不宜大于 4%；HRB335、HRB400、HRB500、HRBF335、HRBF400、HRBF500 及 RRB400 带肋钢筋的冷拉率不宜大于 1%。

钢筋调直后应进行力学性能和重量偏差的检验，其强度应符合有关标准的规定。

3. 钢筋切断

钢筋下料时必须按下料长度切断。钢筋切断可采用钢筋切断机或手动切断器。后者一般只用于切断直径小于 12mm 的钢筋，前者可切断 40mm 的钢筋；大于 40mm 的常用氧乙炔焰或电弧割切。钢筋切断机有电动和液压两种，其切断刀片以圆弧形刀刃为好，它能确保钢筋断面垂直于轴线，无马蹄形或翘曲，便于钢筋进行机械连接或焊接。钢筋的长度应力求准确，其允许偏差为 10mm。

在切断过程中，如发现钢筋有劈裂、缩头或严重的弯头等必须切除，如发现钢筋的硬度与该钢种有较大的出入，应及时向有关人员反映，查明情况。

4. 钢筋弯曲成型

钢筋下料后，应按弯曲设备特点、钢筋直径及弯曲角度划线，以便弯曲成设计所要求的尺寸。如弯曲钢筋两边对称，划线工作宜从钢筋中线开始向两边进行，当弯曲形状比较复杂时，可先放出实样，再进行弯曲。钢筋弯曲宜采用弯曲机和弯箍机。弯曲机可弯直径40mm以下的钢筋，对于小于25mm的钢筋，当无弯曲机时，可采用扳钩弯曲。

钢筋弯曲成型后，形状、尺寸必须符合设计要求，平面上没有翘曲不平现象；钢筋弯曲点处不得有裂缝。

（二）钢筋安装

钢筋经配料、加工后就可进行安装。钢筋应在车间预制好后直接到现场安装，但对于多数现浇结构，因条件不具备，不得不在现场直接成型安装。钢筋安装前，应先熟悉施工图，认真核对配料单，研究与相关工种的配合，确定施工方法。安装时，必须检查受力钢筋的品种、级别、规格和数量是否符合设计要求；钢筋安装完毕后，还应就下列内容进行检查并做好隐蔽工程记录，以便查证。

1）根据设计图检查钢筋的牌号、直径、根数、间距是否正确，特别要注意检查负筋的位置。

2）检查钢筋接头的位置及搭接长度是否符合规定。

3）检查混凝土保护层是否符合要求。

4）检查钢筋绑扎是否牢固，有无松动变形现象。

5）钢筋表面不允许有油渍、漆污和片状老锈。

第二节　模板工程

由水泥、砂石、水以及外加剂经过搅拌机搅拌出的混凝土具有一定的流动性，需要浇筑在与构件形状尺寸相同的模型内，经过凝结硬化，才能成为所需要的结构构件。模板就是使钢筋混凝土结构或构件成型的模型板。模板的选材和构造的合理性，以及模板制作和安装的质量，都直接影响混凝土结构和构件的质量、成本和进度。现浇混凝土结构模板工程的造价约占钢筋混凝土工程总造价的30%，约占总用工量的50%。因此，采用先进的模板技术，对于提高工程质量、加快施工进度、提高劳动生产率、降低工程成本和实现文明施工，都具有十分重要的意义。

一、模板的基本要求及分类

（一）模板的基本要求

钢筋混凝土结构或构件的模板由模板及支撑系统两部分组成。模板的形状和尺寸要与结构构件相同，同时，现浇混凝土结构施工用的模板要承受混凝土结构施工过程中的水平荷载和竖向荷载，应具有一定的强度和刚度；支撑系统是保证模板形状、尺寸及其空间位置的支撑体系。《规范》规定：模板及其支架应根据工程结构形式、荷载大小、地基土类别、施工设备和材料供应等条件进行设计。模板及其支架应具有足够的承载能力、刚度和稳定性，能可靠地承受浇筑混凝土的重量、侧压力以及施工荷载。

在现浇钢筋混凝土结构施工中，对模板系统的基本要求包括：

1）要保证结构和构件各部分的形状、尺寸及相互间位置的正确性。

2）具有足够的承载能力、刚度及稳定性。

3）构造简单，装拆方便，能多次周转使用，并便于钢筋的绑扎与安装，符合混凝土的浇筑、养护等工艺要求。

4）接缝严密，不漏浆。

（二）模板的分类

随着建设事业的飞速发展，现浇混凝土结构所用模板技术已迅速向工具化、定型化、多样化、体系化方向发展，除木模板外，已形成组合式、工具式、永久式三大系列工业化模板体系。

按其所用的材料不同，模板可分为木模板、钢模板和其他材料模板（胶合板模板、塑料模板、玻璃钢模板、压型模板、钢木（竹）组合模板、装饰混凝土模板、预应力混凝土薄板等）。

按施工方法的不同，模板可分为装拆式模板和移动式模板。装拆式模板由预制配件组成，现场组装，拆模后稍加清理和修理再周转使用，常用的木模板和组合钢模板以及大型的工具式定型模板，如大模板、台模、隧道模等均属于此类模板；移动式模板是指按结构的形状制作成的工具式模板，组装后随工程的进展而进行垂直或水平移动，直至工程结束才拆除，如滑升模板属于垂直移动式模板，用于烟囱、水塔等构筑物及高层建筑现浇钢筋混凝土结构施工。

1. 组合式模板

组合式模板是指适用性和通用性较强的模板，用它进行混凝土结构成型，既可按照设计要求事先进行预拼装，整体安装、整体拆除，也可采取散支散拆的方法，工艺灵活简便。常用的组合模板包括：木模板、钢模板、钢框木（竹）胶合板模板以及无框模板等。

（1）木模板　木模板通常事先由工厂或木工棚加工成拼板或定型板形式的基本构件，再把它们进行拼装形成所需要的模板系统。拼板一般用宽度小于200mm的木板，再用25mm×35mm的拼条钉成，由于使用位置不同，荷载差异较大，拼板的厚度也不一致。作为梁侧模板使用时，荷载较小，一般采用25mm厚的木板制作；作为承受较大荷载的梁底模板使用时，厚度应为40～50mm。拼板的尺寸应与混凝土构件尺寸相适应，同时考虑拼接时互相搭接的情况，应对一部分拼板增加长度或宽度。对于木模板，设法增加周转次数是十分重要的。

（2）钢模板　钢模板通常也称为定型钢模板，如图4-15所示。定型钢模板由边框、面板和横肋组成，面板一般用厚度为2.3～2.5mm的钢板，边框及肋用55mm×2.8mm的扁钢，边框开有连接孔。定型钢模板主要有平面模板、阴角模板、阳角模板和连接模板（图4-16～图4-19），其常见的规格见表4-8。

定型钢模板的连接件主要有U形卡、L形插销、钩头螺栓、对拉螺栓、紧固螺栓和扣件等。模板的拼接均用U形卡，相邻模板的U形卡安装距离一般不大于300mm，即每隔一孔卡插一个。L形插销插入钢模板端部横肋的插销孔内，增强两相邻模板接头处的刚度和保证接头处板面平整。钩头螺栓用于钢模板与内外钢楞的连接。紧固螺栓用于紧固内外钢楞。对拉螺栓用于连接墙壁两侧模板。

定型钢模板轻便灵活，装拆、搬运方便，耐久性好，如保养良好可重复使用100次以上。它可以拼出各种形状和尺寸，以适应多种类型构件或结构的模板需要，它还可拼成大模板、台模等，适用范围广，目前仍是工程中主要使用的一种模板。使用时应涂防锈漆，与混凝土直接接触的表面应涂隔离剂，要轻拆轻放，并注意回收连接件。

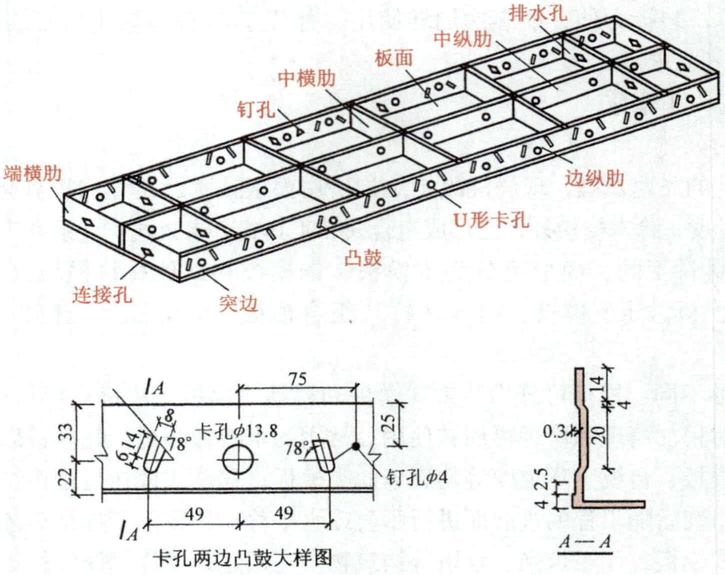

图4-15　钢模板示意图

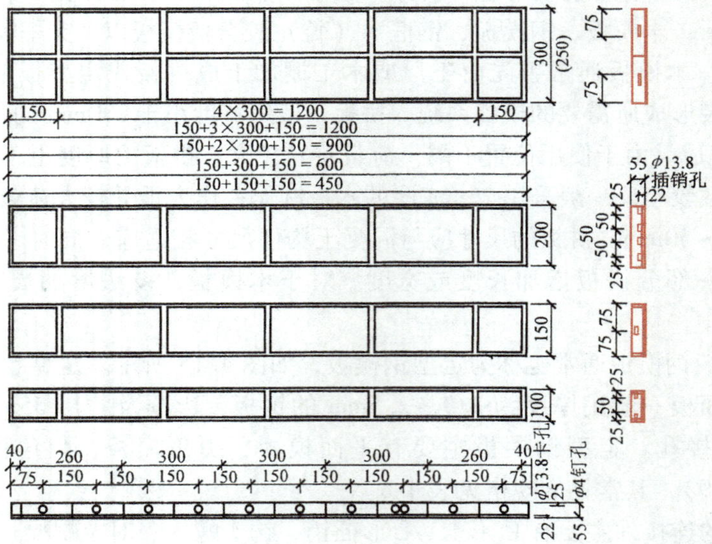

图4-16　平面模板

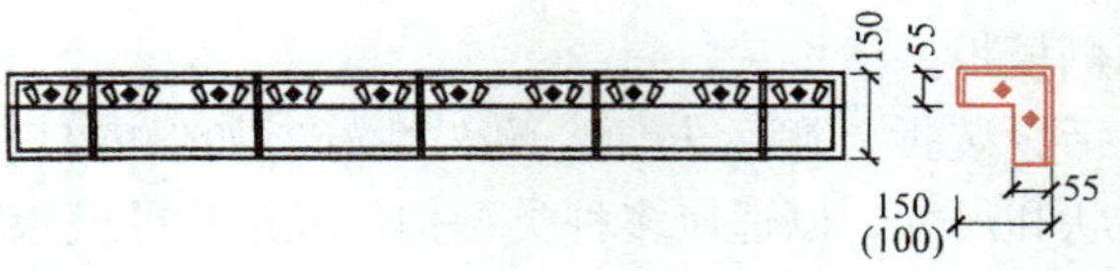

图4-17　阴角模板

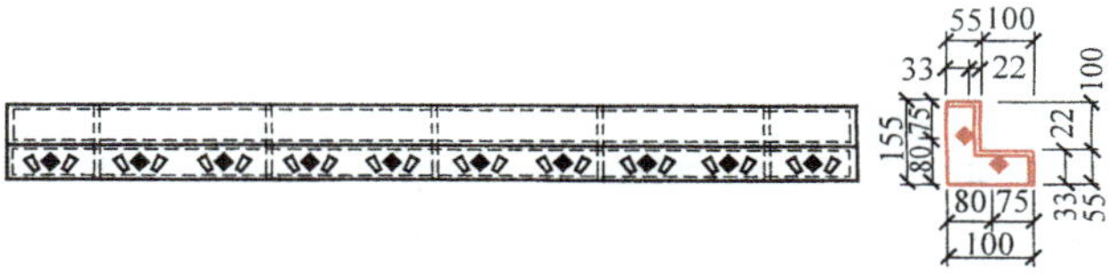

图 4-18　阳角模板

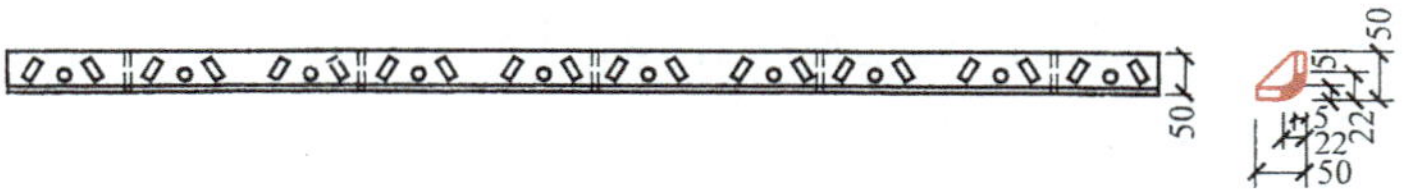

图 4-19　连接模板

表 4-8　定型钢模板规格　　（单位：mm）

规　格	平面模板	阴角模板	阳角模板	连接模板
宽度	300，250，200，150，100	150×150 50×50	100×100 50×50	50×50
长度	1500，1200，900，750，600，450			
肋高	55			

（3）钢框木（竹）胶合板模板　钢框木（竹）胶合板模板，是以热轧异型钢为框架，以木、竹胶合板等做面板组合而成的一种组合式模板。制作时，面板表面应作一定的防水处理，模板面板与边框的连接构造有明框型和暗框型两种。明框型的边框与面板平齐，暗框型的边框位于面板之下。

钢框木（竹）胶合板模板的规格最长为 2400mm，最宽为 1200mm，因此，与组合钢模板相比具有以下特点：自重轻（约为组合钢模板的 2/3）；用钢量少（约1/2）；单块模板面积比相同重量的单块钢模板可增大 40%，故拼装工作量小、可以减少模板的拼缝，有利于提高混凝土结构浇筑后的表面质量；周转率高，板面为双面覆膜，可以两面使用，使周转次数可达 50 次以上；保温性能好，板面材料的导热系数仅为钢模板的 1/400 左右，有利于冬期施工；模板维修方便，面板损伤后可用修补剂修补；施工效果好，模板刚度大，表面平整光滑，附着力小，支拆方便。

（4）无框模板　无框模板主要由三个主要构件组成，即面板、纵肋和边肋。这三种构件均为定型构件，可以灵活组合，适用于各种不同平面和高度的建筑物、构筑物的模板工程。

面板有覆膜胶合板、覆膜高强竹胶合板和复合板三种。基本面板共有四种规格：1200mm×2400mm、900mm×2400mm、600mm×2400mm、150mm×2400mm。基本面板带有固定拉杆孔位置，并镶嵌强力 PVC 塑胶加强套。纵肋采用 Q235 热轧钢板在专用设备上依次压制成型。为了提高纵肋的耐用性能和便于清理，表面采用耐腐蚀的酸洗除锈后喷塑工艺，它是无框模板主要受力构件。纵肋的高度有 45mm（承受侧压力 $60kN/m^2$）和 70mm（承受侧压力 $100kN/m^2$）两种。纵肋按建筑物不同层高需要，有 2700mm、3000mm、3300mm、3600mm、3900mm 五种不同长度。边肋是无框模板组合时的连接构件，用热轧钢板弯折成型，表面也进行处理。边肋的高度和长度与纵肋相同。

2. 工具式支撑

工具式支撑是采用各种工具式的定型桁架、支柱、托具、卡具等组成模板的支架系统，这样可以节约材料，扩大施工空间，有利于交通运输和平面作业，有利于结构稳定、安全和加快工程进度。

（1）桁架　桁架是支撑工具中主要的一种可搁置在钢筋托具、墙、梁侧模板横档上，用以支撑梁或板的模板。使用前应根据荷载作用对桁架的强度和刚度进行验算。如跨度较小、荷载较轻，可用钢筋焊接成桁架支撑；如荷载较大，则可用角钢、扁钢或钢管制作成整榀或两个半榀桁架再拼装成一榀。图4-20a所示为整榀式桁架；图4-20b所示为平面组合式桁架，其跨度可调范围为2500～3500mm，在上下弦杆上钻有直径为10mm的孔，孔距一榀为50mm，另一榀为80mm，这样可以使跨度作每档30mm的调节。桁架的高跨比宜用1/10，使用时一般用两榀一组，如荷载较大，可多榀成组排放，但需将下弦互相连接固定，防止桁架侧向变形和倾倒。当结构的跨度超过桁架的最大跨度时，可连续安装桁架，中间加支柱或排架。

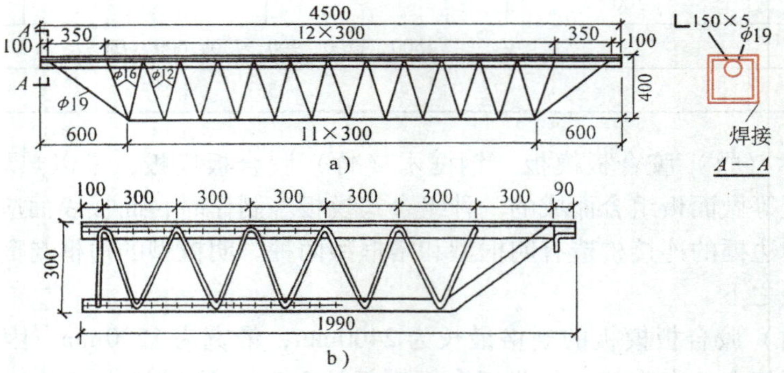

图4-20　钢桁架示意图
a）整榀式　b）平面组合式

（2）支柱　常用的支柱有两种：一种是可以伸缩的钢管支柱（琵琶撑），如图4-21所示，它由内外两节钢管制成，高度变化范围为1.3～3.6m，每档调节高度为100mm；另一种用钢管扣件拼成井字形架，再与桁架结合，用于层高高、跨度大的情况，如图4-22所示。

（3）钢筋托具　钢筋托具如图4-23所示，随墙体砌筑，安放在需要位置，配合支撑桁架使用，以节约支撑木料。托具伸入墙体不少于60mm，每个托具最大控制荷载为4900kN。

（4）夹具及卡具　工具式夹具及卡具种类较多，其中柱箍和梁模板卡具是常用的两种。

柱箍，又称定位夹箍，用于直接支撑和夹紧各类柱模的支撑件，如图4-24所示。可用角钢、槽钢、扁钢、钢管或木料制成，尺寸可以调节。常用钢柱箍的规格和力学性能可参考施工手册，根据柱模外形尺寸和侧压力大小来选用。

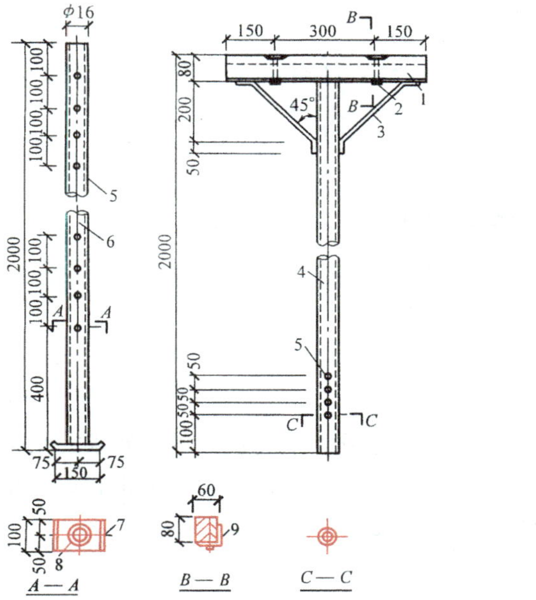

图 4-21 钢管支柱

1—垫木 2—ϕ12mm 螺栓 3—ϕ16mm 钢筋 4—40mm 内径水管 5—ϕ14mm 孔 6—50mm 内径水管 7—150mm×100mm×8mm 钢板 8—ϕ14mm 出水孔 9—∟60mm×6mm

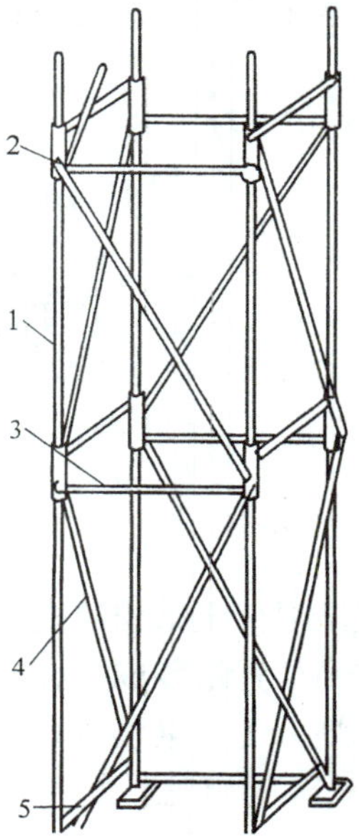

图 4-22 钢管井架

1—立管 2—套管 3—模管 4—斜管 5—底管

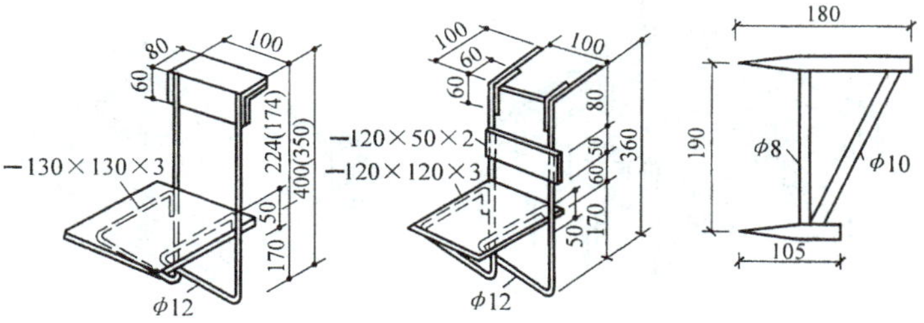

图 4-23 钢筋托具

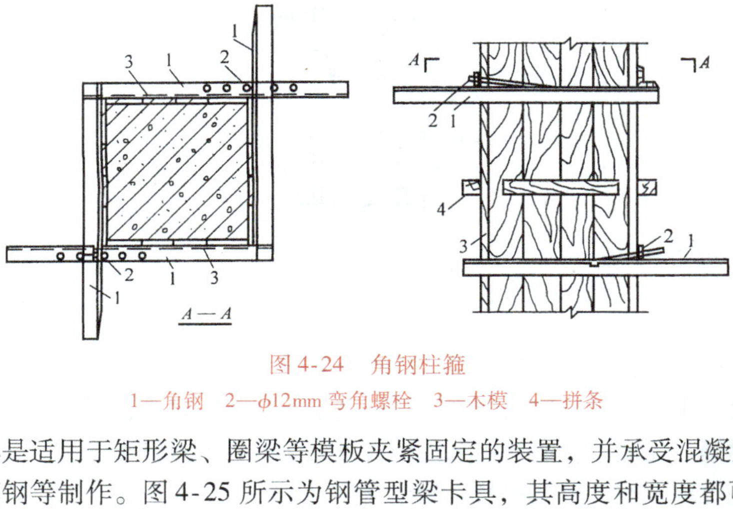

图 4-24 角钢柱箍

1—角钢 2—ϕ12mm 弯角螺栓 3—木模 4—拼条

梁模板卡具是适用于矩形梁、圈梁等模板夹紧固定的装置，并承受混凝土侧压力，可用钢管、角钢和槽钢等制作。图 4-25 所示为钢管型梁卡具，其高度和宽度都可根据需要进行调节。常用钢柱箍的规格和力学性能可参见施工手册。

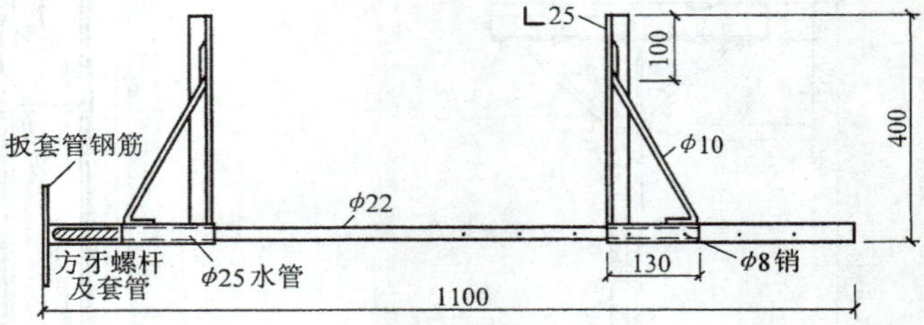

图 4-25 钢管型梁卡具

二、模板的构造

现浇混凝土结构的模板多为现场装拆式模板。在施工现场按照设计要求的结构形状、尺寸及空间位置组装成符合要求的模板系统。常用的多为组合式模板，通常装拆式模板可按构件名称划分为：梁模板、墙模板、柱模板、基础模板和楼梯模板等。

（一）现浇混凝土结构中常用模板的构造

1. 基础模板

基础的特点是体积大而高度较小。基础模板常用形式如图 4-26 所示。土质好时，阶梯形基础的最下一级可采用土模（原槽浇筑），不用模板。

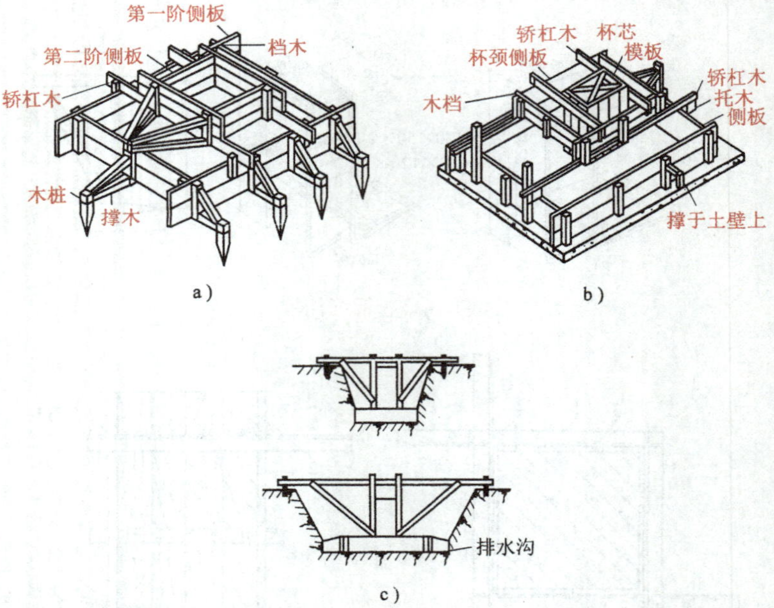

图 4-26 基础模板

a）阶梯形基础 b）杯形基础 c）条形基础

在安装基础模板前，应将地基垫层的标高及基础中心线先行核对，弹出基础边线。如系独立柱基，将模板中心线对准基础中心线；如系条形基础，将模板对准基础边线；然后再校正模板上口的标高，使之符合设计要求。经检查无误后将模板钉牢撑稳。

在安装柱基础模板时，应与钢筋工配合进行。

2. 柱模板

柱的特点是高度大而截面积小。因此，柱模主要解决垂直度、施工时的侧向稳定及抵抗混凝土的侧压力问题。同时也应考虑方便浇筑混凝土、清理垃圾与钢筋绑扎等问题。图4-27所示为矩形柱模板，由两块相对的内拼板、两块相对的外拼板和柱箍组成，柱箍除使四块拼板保持柱的形状外，还要承受由模板传来的新浇筑混凝土的侧压力，因此柱箍的间距取决于侧压力的大小及拼板的厚度。柱模板顶部开有与梁模板连接的缺口，底部开有清理孔，必要时沿高度每隔2m开设混凝土浇筑口。模板底部设有木框，以固定柱模的水平位置。

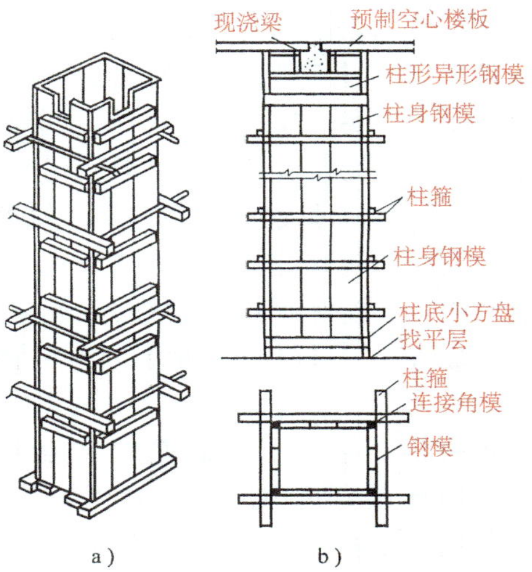

图4-27 矩形柱模板

a）木模板 b）钢模板

在安装柱模板前，应先绑扎好钢筋，同时在基础面上或楼面上弹出纵横轴线和四周边线，固定小方盘；然后立模板，并用临时斜撑固定；再由顶部用垂球校正，检查其标高位置无误后，用斜撑卡牢固定。柱高超过4m时，一般应四面支撑；当柱高超过6m时，不宜单根柱支撑，宜用几根柱同时支撑连成框架。对通排柱模板，应先装两端柱模板，校正固定，再在柱模板上口拉通长线校正中间各柱模板。

3. 梁模板

梁的特点是跨度大，宽度小，梁高可到1m左右，工业建筑有的高达2m以上。梁下面一般是架空的。因此混凝土对梁模板既有横向侧压力，又有垂直压力。梁的模板一般由底模和侧模组成，梁底模下设支撑系统（或支柱），要求梁模板及其支撑系统稳定性好，有足够的强度和刚度，不致发生超过规范允许的变形。图4-28所示为T形梁模板。

对圈梁，由于其断面小但很长，一般除窗洞口及其他个别地方架空外，其他均搁在墙上。故圈梁模板主要是由侧模和固定侧模的卡具组成。图4-29所示为圈梁模板。

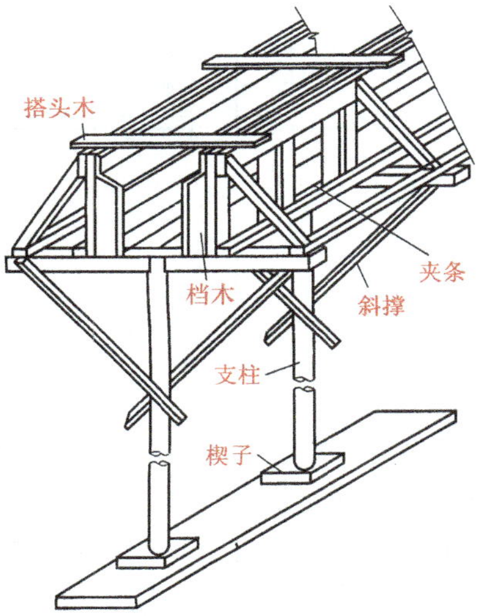

图4-28 T形梁模板

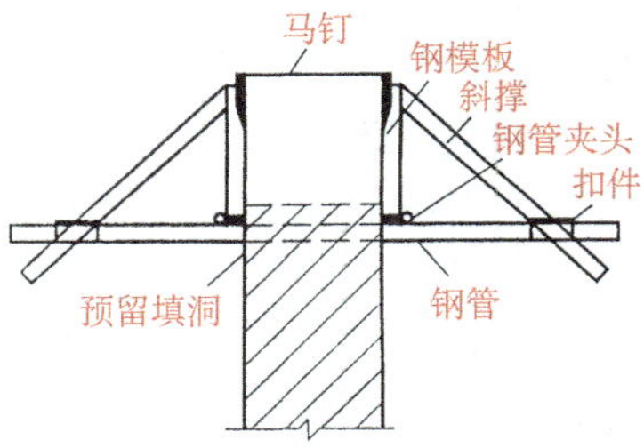

图4-29 圈梁模板

梁模板应在复核梁底标高、校正轴线位置无误后进行安装。《规范》规定：当梁的跨度超过4m时，应按设计要求，使梁底模中部略起拱，以防止由于浇筑混凝土跨中梁底下垂。如设计无规定时，起拱高度宜为全跨长度的1/1000～3/1000。支柱（琵琶撑）安装时应先将其下土面夯实，放好垫板（保证底部有足够的支撑面积）和楔子；支柱间距应符合设计要求，当设计无要求时，一般不宜大于2m；支柱之间应设水平拉杆、剪刀撑，使之互相拉撑成一整体，离地面50cm设一道，以上每隔2m设一道；当梁底距地面高度大于6m时，宜搭排架支模，或满堂脚手架式支撑；上下层模板的支柱，一般应安装在同一条竖向中心线上，或采取措施保证上层支柱的荷载能传递给下层的支撑结构，防止压裂下层构件。梁较高或跨度较大时，可留一面侧模，待钢筋绑扎完后再安装。

4. 板模板

板的特点是面积大而厚度一般不大，因此横向侧压力很小，板模板及其支撑系统主要用于抵抗混凝土的垂直荷载和其他施工荷载，保证板不变形下垂。图4-30为有梁楼板钢模板示意图。

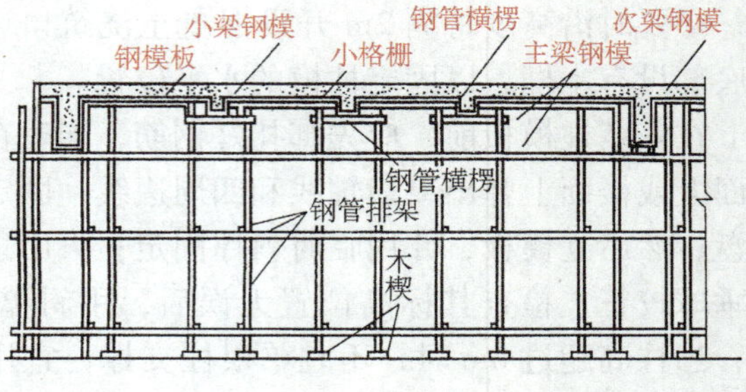

图4-30　有梁楼板钢模板示意图

板模板安装时，首先复核板底标高，搭设模板支架，然后用阴角模板从四周与墙、梁模板连接，再向中央铺设。为方便拆模，木模板宜在两端及接头处钉牢，中间尽量少钉或不钉；钢模板拼缝处采用最少的U形卡即可；支柱底部应设长垫板及木楔子找平。挑檐模板必须撑牢拉紧，防止向外倾覆，确保安全。

5. 墙的模板

墙体的特点是高度大而厚度小，其模板主要承受混凝土的侧压力。因此，必须加强墙体模板的刚度，并设置足够的支撑，以确保模板不变形和不发生位移。图4-31所示为钢模板墙模。

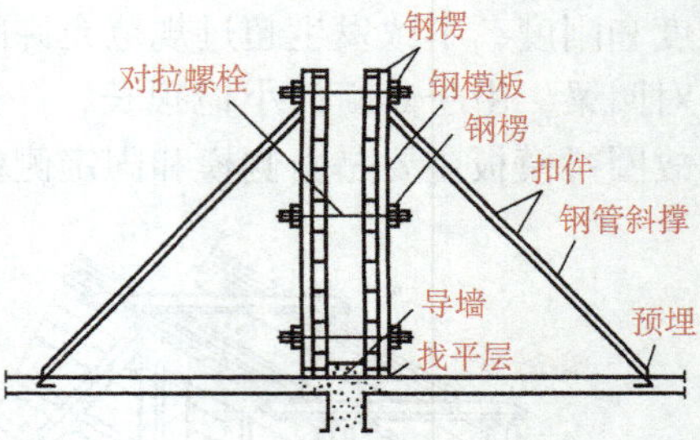

图4-31　钢模板墙模

墙体模板安装时，要先弹出中心线和两边线，选择一边先装，设支撑，在顶部用线锤吊直，拉线找平后将支撑固定；待钢筋绑扎好后，墙基础清理干净，再竖立另一边模板。为了保持墙体的厚度，墙板内应加撑头或对拉螺栓。

6. 楼梯模板

楼梯与楼板相似，但又有其支设倾斜、有踏步的特点。因此，楼梯模板与楼板模板既相似又有区别，如图4-32所示。

楼梯模板施工前应根据实际放样，先安装平台梁及基础模板，再安装楼梯斜梁或楼梯底模，然后安装楼梯外帮侧板。外帮侧板应先在其内侧弹出楼梯底板厚度线，用套板画出踏步侧板位置线，钉好固定踏步侧板的木档，在现场装钉侧板。梯步高度要均匀一致，特别要注意每层楼梯最下一步及最上一步的高度，必须考虑到楼地面层抹灰厚度，防止由于抹灰面层厚度不同而形成梯步高度不协调。

（二）模板安装质量要求

《规范》规定，模板安装应符合下列要求：

1）模板的接缝不应漏浆，在浇筑混凝土前，木模板应浇水湿润，但模板内不应有积水。

2）模板与混凝土的接触面应清理干净并涂刷隔离剂，但不得采用影响结构性能或妨碍装饰工程施工的隔离剂。

3）浇筑混凝土前，模板内的杂物应清理干净。

4）对清水混凝土工程及装饰混凝土工程，应使用能达到装饰设计效果的模板。

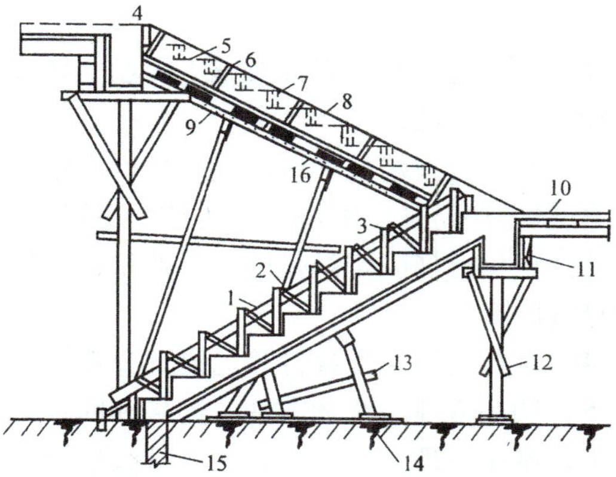

图4-32　板式楼梯模板

1—反扶梯基　2—斜撑　3—木吊　4—楼面　5—外帮侧板　6—木档拼条　7—踏步侧板　8—木档　9—搁栅　10—休息平台　11—托木　12—琵琶撑　13—牵杠撑　14—垫板　15—基础　16—楼梯底板

为保证模板安装质量，模板及其支撑结构的材料、质量应符合规范规定和设计要求；模板安装时，为了便于模板的周转和拆卸，梁的侧模板应盖在底模的外面，次梁的模板不应伸到主梁模板的开口里面，梁的模板亦不应伸到柱模板的开口里面；固定在模板上的预埋件和预留洞口均不得遗漏；跨度不小于4m的现浇混凝土梁、板模板，必须按设计要求起拱，当设计无具体要求时，起拱高度宜为跨度的1/1000～3/1000；模板安装好后应卡紧撑牢，不得发生不允许的下沉与变形，安装必须牢固、位置准确。

三、模板设计

模板设计包括模板结构形式及模板材料的选择、材料规格尺寸的确定、荷载计算、结构计算、拟订制作安装和拆除方案。其目的是经济合理地确定模板结构，并保证模板系统在新浇筑混凝土及施工荷载的作用下，具有足够的承载能力、刚度和稳定性。模板系统是一种特殊的工程结构，模板系统的设计应符合有关结构设计规范的规定，又必须考虑工程的实际情况，符合施工实际的要求，包括应考虑工地材料供应情况，现有模板及支撑等的规格、数量以及模板的重复使用等。对一般通用的工业与民用建筑工程施工，若确有把握，可不进行具体结构材料截面的设计计算，但对新型体系的模板、特殊结构的模板系统仍应进行设计或验算，以确保施工安全。

（一）设计原则、步骤和规定

1. 模板设计的原则

（1）实用性　主要应保证混凝土结构的质量。具体要求是：接缝严密，不漏浆；保证构件的形状尺寸及相互位置的正确；力求构造简单、装拆方便，便于钢筋绑扎、安装和混凝土的浇筑、养护等。

（2）安全性　保证在施工过程中，模板不变形、不破坏、不倒塌。设计时，要使模板具有足够的承载能力、刚度和稳定性，能承受新浇混凝土的重量和侧压力及各种施工荷载。

（3）经济性　针对工程结构构件的具体情况，因地制宜，就地取材，在确保工期、质量的前提下，尽量减少一次性投入，增加模板周转，减少支拆用工，实现文明施工。

2. 模板设计步骤

1）根据施工组织设计对施工区段的划分、施工工期和流水作业的安排，应先明确需要配制模板的层段数量。

2）根据工程情况和现场施工条件决定模板的组装方法，比如是现场散装散拆还是预拼装，支撑方法是采用钢楞支撑还是采用桁架支撑等。

3）根据已经确定配模的层段数量，按照施工图中梁、柱、墙、板等构件尺寸，进行模板组配设计。

4）进行夹箍和支撑件等的设计计算和选配工作。

5）明确支撑系统的布置、连接和固定方法。

6）确定预埋件的固定方法、管线埋设方法以及特殊部位的处理方法。

7）根据所需钢模板、连接件、支撑及架设工具等列出统计表，以便于备料。

3. 模板及支架的设计规定

1）模板及支架的结构设计宜采用以分项系数表达的极限状态设计方法。

2）模板及支架的结构分析中所采用的计算假定和分析模型，应有理论或试验依据，或经工程验证可行。

3）模板及支架应根据施工各种受力工况进行结构分析，并确定其最不利的作用效应组合。

4）承载力计算应采用荷载基本组合，变形验算可仅采用永久荷载标准组合。

（二）荷载及组合

计算模板及其支架时，其荷载的取值按有关规范的规定，应考虑下列荷载，并根据不同的情况进行荷载组合。

1）模板及其支架的自重（G_1）的标准值。模板及其支架自重标准值应根据设计图确定。对肋形楼板及无梁楼板模板的荷载，可参考表4-9取值。

表4-9　楼板及支架的自重标准值　（单位：kN/m^2）

项目名称	木模板	组合钢模板	钢框胶合板模板
平板的模板及小楞	0.3	0.5	0.4
有梁楼板模板（包括梁的模板）	0.5	0.75	0.6
楼板模板及其支架（楼层高度4m以下）	0.75	1.1	0.95

2）新浇混凝土自重（G_2）的标准值。普通混凝土采用$24kN/m^3$，其他混凝土根据实际重力密度γ_c确定。

3）钢筋自重（G_3）的标准值。应根据工程设计图确定。一般梁板结构，每立方米钢筋混凝土的钢筋自重标准值可采用下列数值：楼板$1.1kN/m^3$、梁$1.5kN/m^3$。

4）新浇筑混凝土对模板的侧压力（G_4）的标准值。影响新浇筑混凝土对模板的侧压力的因素主要有：混凝土重力密度、浇筑时的温度、浇筑速度、振捣方法、坍落度和外加剂等。

采用内部振动器时，当混凝土浇筑速度不大于10m/h、混凝土坍落度不大于180mm时，新浇筑的普通混凝土作用于模板的最大侧压力，可按下列两式计算，并取其中的较小值。

当浇筑速度大于 10m/h，或混凝土坍落度大于 180mm 时，侧压力（G_4）的标准值可按式（4-7）计算。

$$G_4 = 0.28\gamma_c t_0 \beta V^{\frac{1}{2}} \tag{4-6}$$

$$F = \gamma_c H \tag{4-7}$$

式中　G_4——新浇筑混凝土对模板的最大侧压力标准值（kN/m^2）；

γ_c——混凝土的重力密度（kN/m^3）；

t_0——新浇筑混凝土的初凝时间（h），可按实测确定；当缺乏实验资料时，可采用 $t_0 = \frac{200}{T+15}$ 计算（T 为混凝土的温度，℃）；

V——混凝土的浇筑速度，取混凝土浇筑高度（厚度）与浇筑时间的比值（m/h）；

H——混凝土侧压力计算位置处至新浇筑混凝土顶面的总高度（m）；

β——混凝土坍落度影响修正系数：当坍落度大于 50mm 且不大于 90mm 时，β 取 0.85；坍落度大于 90mm 且不大于 130mm 时，β 取 0.9；坍落度大于 130mm 且不大于 180mm 时，β 取 1.0。

混凝土侧压力的计算分布图形如图 4-33 所示。图中 h 为有效压头高度（m），可按 $h = F/\gamma_c$ 计算。

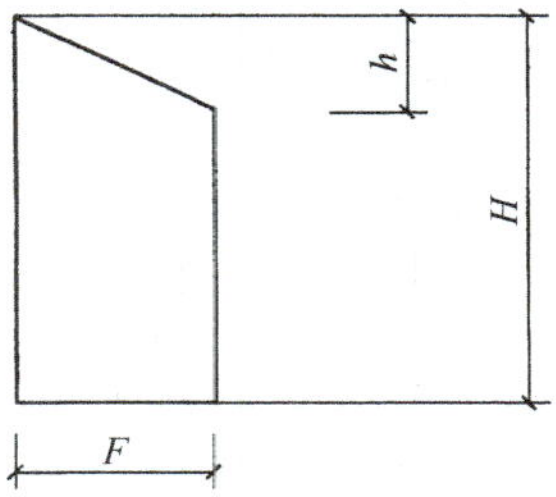

图 4-33　混凝土侧压力计算简图

5）施工人员及施工设备产生的荷载（Q_1）的标准值。可按实际情况计算，且不应小于 $2.5kN/m^2$。

6）混凝土下料产生的水平荷载（Q_2）的标准值。可按表 4-10 采用，其作用范围可取为新浇筑混凝土侧压力的有效压头高度 h 之内。

7）泵送混凝土或不均匀堆载等因素产生的附加水平荷载（Q_3）的标准值。可取计算工况下竖向永久荷载标准值的 2%，并应作用在模板支架上端水平方向。

8）风荷载（Q_4）的标准值。可按《建筑结构荷载规范》（GB 50009—2012）的有关规定确定，基本风压可按 10 年一遇的风压采用，但不应小于 $0.20kN/m^2$。

表 4-10　混凝土下料产生的水平荷载标准值　（单位：kN/m^2）

下料方式	水平荷载
溜槽、串筒、导管或泵管下料	2
起重机配备斗容器下料或小车直接倾倒	4

模板及支架结构构件应按短暂设计状况进行承载力计算。承载力计算应符合下式要求：

$$\gamma_0 S \leqslant \frac{R}{\gamma_R} \tag{4-8}$$

式中　γ_0——结构重要性系数，对重要的模板及支架宜取 $\gamma_0 \geqslant 1.0$；一般模板及支架取 $\gamma_0 \geqslant 0.9$；

S——模板及支架的荷载基本组合的效应设计值，可按下面的规定进行计算；

R——模板及支架结构构件的承载力设计值，应按国家现行有关标准计算；

γ_R——承载力设计值调整系数，应根据模板及支架重复使用情况取用，不应小于1.0。

模板及支架的荷载基本组合的效应设计值可按下式计算：

$$S = 1.35\alpha \sum_{i \geq 1} S_{G_{ik}} + 1.4\psi_{cj} \sum_{j \geq 1} S_{Q_{jk}} \tag{4-9}$$

式中　$S_{G_{ik}}$——第 i 个永久荷载标准值产生的荷载效应值；

$S_{Q_{jk}}$——第 j 个可变荷载标准值产生的荷载效应值；

α——模板及支架的类型系数：对侧面模板，取0.9；对底面模板及支架，取1.0；

ψ_{cj}——第 j 个可变荷载的组合值系数，宜取 $\psi_{cj} \geq 0.9$。

模板及支架承载力计算的各项荷载可按表4-11确定，并应采用最不利的荷载基本组合进行设计。

表4-11　参与模板及支架承载力计算的各项荷载

计算内容		参与荷载项
模板	底面模板的承载力	$G_1+G_2+G_3+Q_1$
	侧面模板的承载力	G_4+Q_2
支架	支架水平杆及节点的承载力	$G_1+G_2+G_3+Q_1$
	立杆的承载力	$G_1+G_2+G_3+Q_1+Q_4$
	支架结构的整体稳定	$G_1+G_2+G_3+Q_1+Q_3$ $G_1+G_2+G_3+Q_1+Q_4$

模板及支架的变形验算应符合下列规定：

$$a_{fG} \leq a_{f,lim} \tag{4-10}$$

式中　a_{fG}——构件变形值，按永久荷载标准组合计算；

$a_{f,lim}$——构件变形限值，按下面的规定确定。

模板及支架的变形限值应根据结构工程要求确定，并宜符合下列规定：

1）对结构表面外露的模板，其挠度限值宜取为模板构件计算跨度的1/400。

2）对结构表面隐蔽的模板，其挠度限值宜取为模板构件计算跨度的1/250。

3）支架的轴向压缩变形限值或侧向挠度限值，宜取为计算高度或计算跨度的1/1000。

支架的高宽比不宜大于3；当高度比大于3时，应增设整体稳固性措施。

四、模板的拆除

（一）拆除要求

混凝土成型后，经过一段时间养护，当达到规定的强度时，即可拆除模板。模板的拆除日期，取决于混凝土硬化的快慢、结构的性质以及模板的周转要求。及时拆模，可提高模板的周转率，也可为其他工作创造条件，加快工程进度。但如果拆模过早，混凝土因未达到一定强度而不能承受本身重量或受外力而变形，甚至断裂，造成重大的质量事故。《规范》中对模板拆除的规定如下：

1）底模及其支架拆除时的混凝土强度应符合设计要求；当设计无具体要求时，混凝土强度应符合表4-12的规定。检查方法为全数检查同条件养护试件的强度报告。

表4-12　底模拆除时的混凝土强度要求

构件类型	构件跨度/m	达到设计的混凝土立方体抗压强度标准值的百分率（%）	构件类型	构件跨度/m	达到设计的混凝土立方体抗压强度标准值的百分率（%）
板	≤2	≥50	梁、拱、壳	≤8	≥75
	>2、≤8	≥75		>8	≥100
	>8	≥100	悬臂构件	—	≥100

2）侧模拆除时的混凝土强度应能保证其表面及棱角不受损伤。

3）后浇带模板的拆除和支顶应制定专项施工方案，严格按施工方案执行。

4）快速施工的高层建筑的梁和楼板模板，如3～5天完成一层结构，其底模及支柱的拆除时间，应对所用混凝土的强度发展情况进行核算，确保下层楼板及梁能安全承载。

5）模板拆除时，不应对楼层形成冲击荷载。拆除的模板和支架应分散堆放并及时清运。

（二）拆模顺序

拆模应按一定的顺序进行，一般应遵循先支后拆、后支先拆、先非承重部位、后承重部位以及自上而下的原则。

1. 柱模

单块组拼的应先拆除钢楞、柱箍和对拉螺栓等连接、支撑件，再由上而下逐步拆除；预组拼的则应先拆除两个对角的卡件，并作临时支撑后，再拆除另两个对角的卡件，待吊钩挂好，拆除临时支撑，方能脱模起吊。

2. 墙模

单块组拼的在拆除对拉螺栓、大小钢楞和连接件后，从上而下逐步水平拆除；预组拼的应在挂好吊钩、检查所有连接件是否拆除后，方能拆除临时支撑、脱模起吊。对拉螺栓拆除时，可将对拉螺栓齐混凝土表面切断，也可在混凝土内加埋套管，将对拉螺栓从套管中抽出重复使用。

3. 梁、楼板模板

应先拆除梁侧模，再拆楼板底模，最后拆除梁底模。拆除跨度较大的梁下支柱时，应先从跨中开始分别拆向两端。

4. 多层楼板模板支柱的拆除

应按下列要求进行：上层楼板正在浇筑混凝土时，下一层楼板的模板支柱不得拆除；再下一层楼板模板的支柱仅可拆除一部分；跨度超过4m的梁下均应保留支柱，其间距不得大于3m。

第三节　混凝土工程

混凝土工程包括配料、搅拌、运输、浇筑、振捣、养护等施工工序，在整个施工过程中，各工序紧密联系又相互影响，如其中任意一道工序处理不当，都会影响混凝土工程的最终质量。对混凝土的质量要求，不但要具有正确的外形，而且要获得良好的强度、密实性和整体性，因此在施工中如何确保混凝土工程质量是一个很重要的问题。

一、混凝土施工配制强度确定

混凝土的施工配合比，应保证结构设计对混凝土强度等级及施工对混凝土耐久性和工作性的要求，并应符合合理使用材料、节约水泥的原则。必要时，还应符合抗冻性、抗渗性等要求。当设计强度等级低于C60时，混凝土制备按下式确定混凝土的配制强度：

$$f_{cu,o} \geqslant f_{cu,k} + 1.645\sigma \tag{4-11}$$

式中 $f_{cu,o}$——混凝土的配制强度（N/mm^2）；

$f_{cu,k}$——混凝土立方体抗压强度标准值（N/mm^2）；

σ——混凝土强度标准差（N/mm^2）。

当设计强度等级不低于C60时，配制强度按下式确定：

$$f_{cu,o} \geqslant 1.15 f_{cu,k}$$

当具有近期的同一品种混凝土强度的统计资料时，可按下式计算：

$$\sigma = \sqrt{\frac{\sum f_{cu,i}^2 - n m_{fcu}^2}{n-1}} \tag{4-12}$$

式中 $f_{cu,i}$——统计周期内同一品种混凝土第 i 组试件强度（N/mm^2）；

m_{fcu}——统计周期内同一品种混凝土 n 组强度的平均值（N/mm^2）；

n——统计周期内相同混凝土强度等级的试件组数，n 值不应小于30。

强度等级不高于C30的混凝土，计算得到的 $\sigma \geqslant 3.0N/mm^2$ 时，应按计算结果取值；计算得到的 $\sigma < 3.0N/mm^2$ 时，σ 应取 $3.0N/mm^2$。强度等级高于C30且低于C60的混凝土，计算得到的 $\sigma \geqslant 4.0N/mm^2$ 时，应按计算结果取值；计算得到的 $\sigma < 4.0N/mm^2$ 时，σ 应取 $4.0N/mm^2$。

对预拌混凝土厂和预制混凝土的构件厂，其统计周期可取为1个月；对现场拌制混凝土的施工单位，其统计周期可根据实际情况确定，但不宜超过3个月。

施工单位如无近期同一品种混凝土强度统计资料时，σ 可按表4-13取值。

表4-13 混凝土强度标准差

混凝土强度等级	≤C20	C25～C45	C50～C55
$\sigma/(N/mm^2)$	4.0	5.0	6.0

注：表中 σ 值，反映我国施工单位的混凝土施工技术和管理的平均水平，采用时可根据本单位情况作适当调整。

二、混凝土的施工配料

施工配料必须加以严格控制。因为影响混凝土质量的因素主要有两方面：一是称量不准；二是未按砂、石集料实际含水率的变化进行施工配合比的换算。这样必然会改变原理论配合比的水灰比、砂石比（含砂率）及浆集比。当水灰比增大时，混凝土粘聚性、保水性差，而且硬化后多余的水分残留在混凝土中形成水泡，或水分蒸发留下气孔，使混凝土密实性差、强度低。若水灰比减小时，则混凝土流动性差，甚至影响成型后的密实，造成混凝土结构内部松散，表面产生蜂窝、麻面现象。同样，含砂率减小时，则砂浆量不足，不仅会降低混凝土的流动性，更严重的是将影响其粘聚性及保水性，产生粗集料离析，水泥浆流失，甚至溃散等不良现象。而浆集比是反映混凝土中水泥浆的用量多少（即每立方米混凝土的用水量和水泥用量），如控制不准，也直接影响混凝土的水灰比和流动性。所以为了确保混凝土的质量，在施工中必须及时进行施工配合比的换算和严格控制称量。

《规范》规定：首次使用的混凝土配合比应进行开盘鉴定，其工作性应满足配合比的设计要求，开始生产时应至少留置一组标准养护试件，作为验证配合比的依据。

1. 施工配合比换算

混凝土试验室配合比是根据完全干燥的砂、石集料制定的，但实际使用的砂、石集料一般都含有一些水分，而且含水量又会随气候条件发生变化。所以施工时应及时测定现场砂、石集料的含水量，并将混凝土的试验室配合比换算成在实际含水量情况下的施工配合比。

设试验室配合比为：水泥∶砂子∶石子 = $1:x:y$，并测得砂子的含水量为 w_x，石子的含水量为 w_y，则施工配合比应为：$1:x(1+w_x):y(1+w_y)$。

按试验室配合比每立方米混凝土水泥用量为 C_0（kg），计算时确保混凝土水灰比 w/C 不变，则换算后材料用量为：

水泥：C_0

砂子：$S = C_{0x}(1+w_x)$

石子：$G = C_{0y}(1+w_y)$

水：$W = C_0\dfrac{w}{C} - C_0 x w_x - C_0 y w_y$

例 4-2　设混凝土试验室配合比为：1∶2.56∶5.50，水灰比为 0.64，每立方米混凝土的水泥用量为 275kg，测得砂子含水量为 4%，石子含水量为 2%，则施工配合比为：

1∶2.56×（1+4%）∶5.50×（1+2%）=1∶2.66∶5.61

每 $1m^3$ 混凝土材料用量为：

水泥：275kg

砂子：275kg×2.66=731.5kg

石子：275kg×5.61=1542.8kg

水：275kg×0.64−275kg×2.56×4%−275kg×5.50×2%=117.6kg

2. 施工配料

求出每立方米混凝土材料用量后，还必须根据工地现有搅拌机出料容量确定每次需用几袋水泥，然后按水泥用量来计算砂石的每次拌用量。如采用 JZ250 型搅拌机，出料容量为 $0.25m^3$，则每搅拌一次的装料数量为：

水泥：275kg×0.25=68.75kg（需取用一袋半水泥，即 75kg）

砂子：731.5kg×75/275=199.5kg

石子：1542.8kg×75/275=420.8kg

水：117.6kg×75/275=32.1kg

为严格控制混凝土的配合比，原料的数量应采用质量（重量）计量，必须准确。其质量（重量）偏差不得超过以下规定：水泥、混合材料为±2%；粗、细集料为±3%；水、外加剂溶液为±2%。各种衡量器应定期校验，经常保持准确。集料含水量应经常测定，雨期施工时，应增加测定次数。

三、混凝土搅拌

混凝土的搅拌，就是将水、水泥和粗细集料以及外加剂等进行拌和及混合的过程，同时，通过搅拌可使材料达到强化、塑化的作用。

（一）搅拌机的选择

常用的混凝土搅拌机按其搅拌原理主要分为自落式搅拌机和强制式搅拌机两类。

1. 自落式搅拌机

这种搅拌机的搅拌鼓筒是垂直放置的。随着鼓筒的转动，叶片不断将混凝土拌合物提高，然后利用物料的自重自由下落，达到均匀拌和的目的。自落式搅拌机多用于搅拌塑性混凝土和低流动性混凝土。筒体和叶片磨损较小，易于清理，但动力消耗大、效率低。搅拌时间一般为 90～120s，目前逐渐为强制式搅拌机所取代。

2. 强制式搅拌机

强制式搅拌机的鼓筒是水平放置的，其本身不转动。筒内有两组叶片，搅拌时叶片绕竖轴旋转，将材料强行搅拌，直至搅拌均匀。这种搅拌机的搅拌作用强烈，适宜于搅拌各种混凝土，具有搅拌质量好、速度快、生产效率高、操作简便及安全等优点。

（二）搅拌制度的确定

为了获得均匀优质的混凝土拌合物，除合理选择搅拌机的型号外，还必须正确地确定搅拌制度，包括搅拌机的转速、搅拌时间、装料容积及投料顺序等。

1. 搅拌机转速

对于自落式搅拌机，如果转速过高，混凝土拌合料会在离心力的作用下吸附于筒壁不能自由下落；如果转速过低，既不能充分拌和，又将降低搅拌机的生产率。

对于强制式搅拌机，虽不受重力和离心力的影响，但其转速也不能过大，否则将会加速机械的磨损，同时也易使混凝土拌合物产生分层离析现象，所以强制式搅拌机叶片的转速一般为 30r/min。

2. 装料容积

装料容积指搅拌一罐混凝土所需各种原材料松散体积之和。一般来说，装料容积是搅拌机拌筒几何容积的 1/2～1/3，强制式搅拌机可取上限，自落式搅拌机可取下限。若实际装料容积超过额定装料容积的一定数值，则各种原材料不易拌和均匀，势必延长搅拌时间，反而降低搅拌机的工作效率，而且也不易保证混凝土的质量。当然装料容积也不必过小，否则会降低搅拌机的工作效率。

搅拌完毕混凝土的体积称为出料容积，一般为搅拌机装料容积的 0.55～0.75。目前，搅拌机上标明的容积一般为出料容积。

3. 投料顺序

在确定混凝土各种原材料的投料顺序时，应考虑到如何才能保证混凝土的搅拌质量，减少机械磨损和水泥飞扬，减少混凝土的粘罐现象，降低能耗和提高劳动生产率等。

混凝土拌合物可采用人工拌和或机械搅拌。用人工拌和时的加料顺序是先将水泥加入砂中干拌两遍，再加入石子干拌一遍，然后加水湿拌至颜色均匀即可。人工拌和质量差、水泥消耗量多，故只有在工程量很小时才采用人工拌和方式。

机械搅拌时采用的投料顺序有：一次投料法、二次投料法等。

（1）一次投料法　一次投料法是目前施工现场广泛使用的一种方法，也就是将砂、石子、水泥等依次放入料斗后再加水一起进入搅拌筒进行搅拌。这种方法工艺简单、操作方便。其投料顺序是：先倒砂子，再倒水泥，然后倒入石子，将水泥夹于砂石之间。这样，生料无论在料斗内或进入筒体，首先接触搅拌机内表面或搅拌叶片的是砂或石，不会引起粘结现象，而且水泥不飞扬。最后加水搅拌，就不会使水泥吸水成团，产生“夹生”现象。

由于最初开始搅拌时，筒壁要黏附一部分水泥浆，所以许多工地在拌第一盘混凝土时，往往只加规定石子重量的一半，称为“半石混凝土”。当使用粉状掺合料时，掺合料应和水泥同时进入搅拌机，搅拌时间相应增加50%～100%；当使用外加剂时，为保证混凝土拌合物的匀质性，必须用水先稀释，与水同时间、同方向加入搅拌筒内，搅拌时间也应增加50%～100%。

（2）二次投料法　二次投料法又可分为预拌水泥砂浆法和预拌水泥净浆法。预拌水泥砂浆法是指先将水泥、砂和水投入搅拌筒搅拌1～1.5min后加入石子再搅拌1～1.5min。预拌水泥净浆法是先将水和水泥投入搅拌筒搅拌1/2的搅拌时间，再加入砂、石子搅拌到规定时间。试验表明：由于预拌水泥砂浆或水泥净浆对水泥有一种活化作用，因此搅拌质量明显高于一次投料法。若水泥用量不变，混凝土强度可提高15%左右，或在混凝土强度相同的情况下，减少水泥用量约15%。

当采用强制式搅拌机搅拌轻集料混凝土时，若轻集料在搅拌前已经预湿，则合理的加料顺序是：先加粗、细集料和水泥搅拌30s，再加水继续搅拌到规定的时间；若在搅拌前轻集料未经润湿，则先加粗、细集料和总用水量的1/2搅拌60s后，再加水泥和剩余水搅拌到规定的时间。

4. 搅拌时间

从原材料全部投入到混凝土拌合物开始卸出所经历的全部时间称为搅拌时间，搅拌时间是影响混凝土质量及搅拌机生产率的重要因素之一。搅拌时间过短，混凝土拌合物不均匀，强度及和易性都将降低；搅拌时间过长，不仅降低了生产率，而且会使混凝土的和易性又重新降低或产生分层离析现象。搅拌时间的确定与搅拌机型号、集料品种和粒径以及混凝土的和易性等有关。混凝土应搅拌均匀，宜采用强制式搅拌机搅拌。混凝土搅拌的最短时间可按表4-14采用。

表4-14　混凝土搅拌的最短时间　（单位：s）

混凝土坍落度/mm	搅拌机机型	搅拌机出料量/L		
		<250	250～500	>500
≤40	强制式	60	90	120
>40，且<100	强制式	60	60	90
≥100	强制式	60		

注：1. 当掺有外加剂与矿物掺合料时，搅拌时间应适当延长。
2. 采用自落式搅拌机时，搅拌时间宜延长30s。
3. 当采用其他形式的搅拌设备时，搅拌的最短时间也可按设备说明书的规定或经试验确定。

四、混凝土运输

混凝土自搅拌机卸出后应及时送到浇筑地点。混凝土运输方案的选择，应根据建筑结构特点、混凝土工程量、运输距离、地形、道路和气候条件以及现有设备等综合进行考虑。

（一）运输混凝土的基本要求

1）混凝土在运输过程中，应保持其均匀性和工作性，做到不分层、不离析、不漏浆。混凝土运到浇筑地点时，应具有规定的坍落度，并保证具有充足的时间进行浇筑和振捣。若混凝土到达浇筑地点时已经出现离析或初凝时，必须在浇筑前进行二次搅拌，均匀后，方可入模。已经凝结的混凝土应作为废品，不得用于工程中。

2）运输混凝土的容器应平整光洁、不吸水、不漏浆，装料前应先用水湿润；在炎热天气或风雨天气，容器上应加遮盖，防止进水或减少水分的蒸发，冬季运输应考虑保温措施。

3）混凝土应以最少的转运次数和最短的时间从搅拌地点运至浇筑现场，使混凝土在初凝之前浇筑完毕。混凝土从搅拌机卸出后到浇筑完毕的延续时间不宜超过表4-15和表4-16的规定。

表4-15　运输到输送入模的延续时间　（单位：min）

条　件	气　温	
	≤25℃	>25℃
不掺外加剂	90	60
掺外加剂	150	120

表4-16　运输、输送入模及其间歇总的时间限值　（单位：min）

条　件	气　温	
	≤25℃	>25℃
不掺外加剂	180	150
掺外加剂	240	210

4）混凝土从运输工具中自由倾倒时，由于集料的重力克服了物料间的粘聚力，大颗粒集料明显集中于一侧或底部四周，从而与砂浆分离，即出现离析。当自由倾落高度超过2m时，这种现象尤其明显，混凝土将严重离析。为保证混凝土的质量，应根据施工实际情况，采取相应预防措施（图4-34）。规范规定：混凝土自高处倾落的自由高度不应超过2m；否则，应使用串筒、溜槽或振动溜管等工具协助下落，并应保证混凝土出口的下落方向垂直。

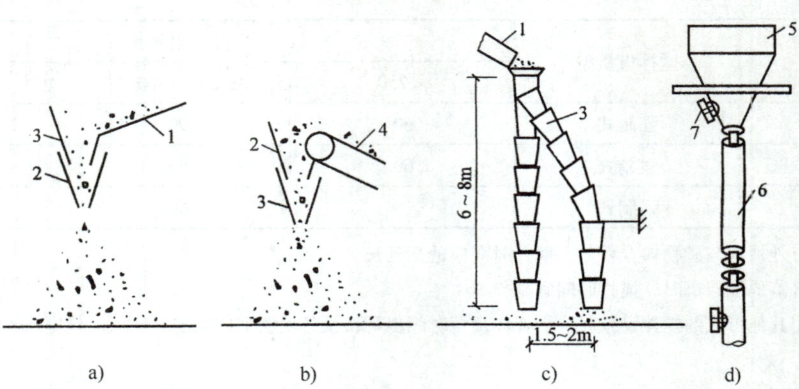

图4-34　防止混凝土离析的措施

a）溜槽运输　b）带式运输　c）串筒　d）振动串筒

1—溜槽　2—挡板　3—串筒　4—带式运输机　5—漏斗　6—节管　7—振动器

溜槽运输的坡角不宜大于30°，混凝土移动速度不宜大于1m/s。如果溜槽的坡度太小，混凝土移动太慢，可在溜槽底部加装小型振动器；当溜槽太斜，或用带式运输机运输，混凝土流动太快时，应在末端设置串筒和挡板，以保证垂直下落和落差高。当混凝土浇筑高度超过3m时，应采用成组串筒，串筒的向下垂直输送距离可达8m。当混凝土浇筑高度超过8m时，则应采用带节管的振动串筒，即在串筒上每隔2~3根节管安置一台振动器。

（二）运输机具

混凝土的运输包括水平运输和垂直运输，运输机具的种类很多，一般可分为间歇式运输机具（如手推车、自卸汽车、机动翻斗车、混凝土搅拌运输车、井架、塔式起重机等）和连续式运输机具（如皮带运输机、混凝土泵等）两类，可根据施工条件进行选用。

1. 手推车和机动翻斗车

二者主要用于短距离水平运输，具有轻巧、方便的特点。手推车容量为0.07~0.1m^3；机动翻斗车容量为0.4m^3，一般与出料容积为400L的搅拌机配套使用。

2. 混凝土搅拌运输车

主要用于长距离运送。它是将搅拌筒安装在汽车底盘上，在运输途中或等候卸料期间，混凝土搅拌筒始终在不停地做慢速转动，从而使混凝土在长途运输后仍不会出现离析现象，以保证混凝土的质量。混凝土搅拌运输车既可以运送拌和好的混凝土拌合料，也可将混凝土干料装入筒内，在运输途中加水搅拌，以减少长途运输引起的混凝土坍落度损失。

3. 井架和塔式起重机

井架主要用于多层或高层建筑施工中混凝土的垂直运输，由井架、卷扬机、吊盘、自动倾卸吊斗、拔杆和缆风绳组成。具有构造简单、安拆方便、投资少等优点，起重高度一般为25~40m。塔式起重机是高层建筑施工中垂直和水平运输的主要机械，把它和别的一些浇筑用具配合起来，可很好地完成混凝土的运输任务。

4. 混凝土泵

利用混凝土泵输送混凝土是混凝土施工中的一项先进技术，也是今后的发展趋势。其工作原理是利用泵体的挤压力将混凝土挤压进管路系统并到达浇筑地点，同时完成水平和垂直运输。它具有可连续浇筑、加快施工进度、缩短施工周期、保证工程质量，适合狭窄施工场所施工，有较高的技术经济效果（可降低施工费用20%~30%）等优点，在高层、超高层建筑，桥梁，水塔，烟囱，隧道和各种大型混凝土结构的施工中应用广泛。

混凝土泵有活塞泵、气压泵和挤压泵等几种类型，而以活塞式应用较多。根据其构造原理不同活塞泵又分为机械式和液压式两种，常采用液压式。液压式活塞泵（图4-35），按推动活塞的介质不同又分为油压式和水压式两种，而以油压式居多。液压泵可进行逆运转，迫使混凝土在管路中做往返运动，有助于排除管道堵塞和处理长时间停泵等问题。

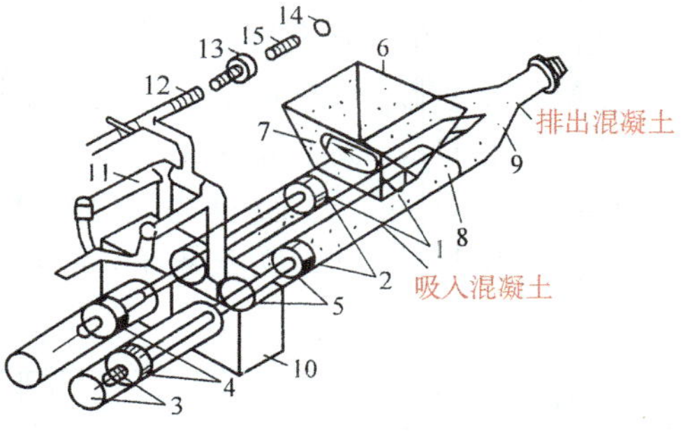

图4-35 液压式混凝土泵的工作原理
1—混凝土缸 2—推压混凝土活塞 3—液压缸 4—液压活塞 5—活塞杆 6—料斗 7—吸入端阀门 8—排出端阀门 9—Y形管 10—水箱 11—水洗用高压软管 12—水洗装置换向阀 13—水洗用法兰 14—海绵球 15—清洗活塞

（1）液压活塞泵的工作原理 液压活塞泵

基本上是液压双缸式，其工作原理如图4-35所示。工作时，搅拌好的混凝土拌合料装入料斗6，吸入端阀门7开启，排出端阀门8关闭，液压活塞4在液压作用下通过活塞杆5带动推压混凝土活塞2后移，料斗内的混凝土在自重和真空吸力作用下进入混凝土缸1。然后，液压系统中压力油的进出方向相反，使活塞2向前推压，同时吸入端阀门7关闭，排出端阀门8打开，混凝土缸中的混凝土在压力作用下通过Y形管9进入输送管道，输送到浇筑地点。由于两个缸交替进料和出料，因而能达到混凝土连续输送的目的。

(2) 活塞式泵的性能　活塞式混凝土泵的规格很多，性能各异，一般以最大泵送距离和单位时间最大输出量作为其主要指标。目前，混凝土泵的最大运输距离：水平运输可达到800m，垂直可达到300m。

(3) 移动式混凝土泵　按泵体能否移动，混凝土泵还可分为固定式和移动式。固定式混凝土泵使用时需用其他车辆将其拖至现场，它具有输送能力大，输送高度高等特点。一般最大水平输送距离为250~600m，最大垂直输送高度为150m，输送能力为60m^3/h左右。适用于高层建筑的混凝土工程施工。

移动式混凝土泵车是将混凝土泵安装在汽车底盘上，根据需要可随时开至施工地点进行作业。此种泵车一般附带装有全回转三段折叠臂架式布料杆，它既可以利用工地配置的管道输送到较远较高的浇筑地点，也可利用随车的布料杆在其回转范围内进行浇筑。移动式混凝土泵车的输送能力一般为80m^3/h，在水平输送距离为520m和垂直输送高度为110m时，输送能力为30m^3/h。

(4) 混凝土输送管道的布置　混凝土输送管道一般用钢管制成，常用的管径主要有100mm、125mm、150mm等几种；标准管长3m，另有2m和1m长的配套管。并配有90°、45°、30°、15°等不同角度的弯管，以便管道转折处使用。管径选择主要根据混凝土集料的最大粒径、输送距离、输送高度及其他工程条件来决定。

管道布置时应符合“路线短、弯道少、接头密”的原则。布置水平管道时，应由远到近，将管道布置到最远的浇筑地点，然后在浇筑过程中逐渐向泵的方向拆管。地面水平管一般是固定的，楼面水平管则需每浇筑一层就重新铺设一次。垂直管可以沿建筑物外墙或外柱铺接，也可以利用塔式起重机的塔身设置，垂直管道应在底部设置机座，以防止管道因重力和冲击下沉，并在竖管下部设逆止阀，防止停泵时混凝土倒流。

混凝土泵性能表中标明的垂直与水平距离指的是输送管全为水平管或全为垂直管的最大输送距离，而实际输送管道是由直管、弯管、锥形管、软管等组成，各种管的阻力不同，计算输送距离时，一般需先将这些管道换算成水平直管状态。换算后得到的最大总长度小于该混凝土泵性能表中标明的最大水平输送距离，才能满足施工需要，表4-17为参考数据。

表4-17　输送管水平距离换算

项　目	管径/mm	水平换算长度/m	项　目	管径/mm	水平换算长度/m
每米垂直管	100	4	每个锥形管	125→100	20
	125	5	90°弯管	弯曲半径0.5m	12
	150	6		弯曲半径1m	9
每个锥形管	175→150	4	橡胶软管	5~8m	30
	150→125	10			

五、混凝土浇筑

（一）浇筑前的准备工作

1）根据工程对象、结构特点，结合具体条件，研究制定混凝土浇筑的施工方案。

2）准备、检查混凝土施工机具，如搅拌机、运输车、料斗、串筒、振动器等机具设备要按需要准备充足，并考虑发生故障时的修理时间。

3）混凝土浇筑期间，为了防备临时停水停电，事先应在浇筑地点储备一定数量的原材料和人工拌和用的工具，以防止出现意外的施工停歇。

4）在混凝土施工阶段，要保证水、电、照明不中断，同时应掌握天气的变化情况，不宜在雨雪天气浇筑混凝土。

5）对模板及其支架进行检查，应确保标高、位置尺寸正确，强度、刚度、稳定性及严密性满足要求；模板中的垃圾、泥土和钢筋上的油污等应加以清除；木模板应浇水润湿，但不允许留有积水。

6）检查钢筋与预埋件的规格、数量、安装位置以及构件接点连接焊缝是否符合设计和规范要求，并认真做好隐蔽工程记录。

（二）混凝土浇筑的一般要求

1）混凝土应在初凝前浇筑，如已有初凝现象，则应再进行一次强力搅拌，恢复流动性后才能入模；如有离析现象，也应重新拌和后才能浇筑。

2）为防止混凝土浇筑时产生离析，混凝土的自由倾落高度，对于素混凝土或少筋混凝土，由料斗、漏斗进行浇筑时，不应超过2m，对竖向结构（如柱、墙等）浇筑混凝土的高度不超过3m，对于配筋密列或不便捣实的结构，不宜超过600mm，否则应采用串筒、溜槽等下料。

3）浇筑竖向结构混凝土前，底部应先浇入50～100mm与混凝土成分相同的水泥砂浆，以避免产生蜂窝麻面等缺陷。

4）混凝土浇筑时的坍落度应符合表4-18中的数值范围，为了使混凝土振捣密实，混凝土必须分层浇筑，其浇筑层的厚度应符合表4-19的规定。

5）为保证混凝土的整体性，浇筑工作应连续进行。当由于技术或施工组织上的原因必须间歇时，其间歇时间应尽可能缩短，并应在上层混凝土凝结之前，将下层混凝土浇筑完毕。规范规定：混凝土运输、浇筑和间歇的全部时间应按所用水泥品种及混凝土条件确定，且不超过表4-16的规定，当超过时在该部位应留置施工缝。

表4-18　混凝土浇筑时的坍落度　（单位：mm）

结构种类	坍落度
基础或地面等的垫层、无配筋的大体积结构（挡土墙、基础等）或配筋稀疏的结构	10～30
板、梁和大型及中型截面的柱子等	30～50
配筋密列的结构（薄壁、斗仓、筒仓、细柱等）	50～70
配筋特密的结构	70～90

注：1. 本表系采用机械振捣混凝土时的坍落度，当采用人工振捣时，其值可适当增大。
2. 当需要配制大坍落度混凝土时，应掺入外加剂。

表 4-19 混凝土分层振捣的最大厚度

振捣方法	混凝土分层振捣最大厚度
振动棒	振动棒作用部分长度的 1.25 倍
平板振动器	200mm
附着振动器	根据设置方式，通过试验确定

（三）施工缝的设置

由于施工技术和施工组织上的原因，不能连续将结构整体浇筑完成，并且间歇时间预计将超过规定的时间，应预先选定适当的部位设置施工缝。施工缝就是指先浇筑混凝土已凝结硬化、再继续浇筑混凝土的新旧混凝土间的结合面，它是结构的薄弱部位。因此，施工缝的位置应设置在结构受剪力较小且便于施工的部位。受力复杂的结构构件或有防水抗渗要求的结构构件，施工缝留设位置应经设计单位确认。

水平施工缝的留设位置应符合下列规定：

1）柱、墙施工缝可留设在基础、楼层结构顶面，柱施工缝与结构上表面的距离宜为 0～100mm，墙施工缝与结构上表面的距离宜为 0～300mm（图 4-36）。

2）柱、墙施工缝也可留设在楼层结构底面，施工缝与结构下表面的距离宜为 0～50mm；当板下有梁托时，可留设在梁托下 0～20mm（图 4-36）。

3）高度较大的柱、墙、梁以及厚度较大的基础，可根据施工需要在其中部留设水平施工缝；当因改变受力状态而需要调整构件配筋时，应经设计单位确认。

4）特殊结构部位留设水平施工缝应征得设计单位同意。

垂直施工缝和后浇带的留设位置，应符合下列规定：

1）有主次梁的楼板施工缝应留设在次梁跨度中间的 1/3 范围内（图 4-37）。

2）单向板施工缝应留设在平行于板短边的任何位置。

3）楼梯梯段施工缝宜设置在梯段板跨度端部的 1/3 范围内。

4）墙的施工缝宜设置在门洞口过梁跨中 1/3 范围内，也可留设在纵横交接处。

5）后浇带留设位置，应符合设计要求。

6）特殊结构部位留设垂直施工缝应征得设计单位同意。

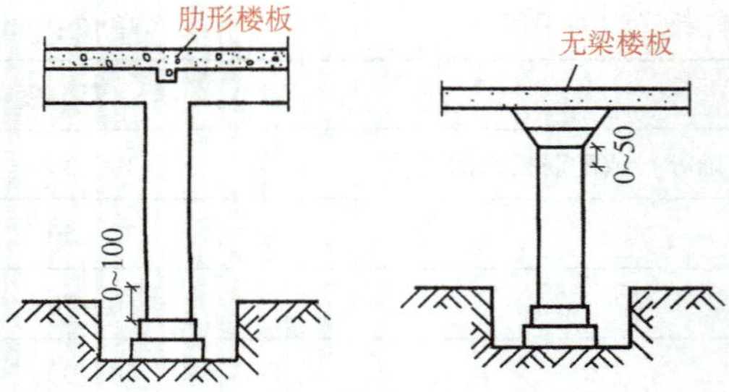

图 4-36 柱施工缝留设位置

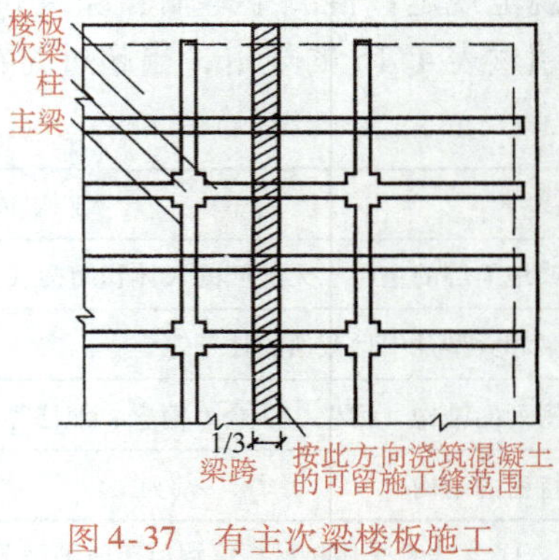

图 4-37 有主次梁楼板施工缝留设位置

7）承受动力作用的设备基础，不宜留置施工缝，当必须留置时，应征得设计单位同意。

8）在设备基础的地脚螺栓范围内，水平施工缝必须留在低于地脚螺栓底端处，其距离应大于150mm；当地脚螺栓直径小于30mm时，水平施工缝可以留在不小于地脚螺栓埋入混凝土部分总长度的3/4处。垂直施工缝应留在距地脚螺栓中心线大于250mm处，并不小于5倍螺栓直径。

（四）施工缝处混凝土的浇筑

《规范》规定：施工缝处开始继续浇筑混凝土的时间不能过早，以免使已凝固的混凝土受到振动而破坏，必须待已浇筑混凝土的抗压强度不小于1.2N/mm^{2}时才可进行。混凝土达到1.2N/mm^{2}强度所需的时间，根据水泥品种、外加剂的种类、混凝土配合比及外界的温度而不同，可通过试块试验确定，也可参照表4-20。

表4-20　混凝土达到1.2N/mm^{2}强度所需的时间　（单位：h）

外界温度	水泥品种及强度等级	混凝土强度等级	时间	外界温度	水泥品种及强度等级	混凝土强度等级	时间
1～5℃	普通42.5	C15	48	10～15℃	普通42.5	C15	24
		C20	44			C20	20
	矿渣32.5	C15	60		矿渣32.5	C15	32
		C20	50			C20	24
5～10℃	普通42.5	C15	32	15℃以上	普通42.5	C15	20以下
		C20	28			C20	20以下
	矿渣32.5	C15	40		矿渣32.5	C15	20
		C20	32			C20	20

在施工缝处继续浇筑前，为解决新旧混凝土的结合问题，应对已硬化的施工缝表面进行处理，清除表层的水泥薄膜和松动的石子及软弱混凝土层，必要时还要加以凿毛，钢筋上的油污、水泥砂浆及浮锈等杂物也应加以清除；然后用水冲洗干净，并保持充分湿润，且不得积水；在浇筑前，宜先在施工缝处铺一层水泥浆或与混凝土成分相同的水泥砂浆；施工缝处的混凝土振捣时，宜向施工缝处逐渐推进，并于距其80～100cm处停止振捣，细致捣实，使新旧混凝土紧密结合。

（五）混凝土结构的浇筑方法

1. 现浇框架结构混凝土浇筑

框架结构的主要构件有基础、柱、梁和楼板等。其中梁、板、柱等构件是沿垂直方向重复出现的，因此，一般按结构层来分层施工。如果平面面积较大，还应分段进行（一般以伸缩缝划分施工段），以便各工序流水作业。在每层每段中，浇筑顺序为先浇筑柱，后浇梁、板。

（1）框架柱基础浇筑　柱基础形式多为台阶式，施工时一般按台阶分层一次浇筑完毕，不允许留设施工缝。浇筑时混凝土应先边角后中间，务必使混凝土充满模板，防止一侧倾倒混凝土挤压钢筋造成柱钢筋的位移；各台阶之间最好留有一定时间间隔，以给下面台阶混凝土一段初步沉实的时间，避免上下台阶之间出现裂缝，也便于上一台阶混凝土的浇筑。

（2）柱的浇筑　梁、板模板安装后钢筋未绑扎前浇筑，以便利用梁、板模板做横向支撑和柱子的浇筑操作平台。一排柱子的浇筑应从两端同时向中间推进，以防柱模板在横向推力下向一方倾斜；柱高在3m以下时，可直接从柱顶浇筑混凝土，如果柱高超过3m，断面小于400mm×400mm，并有交叉箍筋时，可在柱模侧面每段不超过2m的高度开口，插入斜溜槽分段浇筑；开始时应先在底部填50～100mm厚与混凝土成分相同的水泥砂浆，以免底部产生蜂窝现象；随着柱子浇筑高度的上升，混凝土表面将积聚大量浆水，因此混凝土的水灰比和坍落度应随浇筑高度上升予以递减。

（3）梁、板的浇筑　与柱连成整体的梁或板，应在柱浇筑完毕后停歇1～1.5h，使其获得初步沉实，排除泌水，尔后再继续浇筑梁或板。

肋形楼板的梁板应同时浇筑，其顺序是先根据梁高分层浇筑成阶梯形，当达到板底位置时即与板的混凝土一起浇筑；而且倾倒混凝土的方向应与浇筑方向相反；当梁的高度大于1m时，可先单独浇梁，并在板底以下20～30mm处留设水平施工缝。

浇筑无梁楼盖时，在柱帽下50mm处暂停，然后分层浇筑柱帽，下料应对准柱帽中心，待混凝土接近楼板底面时再连同楼板一起浇筑。

（4）楼梯的混凝土浇筑　自下而上依次浇筑，当必须留置施工缝时，其位置应在楼梯长度中间的1/3范围内。对于钢筋较密集处，可改用细石混凝土，并加强振捣以保证混凝土密实。应采取有效措施保证钢筋保护层厚度及钢筋位置和结构尺寸的准确，注意施工中不要踩倒负弯矩钢筋。

（5）剪力墙浇筑　剪力墙浇筑除按一般规定进行外，还应注意门窗洞口应两侧同时下料，浇筑高差不能太大，以免门窗洞口发生位移或变形。同时，应先浇筑窗台下部，后浇窗间墙，以防窗台下部出现蜂窝孔洞。

2. 大体积混凝土浇筑

大体积混凝土是指厚度大于或等于1.5m，长、宽较大，施工时水化热引起混凝土内的最高温度与外界温度之差不低于25℃的混凝土结构。一般多为建筑物、构筑物的基础，如高层建筑中常用的整体钢筋混凝土筏板基础、箱形基础、高炉设备基础等。

大体积混凝土结构的施工特点：一是整体性要求较高，一般要求混凝土连续浇筑，不允许留施工缝；二是结构的体量较大，浇筑后的混凝土产生较大的水化热且不易散发，从而形成内外较大的温差，引起较大的温差应力。因此，大体积混凝土施工时，为保证结构的整体性应合理确定混凝土浇筑方案；为保证施工质量应采取有效的技术措施降低混凝土内外温差。

（1）浇筑方案的选择　保证混凝土浇筑工作能连续进行，避免留设施工缝，应在下一层混凝土初凝之前将上一层混凝土浇筑完毕。因此，在组织施工时，首先应按下式计算每小时需要浇筑混凝土的数量也称浇筑强度。

$$V = BLH/(t_1 - t_2) \tag{4-13}$$

式中　V——每小时混凝土浇筑量（m^3/h）；

B、L、H——浇筑层的宽度、长度、厚度（m）；

t_1——混凝土初凝时间（h）；

t_2——混凝土运输时间（h）。

根据混凝土浇筑量，计算所需要的搅拌机、运输工具和振动器的数量，并据此拟订浇筑方案和进行劳动组织。大体积混凝土浇筑方案需根据整体性要求、结构大小、钢筋疏密、混凝土供应等具体情况确定，一般有全面分层、分段分层和斜面分层等三种浇筑方案（图 4-38）。

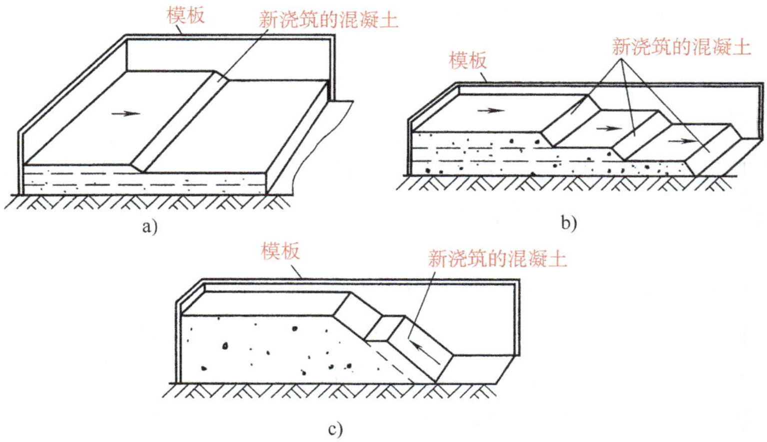

图 4-38　大体积混凝土浇筑方案

a）全面分层　b）分段分层　c）斜面分层

1）全面分层：在整个结构内全面分层浇筑混凝土，要做到第一层全面浇筑完毕回来浇筑第二层时，第一层浇筑的混凝土还未初凝，如此逐层进行，直至浇筑完。这种方案适用于结构的平面尺寸不太大的情况，施工时从短边开始，沿长边进行较适宜。必要时也可分两段，从中间向两端或从两端向中间同时进行。

2）分段分层：如采用全面分层浇筑方案，混凝土的浇筑强度太高，施工难以满足时，则可采用分段分层浇筑方案。它是将结构从平面上分成几个施工段，厚度上分成几个施工层，混凝土从底层开始浇筑，进行一定距离后回来浇筑第二层，如此依次向前浇筑以上各分层。适用于厚度不太大而面积或长度较大的结构。

3）斜面分层：斜面坡度为 1:3，施工时应从浇筑层的下端开始，逐渐上移，以保证混凝土施工质量。这种方案适用于结构的长度超过厚度 3 倍的情况。

分层的厚度取决于振动器的长度，也考虑混凝土的供应量大小和可能浇筑量的多少，一般为 200～300mm。浇筑混凝土所采用的方法，应使混凝土在浇筑时不发生离析现象。

（2）防止大体积混凝土产生温差裂缝的措施　大体积混凝土结构截面大，凝结过程中水泥散发的水化热大，因而形成的内外温差较大，易使混凝土产生裂缝。因此，必须采取适当措施：选用水化热较低的水泥；掺缓凝剂或缓凝型减水剂；选择适宜的砂石级配；尽量减少水泥用量；尽量降低每立方米混凝土的用水量；降低混凝土的入模温度；扩大浇筑面和散热面，减小浇筑层厚度和浇筑速度，必要时采用人工导热法，在混凝土内部埋设冷却水管，用循环水来降低混凝土温度；用矿渣水泥或其他泌水性较大的水泥拌制的混凝土，在浇筑完毕后，应及时排除泌水，必要时需要进行二次振捣；加强混凝土保温、保湿养护，严格控制大体积混凝土的内外温差（设计无要求时，温差不宜超过 25℃）；在混凝土表层以及内部设置若干个温度观测点，加强观测，一旦出现温差大的情况，便于及时处理。

此外，为控制大体积混凝土裂缝的开展，在特殊的情况下可以留后浇带。即在大体积混凝土基础中预留一条后浇的施工缝，将整块混凝土分成两块或若干块浇筑，以有效削减温度收缩应力；待所浇筑的混凝土经一段时间的养护干缩后，再在预留的后浇带中浇筑收缩补偿混凝土，使分块的混凝土连成一个整体。在正常施工条件下，后浇带的间距一般为20～30m，带宽1m左右，混凝土浇筑30～40天后用比原结构强度高5～10N/mm^2的混凝土填筑，并保持不少于15天的潮湿养护。

六、混凝土的振捣

混凝土入模时呈疏松状，里面含有大量的空洞与气泡，必须采用适当的方法在其初凝前捣实完毕，才能使构件或结构满足使用要求。最常用的方法是振捣法，包括人工振捣和机械振捣。

（一）人工振捣

人工振捣是利用捣棒、插钎等工具的冲击力来使混凝土密实成型。振捣时必须分层浇筑混凝土，每层厚度宜在150mm左右，并应注意布料均匀，每层确保捣实后才能浇筑上一层混凝土；插捣要插匀插全，尤其是主钢筋的下面、钢筋密集处、石子较多处、模板阴角处及施工缝处应特别注意捣实，而且增加振捣次数比加大振捣力效果更好，用木槌敲击模板时，用力要适当，避免造成模板位移。

（二）机械振捣

机械振捣是将振动器的振动力以一定的方式传给混凝土，使之发生强迫振动破坏水泥浆的凝胶结构，降低水泥浆的黏度和集料之间的摩擦力，提高混凝土拌合物的流动性，使混凝土密实成型。机械振捣混凝土效率高、密实度大、质量好，且能振实低流动性或干硬性混凝土。因此，一般应尽可能使用机械振捣。

混凝土的振捣机械按其工作方式不同，可分为内部振动器、表面振动器、外部振动器和振动台等（图4-39）。这些振动机械的构造原理基本相同。

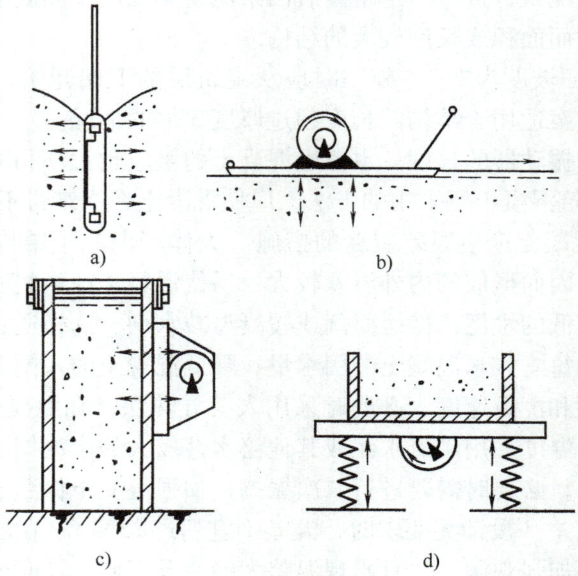

图4-39　振动器原理

a）内部振动器　b）表面振动器　c）外部振动器　d）振动台

1. 内部振动器

内部振动器又称作插入式振动器，它由电动机、软轴和振动棒三部分组成（图4-40），主要是利用偏心锤的高速旋转，使振动设备因离心力而产生振动。工作时依靠振动棒插入混凝土产生振动力而捣实混凝土。插入式振动器是工地用得最多的一种，常用以振实梁、柱、墙等平面尺寸较小而深度较大的构件和体积较大的混凝土。

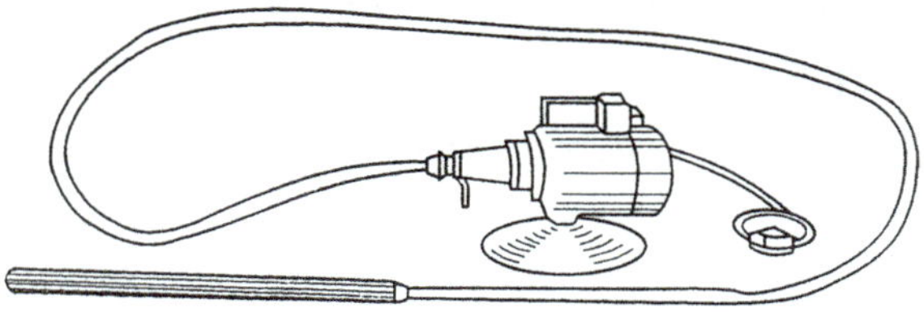

图4-40　插入式振动器

插入式振动器的振捣方法有垂直振捣和斜向振捣两种。可根据具体情况采用，一般以采用垂直振捣为多。垂直振捣容易掌握插点距离，控制插入深度（不得超过振动棒长度的1.25倍）；不易产生漏振，不易触及钢筋和模板；混凝土受振后能自然沉实、均匀密实。而斜向振捣是将振动棒与混凝土表面成40°～45°角插入，操作省力，效率高，出浆快，易于排出空气，不会发生严重的离析现象，振动棒拔出时不会形成孔洞。

使用插入式振动器垂直振捣的操作要点是："直上直下，快插慢拔；插点要均布，切勿漏点插；上下要插动，层层要扣搭；时间掌握好，密实质量佳。"

操作要点中"快插"是为了防止先将混凝土表面振实，与下面混凝土产生分层离析现象；"慢拔"是为了使混凝土填满振动棒抽出时形成的空洞。振动器插点要均匀排列，可采用"行列式"或"交错式"的次序移动，防止漏振（图4-41）；每次移动两个插点的间距不宜大于振动器作用半径的1.5倍（振动器的作用半径一般为300～400mm）；振动棒与模板的距离不应大于其作用半径的0.5倍，并应避免碰撞钢筋、模板、芯管、吊环、预埋件等。为了保证每一层混凝土上下振捣均匀，应将振动棒上下来回抽动50～100mm；同时还应将振动棒插入下一层未初凝的混凝土中，深度不应小于50mm。混凝土振捣时间要掌握好，振捣时间过短，不能使混凝土充分捣实；过长，则可能产生分层离析；一般每点振捣时间为20～30s，使用高频振动器时也应大于10s，以混凝土不下沉、气泡不上升、表面泛浆为准。

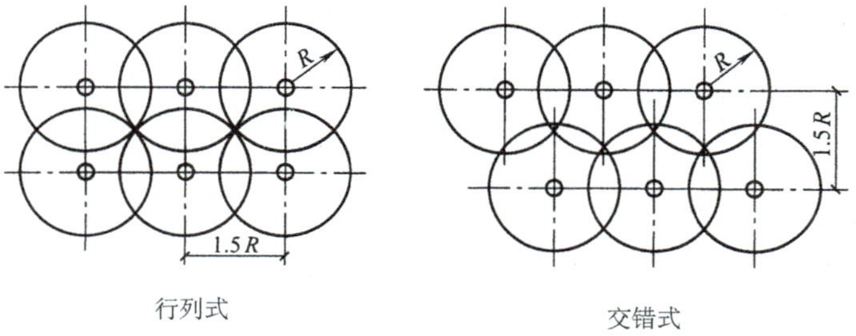

图4-41　插入式振动器的插点排列

2. 表面振动器

表面振动器又称平板振动器，它将一个带有偏心块的电动振动器安置在一块平板上，通过平板与混凝土表面接触而将振动力传给混凝土达到振实的目的。平板可用木板或钢板制成，尺寸依具体需要而定。由于平板振动器是放在混凝土表面进行振捣，其作用深度较小（150~250mm），因此仅适用于表面积大而平整、厚度小的结构构件或预制构件，如楼地面、屋面等。

在振捣中，平板必须与混凝土充分接触，以保证振动力的有效传递。一般在无筋或单筋平板中振实厚度约为200mm，在双筋平板中约为120mm；表面振动器在每一位置应连续振动一定的时间，在正常情况下为25~40s，并以混凝土表面均匀出现浆液为准；移动时应有一定的路线，并保证前后左右相互搭接30~50mm，防止漏振；振动倾斜混凝土表面时，振动应由低向高处推进。

3. 外部振动器

外部振动器又称为附着式振动器，它直接安装在模板外侧的横档或竖档上。利用偏心块旋转时产生的振动力通过模板传递给混凝土，使之振实。附着式振动器体积小、结构简单、操作方便，可以改装成平板式振动器。它的缺点是振动作用的深度小（约250mm），因此仅适用于钢筋较密、厚度较小以及不宜使用插入式振动器的结构和构件，并要求模板有足够的刚度。一般要求混凝土的水灰比也比用内部振动器的大一些。

使用附着式振动器，其间距应通过试验确定，一般间距为1~1.5m；当结构尺寸较大时，可在结构两侧同时安装振动器，待混凝土入模后方可开动振动器，混凝土浇筑高度要高于振动器安装部位；混凝土振成一个水平面并不再出现气泡时，即可停止振动，振动时间必要时应通过试验确定；振动器开动后应随时观察模板的变化，以防移位或漏浆。

4. 振动台

振动台是一个支承在弹性支座上的工作平台，在平台下面装有振动机构。当振动机构运转时，即带动工作台做强迫振动，从而使在工作台上制作构件的混凝土得到振实。振动台是生产效率较高的一种设备，是预制构件常用的振动机械。

七、混凝土养护

混凝土成型后应及时进行养护，以保证水泥水化作用能正常进行，达到设计要求的强度，并防止产生收缩裂缝。养护的目的是为混凝土硬化创造必需的湿度、温度条件，防止水分过早蒸发或冻结，防止混凝土强度降低和出现收缩裂缝、剥皮起砂等现象。规范规定：混凝土强度达到1.2N/mm^{2}前，不得在其上踩踏或安装模板及支架，以确保混凝土质量。

混凝土养护方法常用的主要有：自然养护、加热养护和蓄热养护。其中蓄热养护多用于冬期施工；而加热养护除用于冬期施工，常用于预制构件养护。

（一）自然养护

自然养护是指在自然气温条件下（平均气温高于5℃），对混凝土采取的覆盖、浇水润湿、挡风保温等养护措施。自然养护又分为覆盖浇水养护和塑料薄膜养护两种。

1. 覆盖浇水养护

《规范》规定，混凝土浇筑完毕后，根据外界气温，一般应在混凝土浇筑完毕后3~12h内用草帘、芦席、麻袋、锯末、湿土和湿砂等适当材料将混凝土予以覆盖，并经常浇水（当日平均气温低于5℃时不得浇水）保持湿润。混凝土浇水养护的时间，对硅酸盐水泥、普通水泥和矿渣水泥拌制的混凝土不得少于7昼夜；掺用缓凝型外加剂或有抗渗性要求的混凝土，不得少于14昼夜；当采用其他品种水泥时，养护时间应根据所采用水泥的技术性能确定；浇水次数以能保持混凝土具有足够的湿润状态为宜，养护用水应与拌制用水相同。一般气温在15℃以上时，在混凝土浇筑后最初3昼夜中，白天至少每3h浇水一次，夜间也应浇水两次；在以后的养护中，每昼夜应浇水3次左右；在干燥气候条件下，浇水次数应适当增加。

对大体积混凝土的养护，应根据气候条件按施工技术方案采取控温措施；对大面积结构，如地坪、楼屋面板等可采用蓄水养护；对于储水池一类工程可于拆除内模、混凝土达到一定强度后注水养护；对于一些地下结构或基础，可在其表面涂刷沥青乳液或用土回填以代替洒水养护。

2. 塑料薄膜养护

此方法以塑料薄膜为覆盖物，使混凝土与空气隔绝，水分不再被蒸发，水泥靠混凝土中的水分完成水化作用而凝结硬化。《规范》规定：采用塑料薄膜养护的混凝土，其敞露的全部表面应覆盖或涂刷严密，并应保持塑料布内有凝结水。塑料薄膜养护有两种做法。

1）直接覆盖法是将塑料薄膜直接覆盖在混凝土构件上，最好是用两层薄膜，下层用黑色的，上层用透明的，周围压严，以达到不用浇水也能保持湿度并提高养护温度的目的。这种方法较覆盖浇水养护混凝土，养护温度可提高10~20℃。

2）喷洒塑料薄膜养护剂法是将塑料溶液喷洒在混凝土表面上，待溶液挥发后，在混凝土表面结合成一层塑料薄膜，使混凝土表面与空气隔绝，封闭混凝土中的水分不再被蒸发，而完成水化作用。这种养护方法一般适用于表面积大的混凝土施工或浇水养护困难的情况。

常用塑料薄膜养护剂有氯乙烯-偏氯乙烯养护剂和过氯乙烯树脂薄膜养护剂。

喷洒主要设备有空压机、高压容罐，喷具可用喷漆枪或农药枪。喷洒时压力以空压机工作压力0.4~0.5N/mm^2、容罐压力0.2~0.3N/mm^{2}为宜。压力过小不易形成雾状，过大则会破坏混凝土表面，喷洒时喷头以离混凝土表面50cm为宜。

喷洒时间应视混凝土泌水蒸发情况而定，表面不见浮水，手指轻按无指痕时即可喷洒。若喷洒过早，会影响塑料薄膜与混凝土表面结合；过迟则会影响混凝土强度。喷洒厚度以2.5m^2/kg为宜，厚度要均匀一致。薄膜形成后严禁在上面行走或划破表面薄膜，如有损坏应立即补救。

喷洒塑料薄膜养护的缺点是28天混凝土强度偏低8%左右；同时由于成膜很薄，起不到隔热防冻的作用，故夏季薄膜成型后要加防晒设施（不少于24h），否则易发生丝状裂缝。

自然养护成本低、效果好，但养护期长。为了缩短养护期，提高模板的周转率和场地利用率，一般生产预制构件时，用加热养护。

（二）加热养护简介

加热养护是通过对混凝土加热来加速其强度的增长。加热养护的方法很多，常用的有：蒸汽室养护、热模养护等。

蒸汽室养护就是将混凝土构件放在充有蒸汽的养护室内，使混凝土在较高温湿度条件下，迅速达到要求的强度。蒸汽养护过程分为静停、升温、恒温和降温四个阶段。

静停阶段是将浇筑成型的混凝土放在室温条件下静停2~6h，以增强混凝土对升温阶段结构破坏作用的抵抗力，避免蒸汽养护时在构件表面出现裂缝和疏松现象。

升温阶段就是通入蒸汽，使混凝土原始温度上升到恒温温度的过程。升温速度不宜太快，以免混凝土内外温差过大产生裂缝，一般控制在10～25℃/h。

升温至要求的温度后，保持温度不变的持续养护时间为恒温阶段。恒温阶段是混凝土强度增长最快的阶段。恒温的温度与水泥品种有关，对普通水泥一般不超过80℃，矿渣水泥和火山灰水泥可提高到90～95℃。如温度再高，虽然可使混凝土硬化速度加快，但会降低其后期强度。因此恒温时间一般为5～8h，且应保持90%～100%的相对湿度。

降温阶段是指混凝土构件由恒温温度降至常温的时间。降温速度也不宜过快，否则混凝土会产生表面裂缝。一般情况下，构件厚度在100mm左右时，降温速度为20～30℃/h；构件出室时的温度与室外气温相差不得大于40℃；当室外气温为负温时，不得大于20℃。

目前常用的蒸汽养护室形式有坑式、折线形隧道式和立式等几种。

热模养护详见第十一章内容。

八、混凝土强度检验

混凝土质量检查包括施工中检查和施工后检查。施工中检查主要是对混凝土拌制和浇筑过程中所用材料的质量、用量、搅拌地点和浇筑地点的坍落度等的检查。在每一工作班内不少于一次；当混凝土配合比由于外界影响有变动时，应及时检查；对混凝土的搅拌时间也应随时检查。

施工后的检查主要是对已完工混凝土的外观质量检查及强度检验。对有抗冻性、抗渗性要求的混凝土，还应进行相应性能的检查。混凝土的外观检查内容详见下一节混凝土结构质量缺陷。以下主要介绍混凝土强度检验。

混凝土强度检验主要是抗压强度的检验。《规范》要求：结构混凝土的强度等级必须符合设计要求。因此，混凝土强度检验的主要目的就是将检验结果作为评定结构或构件是否达到设计混凝土强度等级的依据，这时应采用标准试件的混凝土强度；同时，也为结构构件的拆模、出池、出厂、吊装、张拉及施工期间的临时负荷确定混凝土的实际强度，这时应采用与结构构件同条件养护的标准试件的混凝土强度。

（一）试件的留置

《规范》规定：用于检查结构构件混凝土强度的试件，应在混凝土的浇筑地点随机抽取；取样与试件留置应符合下列规定：

1）每拌制100盘且不超过100m^3的同配合比的混凝土，取样不得少于一次。

2）每工作班拌制的同一配合比的混凝土不足100盘时，取样不得少于一次。

3）当一次连续浇筑超过1000m^3时，同一配合比的混凝土每200m^3取样不得少于一次。

4）每一楼层、同一配合比的混凝土，取样不得少于一次。

5）每次取样应至少留置一组标准养护试件，同条件养护试件的留置组数应根据实际需要确定。

（二）每组试件的强度

每组3个试件应在浇筑地点制作，在同盘混凝土中取样，并按下列规定确定该组试件的混凝土强度代表值：

1）一般取3个试件强度的算术平均值。

2）当3个试件强度中的最大值和最小值之一与中间值之差超过中间值的15%时，取中间值。

3）当3个试件强度中的最大值和最小值与中间值之差均超过中间值的15%时，该组试件作废，不应作为强度评定的依据。

（三）同一验收批的强度

混凝土强度应分批进行验收。同一验收批的混凝土应由强度等级相同、生产工艺和配合比基本相同的混凝土组成。对现浇结构构件，还应按单位工程的验收项目划分验收批，每个验收项目应按《建筑工程施工质量验收统一标准》确定。对同一验收批的混凝土强度，应以同批内标准试件的全部强度代表值来评定。

1）混凝土的生产条件在较长时间内能保持一致，且同一品种混凝土的强度变异性能保持稳定时，应由连续的 3 组试件代表一个验收批，其强度应同时满足下列要求：

$$m_{fcu} \geqslant f_{cu,k} + 0.7\sigma_0$$

$$f_{cu,min} \geqslant f_{cu,k} - 0.7\sigma_0$$

当混凝土强度等级不高于 C20 时：

$$f_{cu,min} \geqslant 0.85 f_{cu,k}$$

当混凝土强度等级高于 C20 时：

$$f_{cu,min} \geqslant 0.90 f_{cu,k}$$

式中　m_{fcu}——同一验收批混凝土强度的平均值（N/mm^2）；

$f_{cu,k}$——设计的混凝土强度标准值（N/mm^2）；

σ_0——验收批混凝土强度的标准差（N/mm^2）；

$f_{cu,min}$——同一验收批混凝土强度的最小值（N/mm^2）。

σ_0 应根据前一检验期内同一品种混凝土试件的强度数据，按下式确定：

$$\sigma_0 = \frac{0.59}{m}\sum_{i=1}^{m}\Delta f_{cu,i} \tag{4-14}$$

式中　$\Delta f_{cu,i}$——前一检验期内第 i 验收批混凝土试件中强度最大值与最小值之差；

m——前一检验期内验收批总批数。

每个检验期持续时间不应超过 3 个月，且在检验期内验收批总批数不得少于 15 组。

2）混凝土的生产条件不能满足上述规定，或在前一检验期内的同一品种混凝土无足够的强度数据用以确定验收批混凝土强度标准差时，应由不小于 10 组的试件代表一个验收批，其强度应同时符合下列要求：

$$m_{f_{cu}} - \lambda_1 S_{f_{cu}} \geqslant 0.9 f_{cu,k} \tag{4-15}$$

$$f_{cu,min} \geqslant \lambda_2 f_{cu,k} \tag{4-16}$$

式中　$S_{f_{cu}}$——验收批混凝土强度的标准差（N/mm^2）；

λ_1、λ_2——合格判定系数，按表 4-21 取用。

验收批混凝土强度的标准差应按下式计算：

$$S_{f_{cu}} = \sqrt{\frac{\sum_{i=1}^{n} f_{cu,i}^2 - n m_{f_{cu}}^2}{n-1}}$$

式中　$f_{cu,i}$——验收批内第 i 组混凝土试件的强度值（N/mm^2）；

n——验收批内混凝土试件的总组数。

当 $S_{f_{cu}}$ 的计算值小于 $0.06f_{cu,k}$ 时，取 $S_{f_{cu}} = 0.06f_{cu,k}$。

表 4-21 合格判定系数

试件组数	10～14	15～24	≥25
λ_1	1.70	1.65	1.60
λ_2	0.90	0.85	

3）零星生产的预制构件的混凝土或现场搅拌批量不大的混凝土，可采用非统计方法评定。此时验收批混凝土强度必须同时满足下列要求：

$$m_{f_{cu}} \geqslant 1.15 f_{cu,k} \tag{4-17}$$

$$f_{cu,min} \geqslant 0.95 f_{cu,k} \tag{4-18}$$

（四）混凝土结构实体检验

《规范》规定：对涉及混凝土结构安全的重要部位应进行结构实体检验，检验的内容包括混凝土强度、钢筋保护层厚度以及工程合同约定的项目。对混凝土强度的检验，应以在混凝土浇筑地点制备并与结构实体同条件养护的试件强度为依据。混凝土强度检验用同条件养护试件的留置、养护和强度代表值应符合下述两个要求：

1. 试件留置、养护

同条件养护试件的留置、养护方式和取样数量，应符合以下要求：①同条件养护试件所对应的结构构件或结构部位，应由监理（设计）、施工等各方共同选定；②对应混凝土结构工程中的各混凝土强度等级，均应留置同条件养护试件；③同一强度等级的同条件养护试件，其留置的数量应根据混凝土工程量和重要性确定，不宜少于10组，且不应少于3组；④同条件养护试件拆模后，应放置在靠近相应结构构件或部位的适当位置，并应采取相同的养护方法。

2. 强度代表值

同条件养护试件应在达到等效养护龄期时进行强度试验。等效养护龄期应根据同条件养护试件强度与在标准养护条件下28天龄期试件强度相等的原则确定。

等效养护龄期可取按日平均温度逐日累计达到600℃·d时所对应的龄期，0℃以下的龄期不计入；等效养护龄期不应小于14天，也不宜大于60天。

同条件养护试件的强度代表值应根据强度试验结果按前述方法确定后，乘折算系数取用；折算系数宜取为1.10，也可根据当地的试验统计结果作适当调整。

当对混凝土试件强度的代表性有怀疑时，可采用非破损检验方法（如回弹法、超声法等）或从结构、构件中钻取芯样的方法，按国家现行有关标准的规定，对结构构件中的混凝土强度进行推定，作为是否应进行处理的依据。但非破损检验绝不能代替混凝土标准试件来做混凝土强度的合格评定。当采用钻芯检验时，其取样应在结构或构件受力较小，避开主筋、预埋件和管线，便于钻芯机安装与操作的部位。对高度和直径均为100mm或150mm芯样试件抗压强度值，可直接用以作为边长为150mm立方体试件的混凝土抗压强度。对薄壁构件及钻取芯样对整个结构物安全有影响时，不能采用此法。

第四节 混凝土结构工程常见的质量事故及防治

建筑结构的质量，是保证建筑物有效使用的重要条件；相反，建筑结构的缺陷和事故则会使建筑物受到损伤、失效、破坏甚至倒塌，带来人民生命和社会财富的巨大损失。

凡由于人为的（勘察、设计、施工、使用等）或自然的（地质、大风、冰冻等）原因，使建筑结构出现不符合规范和标准要求的一些问题和现象，统称为建筑结构的缺陷；建筑结构的临近破坏、破坏和倒塌，通称质量事故。可见，建筑结构的缺陷和事故是两个不同的概念：事故表现为建筑结构局部的或整体的临近破坏、破坏和倒塌；而缺陷未发展到临近破坏、破坏和倒塌的程度，它仅表现为具有影响正常使用、承载能力、耐久性、整体稳定性的种种隐蔽和显露的不足。但是建筑结构的缺陷和事故却是同一类事物的两种程度的表现：缺陷往往是产生事故的直接和间接原因；而事故往往是缺陷的质变或对缺陷经久不加处理的发展。

（一）露筋

构件内钢筋未被混凝土包裹而外露的现象称为露筋。混凝土施工中由于振捣等使钢筋移位，或者是施工中没加保护层垫块，或施工中使垫块移位、掉落等使钢筋紧贴模板，以致保护层厚度不足都可能产生露筋现象；有时也因为保护层的混凝土振捣不密实或模板湿润不够、吸水过多造成掉角而露筋。

针对以上的原因，施工中首先要保证钢筋施工时位置的正确性，加强钢筋的成品保护；同时，必须根据设计要求，使用规定厚度和质量的保护层垫块并采取措施保证垫块的位置和数量满足要求；更为重要的是，混凝土施工时倾倒、振捣等工序必须按规范操作，不应为了振捣等而改变钢筋的位置或强力使之变形，一定注意各工序之间的保护意识。露筋的补强是将外露钢筋上的混凝土残渣和铁锈清理干净，用水冲洗润湿，再用 1∶2 水泥砂浆抹压平整，如露筋较深，应将薄弱混凝土剔除，再用高一级强度等级的细石混凝土捣实并妥善养护。

（二）蜂窝

混凝土表面缺少水泥砂浆而形成石子外露的现象称为蜂窝。产生的原因主要是：混凝土振捣不密实，特别是没有逐层振捣；倾倒高度太大，使混凝土产生分层；混凝土和易性不良，导致混凝土施工中分层离析；混凝土运输时间过长，使得在运输过程中已离析；模板施工时密封不严密，导致施工中产生跑浆现象，水泥浆流失致使石子外露产生蜂窝。

蜂窝往往出现在钢筋最密集处或混凝土难以振捣密实的部位。构件（梁、板、柱、墙、基础）不同部位不同形状的蜂窝，其危害性是不同的：如果板、梁、柱的受压区存在蜂窝，会影响构件的承载力；在受拉区存在蜂窝，则会影响构件的抗裂度，并使钢筋锈蚀，从而影响构件的承载力和耐久性；在柱、墙一侧存在蜂窝，往往会改变构件的受力状态，而在其内部存在深进和贯通的蜂窝，则常常是结构丧失稳定甚至倒塌的直接原因；在防水混凝土中存在蜂窝，是造成渗水、漏水的隐患。

针对上述原因，避免混凝土产生蜂窝的主要措施就是加强模板密封施工质量的检查，同时，根据原材料情况，使用合适的配合比拌制和易性良好的混凝土。

蜂窝形状决定着蜂窝的具体补强方案。例如对柱内贯通的蜂窝进行补强时，要从各个侧面按预定的步骤凿去疏松的混凝土，填补新的混凝土。补强的混凝土应比原构件混凝土的强度等级高一级，目的是提高新混凝土与旧混凝土和钢筋之间的粘结力以及获得缺陷处的早期高强度。又如蜂窝的清洁工作会引起构件承载力减弱时，则常需要在构件外做好钢夹板，随后才能通过事先装置好通往蜂窝深处的灌注管进行压力灌浆使构件内外都得到补强。

（三）孔洞

混凝土中孔穴深度和长度均超过保护层厚度的现象称为孔洞。它是由于混凝土灌注时有一些部位堵塞不通而产生的。孔洞不同于蜂窝：蜂窝的特征是存在着未捣实的混凝土或缺水泥浆；而孔洞却是局部或全部没有混凝土。孔洞的尺度通常较大，以至于钢筋全部裸露，造成构件内贯通的断缺以致使混凝土结构发生整体性破坏。它往往出现在结构构件的下列部位上：有较密的双向配筋的钢筋混凝土板或薄壁构件中；梁下部较密的纵向受拉钢筋处或梁的支撑处；正交梁的连接处或梁与柱的连接处；钢筋混凝土墙与底板的连接处；钢筋混凝土构件的预埋件附近。

孔洞的补强工作比蜂窝简单一些，可以用混凝土进行一次性的补强，也可分几次进行。在孔洞边缘的旧混凝土上通常有带塌散集料的疏松表面和松弱浆膜。在用新混凝土填充以前，应清除所有疏松的旧混凝土，并进行冲洗，充分润湿至少24h。孔洞的补强可用比旧混凝土高一个强度等级的细石混凝土，并经仔细捣实和养护。其模板应适应孔洞的具体条件做成带托盒的悬挂式模板。

（四）夹渣

混凝土中夹有杂物且深度超过保护层厚度的现象称为夹渣。它产生的原因主要是：浇筑混凝土前模板内杂物清理不干净，比如，保温用苯板碎末、密封模板的胶条等。在混凝土施工缝处如处理不当更容易形成夹渣。

夹渣部分的处理类似于蜂窝的补强。首先将夹渣部位清除干净，用高一等级的细石混凝土填堵补强。

（五）疏松

混凝土中局部不密实的现象称为疏松。它产生的原因主要是：混凝土所用的原材料质量不合格，比如，集料中含过量的泥、泥块等杂质；混凝土所用石子含活性二氧化硅，而没有限制水泥的含碱量导致发生碱集料反应而使混凝土破坏；或施工时温度偏低，导致混凝土受冻等。疏松部位的补强措施可参考蜂窝和孔洞的方案。

（六）外表缺陷

构件表面麻面、掉皮、起砂、玷污等现象称为外表缺陷。它主要是混凝土表面因缺浆而起砂、掉皮、产生麻面，表现为构件外表呈质地疏松的凹点，其面积不大，深度不深，且无钢筋裸露现象。产生这种缺陷的原因主要是模板润湿不够、支架不严，振捣时露浆或振捣不足，气泡没排出以及没有很好地养护等。麻面虽对构件承载力无大影响，但由于表面不平，在凹凸处容易发生各种物理化学作用，从而破坏构件表面，影响结构的外观和耐久性，特别是某些清水混凝土结构，因不做面层，这种缺陷的影响更为明显。

麻面的处理可用钢丝刷将表面疏松处刷净，用清水冲洗，充分湿润后用水泥浆或1:2水泥砂浆抹平。

（七）外形缺陷

缺棱掉角、棱角不直、翘曲不平、飞边凸肋等的现象称为外表缺陷。掉角指梁、柱、墙等处混凝土局部残损掉落。产生的原因有：浇筑混凝土前模板未充分湿润，造成棱角处混凝土失水或水化不充分，强度降低，拆模时棱角受损；预应力混凝土构件拆模或抽芯过早，混凝土尚未建立足够的强度，致使棱角受损；掉角较小时，可将该处用钢丝刷刷净，用清水冲洗，充分湿润后用1:2水泥砂浆抹补整齐。掉角较大时，可将不实的混凝土和突出的集料颗粒凿除，用水冲洗干净，充分湿润后支模，用比原强度等级高一级的细石混凝土补好，认真加以养护。

外形缺陷中的棱角不直、翘曲不平、飞边凸肋等现象，往往是由于模板支撑不当、密封不严密、模板变形等而产生。处理方法是用钢钎剔除突出较多的部位，局部有凹陷的用水泥砂浆或细石混凝土填补，然后用磨平机打磨平整。

（八）混凝土裂缝

缝隙从混凝土表面延伸至混凝土内部的现象称为混凝土裂缝。钢筋混凝土构件是带裂缝工作的，钢筋混凝土构件出现裂缝后对工程质量的影响，与裂缝发生的原因、所在部位、严重程度和发展趋势有关。

导致混凝土产生裂缝的主要原因概括起来有以下几个方面：

1）由于承受荷载使构件产生过宽的裂缝，往往是构件承载力不足的表现，因而这种裂缝会引起危及承载力的工程质量问题，严重的能导致建筑结构的倒塌。

2）由于约束或外加变形引起的构件裂缝，主要会对建筑结构的外观、正常使用和耐久性产生影响。

3）由于材料是结构存在的条件，所以因材料选用不当所产生的工程质量问题，往往带有极大的普遍性。它们有的可以使结构立即遭到损坏；有时虽一时无明显缺陷，却具有潜在危机，对今后的正常使用、耐久性，甚至承载力产生很大的不良影响。

4）混凝土施工过程中搅拌、运输、浇筑、振捣、养护等一般性操作原因形成的构件裂缝，不会危及结构的安全，但却会影响结构的外观、正常使用和耐久性。施工违反设计要求，使用低劣材料和半成品、严重违反操作规程所形成的问题，则往往是质量事故的直接原因。

5）因使用及环境条件有关问题而形成的裂缝。常见的有：多次重复施加荷载，使得钢筋混凝土构件内钢筋和混凝土的粘结力退化，其间的相对滑动增长，从而各种受力裂缝显著开展，构件刚度降低，甚至导致过早破坏；温湿度变化，当纵向很长的构件的变形受到某种约束时，也会产生裂缝；多次的冻融作用，过大的温差以及各种侵蚀性介质的存在，都会使混凝土产生裂缝，甚至破坏。

典型的由于施工因素形成的裂缝的原因、特征和预防措施见表4-22。

表4-22　裂缝的原因、特征和预防措施

裂缝的原因和特征	预防措施
塑性混凝土下沉，被顶部钢筋所阻，形成沿钢筋的裂缝（通长或断续）	改善水灰比，减少泌水，加强自然养护，增加混凝土保护层厚度
乱踩已绑扎的上层钢筋，使承受负弯矩的受力钢筋的混凝土保护层加大，构件的有效高度减小，形成沿构件支撑边缘的垂直于受力钢筋的裂缝	构件顶部承受负弯矩的钢筋直径不宜过细；施工时禁止在顶部钢筋上走动，可设置铁支架支住负弯矩筋
混凝土振捣不密实，出现蜂窝，易形成各种受力裂缝的起点	保证混凝土拌制、浇筑和振捣质量；采取对混凝土蜂窝的补强措施
混凝土浇筑速度过快，容易在浇筑1～2 h后发生在板与墙，梁与柱交接部位的纵向裂缝	在浇筑与柱和墙整体连接的梁和板时，应在柱和墙浇筑混凝土完毕后停歇1～1.5h，使其获得初步沉实，再继续浇筑板、梁的混凝土

（续）

裂缝的原因和特征	预 防 措 施
混凝土搅拌、运输时间过长，使水分蒸发，引起混凝土浇筑时坍落度过低，使得在混凝土中出现不规则的网状裂缝	如混凝土的坍落度损失过多，应在浇筑前进行二次搅拌
混凝土初期养护时急骤干燥使得在混凝土与大气接触面上出现不规则的网状裂缝	加强早期养护，减少水分蒸发
用泵送混凝土施工时，为了保证流动性，增加水和水泥用量，导致混凝土凝结硬化时收缩量增加，使得在混凝土中出现不规则的网状裂缝	水泥用量不宜超过550kg/m^3，水灰比不应大于0.7（其中水泥质量（重量）包括外掺混合掺料和塑化剂）；砂率可以提高至40%～50%
灌注工作间歇时的施工缝接槎处理不好，容易在接槎处出现接槎裂缝	按照混凝土工程施工规范要求做好施工缝的留置和接槎处的处理
混凝土早期受冻，使混凝土构件表面出现裂纹或局部剥落，脱模后出现空鼓现象	按照冬期施工要求保护混凝土不受冻；在预期早期受冻的混凝土中掺入防冻剂或引气剂
木模板受潮膨胀上拱，使得混凝土板面产生上宽下窄的裂缝	避免采用过分干燥的木材做模板
模板刚度不够，在新浇筑塑性混凝土的侧压力作用下发生变形，影响混凝土构件与模板变形一致的裂缝	加强模板的侧向刚度
模板支撑下沉或局部失稳，造成已浇筑成型的构件产生相应部位的裂缝	保证模板支撑的总体承载力、刚度和稳定；支撑应设置在坚固可靠平坦的支撑面上
已凝结硬化的混凝土在尚未建立足够强度以前受到模板被振动的影响产生相应的裂缝	在施工期间应避免这种现象的发生
过早拆模，混凝土尚未建立足够强度，构件在实际施加于自身的重力荷载作用下，容易产生各种受力裂缝	跨度小于2m的构件，达到混凝土设计强度的50%时，可拆模；跨度2～8m的构件，70%；跨度大于8m的构件，100%

思 考 题

1. 试述钢筋混凝土的种类及其主要性能。施工现场如何控制钢筋的质量？
2. 试述钢筋冷拉原理和冷拉控制方法。
3. 试述常用的钢筋焊接方法。如何检查钢筋焊接的质量？
4. 简述钢筋的机械连接方法。
5. 试述钢筋代换的原则与方法以及各种方法的适用条件。
6. 混凝土工程对模板有何要求？常用的模板有哪些？
7. 试述定型钢模板的特点及组成。
8. 简述现浇结构工具式支撑的类型及构造。
9. 简述现浇混凝土框架结构的各种构件的模板构造特点。
10. 模板设计的原则有哪些？模板设计时应考虑哪些荷载？
11. 现浇结构拆模时应注意哪些问题？
12. 试述常用水泥的特性及适用范围。施工现场如何控制水泥的质量？

13. 混凝土配料时为什么要进行施工配合比的换算？如何换算？
14. 搅拌机为何不宜超载？装料容积与出料容积的关系如何？
15. 如何确定混凝土的搅拌制度？
16. 何谓“半石混凝土”？什么时候使用？为什么？
17. 混凝土运输时的基本要求有哪些？如何避免混凝土在运输和浇筑过程中产生离析现象？
18. 混凝土运输工具有哪些？如何选择混凝土泵来运输混凝土？
19. 混凝土泵送施工的注意事项有哪些？
20. 混凝土浇筑时的基本要求有哪些？
21. 什么叫“施工缝”？简述施工缝的留设原则，常见构件施工缝的留设位置，施工缝处混凝土浇筑方法。
22. 如何选择大体积混凝土的施工方法？
23. 如何进行水下混凝土浇筑？
24. 混凝土成型方法有哪些？如何使混凝土振捣密实？
25. 常用的振动器有哪些？各自的适用范围是什么？
26. 使用插入式振动器时，如何保证混凝土振捣质量？
27. 混凝土的养护方法有哪些？各自的适用范围是什么？
28. 如何检查和评定混凝土的质量？
29. 为什么要进行混凝土结构实体的强度检验？如何确定混凝土结构实体的强度代表值？
30. 引起混凝土质量缺陷的主要因素有哪些？
31. 混凝土质量缺陷有哪些？不同类型缺陷应如何处理？

习　题

一、单项选择题

1. 钢筋冷拉后会出现的变化是（　　）。

A. 屈服点提高　　B. 塑性提高　　C. 弹性模量提高　　D. 晶格变形停止

2. 混凝土施工的工艺流程为（　　）。

A. 制备—运输—浇筑—养护　　B. 运输—制备—浇筑—养护
C. 运输—浇筑—制备—养护　　D. 制备—养护—浇筑—运输

3. 普通硅酸盐水泥拌制的混凝土浇水养护时间不得小于（　　）昼夜。

A. 3　　B. 7　　C. 14　　D. 28

4. 泵送混凝土的水泥最小用量为（　　）kg/m^3。

A. 200　　B. 250　　C. 300　　D. 350

5. 组合钢模板的钢模板间拼接，边肋与边肋用（　　）。

A. U形卡　　B. L形插销　　C. 蝶形扣件　　D. 钩头螺栓

6. 在已浇筑的混凝土强度未达到（　　）N/mm^2 以前，不得在其上踩踏或安装模板及支架。

A. 1.2　　B. 1.5　　C. 2.0　　D. 3.0

7. 内部振动器作业时宜（　　）。

A. 慢插慢拔　　B. 慢插快拔　　C. 快插快拔　　D. 快插慢拔

8. 通常用来测定混凝土抗压强度的标准试件尺寸是（　　）。

A. 70.7mm×70.7mm×70.7mm　　B. 100mm×100mm×100mm
C. 150mm×150mm×150mm　　D. 200mm×200mm×200mm

9. 大体积混凝土早期裂缝是因为（　　）。

A. 内热外冷　　B. 内冷外热

C. 混凝土与基底约束较大　　D. 混凝土与基底无约束

10. 当混凝土结构厚度不大而面积很大时，宜采用（　　）方法进行浇筑。

A. 全面分层　　B. 分段分层　　C. 斜面分层　　D. 局部分层

二、多项选择题

1. 模板的拆除顺序一般为（　　）。

A. 先支的先拆　　B. 先支的后拆　　C. 后支的先拆

D. 后支的后拆　　E. 先拆板模后拆柱模

2. 钢筋连接的主要方式为（　　）。

A. 绑扎方法　　B. 机械方法　　C. 焊接方法

D. 冷压方法　　E. 热压方法

3. 模板及其支架应具有足够的（　　）。

A. 刚度　　B. 承载力　　C. 稳定性

D. 密闭性　　E. 湿度

4. 混凝土拌合物已被振实的特征有（　　）。

A. 拌合物表面有气泡排出　　B. 拌合物表面出现浮浆　　C. 拌合物不再下沉

D. 拌合物表面无气泡冒出　　E. 拌合物分层离析

5. 自然养护的方法有（　　）。

A. 洒水　　B. 喷洒过氯乙烯树脂塑料溶液　　C. 涂隔离剂

D. 用土回填　　E. 用木板挡风

三、应用题

1. 一根长30m的HRB400级钢筋，直径为18mm，冷拉采用应力控制，试计算伸长值及拉力。

2. 自选一简支梁配筋图，编制钢筋配料单并计算钢筋用量。

3. 某主梁主筋设计为5⏀25，现在无此钢筋，仅有⏀28与⏀20的钢筋，已知梁宽为300mm，应如何代换？

4. 某梁采用C30混凝土，原设计纵筋为6⏀20（$f_y=300\text{N/mm}^2$），已知梁断面为300mm×600mm。试用HPB300级钢筋代换（$f_y=270\text{N/mm}^2$）。

5. 某剪力墙长高分别为5700mm和2900mm，施工气温25℃，混凝土浇筑速度为6m/h，采用组合式钢模板，试选用内外钢楞。

6. 设混凝土水灰比为0.6，已知设计配合比（质量比）为水泥:砂:石子＝260kg:650kg:1380kg，现测得工地砂含水率为3%，石子含水率为1%，试计算施工配合比。若搅拌机的装料容积为400L，每次搅拌所需各种材料为多少？

7. 一设备基础长、宽、高分别为20m、8m、3m，要求连续浇筑混凝土，搅拌站设有3台400L搅拌机，每台实际生产率为5m/h，若混凝土运输时间为24min，初凝时间为2h，每浇筑层厚度为300mm。试确定：

（1）混凝土浇筑方案。

（2）每小时混凝土的浇筑量。

（3）完成整个浇筑工作所需的时间。

预应力混凝土工程 第五章

本章概要

本章主要介绍了预应力混凝土工程先张法和后张法的施工工艺和施工方法。通过本章的学习，使学生掌握后张法的施工工艺和施工方法；熟悉先张法的施工工艺和施工方法；了解无粘结预应力混凝土楼面结构的施工工艺和施工方法。

预应力混凝土工程施工主要包括先张法、后张法、无粘结预应力混凝土施工工艺等。

第一节　先张法施工

先张法是在台座或模板上先张拉预应力筋并用夹具临时固定，再浇筑混凝土，待混凝土达到一定强度后，放张预应力筋，通过预应力筋与混凝土的粘结力，使混凝土产生预压应力的施工方法。

先张法施工工艺流程如图 5-1 所示。

一、台座

台座是先张法生产的主要设备之一，它承受预应力筋的全部张拉力。因此，台座应有足够的强度、刚度和稳定性。以免台座变形、倾覆、滑移而引起预应力值的损失。台座按构造形式不同分为墩式和槽式两类。选用时应根据构件的种类、张拉吨位和施工条件而定。

（一）墩式台座

墩式台座一般用于平卧生产的中小型构件，如屋架、空心板、平板等。台座尺寸由场地大小、构件类型和产量等因素确定。一般长度为 100～150m，这样可利用预应力钢丝长的特点，张拉一次可生产多根构件，减少张拉及临时固定工作，又可减少因钢丝滑动或台座横梁变形引起的应力损失。台座宽度约 2m，主要取决于构件的布筋宽度及张拉和浇筑是否方便。

在台座的端部应留出张拉操作用地和通道，两侧要有构件运输和堆放的场地。

1. 台墩

承力台墩，一般由现浇钢筋混凝土做成。台墩应有合适的外伸部分，以增大力臂而减小台墩自重。台墩应具有足够的强度、刚度和稳定性。稳定性验算一般包括抗倾覆验算与抗滑移验算。

台墩的抗倾覆验算，可按下式进行（图 5-2）：

$$K=\frac{M_1}{M}=\frac{GL+E_pe_2}{Ne_1}\geqslant 1.50 \tag{5-1}$$

式中　K——抗倾覆安全系数，一般不小于1.50；

M——倾覆力矩，由预应力筋的张拉力产生；

N——预应力筋的张拉力；

e_1——张拉力合力作用点至倾覆点的力臂；

M_1——抗倾覆力矩，由台座自重力和土压力等产生；

G——台座的自重力；

L——台墩重心至倾覆点的力臂；

E_p——台墩后面的被动土压力合力，当台墩埋置深度较浅时，可忽略不计；

e_2——被动土压力合力至倾覆点的力臂。

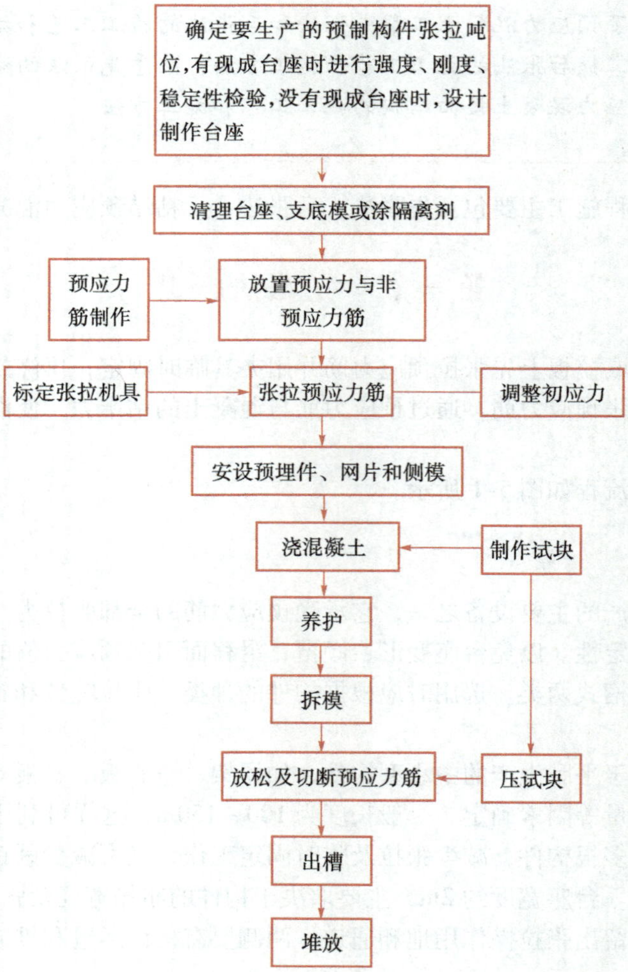

图5-1　先张法施工工艺流程

为了改善台墩的受力状况，提高台座承受张拉力的能力，可采用与台面共同工作的台墩。此时台墩倾覆点的位置，按理论计算应在混凝土台面的表面处，但考虑到台墩的倾覆趋势使得台面端部顶点出现局部应力集中和混凝土面抹面层的施工质量，倾覆点的位置宜取在混凝土台面往下 4~5cm 处。

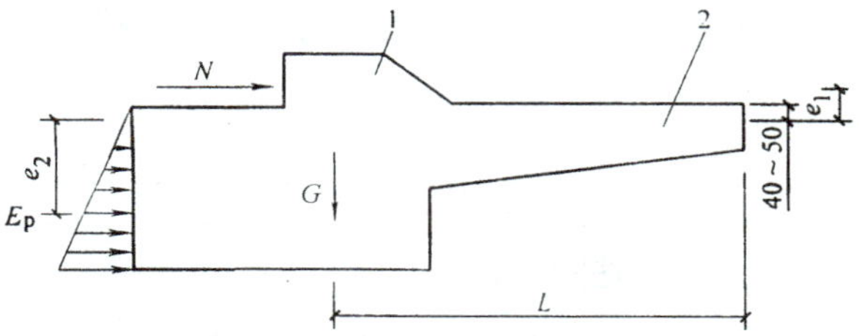

图 5-2　墩式台座的稳定性验算简图
1—牛腿　2—台座

台墩的抗滑移验算，可按下式进行：

$$K_c = \frac{N_1}{N} \geqslant 1.30 \qquad (5\text{-}2)$$

式中　K_c——抗滑移安全系数，一般不小于 1.30；

N_1——抗滑移力，对独立的台墩，由侧壁土压力和底部摩阻力产生。对与台面共同工作的台墩，以往在抗滑移验算中考虑台面的水平力、侧壁土压力和底部摩阻力共同工作。通过分析认为混凝土的弹性模量（C20 混凝土 $E_c = 2.6 \times 10^4 \text{N/mm}^2$）和土的压缩模量（低压缩土 $E_s = 20\text{N/mm}^2$）相差极大，两者不可能共同工作；而底部摩阻力也较小（约占 5%），可略去不计；实际上台墩的水平推力几乎全部传给台面，不存在滑移问题。因此，台墩与台面共同工作时，可不作抗滑移计算，而应验算台面的承载力。

台墩的牛腿和延伸部分，分别按钢筋混凝土的牛腿和偏心受压构件计算。

台墩横梁的挠度不应大于 2mm，并不得产生翘曲。预应力筋的定位板必须安装准确，其挠度不大于 1mm。

2. 台面

台面一般是在夯实的碎石垫层上浇筑一层厚度为 6~10cm 的混凝土而成，是预应力混凝土构件成型的胎模。当其与台墩共同工作时其水平承载力 P 可按下式计算：

$$P = \frac{\phi A f_c}{K_1 K_2} \qquad (5\text{-}3)$$

式中　ϕ——轴心受压纵向弯曲系数，取 $\phi = 1$；

A——台面截面面积；

f_c——混凝土轴心抗压强度设计值；

K_1——超载系数，取 1.25；

K_2——考虑台面截面不均匀和其他影响因素的附加安全系数，$K_2 = 1.5$。

台面伸缩缝可根据当地温差和经验设置，一般约 10m 设置一道，也可采用预应力混凝土滑动台面，不留施工缝。

（二）槽式台座

槽式台座由端柱、传力柱、柱垫、横梁和台面等组成，既可承受张拉力，又可作蒸汽养护槽，适用于张拉吨位较高的大型构件，如吊车梁、屋架等。

1. 槽式台座的构造

槽式台座构造如图 5-3 所示。

1）台座的长度一般不大于 76m，宽度随构件外形及制作方式而定，一般不小于 1m。

2）槽式台座一般与地面相平，以便运送混凝土和蒸汽养护，但需考虑地下水位和排水等问题。

3）端柱、传力座的端面必须平整，对接接头必须紧密；柱与柱垫连接必须牢靠。

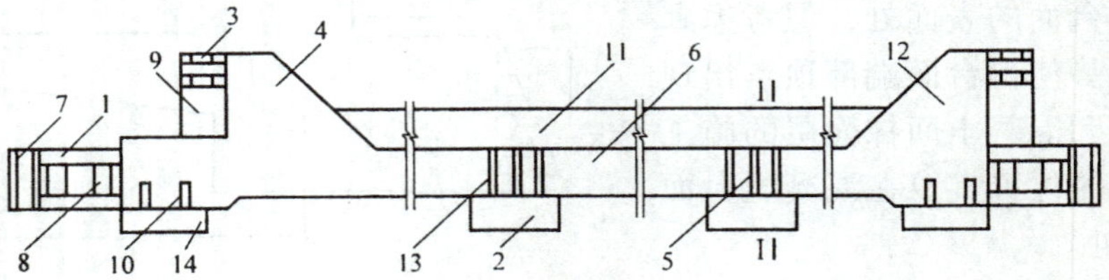

图 5-3　槽式台座构造示意图

1—下横梁　2—基础板　3—上横梁　4—张拉端柱　5—卡环　6—中间传力柱　7—钢横梁　8、9—垫块　10—连接板　11—砖墙　12—锚固端柱　13—砂浆嵌缝　14—支座底板

2. 槽式台座计算要点

槽式台座亦需进行强度和稳定性计算。端柱和传力柱的强度按钢筋混凝土结构偏心受压构件计算。槽式台座端柱抗倾覆力矩由端柱、横梁自重力及部分张拉力组成。

二、张拉设备及夹具

（一）夹具

1. 单根镦头夹具

单根镦头夹具适用于具有镦粗头（热镦）的HRB335、HRB400、HRB500带肋钢筋，也可用于冷镦的钢丝。

带肋钢筋镦头夹具的外形与尺寸见表5-1与图5-4。夹具材料采用45号钢，热处理硬度30～35HRC。另外，需要一个可转动的抓钩式连接头（材料采用45号钢，40～45HRC）。

表 5-1　单根镦头夹具型号及规格

夹具型号	预应力筋品种			E/mm	r/mm
DJ12	$\Phi^{l}12$	$\Phi^{l}12$	$\Phi^{l}12$	14	7
DJ14	$\Phi^{l}14$	$\Phi^{l}14$	$\Phi^{l}14$	17	8.5
DJ16	$\Phi^{l}16$	$\Phi^{l}16$	$\Phi^{l}16$	19	9.5
DJ18	$\Phi^{l}18$	$\Phi^{l}18$	$\Phi^{l}18$	21	10.5

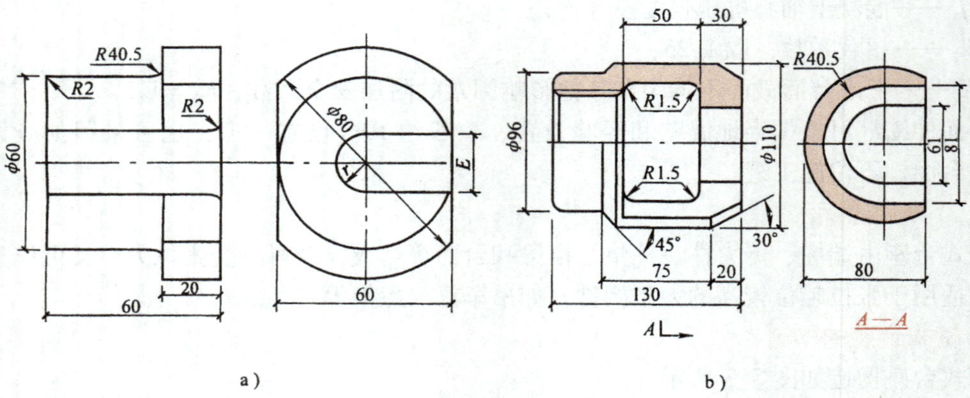

图 5-4　单根镦头夹具及张拉连接头

a）单根镦头夹具　b）抓钩式连接头

2. 圆套筒三片式夹具

圆套筒三片式夹具由夹片与套筒组成（图 5-5），其型号与规格见表 5-2，用以夹持直径为 12mm 与 14mm 的单根冷拉 HRB335、HRB400 和 HRB500 钢筋。

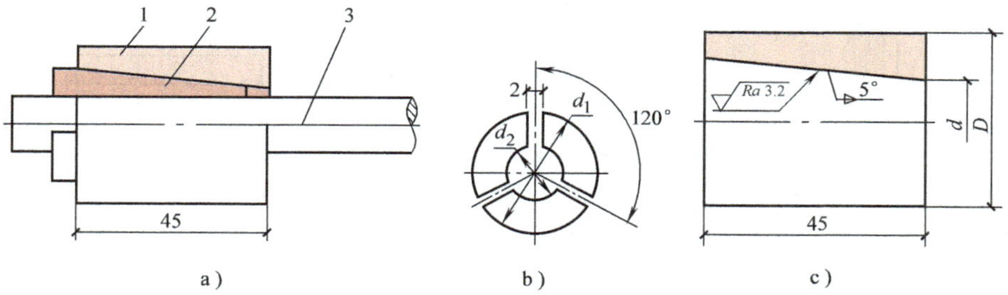

图 5-5　圆套筒三片式夹具

1—套筒　2—夹片　3—预应力钢筋

套筒与夹片均采用 45 号钢。套筒热处理硬度为 35～40HRC，夹片为 40～45HRC。

表 5-2　圆套筒三片式夹具型号及规格

夹具型号	适用钢筋	d/mm	D/mm	d_1/mm	d_2/mm	M/mm
YJ12	$\Phi^{l}12$	19 ±0.1	38	26	12	M13 ×1.5
YJ14	$\Phi^{l}14$	23 ±0.1	42	30	14	M15 ×1.5

注：M13 ×1.5、M15 ×1.5 为非标准螺纹，可自制丝锥攻螺纹或车削加工。

3. 方套筒两片式夹具

方套筒两片式夹具由方套筒、夹片、方弹簧、插片及插片座等组成（图 5-6），以夹持Φ^{l}8.2 热处理钢筋。

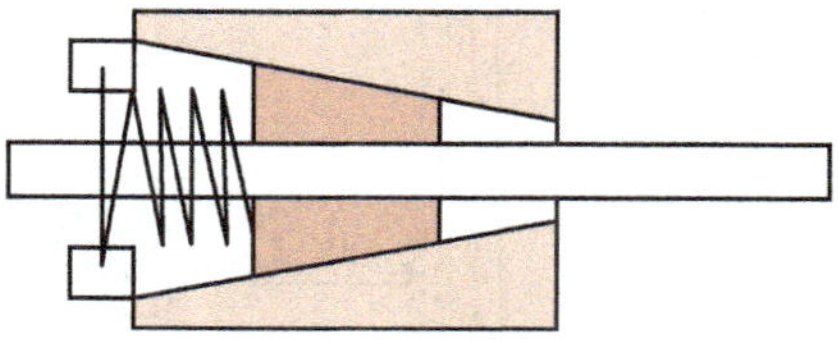

图 5-6　方套筒两片式夹具

方套筒采用 45 号钢，热处理硬度为 40～45HRC。夹片采用 20 铬钢，表面渗碳，深度 0.8～1.2mm，58～62HRC。夹片齿形根据钢筋外形确定，如钢筋外形改变，齿形也须作相应改变。

方套筒可用胎模锻造成型（热冲），然后进行热处理；内表面应保证锥度正确与平整光滑。

夹片可采用热模锻工艺直接锻出齿纹，也可采用精密铸造成型，然后进行热处理。

4. 圆锥齿板式夹具

圆锥齿板式夹具由套筒和圆锥形带齿销子组成（图 5-7），适用于夹持直径 3～5mm 的冷拔低碳钢丝和碳素钢丝。

（二）张拉设备

预应力筋用张拉设备由液压千斤顶、高压油泵和外接油管组成。预应力用液压千斤顶，按机型不同可分为：拉杆式千斤顶、穿心式千斤顶、锥锚式千斤顶和台座式千斤顶等；按使用功能不同可分为：单作用千斤顶和双作用千斤顶；按张拉吨位大小可分为：小吨位（小于或等于 250kN）、中吨位（大于 250kN 且小于 1000kN）和大吨位（大于或等于 1000kN）千斤顶。此外，还有前置内卡式千斤顶和开口式双缸千斤顶，供单根钢绞线张拉用。

在先张法施工中，单根冷拔钢丝的张拉可采用电动螺杆张拉机与电动卷扬张拉机等。

张拉设备应装有测力仪表，以准确建立张拉力。张拉设备应由专人使用和保管，并定期维护与标定。

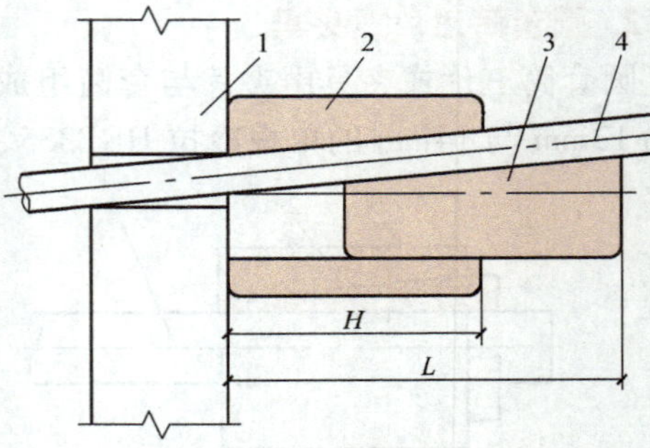

图5-7　圆锥齿板式夹具

1—定位板　2—套筒　3—齿板　4—钢丝

1. 拉杆式千斤顶

拉杆式千斤顶是利用单活塞张拉预应力筋的单作用千斤顶，主要用于张拉带螺丝端杆锚具的冷拉HRB335、HRB400钢筋和带镦头锚具的钢丝束。YL60型千斤顶是一种常用的拉杆式千斤顶。

2. 穿心式千斤顶

穿心式千斤顶具有一个穿心孔，是利用双液压缸张拉预应力筋和顶压锚具的双作用千斤顶。这种千斤顶适应性强，既适用于张拉带JM型锚具的钢筋束或钢绞线束，配上撑脚与拉杆后，也可作为拉杆式穿心千斤顶。系列产品有：YC20D、YC60与YC120型千斤顶。

3. 电动螺杆张拉机

电动螺杆张拉机主要适用于预制厂在长线台座上张拉冷拔低碳钢丝。图5-8为DL_1型电动螺杆张拉机构造图。其工作原理为：电动机正向旋转时，通过减速箱带动螺母旋转，螺母即推动螺杆沿轴向向后运动，张拉钢筋。弹簧测力计上装有计量标尺和微动开关，当张拉力

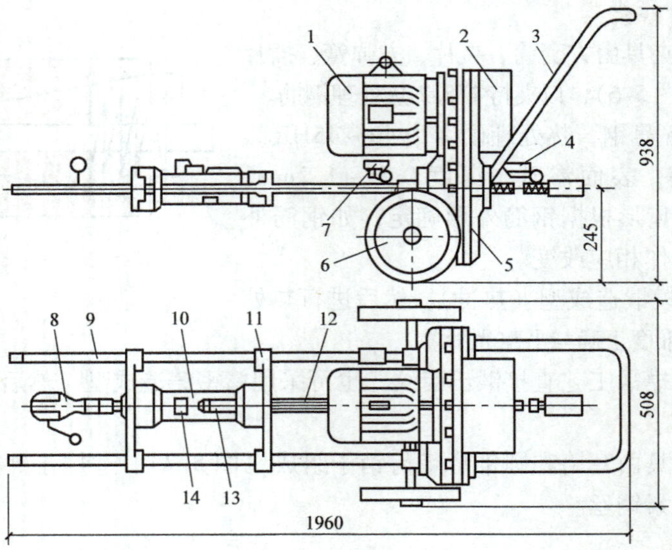

图5-8　DL_1型电动螺杆张拉机构造图

1—电动机　2—配电箱　3—手柄　4—前限位开关　5—减速箱　6—胶轮　7—后限位开关　8—钢丝钳　9—支撑杆　10—弹簧测力计　11—滑动架　12—梯形螺杆　13—计量标尺　14—微动开关

达到要求数值时，电动机能够自动停止转动。锚固好钢丝后，使电动机反向旋转，螺杆即向前运动，放松钢丝，完成张拉操作。DL_1 型电动螺杆张拉机的最大张拉力为 10kN，最大张拉行程 780mm，张拉速度 2m/min；适于$\phi^b3\sim\phi^b5$ 的钢丝张拉。为便于张拉和转移，常将其装置在带轮的小车上。

4. 电动卷扬张拉机

电动卷扬机主要用在长线台座上张拉冷拔低碳钢丝，常用的 LYZ—1 型电动卷扬机最大张拉力 10kN，张拉行程 5m，张拉速度 2.5m/min，电动机功率 0.75kW。该机型号分为 LYZ-1A 型（支撑式）和 LYZ-1B 型（夹轨式）两种，B 型适用于固定式大型预制场地，左右移动轻便、灵活、动作快，生产效率高。A 型适用于多处预制场地，移动变换场地方便，其构造如图 5-9 所示。

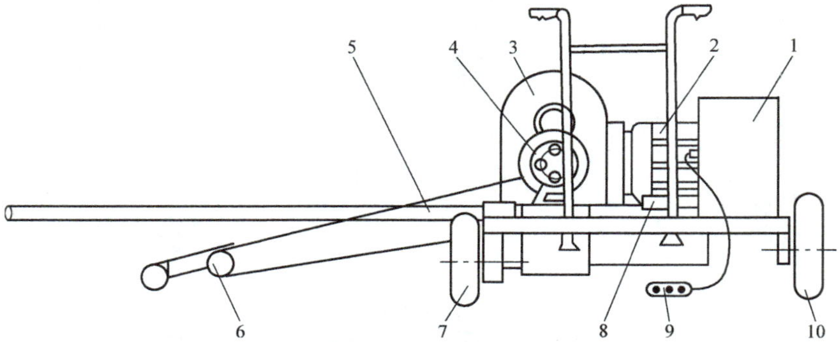

图 5-9　LYZ-1A 型张拉机

1—电气箱　2—电动机　3—减速箱　4—卷筒　5—撑杆　6—夹钳
7—前轮　8—测力计　9—开关　10—后轮

三、预应力筋的张拉

先张法预应力筋的净间距，不宜小于预应力筋公称直径或等效直径的 2.5 倍和混凝土粗集料最大粒径的 1.25 倍，且对预应力钢丝、三股钢绞线和七股钢绞线分别不应小于 15mm、20mm 和 25mm。当混凝土振捣密实性有可靠保证时，净间距可放宽至粗集料最大粒径的 1.0 倍。

（一）预应力钢丝张拉

1. 单根钢丝张拉

冷拔钢丝可采用 10kN 电动螺杆张拉机或电动卷扬张拉机单根张拉，弹簧测力计测力，锥销式夹具锚固（图 5-10）。

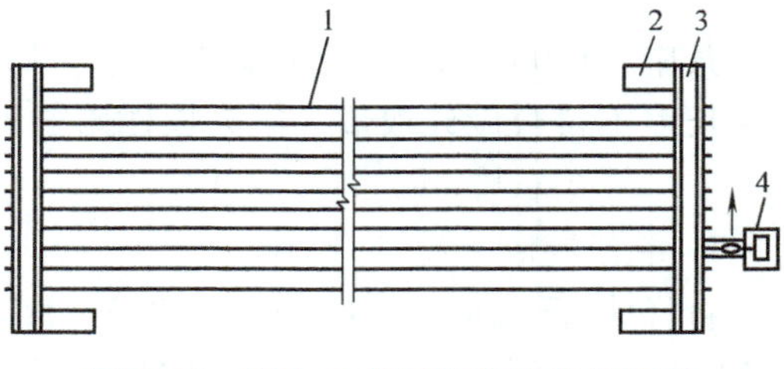

图 5-10　用电动卷扬机张拉单根钢丝

1—冷拔低碳钢丝　2—台墩　3—钢横梁
4—电动卷扬张拉机

刻痕钢丝可采用 20～30kN 电动卷扬张拉机单根张拉，优质锥销式夹具锚固。

2. 成组钢丝张拉

在预制厂以机组流水法或传送带法生产预应力多孔板时，还可以在钢模上用镦头梳筋板夹具成批张拉（图5-11）。钢丝两端镦粗，一端卡在固定梳筋板上，另一端卡在张拉端的活动梳筋板上。用张拉钩（图5-12）钩住活动梳筋板，再通过连接套筒将张拉钩和拉杆式千斤顶连接，即可张拉。

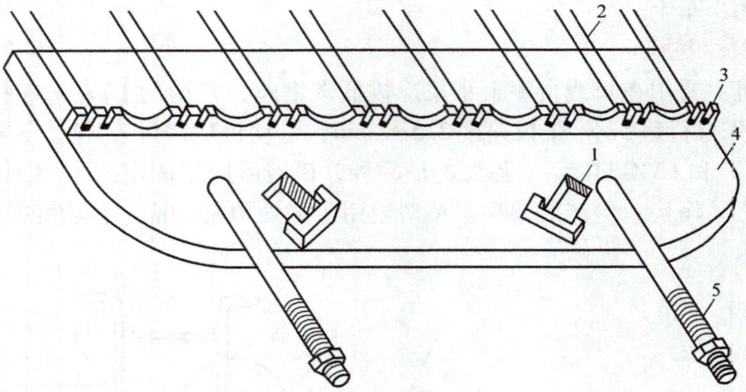

图5-11　镦头梳筋板夹具

1—张拉钩槽口　2—钢丝　3—钢丝镦头　4—活动梳筋板　5—锚固螺杆

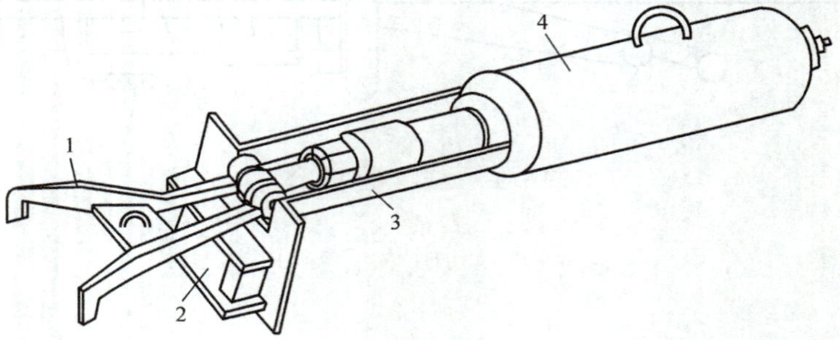

图5-12　张拉钩

1—张拉钩　2—承力架　3—连接套筒　4—拉杆式千斤顶

在长线台座上生产刻痕钢丝配筋的预应力薄板时，成组钢丝张拉用的镦头梳筋板夹具如图5-13所示。

3. 钢丝张拉程序

预应力钢丝由于张拉工作量大，宜采用一次张拉程序。

$$0 \rightarrow (1.03 \sim 1.05)\sigma_{con}\text{锚固}$$

其中，1.03~1.05是考虑弹簧测力计的误差、温度影响、台座横梁或定位板刚度不足、台座长度不符合设计取值、工人操作影响等的修正系数。

（二）预应力钢筋张拉

1. 单根钢筋张拉

直径大于12mm的冷拉HRB335、HRB400、HRB500钢筋，可采用YC20D、YC60或YL60型千斤顶在双横梁式台座或钢模上单根张拉，螺杆夹具或夹片夹具锚固。

热处理钢筋或钢绞线宜采用YC20D型千斤顶或YCN23型前卡千斤顶张拉，优质夹片锚具锚固。

2. 成组钢筋张拉

大型预制构件生产时，可采用三横梁装置，如图 5-14 所示。台座式千斤顶与活动横梁组装在一起。张拉前应调整初应力，使每根预应力筋的初应力均匀一致。张拉时，台座式千斤顶推动活动横梁带动预应力筋成组张拉，然后用螺母或 U 形垫块逐步锚固。

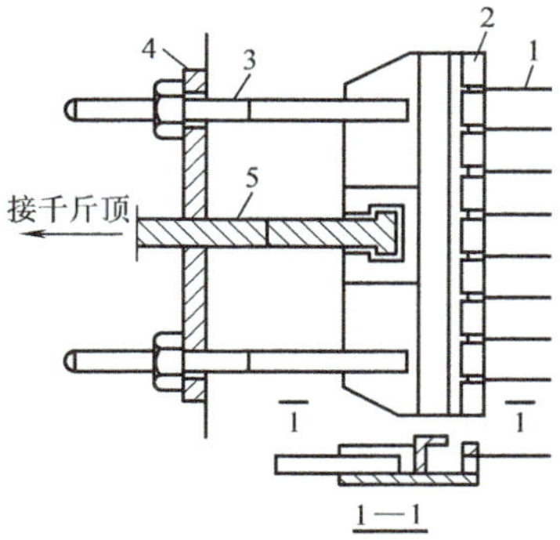

图 5-13　刻痕钢丝用的镦头梳筋板夹具

1—带镦头的钢丝　2—梳筋板　3—固定螺杆　4—U 形垫板　5—张拉连接杆

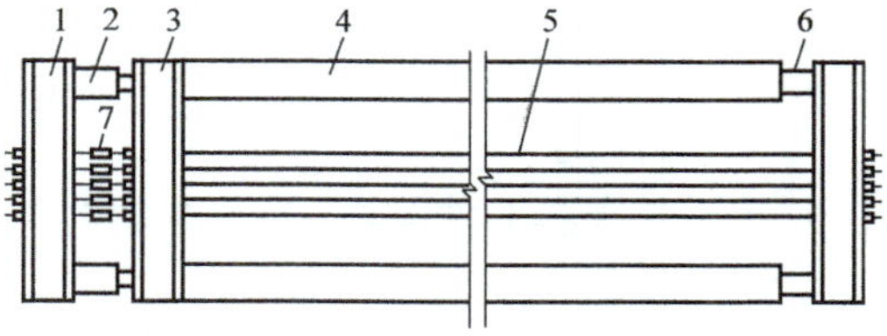

图 5-14　三横梁式成组张拉装置

1—活动横梁　2—千斤顶　3—固定横梁　4—槽式台座　5—预应力筋　6—放张装置　7—连接器

3. 钢筋张拉程序

为了减少应力松弛损失，预应力钢筋宜采用超张拉程序：

$$0 \rightarrow 1.05\sigma_{con} \xrightarrow{\text{持荷 2min}} \sigma_{con} \text{锚固}$$

（三）预应力值校核

预应力钢筋的张拉力，一般用伸长值校核。张拉时预应力筋的理论伸长值与实际伸长值的误差在 -5% ~10% 范围内是允许的。

预应力钢丝张拉时，伸长值不作校核。钢丝张拉锚固后，应采用钢丝内力测定仪检查钢丝的预应力值。其偏差不得大于或小于设计规定相应阶段预应力值的 5%。

图 5-15 所示是 2CN-1 型双控钢丝内力测定仪。使用该仪器时，将测钩勾住钢丝，扭转旋钮，待测头与钢丝接触，指示灯亮，此时即为挠度的起点（记下挠度表上读数）；继续扭转旋钮，在钢丝跨中施加横向力，将钢丝压弯，当挠度表上的读数表明钢丝的挠度为 2mm 时，内力表上的读数即为钢丝的内力值（百分表上每 0.01mm 为 10N）。一根钢丝要反复测定 4 次，取后 3 次的平均值为钢丝内力。

预应力钢丝内力的检测，一般在张拉锚固后 1h 进行。此时，锚固损失已完成，钢筋松弛损失也部分产生。检测时预应力设计规定值应在设计图上注明，当设计无规定时，可按表 5-3取用。

（四）张拉注意事项

1）张拉时，张拉机具与预应力筋应在一条直线上，同时在台面上每隔一定距离放一根圆钢筋头或相当于保护层厚度的其他垫块，以防止预应力筋因自重而下垂，破坏隔离剂，玷污预应力筋。

2）顶紧锚塞时，用力不要过猛，以防钢丝折断；在拧紧螺母时，应注意压力表读数始终保持所需的张拉力。

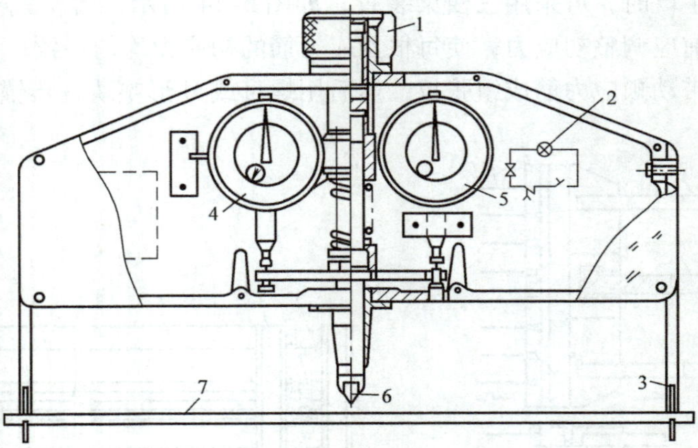

图5-15　2CN-1型双控钢丝内力测定仪

1—旋钮　2—指示灯　3—测钩　4—内力表

5—挠度表　6—测头　7—钢丝

表5-3　钢丝预应力值检测时的设计规定值

张拉方法		检测值
长线张拉		$0.94\sigma_{con}$
短线张拉	长4m	$0.91\sigma_{con}$
	长6m	$0.93\sigma_{con}$

3）预应力筋张拉完毕后，对设计位置的偏差不得大于5mm，也不得大于构件截面积最短边长的4%。

4）在张拉过程中发生断丝或滑脱钢丝时，应予以更换。

5）台座两端应有防护设施。张拉时沿台座长度方向每隔4~5m放一个防护架，两端严禁站人，也不准许进入台座。

四、预应力筋放张

预应力筋放张时，混凝土的强度应符合设计要求；如设计无规定，不应低于强度等级的75%。

（一）放张顺序

预应力筋的放张顺序，如设计无规定时，可按下列要求进行：

1）轴心受预压的构件（如拉杆、桩等），所有预应力筋应同时放张。

2）偏心受预压的构件（如梁等），应先同时放张预压力较小区域的预应力筋，再同时放张预压力较大区域的预应力筋。

3）如不能满足第1）、2）两项要求时，应分阶段、对称、交错地放张，以防止在放张过程中构件产生弯曲、裂纹和预应力筋断裂。

（二）放张

放张前，应拆除侧模，使放张时构件能自由压缩，否则将损坏模板或使构件开裂。预应力筋的放张工作，应缓慢进行，防止冲击。

对预应力筋为钢丝或细钢筋的板类构件，放张时可直接用钢丝钳或氧炔焰切割，并宜从生产线中间处切断，以减少回弹量，且有利于脱模；对每一块板，应从外向内对称放张，以免构件扭转两端开裂，对预应力筋为数量较少的粗钢筋的构件，可采用氧炔焰在烘烤区轮换加热每根粗钢筋，使其同步升温，此时钢筋内力徐徐下降，外形慢慢伸长，待钢筋出现缩颈，即可切断。此法应采取隔热措施，防止烧伤构件端部混凝土。

对预应力筋配置较多的构件，不允许采用剪断或割断等方式突然放张，以避免最后放张的几根预应力筋产生过大的冲击而断裂，致使构件开裂。为此应采用千斤顶或在台座与横梁之间设置砂箱（图 5-16）和楔块（图 5-17）或在准备切割的一端预先浇筑一块混凝土块（作为切割时冲击力的缓冲体，使构件不受或少受冲击）进行缓慢放张。

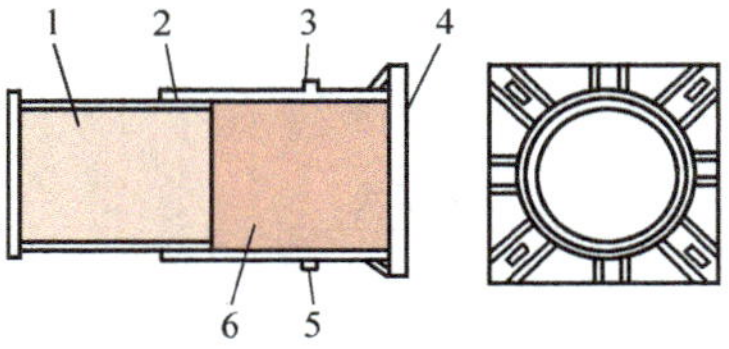

图 5-16　砂箱

1—活塞　2—钢套箱　3—进砂口
4—钢套箱底板　5—出砂口　6—砂子

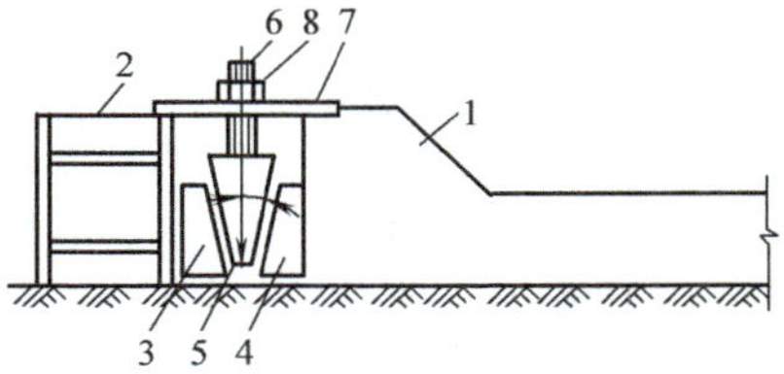

图 5-17　楔块放张

1—台座　2—横梁　3、4—钢块　5—钢楔块
6—螺杆　7—承力板　8—螺母

用千斤顶逐根放张，应拟订合理的放张顺序并控制每一循环的放张力，以免构件在放张过程中受力不均。防止先放张的预应力筋引起后放张的预应力筋内力增大，而造成最后几根拉不动或拉断。在四横梁长线台座上，也可用台座式千斤顶推动拉力架逐步放大螺杆上的螺母，达到整体放张预应力筋的目的。

采用砂箱放张方法，在预应力筋张拉时，箱内砂被压实，承受横梁的反力，预应力筋放张时，将出砂口打开，砂慢慢流出，从而使整批预应力筋徐徐放张。此放张方法能控制放张速度，工作可靠、施工方便，可用于张拉力大于 1000kN 的情况。

采用楔块放张时，旋转螺母使螺杆向上运动，带动楔块向上移动，钢块间距变小，横梁向台座方向移动，从而同时放张预应力筋。楔块放张一般用于张拉力不大于 300kN 的情况。

为了检查构件放张时钢丝与混凝土的粘结是否可靠，切断钢丝时应测定钢丝往混凝土内的回缩情况。钢丝回缩值的简易测试方法是在板端贴玻璃片和在靠近板端的钢丝上贴胶带纸用游标卡尺读数，其精度可达 0.1mm。钢丝回缩值：对冷拔低碳钢丝不应大于 0.6mm，对碳素钢不应大于 1.2mm。如果最多只有 20% 的测试数据超过上述规定值的 20%，则检查结果是令人满意的。否则应加强构件端部区域分布钢筋、提高放张时混凝土强度等。

第二节　后张法施工

后张法是先制作构件（或块体），并在预应力筋的位置预留出相应的孔道（后张预应力成孔管道），待混凝土强度达到设计规定的数值后，穿入预应力筋、张拉预应力筋并用锚具永久固定，最后进行孔道灌浆，张拉力由锚具传给混凝土构件而使之产生预压力。

后张法不需要台座设备，大型构件可分块制作，运到现场拼装，利用预应力筋连成整体。因此，后张法灵活性大，但工序较多，锚具耗钢量较大。后张法施工工艺流程如图5-18所示。

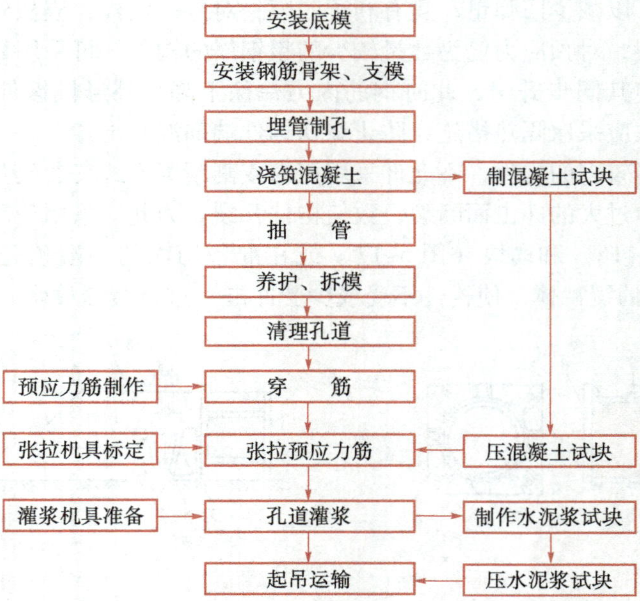

图5-18　后张法施工工艺流程

对于块体拼装构件，还应增加块体验收、拼装、立缝灌浆和连接板焊接等工序。

一、锚具

锚具是后张法结构或构件中为保持预应力筋拉力并将其传递到混凝土上用的永久性锚固装置。通常由若干个机械部件组成。

（一）常用锚具

锚具的类型很多，有各自的适用范围，表5-4即为目前常用锚具，供选用时参考。

表5-4　常用锚具配套选用参考

体　系	名　称	适用范围	
		预应力筋	张拉机具
螺杆式	螺丝端杆锚具 锥形螺杆锚具 精轧螺纹钢筋锚具	直径小于或等于36mm的冷拉HRB335、HRB400级钢筋 ϕ^S5 钢丝束 精轧螺纹钢筋	YL600型千斤顶 YC600型千斤顶 YC200型千斤顶
镦头式	钢丝束镦头锚具	ϕ^S5 钢丝束	
锥销式	钢质锥形锚具 KT-Z型锚具	ϕ^S5 钢丝束 钢筋束、钢绞线束	YZ380、YZ600和YZ850型千斤顶 YC600型千斤顶

（续）

体　　系	名　　称	适用范围	
		预应力筋	张拉机具
夹片式	JM 型锚具	HRB500 级钢筋束、钢绞线束	YC600 与 YC1200 型千斤顶
	XM 型锚具	ϕ^J15 钢绞线束	YCD1000 与 YCD2000 型千斤顶
	QM 型锚具	ϕ^J12、ϕ^J15 钢绞线束	YCQ1000、YCQ2000 与 YCQ3500 型千斤顶
	单根钢绞线锚具	ϕ^J12、ϕ^J15 钢绞线	YC180 与 YC200 型千斤顶
其他	帮条锚具	冷拉 HRB335、HRB400 钢筋	固定端用

按常用的预应力筋，锚具常分为锚固单根钢筋的锚具、锚固成束钢筋的锚具和锚固钢丝束的锚具等。

1. 单根钢筋锚具

（1）螺丝端杆锚具　由螺丝端杆、螺母及垫板组成（图 5-19），是单根预应力粗钢筋张拉端常用的锚具。此锚具还可作先张法夹具使用，电热张拉时也可采用。

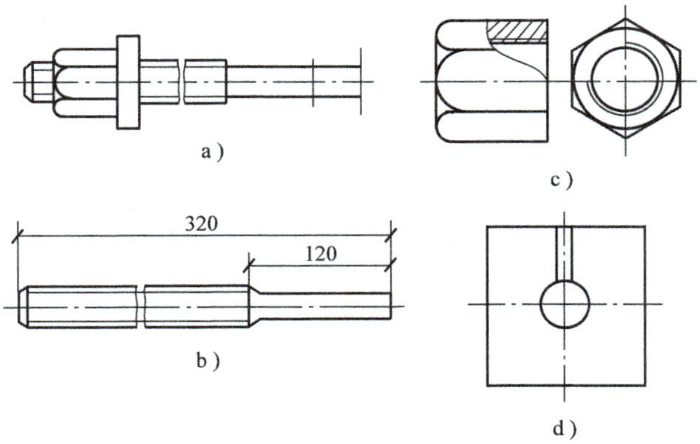

图 5-19　螺丝端杆锚具

a）装配图　b）螺丝端杆　c）螺母　d）垫板

螺丝端杆锚具的特点是将螺丝端杆与预应力筋对焊成一个整体，用张拉设备张拉螺丝端杆，用螺母锚固预应力钢筋。螺丝端杆锚具的强度不得低于预应力钢筋的抗拉强度实测值。

螺丝端杆可采用与预应力钢筋同级冷拉钢筋制作，也可采用冷拉或热处理 45 号钢制作。端杆的长度一般用 320mm，当构件长度超过 30m 时，一般采用 370mm；其净截面面积应大于或等于所对焊的预应力钢筋截面面积。对焊应在预应力钢筋冷拉前进行，以检验焊接质量。冷拉时螺母的位置应在螺丝端杆的端部，经冷拉后螺丝端杆不得发生塑性变形。

（2）帮条锚具　由衬板和三根帮条焊接而成（图 5-20），是单根预应力粗钢筋非张拉端用锚具。帮条采用与预应力钢筋同级别的钢筋，衬板钢材采用 Q235。帮条安装时，三根帮条应互成 120°角，其与

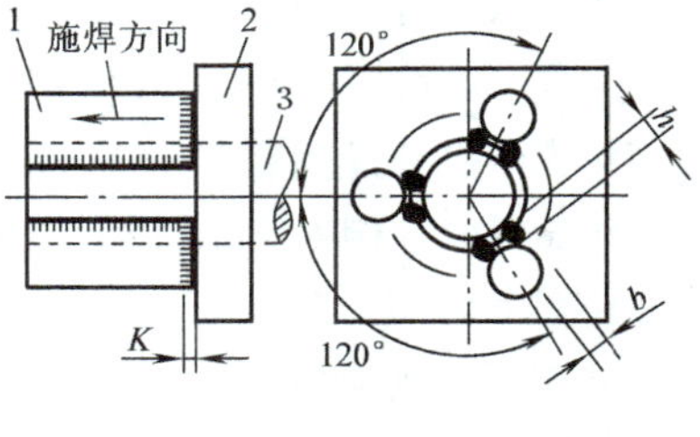

图 5-20　帮条锚具

1—帮条　2—衬板　3—预应力筋

衬板相接触的截面应在一个垂直平面上，以免受力时产生扭曲。帮条的焊接可在预应力钢筋冷拉前或冷拉后进行，施焊方向应由里向外，引弧及熄弧均应在帮条上，严禁在预应力钢筋上引弧，并严禁将地线搭在预应力钢筋上。

(3) 精轧螺纹钢筋锚具　由螺母和垫板组成，适用于锚固直径25mm和32mm的高强精轧螺纹钢筋。

(4) 单根钢绞线锚具　由锚环与夹片组成（图5-21）。夹片形状为三片式，斜角为4°。夹片的齿形为“短牙三角螺纹”，这是一种齿顶较宽、齿高较矮的特殊螺纹，强度高、耐腐性强。适用于锚固ϕ^J12和ϕ^J15钢绞线，也可用作先张法夹具。锚具尺寸按钢绞线直径而定。

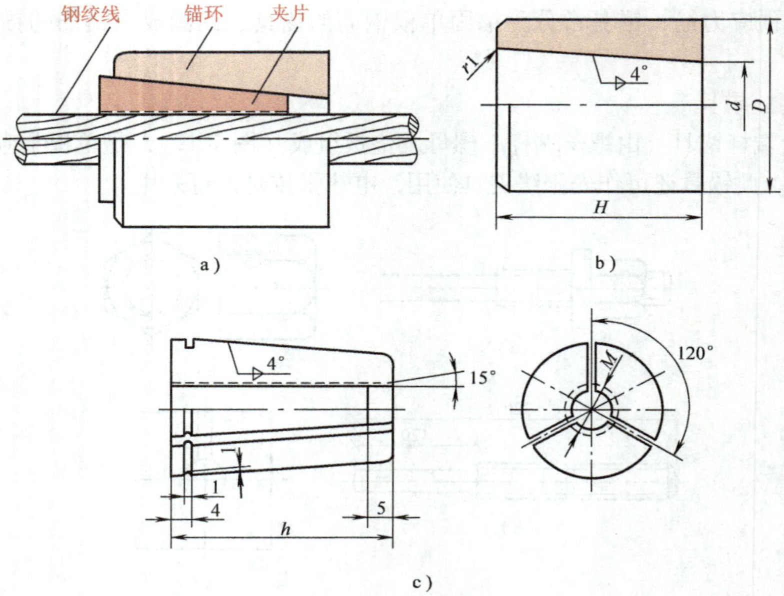

图5-21　单根钢绞线锚具
a）装配图　b）锚环　c）夹片

2. 预应力钢筋束锚具

(1) KT-Z型锚具（可锻铸铁锥型锚具）　由锚环与锚塞组成（图5-22）。适用于锚固3~6根直径12mm的冷拉螺纹钢筋与钢绞线束。锚环和锚塞均用KT37-12或KT35-10可锻铸铁铸造成型。

(2) JM锚具　由锚环与夹片组成（图5-23）。JM型锚具的夹片属于分体组合型，组合起来的夹片形成一个整体截锥形楔块，可以锚固多根预应力筋，因此锚环是单孔的。锚固时，用穿心式千斤顶张拉钢筋后随即顶进夹片。JM型锚具的特点是尺寸小、端部不需扩孔，锚具构造简单，但对吨位较大的锚固单元不能胜任，故JM型锚具主要用于锚固3~6根ϕ^J12钢筋束与4~6根ϕ^J12~15钢绞线束，也可兼做工具锚使用，但以使用专用工具锚为好。JM型锚具根据所锚固的预应力筋的种类、强度及外形的不同，其尺寸、材料、齿形及硬度等有所差异，使用时应注意。

(3) XM型锚具　由锚板和夹片组成（图5-24）。

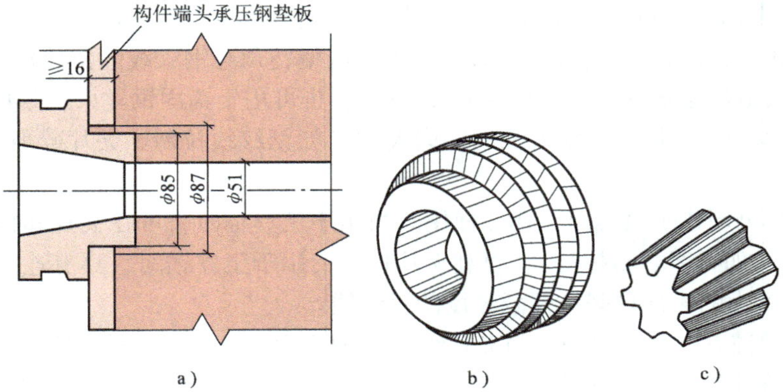

图 5-22　KT-Z 型锚具

a）装配图　b）锚环　c）锚塞

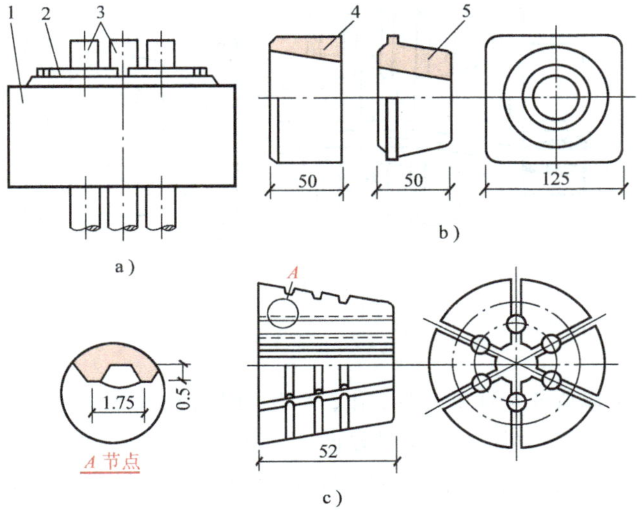

图 5-23　JM 型锚具

a）装配图　b）锚板　c）夹片

1—锚环　2—夹片　3—预应力筋或钢绞线　4—圆锚环　5—方锚环

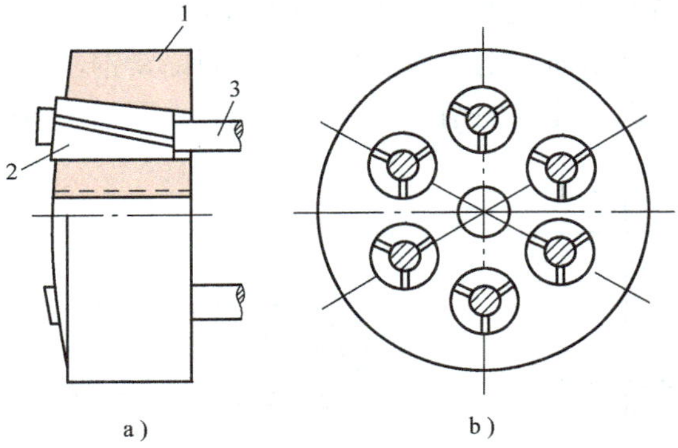

图 5-24　XM 型锚具

a）装配图　b）锚板

1—锚板　2—夹片（3 片）　3—钢绞线

锚板尺寸由锚孔数确定，锚孔沿锚板圆周排列，中心线坡度1:20，与锚板顶面垂直。单片夹片为120°均分斜开缝三片式。开缝沿轴向的偏转角与钢绞线的扭角相反。

XM型锚具适用于锚固1~12根ϕ^J15钢绞线，也可用于锚固钢丝束。其特点是每根钢绞线都是分开锚固的，任何一根钢绞线的锚固失效（如钢绞线拉断、夹片碎裂等），不会引起整束锚固失效。

XM型锚具可用作工具锚与工作锚使用。当用于工具锚时，可在夹片和锚板之间涂抹一层固体润滑剂（如石墨、石蜡等），以利夹片松脱。用于工作锚时，具有连续反复张拉的功能，可用行程不大的千斤顶张拉任意长度的钢绞线。

（4）QM型锚具　也是由锚板与夹片组成（图5-25）。与XM型锚具不同之处：锚孔是直的，锚板顶面是平的，夹片垂直开缝，备有配套喇叭形铸铁垫板与弹簧圈等。由于灌浆孔设在垫板上，锚板尺寸可稍小。

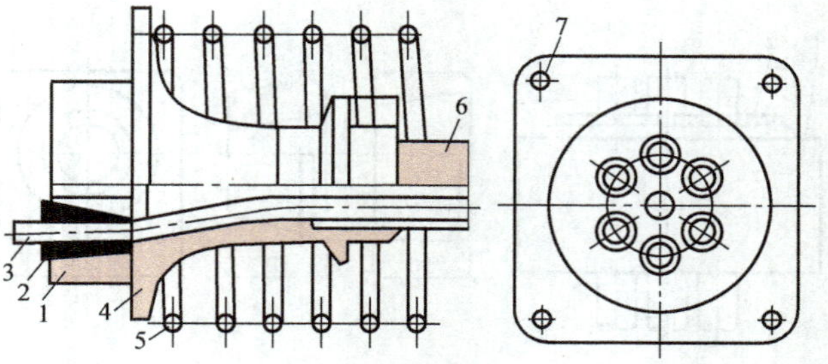

图5-25　QM型锚具及配件

1—锚板　2—夹片　3—钢绞线　4—喇叭形铸铁垫板
5—弹簧圈　6—预留孔道用的波纹管　7—灌浆孔

QM型锚具适用于锚固4~31根ϕ^J12和3~19根ϕ^J15钢绞线束。QM型锚具备有配套自动工具锚，张拉和退出十分方便。张拉时要使用QM型锚具的配套限位器。

（5）固定端用镦头锚具　由锚固板和带镦头的预应力筋组成（图5-26）。当预应力钢筋束一端张拉时，在固定端可用这种锚具代替KT-Z型锚具或JM型锚具，以降低成本。

3. 预应力钢丝束锚具

（1）锥形螺杆锚具　由锥形螺杆、套筒、螺母、垫板组成（图5-27）。适用于锚固14~28根ϕ^S5钢丝束。使用时，先将钢丝束均匀整齐地紧贴在螺杆锥体部分，然后套上套筒，用拉杆式千斤顶使端杆锥通过钢丝挤压套筒，从而锚紧钢丝。由于锥形螺杆锚具不能自锚，必须事先加力顶压套筒才能锚固钢丝。锚具的预紧力取张拉力的120%~130%。

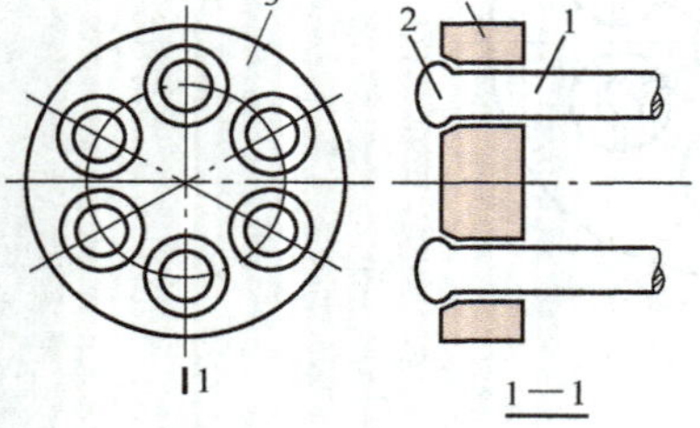

图5-26　固定端用镦头锚具

1—预应力筋　2—镦粗头　3—锚固板

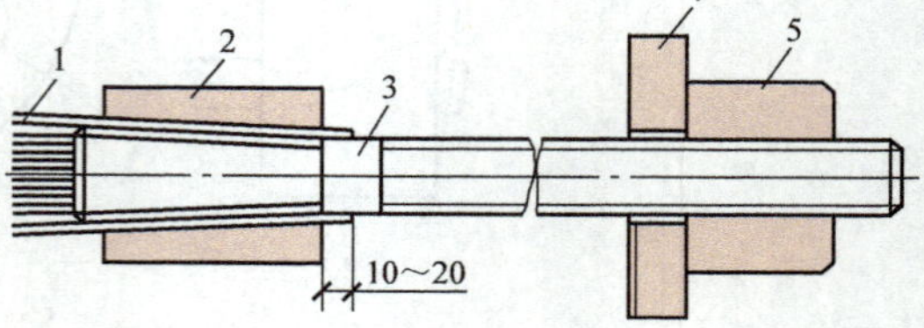

图5-27　锥形螺杆锚具

1—碳素钢丝　2—套筒　3—锥形螺杆　4—垫板　5—螺母

（2）钢丝束镦头锚具　适用于锚固任意根数$\phi^{S}5$钢丝束。镦头锚具的型号与规格，可根据需要自行设计。常用的镦头锚具为A型和B型（图5-28）。A型由锚环与螺母组成，用于张拉端；B型为锚板，用于固定端；利用钢丝两端的镦头进行锚固。

锚环与锚板采用45号钢制作，螺母采用30号钢或45号钢制作。锚环与锚板上的孔数由钢丝根数而定，孔洞间距应力求准确，尤其要保证锚环内螺纹一面的孔距准确。

钢丝镦头要在穿入锚环或锚板后进行，镦头采用钢丝镦头机冷镦成型。镦头的头型分为鼓型和蘑菇型两种（图5-29）。鼓型受锚环或板的硬度影响较大，如硬度较软，镦头易陷入锚孔而断于镦头处。蘑菇型因有平台，受力性能较好。对镦头的技术要求为：镦粗头的直径为7～7.5mm，高度为4.8～5.3mm，头型应圆整，不偏歪，颈部母材不受损伤，钢丝的镦头强度不得低于钢丝标准抗拉强度的98%。

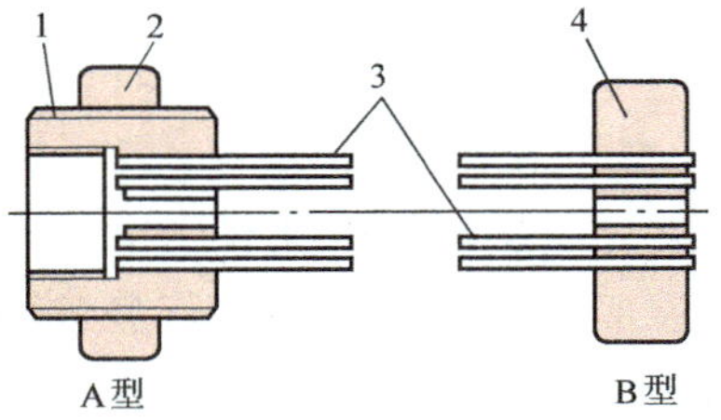

图5-28　钢丝束镦头锚具
1—锚环　2—螺母　3—钢丝束　4—锚板

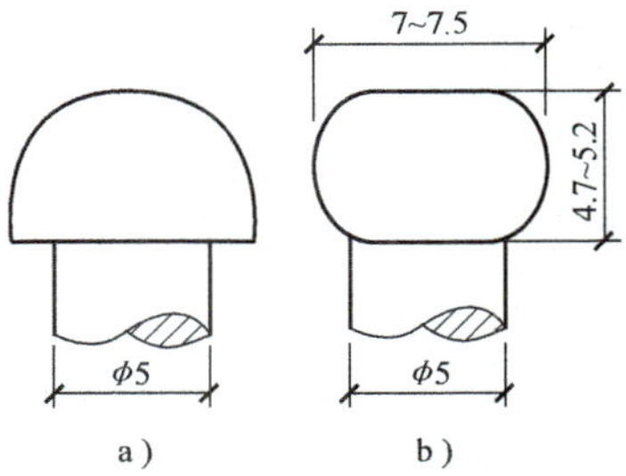

图5-29　镦头头型
a）蘑菇型　b）鼓型

预应力钢丝束张拉时，在锚环内口拧上工具式拉杆，通过拉杆式千斤顶进行张拉，然后拧紧螺母将锚环锚固。钢丝束镦头锚具构造简单、加工容易、锚夹可靠、施工方便，但对下料长度要求较严，尤其当锚固的钢丝较多时，长度的准确性和一致性更须重视，这将直接影响预应力筋的受力状况。

（3）钢质锥形锚具（又称弗氏锚具）　由锚环和锚塞组成（图5-30）。适用锚固6根、12根、18根与24根$\phi^{S}5$钢丝束。

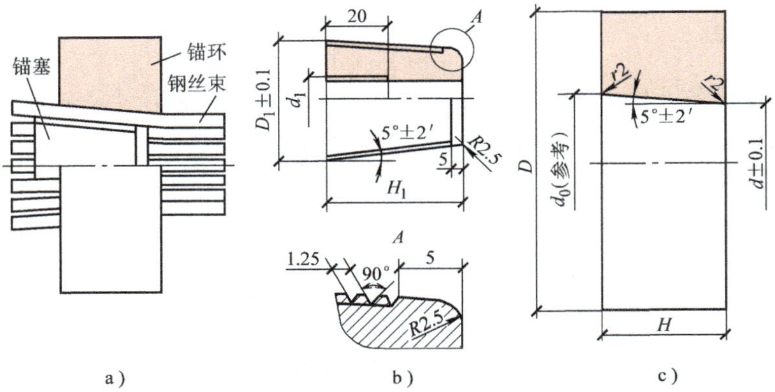

图5-30　钢质锥形锚具
a）装配图　b）锚塞　c）锚环

锚环采用45号钢制作，锚塞采用45号钢或T7、T8碳素工具钢制作。锚环与锚塞的锥度应严格保证一致。锚环与锚塞配套时，锚环锚形孔与锚塞的大小头只允许同时出现正偏差或负偏差。钢质锥形锚具尺寸按钢丝数量确定。

（二）锚具质量检验

预应力筋锚具、夹具和连接器，应有出厂合格证，进场时应按下列规定进行验收：

（1）验收批　在同种材料和同一生产条件下，锚具、夹具应以不超过1000套组为一个验收批；连接器应以不超过500套组为一个验收批。

（2）外观检查　从每批中抽取10%但不少于10套的锚具，检查其外观和尺寸。当有一套表面有裂纹或超过产品标准及设计图规定尺寸的允许偏差时，应另取双倍数量的锚具重做检查，如仍有一套不符合要求，则不得使用或逐套检查，合格者方可使用。

（3）硬度检查　从每批中抽取5%但不少于5套的锚具，对其中有硬度要求的零件做试验（多孔夹片式锚具的夹片，每套至少抽5片。）每个零件测试3点，其硬度应在设计要求范围内。如有一个零件不合格时，应另取双倍数量的零件重做试验，如仍有一个零件不合格，则不得使用或逐个检查，合格者方可使用。

（4）静载锚固性试验　在外观与硬度检查合格后，应从同批中抽6套锚具（夹具或连接器）与预应力筋组成3个预应力筋锚具（夹具、连接器）组装件，进行静载锚固性能试验。组装件应符合设计要求，当设计无具体要求时，不得在锚固零件上添加影响锚固性能的物质，如金刚砂、石墨等。预应力筋应等长平行，使之受力均匀，其受力长度不得小于3m（单根预应力筋的锚具组装件，预应力筋的受力长度不得小于0.6m）。试验时，先用张拉设备分四级张拉至预应力筋标准抗压强度的80%并进行锚固（对支承式锚具，也可直接用试验设备加荷），然后持荷1h再用试验设备逐步加荷至破坏。当有一套试件不符合要求时，应另取双倍数量的锚具（夹具或连接器）重做试验，如仍有一套不合格，则该批锚具（夹具或连接器）为不合格品。

对常用的定型锚具（夹具或连接器）进场验收时，如由质量可靠、信誉好的专业锚具厂生产，其静载锚固性能可参见锚具生产厂提供的试验报告。

对单位自制锚具，应加倍抽样。

二、张拉机械

预应力筋张拉设备及压力表应定期维护和标定。张拉设备和压力表应配套标定和使用，标定期限不应超过半年。当使用过程中出现反常现象或张拉设备检修后，应重新标定。

1. 拉杆式千斤顶

拉杆式千斤顶适用于张拉以螺丝端杆锚具为张拉锚具的粗钢筋，张拉以锥形螺杆锚具为张拉锚具的钢丝束，拉杆式千斤顶的构造如图5-31所示。

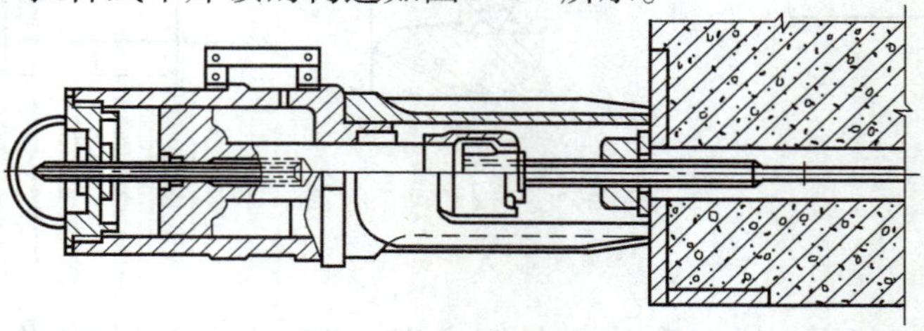

图5-31　拉杆式千斤顶的构造

拉杆式千斤顶张拉预应力筋时，首先使连接器与预应力筋的螺丝端杆相连接，顶杆支撑在构件端部的预埋钢板上。高压油进入主缸时，则推动主缸活塞向左移动，并带动拉杆、连接器以及螺丝端杆同时向左移动，对预应力筋进行张拉。达到张拉力时，拧紧预应力筋的螺母，将预应力筋锚固在构件的端部。高压油再进入副缸，推动副缸使主缸活塞和拉杆向右移动，使其恢复初始位置。此时主缸的高压油流回高压泵中去，完成一次张拉过程。

2. YC—60 型穿心式千斤顶

YC—60 型穿心式千斤顶适用于张拉各种形式的预应力筋，是目前我国预应力混凝土构件施工中应用最为广泛的张拉机械。YC—60 型穿心式千斤顶加装撑脚、张拉杆和连接器后，就可以张拉以螺丝端杆锚具为张拉锚具的单根粗钢筋，张拉以锥形螺杆锚具和 DM5A 型墩头锚具为张拉锚具的钢丝束。YC—60 型穿心式千斤顶增设顶压分束器，就可以张拉以 KT—Z 型锚具为张拉锚具的钢筋束和钢绞线束。

YC—60 型穿心式千斤顶的构造如图 5-32 所示。

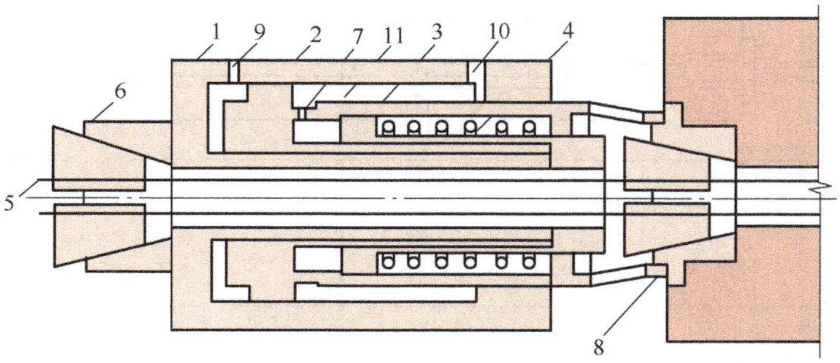

图 5-32　YC—60 型穿心式液压千斤顶的构造

1—张拉液压缸　2—顶压液压缸　3—顶压活塞　4—弹簧
5—预应力筋　6—工具式夹具　7—油孔　8—锚具
9—张拉油室油嘴　10—预压油室油嘴　11—回程油室

3. 锥锚式双作用千斤顶

锥锚式双作用千斤顶适用于张拉以 KT—Z 型锚具为张拉锚具的钢筋束和钢绞线束，张拉以钢质锥形锚具为张拉锚具的钢丝束。

锥锚式双作用千斤顶的构造如图 5-33 所示。

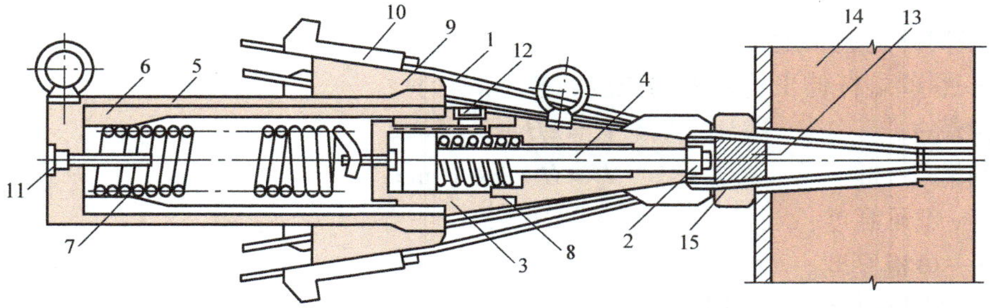

图 5-33　锥锚式双作用千斤顶的构造

1—预应力筋　2—预压头　3—副缸　4—副缸活塞　5—主缸　6—主缸活塞
7—主缸拉力弹簧　8—副缸压力弹簧　9—锥形卡环　10—楔块
11—主缸油嘴　12—副缸油嘴　13—锚塞　14—构件　15—锚环

三、预应力筋制作

预应力筋的制作，主要根据所用的预应力钢材品种、锚（夹）具形式及生产工艺等确定。

（一）下料长度计算

预应力筋的下料长度应由计算确定。计算时应考虑结构的孔道长度、锚夹具厚度、千斤顶长度、焊接接头或镦头的预留量、冷拉伸长率、弹性回缩值、张拉伸长值等。

1. 单根预应力粗钢筋下料长度

1）当预应力筋两端采用螺丝端杆锚具（图5-34a）时，其成品全长 L_1（包括螺丝端杆在内冷拉后的全长）可计算如下：

$$L_1 = l + 2l_2$$

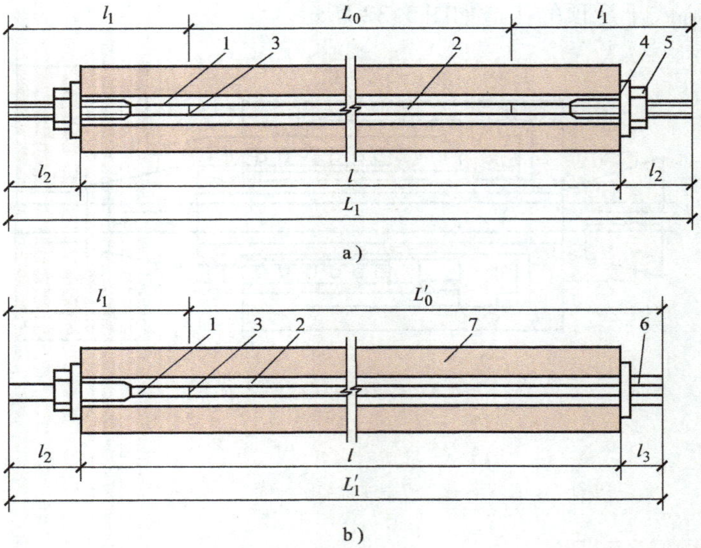

图5-34　粗钢筋下料长度计算示意图

a）两端用螺丝端杆锚具　b）一端用螺丝端杆锚具

1—螺丝端杆　2—预应力钢筋　3—对焊接头　4—垫板

5—螺母　6—帮条锚具　7—混凝土构件

式中　l——构件孔道长度；

　　l_2——螺丝端杆伸出构件外的长度，按下式计算：

其中：张拉端　　$l_2 = 2H + h + 5\text{mm}$

　　锚固端　　$l_2 = H + h + 10\text{mm}$

式中　H——螺母高度；

　　h——垫板厚度。

预应力筋钢筋部分的成品长度 L_0：

$$L_0 = L_1 - 2l_1$$

式中　l_1——螺丝端杆长度。

预应力筋钢筋部分（冷拉前）的下料长度：

$$L = \frac{L_0}{1+\gamma-\delta} + nl_0 \tag{5-4}$$

式中　γ——钢筋冷拉拉长率（由试验确定）；

δ——钢筋冷拉弹性回缩率（由试验确定）；

l_0——每个对焊接头的压缩长度，根据对焊时所需要的闪光留量和顶锻留量而定；

n——对焊接头的数量（包括钢筋与螺丝端杆的对焊接头）。

2）当预应力筋一端用螺丝端杆，另一端用帮条（或镦头）锚具（图 5-34b）时：

$$\begin{aligned} L'_1 &= l + l_2 + l_3 \\ L'_0 &= L'_1 - l_1 \\ L &= \frac{L'_0}{1+\gamma-\delta} + nl_0 \end{aligned} \tag{5-5}$$

式中　l_3——镦头或帮条锚具长度（包括垫板厚度 h）。

为保证质量，冷拉宜采用控制应力的方法。若在一批钢筋中冷拉率分散性较大时，应尽可能把冷拉率相近的钢筋对焊在一起，以保证钢筋冷拉应力的均匀性。

2. 预应力钢丝束下料长度

1）采用钢质锥形锚具，以锥锚式千斤顶张拉（图 5-35）时，钢丝的下料长度 L 为：

两端张拉　$L = l + 2(l_4 + l_5 + 80\text{mm})$　(5-6)

一端张拉　$L = l + 2(l_4 + 80\text{mm}) + l_5$　(5-7)

式中　l_4——锚环厚度；

l_5——千斤顶分丝头至卡盘外端距离，对 YZ850 型千斤顶为 470mm。

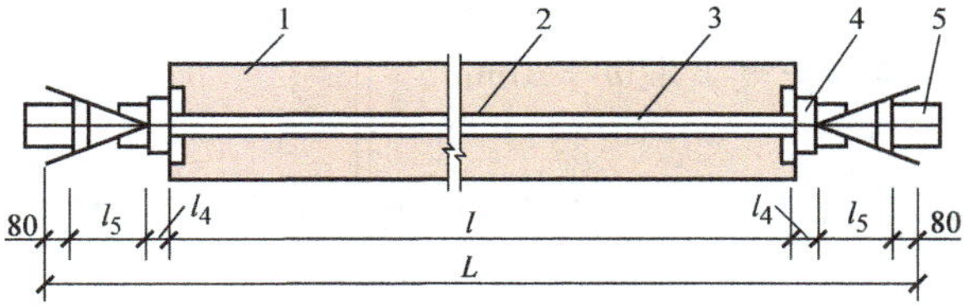

图 5-35　采用钢质锥形锚具时钢丝下料长度计算简图

1—混凝土构件　2—孔道　3—钢丝束　4—钢质锥形锚具　5—锥锚式千斤顶

2）采用镦头锚具，以拉杆式或穿心式千斤顶在构件上张拉（图 5-36）时，钢丝的下料长度 L 为：

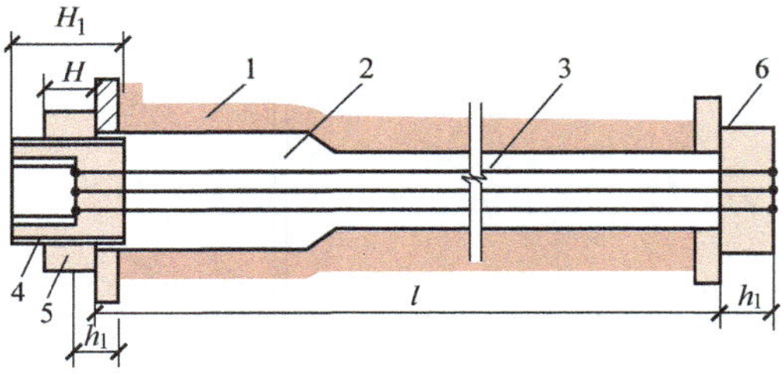

图 5-36　采用镦头锚具时钢丝下料长度计算简图

1—混凝土构件　2—孔道　3—钢筋束　4—锚环　5—螺母　6—锚板

两端张拉 $$L = l + 2h_1 + 2b - (H_1 - H) - \Delta L - c \tag{5-8}$$

一端张拉 $$L = l + 2h_1 + 2b - 0.5(H_1 - H) - \Delta L - c \tag{5-9}$$

式中　h_1——锚环底部厚度或锚板厚度；

b——钢丝镦头留量，对$\phi^S 5$取10mm；

H_1——锚环高度；

ΔL——钢丝束张拉伸长值；

c——张拉时构件混凝土的弹性压缩值。

3）采用锥形螺杆锚具，以拉杆式千斤顶在构件上张拉（图5-37）时，钢丝的下料长度L为：

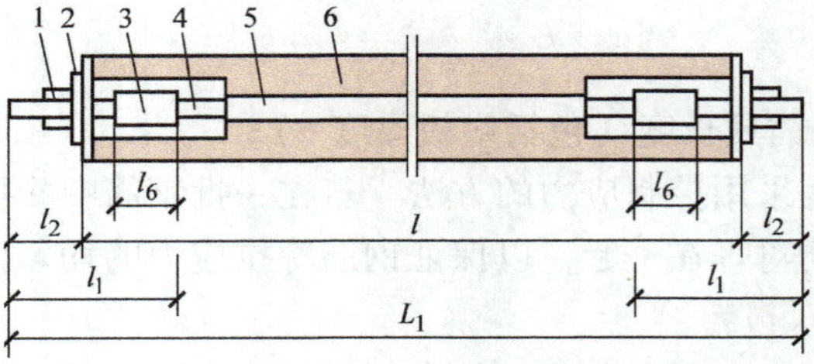

图5-37　采用锥形螺杆锚具时钢丝下料长度计算简图

1—螺母　2—垫板　3—锥形螺杆锚具

4—钢丝束　5—孔道　6—混凝土构件

$$L = l + 2l_2 - 2l_1 + 2(l_6 + a) \tag{5-10}$$

式中　l_6——锥形螺杆锚具的套筒长度；

a——钢丝伸出套筒的长度，取$a = 20$mm。

3. 钢筋束或钢绞线束的下料长度

当采用夹片式锚具，以穿心式千斤顶在构件上张拉（图5-38）时，钢筋束钢绞线束的下料长度L为：

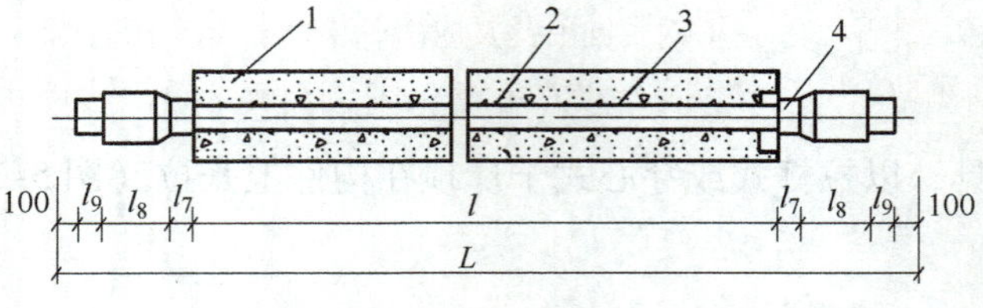

图5-38　钢筋束下料长度计算简图

1—混凝土构件　2—孔道　3—钢筋束　4—夹片式工作锚

两端张拉 $$L = l + 2(l_7 + l_8 + l_9 + 100\text{mm}) \tag{5-11}$$

一端张拉 $$L = l + 2(l_7 + 100\text{mm}) + l_8 + l_9 \tag{5-12}$$

式中　l_7——夹片式工作锚厚度；

l_8——穿心式千斤顶长度；

l_9——夹片式工具锚厚度。

（二）预应力筋下料

预应力钢筋下料在冷拉后进行（单根预应力粗钢筋除外）。

矫直回火钢丝放开后是直的，可直接下料。采用镦头锚具时，同一束中各根钢丝下料长度的相对偏差值，应不大于钢丝束长度的1/5000，且不得大于5mm。为了达到这一要求，钢丝下料可用钢管限位法或牵引索在拉紧状态下进行。

钢绞线在出厂前经过低温回火处理，因此在进场后无须预拉。钢绞线下料前应在切割口两侧各50mm处用20号钢丝绑扎牢固，以免切割后松散。

钢丝、钢绞线、热处理钢筋及冷拉HRB500钢筋，宜采用砂轮锯或切断机切断，不得采用电弧切割。用砂轮切割机下料具有操作方便、效率高、切口规则无毛头等优点，尤其适合现场使用。

四、后张法施工工艺

（一）预留孔道

1. 预应力筋孔道布置

预应力筋的孔道形状有直线、曲线和折线三种。孔道的直径与布置，主要根据预应力混凝土构件或结构的受力性能，并参考预应力筋张拉锚固体系特点与尺寸确定。

（1）孔道直径　对粗钢筋，孔道的直径应比预应力筋直径、钢筋对焊接头处外径、需穿过孔道的锚具或连接器外径大10～15mm。对钢丝或钢绞线，孔道的直径应比预应力束外径或锚具外径大5～10mm，且孔道面积应大于预应力筋面积的两倍。

（2）孔道布置　预应力筋孔道之间的净距不应小于50mm，孔道至构件边缘的净距不应小于40mm，凡需起拱的构件，预留孔道宜随构件同时起拱。

2. 孔道成型方法

预应力筋的孔道可采用钢管抽芯、胶管抽芯和预埋管等方法成型。对孔道成型的基本要求是：孔道的尺寸与位置应正确，孔道应平顺，接头不漏浆，端部预埋钢板应垂直于孔道中心线等。孔道成型的质量，对孔道摩阻损失的影响较大，应严格把关。

（1）钢管抽芯法　钢管抽芯用于直线孔道。钢管表面必须圆滑，预埋前应除锈、刷油，如用弯曲的钢管，转动时会沿孔道方向产生裂缝，甚至塌陷。钢管在构件中用钢筋井字架（图5-39）固定位置，井字架每隔1.0～1.5m一个，与钢筋骨架扎牢。两根钢管接头处可用0.5mm厚薄钢板做成的套管连接（见图5-40），套管内表面要与钢管外表面紧密贴合，以防漏浆堵塞孔道。钢管一端钻16mm的小孔，以备插入钢筋棒，转动钢管。抽管前每隔10～15min应转管一次。如发现表面混凝土产生裂纹，应用铁抹子压实抹平。

抽管时间与水泥的品种、气温和养护条件有关。抽管宜在混凝土初凝之后、终凝以前进行，以用手指按压混凝土表面不显指纹时为宜。抽管过早，会造成坍孔事故；太晚，混凝土与钢管粘结牢固，抽管困难，甚至抽不出来。常温下抽管时间约在混凝土灌注后3～5h。抽管顺序宜先上后下。抽管可用人工或卷扬机。抽管时必须速度均匀、边抽边转，并与孔道保持在一直线上。抽管后，应及时检查孔道情况，并做好孔道清理工作，防止以后穿筋困难。

采用钢丝束镦头锚具时，张拉端的扩大孔也可用钢管抽芯成型（图5-41）。留孔时应注意，端部扩大孔应与中间孔道同心。抽管时先抽中间钢管，后抽扩孔钢管，以免碰坏扩孔部分并保持孔道清洁和尺寸准确。

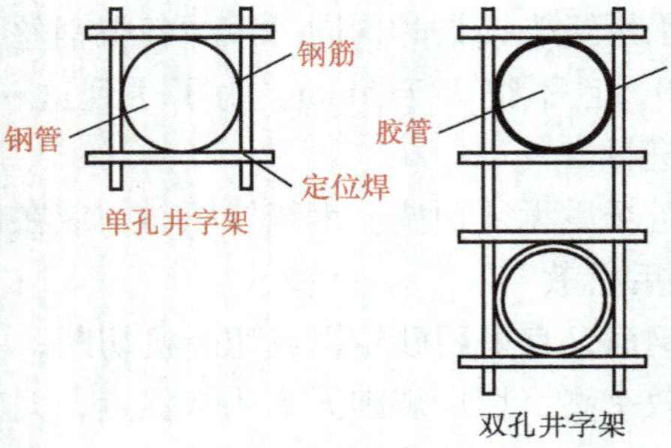

图5-39　固定钢管或胶管位置用的井字架

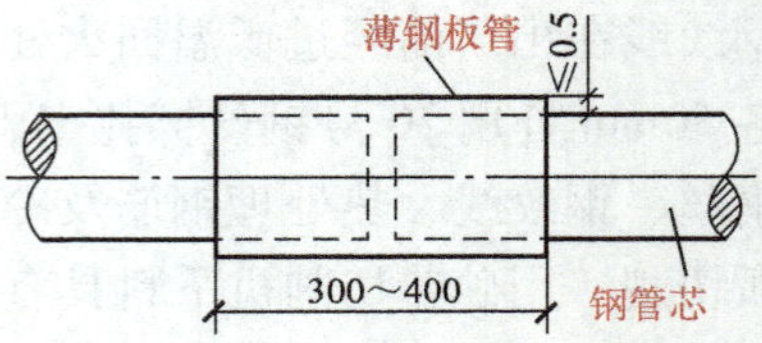

图5-40　薄钢板套管

(2) 胶管抽芯法　留孔用胶管采用5～7层帆布夹层、壁厚6～7mm的普通橡皮管，可用于直线、曲线或折线孔道。使用前，把胶管一头密封，勿使漏水漏气。密封的方法是将胶管一端外表面削去1～3层胶皮及帆布，然后将外表面带有粗螺扣的钢管（钢管一端用铁板密封焊牢）插入胶管端头孔内，再用20号钢丝在胶管外表面密缠牢固，钢丝头用锡焊牢（图5-42），胶管另一端接上阀门，其接法与密封基本相同（图5-43）。

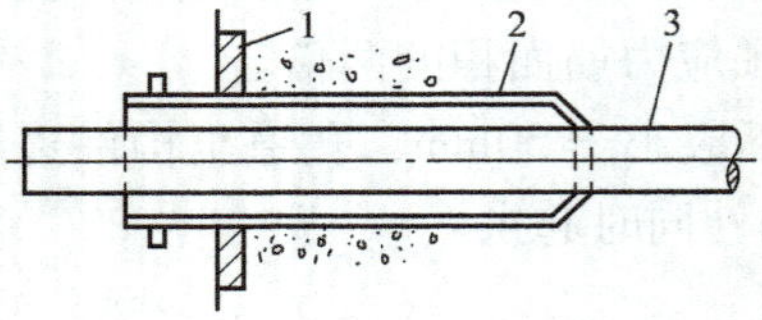

图5-41　张拉端扩大孔用钢管抽芯成型

1—预埋钢板　2—端部扩大孔的钢管　3—中间孔的钢管

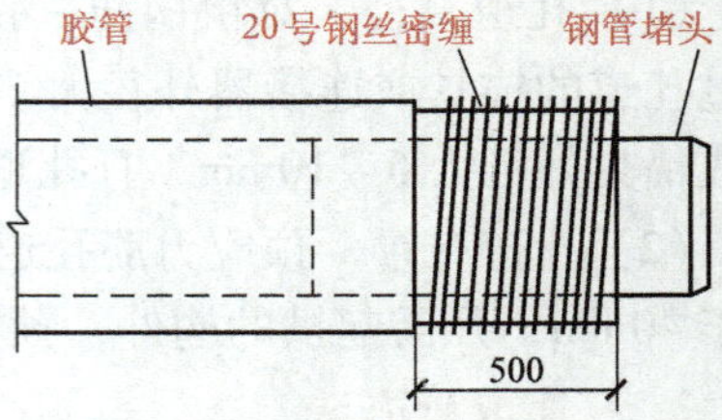

图5-42　胶管封端

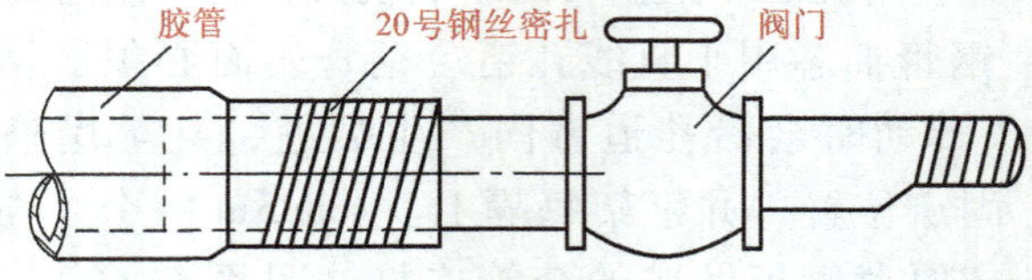

图5-43　胶管与阀门连接

短构件留孔，可用一根胶管对弯后穿入两个平行孔道。长构件留孔，必要时可将两根胶管用薄钢板套管接长使用，套管长度以400～500mm为宜，内径应比胶管外径大2～3mm。固定胶管位置用的钢筋井字架，一般每隔600mm放置一个，并与钢筋骨架扎牢。然后充水（或充气）加压到0.5～0.8N/mm²，此时胶皮管直径可增大约3mm。浇捣混凝土时，振动棒不要碰胶管，并应经常检查水压表的压力是否正常，如有变化必须补压。

抽管前，先放水降压，待胶管断面缩小与混凝土自行脱离即可抽管。抽管时间比抽钢管略迟。抽管顺序一般为先上后下，先曲后直。

在没有充气或充水设备的单位或地区，也可在胶皮管内满塞细钢筋，能收到同样效果。

(3) 预埋管法　预埋管法可采用薄钢管、镀锌钢管与金属螺旋管（波纹管）、塑料波纹管等。

金属螺旋管具有重量轻、刚度好、弯折方便、连接容易、与混凝土粘结良好等优点，可作成各种形状的预应力筋孔道，是现代后张预应力筋孔道成型用的理想材料，镀锌钢管仅用于施工周期长的超高竖向孔道或有特殊要求的部位。

（二）预应力筋张拉方式

根据预应力混凝土结构特点、预应力筋形状与长度以及施工方法的不同，预应力筋张拉方式有以下几种：

1. 一端张拉

张拉设备放置在预应力筋一端的张拉方式。适用于长度小于35m的直线预应力筋与锚固损失影响长度 $L_f \geq L/2$（L 为预应力筋长度）的曲线预应力筋。

2. 两端张拉

张拉设备放置在预应力筋两端的张拉方式。适用于长度大于35m的直线预应力筋与锚固损失影响长度 $L_f < L/2$ 的曲线预应力筋。当张拉设备不足或由于张拉顺序安排关系，也可先在一端张拉完成后，再移至另端张拉，补足张拉力后锚固。

3. 分批张拉

对配有多束预应力筋的构件或结构分批进行张拉的方式。由于后批预应力筋张拉所产生的混凝土弹性压缩对先批张拉的预应力筋造成预应力的损失；所以先批张拉的预应力筋张拉力应加上该弹性压缩损失值或将弹性压缩损失平均值统一增加到每根预应力筋的张拉力内。

4. 分段张拉

在多跨连续梁板分段施工时，通长的预应力筋需要采用逐段进行张拉的方式。对大跨度多跨连续梁，在第一段混凝土浇筑与预应力筋张拉锚固后，第二段预应力筋利用锚头连接器接长，以形成通长的预应力筋。

5. 分阶段张拉

在后张传力梁等结构中，为了平衡各阶段的荷载，采取分阶段逐步施加预应力的方式。所加荷载不仅是外载（如楼层重量），也包括由内部体积变化（如弹性压缩、收缩与徐变）产生的荷载。梁在跨中处下部与上部应力应控制在容许范围内。这种张拉方式具有应力、挠度与反拱容易控制，材料省等优点。

6. 补偿张拉

在早期预应力损失基本完成后，再进行张拉的方式。采用这种补偿张拉，可克服弹性压缩损失，减少钢材应力松弛损失、混凝土收缩徐变损失等，以达到预期的预应力效果。此法在水利工程与岩土锚杆中应用较多。

（三）预应力筋张拉顺序

预应力筋的张拉顺序，应使混凝土不产生超应力、构件不扭转与侧弯、结构不变位，因此对称张拉是一项重要原则。同时，还应考虑到尽量减少张拉设备的移动次数。图5-44示出预应力混凝土屋架下弦杆钢丝束的张拉顺序。钢丝束的长度不大于30m，采用一端张拉方式。图5-44a所示预应力筋为两束，用两台千斤顶分别设置在构件两端对称张拉，一次完成。图5-44b所示预应力筋为四束，需要分两批张拉，用两台千斤顶分别张拉对角线上的两束，然后张拉另两束。由于分批张拉引起的预应力损失，统一增加到张拉力内。

图5-45示出双跨预应力混凝土框架梁钢绞线束的张拉顺序。钢绞线束为双跨曲线筋，

长度达40m，采用两端张拉方式。图中四束钢绞线分为两批张拉，两台千斤顶分别设置在梁的两端，按左右对称各张拉一束，待两批四束均进行一端张拉后，再分批在另端补张拉。这种张拉顺序，还可减少先批张拉预应力筋的弹性压缩损失。

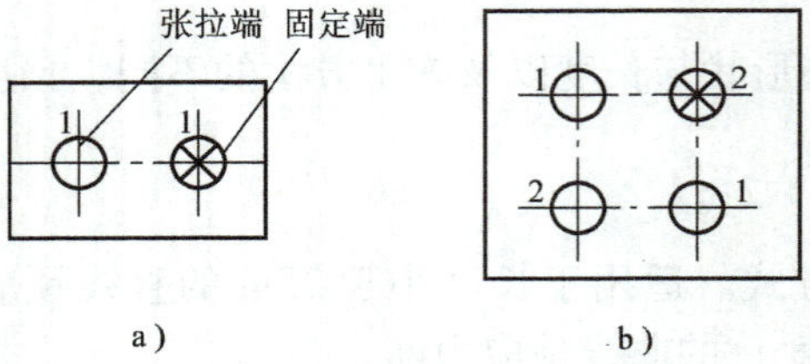

图5-44　屋架下弦杆预应力筋张拉顺序
a）两束　b）四束
1、2—预应力筋分批张拉顺序

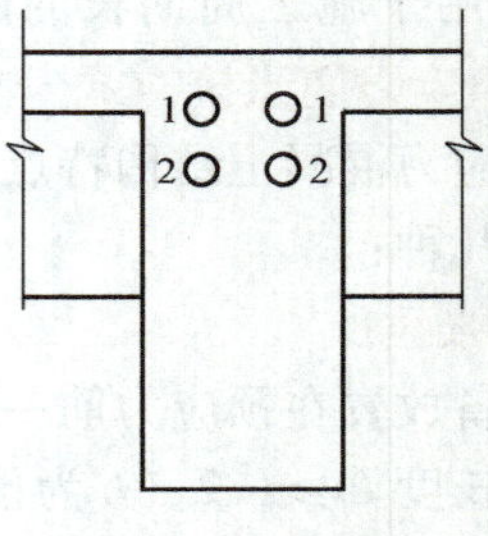

图5-45　框架梁预应力筋的张拉顺序

（四）平卧重叠构件张拉

后张法预应力混凝土屋架等构件一般在施工现场平卧重叠制作，重叠层数为3～4层。其张拉宜先上后下逐层进行。为了减少上下层之间因摩擦引起的预应力损失，可逐层加大张拉力。根据有关单位试验研究与大量工程实践，得出不同预应力筋与不同隔离层的平卧重叠构件逐层增加的张拉力百分数，列于表5-5。

表5-5　平卧重叠浇筑构件逐层增加的张拉力百分数

预应力筋类别	隔离剂类别	逐层增加的张拉力百分数			
		顶　层	第　二　层	第　三　层	底　层
高强钢丝束	Ⅰ	0	1.0	2.0	3.0
	Ⅱ	0	1.5	3.0	4.0
	Ⅲ	0	2.0	3.5	5.0
HRB335冷拉钢筋	Ⅰ	0	2.0	4.0	6.0
	Ⅱ	1.0	3.0	6.0	9.0
	Ⅲ	2.0	4.0	7.0	10.0

注：1. Ⅰ类隔离剂为塑料薄膜、油纸。
2. Ⅱ类隔离剂为废机油、滑石粉、纸筋灰、石灰水、柴油、石蜡。
3. Ⅲ类隔离剂为废机油、石灰水、滑石粉。

高强钢丝束与HRB335冷拉钢筋由于张拉控制应力不同，在相同隔离层的条件下，所需的超张拉力不同。HRB335冷拉钢筋的张拉控制应力较低，其所需的超张拉力百分数比高强钢丝束大。

（五）张拉操作程序

预应力筋的张拉操作程序，主要根据构件类型、张拉锚固体系、松弛损失取值等因素确定。分为以下三种情况。

1）设计时松弛损失按一次张拉程序取值：

$$0 \to \sigma_{con} \text{锚固}$$

2）设计时松弛损失按超张拉程序取值：

$$0 \to 1.05\sigma_{con} \xrightarrow{\text{持荷 2min}} \sigma_{con} \text{锚固}$$

3）设计时松弛损失按超张拉程序取值，但采用锥销锚具或夹片锚具：

$$0 \to 1.03\sigma_{con} \text{锚固}$$

以上各种张拉操作程序，均可分级加载。对于曲线束，一般以 $0.2\sigma_{con}$ 为起点，分两级加载（$0.6\sigma_{con}$、$1.0\sigma_{con}$）或四级加载（$0.4\sigma_{con}$、$0.6\sigma_{con}$、$0.8\sigma_{con}$ 和 $1.0\sigma_{con}$），每级加载均应量测伸长值。

（六）张拉伸长值校核

预应力筋张拉时，通过伸长值的校核，可以综合反映张拉力是否足够、孔道摩阻损失是否偏大，以及预应力筋是否有异常现象等。因此，对张拉伸长值的校核，要引起重视。

预应力筋张拉伸长值的量测，应在建立初应力之后进行。其实际伸长值 ΔL 应等于：

$$\Delta L = \Delta L_1 + \Delta L_2 - A - B - C \tag{5-13}$$

式中　ΔL_1——从初应力至最大张拉力之间的实测伸长值；

ΔL_2——初应力以下的推算伸长值；

A——张拉过程中锚具楔紧引起的预应力筋内缩值；

B——千斤顶体内预应力筋的张拉伸长值；

C——施加应力时，后张法混凝土构件的弹性压缩值（其值微小时可略去不计）。

关于初应力以下的推算伸长值 ΔL_2，可根据弹性范围内张拉力与伸长值成正比的关系，用计算法或图解法确定。

采用图解法（图 5-46）时，以伸长值为横坐标，张拉力为纵坐标，将各级张拉力的实测伸长值标在图上，绘成张拉力与伸长值关系线 CAB，然后延长此线与横坐标交于 0′点，则 00′段即为推算伸长值。此法以实测值为依据，比计算法准确。

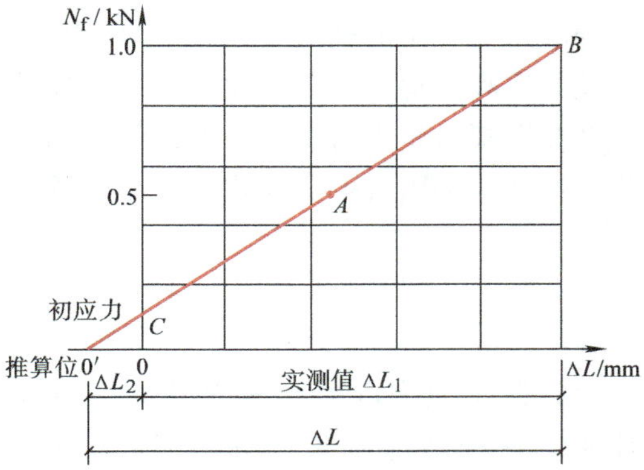

图 5-46　预应力筋实际伸长值图解

规范规定：如实际伸长值比计算伸长值大 10% 或小 5%，应暂停张拉，在采取措施予以调整后，方可继续张拉。

此外，在锚固时应检查张拉端预应力筋的内缩值，以免由于锚固引起的预应力损失超过设计值。如实测的预应力筋内缩量大于规定值，则应改善操作工艺，更换锚具或采取超张拉办法弥补。

（七）孔道灌浆

预应力筋张拉后，孔道应及时灌浆。其目的是防止预应力筋锈蚀，增加结构的耐久性；同时亦使预应力筋与混凝土构件粘结成整体，提高结构的抗裂性和承载能力。此外，试验研究证明，在预应力筋张拉后立即灌浆，可减少预应力松弛损失 20% ~ 30%。因此，对孔道灌浆的质量必须重视。

1. 灌浆材料

灌浆所用的水泥浆，既应有足够强度和粘结力，也应有较大的流动性和较小的干缩性及泌水性，故配制灌浆用水泥浆应采用强度等级不低于42.5的普通硅酸盐水泥或硅酸盐水泥；水灰比宜为0.45左右；流动度为120～170mm；搅拌后3h泌水率宜控制在0，最大不得超过1%；当需要增加孔道灌浆的密实性时，水泥浆中可掺入对预应力筋无腐蚀作用的外加剂（如掺入占水泥质量0.25%的木质素磺酸钙、0.25%的FDN、0.5%的NNO，一般可减水10%～15%，泌水小、收缩微、早期强度高；而掺入0.05‰的铝粉，可使水泥浆获得2%～3%的膨胀率，提高孔道灌浆饱满度，同时也能满足强度要求）；对空隙大的孔道，可采用砂浆灌浆。水泥及砂浆强度，均不应小于20N/mm^2。当采用矿渣硅酸盐水泥时，应按上述要求试验合格方可使用。

2. 灌浆施工

灌浆顺序应先下后上，以免上层孔道漏浆把下层孔道堵塞；直线孔道灌浆，应从构件的一端到另一端；在曲线孔道中灌浆，应从孔道最低处开始向两端进行。用连接器连接的多跨连续预应力筋的孔道灌浆，应张拉完一跨随即灌注一跨，不得在各跨全部张拉完毕后，一次连续灌浆。

搅拌好的水泥浆必须经筛孔尺寸不大于1.2mm×1.2mm的筛网过滤，置于贮浆桶内，并不断搅拌，以防泌水沉淀。

灌浆工作应缓慢均匀地进行，不得中断，并应排气通顺；在孔道两端冒出浓浆并封闭排气孔后，宜再继续加压至0.5～0.6N/mm^2，稍后再封闭灌浆孔。

不掺外加剂的水泥浆，可采用二次灌浆法。二次灌浆时间要掌握恰当，一般在水泥浆泌水基本完成、初凝尚未开始时进行（夏季约30～45min，冬季约1～2h）。

预应力混凝土的孔道灌浆，应在常温下进行。在低温灌浆前，宜通入50℃的温水，洗净孔道并提高孔道周边的温度（应在5℃以上）；灌浆时水泥的温度宜为10～25℃；水泥浆的温度在灌浆后至少有5d保持在5℃以上，且应养护到强度不小于15N/mm^2。此外，在水泥浆中加适量的引气剂、减水剂、甲基酒精，以及采取二次灌浆工艺，都有助于免除冻害。

第三节　无粘结预应力混凝土楼面结构施工

无粘结预应力混凝土楼面结构是在楼板中配置无粘结筋的一种现浇预应力混凝土结构体系。这种结构体系具有柱网大、使用灵活、施工方便等优点，但预应力筋的强度不能充分发挥，开裂后的裂缝较集中。采用无粘结部分预应力混凝土，可改善开裂后的性能与破坏特征。该体系广泛用于大开间多层建筑、高层建筑，具有较大的发展前景。

一、无粘结预应力筋加工

无粘结预应力筋是指施加预应力后沿全长与周围混凝土不粘结的预应力筋，它由预应力钢材、涂料层和护套层组成，如图5-47所示。

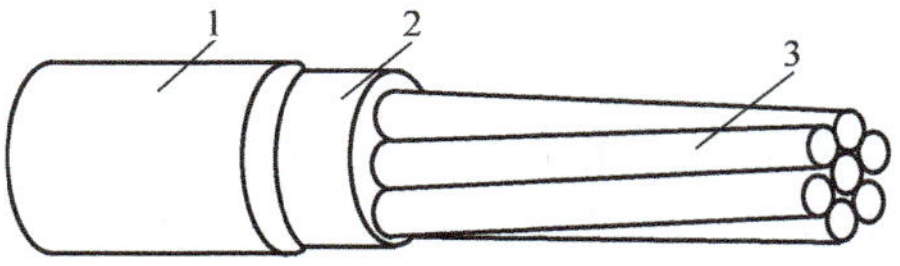

图 5-47 无粘结预应力筋

1—塑料护套 2—油脂 3—钢绞线或钢丝束

(一) 无粘结预应力筋材料

1. 预应力钢材

制作无粘结预应力筋用的钢丝和钢绞线，其质量应符合 GB/T 5223—2002 和 GB/T 5224—2003 的要求，并应附有质量保证书。

2. 防腐润滑涂料

无粘结预应力筋的涂料层应具有良好的化学稳定性，对周围材料无侵蚀作用；不透水，不吸湿，抗腐蚀性能强；润滑性能好，摩擦阻力小；在规定温度范围内高温不流淌，低温不脆化，并有一定韧性。涂料层应符合 JG3007—1993 要求。

3. 护套材料

无粘结预应力筋的护套材料，宜采用高密度聚乙烯，有可靠实践经验时，也可采用聚丙烯，但不得采用聚氯乙烯。

护套材料应具有足够的韧性，抗磨及抗冲击性，对周围材料应无侵蚀作用，在规定的温度范围内，低温应不脆化，高温化学稳定性好。

(二) 无粘结预应力筋生产工艺

钢绞线、钢丝束（7$\phi^{S}5$）涂料层的涂敷，以及护套的制作应一次完成，并应优先采用挤塑机挤出成形。挤塑涂层工艺是 20 世纪 80 年代初期由北京市建筑工程研究所研制成功的，其工艺设备主要由放线盘、给油装置、塑料挤出机、水冷装置、牵引机、收线机等组成，如图 5-48 所示。钢绞线（或钢丝束）经给油装置涂油后，通过塑料挤出机的机头出口处，塑料熔融物被挤成管状包覆在钢绞线上，经冷却水槽塑料套管硬化，即形成无粘结预应力筋；牵引机继续将钢绞线牵引至收线装置，自动排列成盘卷。该生产线涂包质量好、生产效率高，适用于单根钢绞线或 7$\phi^{S}5$ 钢丝束的专业化生产。

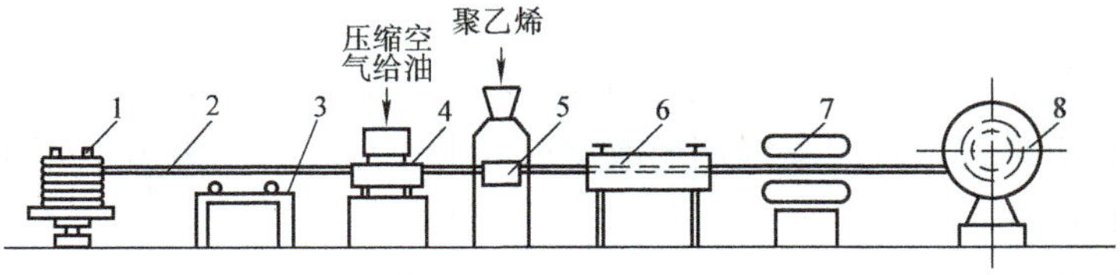

图 5-48 挤塑涂层工艺生产线

1—放线盘 2—钢绞线 3—滚动支架 4—给油装置 5—塑料挤出机

6—水冷装置 7—牵引机 8—收线装置

无粘结预应力筋应连续生产，钢绞线或钢丝束中的每根钢丝应由整根钢丝组成，不得有接头与死弯。无粘结预应力筋应具有良好的伸直性，盘内径不宜小于 2000mm。

（三）无粘结预应力筋质量与检验

1. 质量要求

预应力钢材的力学性能，经检验合格后，方可制作无粘结预应力筋。

1）产品外观：油脂饱满均匀，不漏涂；护套圆整光滑，松紧恰当。

2）油脂用量：对ϕ^J15.2 钢绞线或7ϕ^S5 钢丝束不小于0.5kg/10m，对ϕ^J12.7 钢绞线不小于0.43kg/10m。

3）护套厚度：在正常环境不小于0.8mm，在腐蚀环境不小于1.2mm。

2. 检验要求

无粘结预应力筋出厂时，每盘上都挂有标牌，并附有出厂说明书。进场时应按下述规定验收。每个用户每次同规格订货为一检验批，且每批质量不大于30t。

无粘结预应力筋的外观，应逐盘检查。

油脂与塑料护套检查，每批抽样3根。每根长1m，产品称重后，用刀剖开塑料护套，分别用柴油清洗擦净，再分别用天平称出钢材与塑料护套重，即得油脂重；再用千分卡量取塑料每段端口最薄和最厚处的两个厚度取平均值。

以上检验结果，对照质量要求进行评定。

二、无粘结预应力混凝土楼板施工

（一）无粘结预应力筋铺设与固定

1. 铺设顺序

在单向板中，无粘结预应力筋的铺设比较简单，与非预应力筋铺设基本相同。

在双向板中，无粘结预应力筋需要配置成两个方向的悬垂曲线。无粘结筋相互穿插，施工操作较为困难，必须事先编出无粘结筋的铺设顺序。其方法是将各向无粘结筋各搭接点的标高标出，对各搭接点相应的两个标高分别进行比较，若一个方向某一无粘结筋的各点标高均分别低于与其相交的各筋相应点标高时，则此筋可先放置。按此规律编出全部无粘结筋的铺设顺序。

无粘结预应力筋的铺设，通常是在底部钢筋铺设后进行。水电管线一般宜在无粘结筋铺设后进行，且不得将无粘结筋的竖向位置抬高或压低。支座处负弯矩钢筋通常是在最后铺设。

2. 就位固定

无粘结预应力筋应严格按设计要求的曲线形状就位并固定牢靠。

无粘结筋的垂直位置，宜用支撑钢筋或钢筋马凳控制，其间距为1～2m。无粘结筋的水平位置应保持顺直。

在双向连续平板中，各无粘结筋曲线高度的控制点用铁马凳垫好并扎牢。在支座部位，无粘结筋可直接绑扎在梁或墙的顶部钢筋上；在跨中部位，无粘结筋可直接绑扎在板的底部钢筋上。

3. 张拉端固定

张拉端模板应按施工图中规定的无粘结预应力筋的位置钻孔。张拉端的承压板应采用钉子固定在端模板上或用定位焊固定在钢筋上。

无粘结预应力曲线筋或折线筋末端的切线应与承压板相垂直，曲线段的起始点至张拉锚固点应有不小于 300mm 的直线段。

当张拉端采用凹入式做法时，可采用塑料穴模（图 5-49）或泡沫塑料，木块等形成凹口。

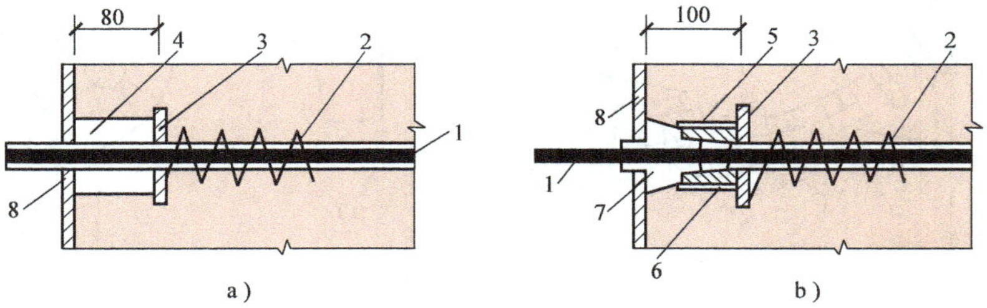

图 5-49　无粘结筋张拉端凹口做法

a）泡沫穴模　b）塑料穴模

1—无粘结筋　2—螺旋筋　3—承压钢板　4—泡沫穴模　5—锚环

6—带杯口的塑料套管　7—塑料穴模　8—模板

无粘结预应力筋铺设固定完毕后，应进行隐蔽工程验收，当确认合格后，方可浇筑混凝土。

混凝土浇筑时，严禁踏压撞碰无粘结预应力筋、支撑钢筋及端部预埋件；张拉端与固定端混凝土必须振捣密实。

（二）无粘结预应力筋张拉与锚固

无粘结预应力筋张拉前，应清理承压板面，并检查承压板后面的混凝土质量。如有空鼓现象，应在无粘结预应力筋张拉前修补。

无粘结预应力混凝土楼盖结构的张拉顺序，宜先张拉楼板，后张拉楼面梁。板中的无粘结筋，可依次张拉。梁中的无粘结筋宜对称张拉。

板中的无粘结筋一般采用前卡式千斤顶单根张拉，并用单孔夹片锚具锚固。

无粘结预应力筋的长度超过 40m 时，宜采取两端张拉。当筋长不超过 40m 时，宜采取一端张拉。如遇到摩擦损失较大，则宜先松动一次再张拉。

在梁板顶面或墙壁侧面的斜槽内张拉无粘结预应力筋时，宜采用变角张拉装置。

变角张拉装置是由顶压器、变角块、千斤顶等组成，如图 5-50 所示。其关键部位是变角块。变角块可以是整体的或分块的。前者仅为某一特定工程用，后者通用性强。分块式变角块的搭接，采用阶梯形定位方式，如图 5-51 所示。每一变角块的变角量为 5°，通过叠加不同数量的变角块，可以满足 5°~60°的变角要求。变角块与顶压器及千斤顶的连接都要一个过渡块。若顶压器重新设计，则可省去过渡块。安装变角块时要注意块与块之间的槽口搭接，一定要保证变角轴线向结构外侧弯曲。

无粘结预应力筋张拉伸长值校核与有粘结预应力筋相同；对超长无粘结筋由于张拉初期的阻力大，初拉力以下的伸长值比常规推算伸长值小，应通过试验修正。

（三）锚固区防腐蚀处理

无粘结预应力筋张拉完毕后，应及时对锚固区进行保护。

无粘结预应力筋的锚固区，必须有严格的密封防护措施，严防水汽进入锈蚀预应力筋。

无粘结预应力筋锚固后的外露长度不小于 30mm，多余部分宜用手提砂轮锯切割，但不得采用电弧切割。

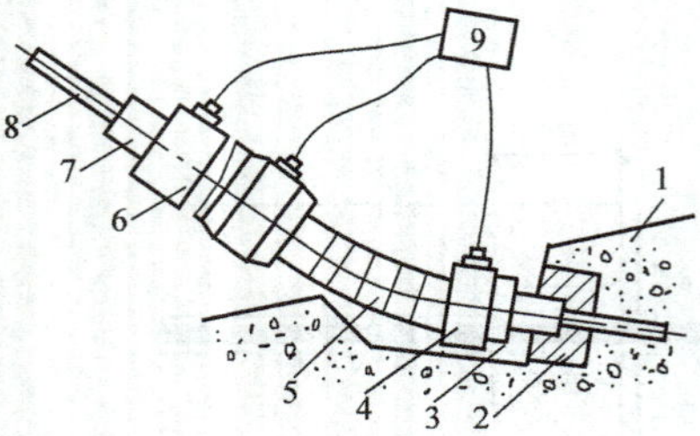

图5-50 变角张拉装置

1—凹口 2—锚垫板 3—锚具 4—液压顶压器 5—变角块 6—千斤顶 7—工具锚 8—顶应力筋 9—液压泵

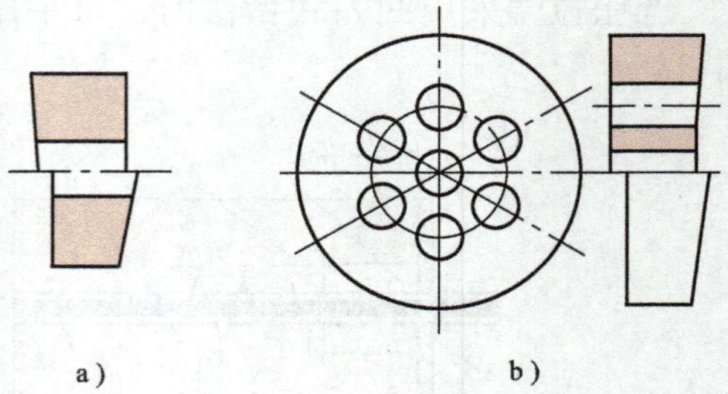

图5-51 变角块

a) 单孔变角块 b) 多孔变角块

在锚具与承压板表面涂以防水涂料。为了使无粘结筋端头全封闭，在锚具端头涂防腐润滑油脂后，罩上封端塑料盖帽。

对凹入式锚固区，锚具表面经上述处理后，再用微胀混凝土或低收缩防水砂浆密封。

思考题

1. 预应力混凝土的主要优点是什么？
2. 预应力钢筋张拉与钢筋冷拉的作用有何区别？
3. 在张拉程序中为什么要超张拉、持荷2min？建立张拉程序的依据是什么？
4. 什么叫锚具的自锁和自锚？
5. 预应力混凝土孔道留设有几种方法？应注意哪些问题？
6. 后张法施工时，预应力筋张拉应注意哪些问题？
7. 为什么要进行孔道灌浆？对孔道灌浆有何要求？如何进行？
8. 什么叫无粘结预应力？施工中应注意哪些问题？

习题

一、单项选择题

1. 先张法施工工艺是靠（ ）使混凝土构件获得预压应力。

A. 夹具　　B. 锚具
C. 千斤顶　　D. 预应力筋与混凝土之间的粘结力

2. 台墩横梁的挠度不应大于（ ）mm，并不得产生翘曲。

A. 10　　B. 5　　C. 2　　D. 1

3. 为了减少（ ）损失，预应力钢筋宜采用超张拉程序。

A. 摩擦　　B. 应力松弛　　C. 疲劳　　D. 混凝土收缩

4. 张拉时预应力筋的理论伸长值与实际伸长值的误差为（ ）。

A. 10%~ -10%　　B. 10%~ -5%　　C. 5%~ -10%　　D. 5%~ -5%

5. 钢丝张拉锚固后，应采用钢丝内力测定仪检查钢丝的预应力值。其偏差为设计规定相应阶段预应力值的（　　）。

A. 10%～－10%　　B. 10%～－5%　　C. 5%～－10%　　D. 5%～－5%

6. 预应力筋放张时，如设计无规定，混凝土强度不应低于强度等级的（　　）。

A. 50%　　B. 75%　　C. 95%　　D. 100%

7. 偏心受预压的构件（如梁等），应先同时放张（　　）。

A. 预压力较小区域的预应力筋　　B. 预压力较大区域的预应力筋

C. 配筋率较小区域的预应力筋　　D. 配筋率较大区域的预应力筋

8. 后张法施工工艺，张拉力由（　　）传给混凝土构件而使之产生预压力。

A. 夹具　　B. 锚具

C. 千斤顶　　D. 预应力筋与混凝土之间的粘结力

9. （　　）是后张法结构或构件中为保持预应力筋拉力并将其传递到混凝土上用的永久性锚固装置。

A. 夹具　　B. 锚具　　C. 千斤顶　　D. 模板

10. 预应力筋张拉方式，两端张拉方式适用于长度大于（　　）m 的直线预应力筋。

A. 10　　B. 15　　C. 20　　D. 30

11. 后张法预应力混凝土屋架等构件一般在施工现场平卧重叠制作，重叠层数为（　　）。

A. 1～2 层　　B. 3～4 层　　C. 5～6 层　　D. 7～8 层

12. 后张法预应力混凝土屋架等构件一般在施工现场平卧重叠制作，张拉顺序宜（　　）。

A. 先上后下逐层进行　　B. 先上后下间隔进行

C. 先下后上逐层进行　　D. 先下后上间隔进行

二、多项选择题

1. 预应力筋的放张顺序，应（　　　）地放张，以防止在放张过程中构件产生弯曲、裂纹和预应力筋断裂。

A. 分阶段　　B. 依次　　C. 对称　　D. 交错　　E. 分批

2. 为了避免最后放张的几根预应力筋产生过大的冲击而断裂，致使构件开裂，应采用（　　　）进行缓慢放张。

A. 千斤顶　　B. 弹簧　　C. 在台座与横梁之间设置砂箱

D. 在台座与横梁之间设置楔块　　E. 在准备切割的一端预先浇筑一块混凝土块

3. 在先张法施工中，单根冷拔钢丝的张拉可采用（　　　）等。

A. 电动螺杆张拉机　　B. 电动卷扬张拉机　　C. 挤压机

D. 拔丝机　　E. 液压千斤顶

4. 台墩应具有足够的强度、刚度和稳定性。稳定性验算一般包括（　　　）。

A. 抗倾覆验算　　B. 抗滑移验算　　C. 抗弯验算

D. 抗剪验算　　E. 抗扭验算

5. 后张法施工中单根钢筋锚具包括（　　　）。

A. 螺丝端杆锚具　　B. 锥形螺杆锚具　　C. 钢质锥形锚具

D. 帮条锚具　　E. JM 型锚具

6. 后张法施工中钢筋束锚具包括（　　　）。

A. 螺丝端杆锚具　　B. 锥形螺杆锚具　　C. 钢质锥形锚具

D. KT-Z 型锚具　　E. JM 型锚具

7. 后张法施工中钢丝束锚具包括（　　　）。

A. 螺丝端杆锚具　　B. 锥形螺杆锚具　　C. 钢质锥形锚具

D. 帮条锚具　　E. JM 型锚具

第六章 结构吊装工程

本章概要

本章主要介绍了装配式钢筋混凝土单层工业厂房、装配式钢筋混凝土多层框架和大型墙板结构房屋的结构吊装工艺和吊装方法。通过本章的学习，使学生掌握装配式钢筋混凝土单层工业厂房的结构吊装工艺和吊装方法；熟悉装配式钢筋混凝土多层框架和大型墙板结构房屋的结构吊装工艺和吊装方法；了解起重机械、升板法施工、结构吊装工程质量与安全保证措施。

结构吊装工程，就是用起重设备将预制构件安装到设计位置的全部施工过程，是装配式结构施工的主导工程。

所谓装配式结构的建筑物，就是将预制的各个单体构件，用起重机械在施工现场按设计图要求，组装成建筑物。它具有设计标准化、构件定型化、生产工厂化、安装机械化等优点，是建筑业进行现代化施工的重要途径之一。

结构吊装工程的施工特点是：

1）高空作业，且构件一般存在着外形尺寸大、数量多、重量大等特点，易发生安全事故。

2）构件受力复杂。构件在运输和起吊过程中，因吊点和支撑点位置的不同，可能使构件内力的大小、性质发生改变。因此，应对构件施工阶段的承载力和稳定性进行必要的验算，并采取相应的措施。

3）构件预制质量影响大。构件制作的外形尺寸、强度是否达到设计要求，直接影响吊装施工的质量和速度。

4）正确选择起重机械是顺利完成吊装任务的保障。构件的吊装方法，取决于构件类型和所采用的起重机械。

第一节 起重机械

起重机械是建筑施工中广泛采用的起重运输设备，它的合理选择和使用，对于降低劳动强度、提高劳动效率、加速工程进度、降低工程造价，起着十分重要的作用。

结构吊装工程常用的起重机械有桅杆式起重机、自行式起重机和塔式起重机。

一、桅杆式起重机

桅杆式起重机的特点是：构造简单、装拆方便、能在比较狭窄的工地使用；起重能力较大（可达1000kN以上），能解决缺少其他大型起重机械或不能安装其他起重机械的特殊工程和重大结构的困难；在无电源情况下，可使用人工绞磨起吊；其不足之处是：服务半径小、移动困难、施工速度较慢，且需要设置较多的缆风绳，因而它适用于安装工程量比较集中的工程。

（一）桅杆式起重机的类型和构造

桅杆式起重机分为：独脚桅杆、人字桅杆、悬臂桅杆和牵缆式桅杆起重机。

1. 独脚桅杆

独脚桅杆是由桅杆、起重滑轮组、卷扬机、缆风绳和锚碇组成（图6-1a）。独脚桅杆可用木料或金属制成。在使用时，桅杆的顶部应保持一定的倾角（$\beta \leq 10°$），使吊装的构件不与桅杆顶部碰撞。桅杆的稳定主要依靠桅杆顶端的缆风绳，缆风绳常采用钢丝绳，数量一般为6～12根。缆风绳与地面夹角 α 为30°～45°。木独脚桅杆其梢径为200～300mm，起升高度小于15m，起升荷载小于100kN；钢管独脚桅杆起升高度小于30m，起升荷载小于300kN；金属格构式独脚桅杆的起升高度可达70～80m，起升荷载可达1000kN以上。

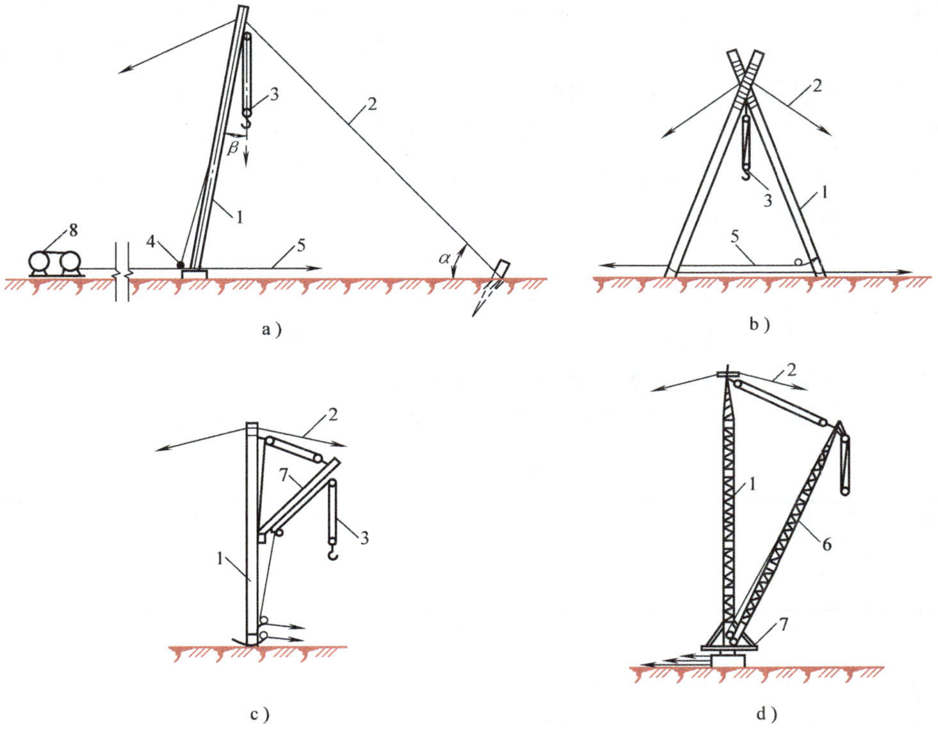

图6-1　桅杆式起重机

a）独脚桅杆　b）人字桅杆　c）悬臂桅杆　d）牵缆式桅杆起重机

1—桅杆　2—缆风绳　3—起重滑轮组　4—导向装置

5—拉索　6—起重臂　7—回转盘　8—卷扬机

2. 人字桅杆

人字桅杆一般是用两根木杆或钢杆以钢丝绳或铁件铰接而成（图6-1b）。其两根杆件夹角以30°为宜，在桅杆底部应设拉杆或钢丝绳以平衡其水平推力。人字桅杆的特点是：起升荷载大、稳定性好，但构件吊起后活动范围小，适用于吊装重型柱子等构件。

3. 悬臂桅杆

在独脚桅杆中部或2/3高处安装一根起重臂即成悬臂桅杆（图6-1c）。其特点是：有较大的起重高度和工作幅度，起重臂能起伏和左右摆动（120°~270°）。适用于吊装屋面板、檩条等小型构件。

4. 牵缆式桅杆起重机

在独脚桅杆的下端装一根起重臂即成为牵缆式桅杆起重机（图6-1d）。牵缆式桅杆起重机的特点是起重臂可以起伏；整个机身可作360°回转，能在服务范围内灵活地将构件吊装到设计位置；其起升荷载（150~600kN）和起升高度（25m）都较大，适用于构件多而集中的建筑物吊装。

（二）起重索具和卷扬机

1. 钢丝绳

（1）钢丝绳的种类和用途　钢丝绳是吊装工艺中的主要绳索，具有强度高、韧性好、耐磨损等优点。在结构吊装中，常用6股的钢丝绳，每股由19根、37根和61根钢丝组成。习惯上用2个数字来表示钢丝绳的型号，并在其后加一个“1”字，是表示绳的中间置有1根麻芯，以增加其柔韧性。如6×19+1、6×37+1、6×61+1等型号。在相同的直径时，每股钢丝绳中钢丝越多则其柔韧性越好。上述三种钢丝绳可分别适用于缆风绳、滑轮组、起重机械。

（2）钢丝绳的容许拉力计算　在结构吊装过程中，钢丝绳处于复杂的受力状态之中。为了保证在使用中有安全可靠度，就必须加大安全系数，以便使它具有足够的储备能力。钢丝绳的容许拉力应满足下式的要求：

$$[P] \leqslant \alpha P_{破}/K \tag{6-1}$$

式中　$[P]$——钢丝绳的容许拉力（kN）；

α——钢丝绳破断拉力换算系数，选用可查表6-1；

K——钢丝绳安全系数，选用可查表6-2；

$P_{破}$——钢丝绳破断拉力总和（kN），可查阅建筑施工手册中钢丝绳的主要数据表。

表6-1　钢丝绳破断拉力换算系数 α 值

钢丝绳规格	α	钢丝绳规格	α
6×19	0.85	6×61	0.80
6×37	0.82		

表6-2　钢丝绳安全系数

用　途	K	用　途	K
作缆风绳	3.5	作吊索（无弯曲时）	6~7
作手动起重设备	4.5	作捆绑吊索	8~10
作机动起重设备	5~6	作载人升降机	14

2. 滑轮组

滑轮组是由若干个定滑轮和动滑轮以及绳索组成。它既可以省力，又可以根据需要改变用力方向（图6-2）；滑轮组可用作简单的起重工具，也是起重机械不可缺少的组成部分。滑轮组的绳索拉力为：

$$P=KQ \tag{6-2}$$

式中 P——绳索拉力（kN）；

Q——构件自重（kN）；

K——滑轮组的省力系数，$K=f^n(f-1)/(f^n-1)$；起重机的滑轮组，常用青铜轴套轴承，其滑轮组的省力系数 K 值可直接查表6-3；

f——单个滑轮组的阻力系数（滚珠轴承，$f=1.02$；青铜轴套轴承，$f=1.04$；无轴套轴承，$f=1.06$）；

n——工作线数，若绳索从定滑轮引出，则 n = 定滑轮数 + 动滑轮数 +1；若绳索从动滑轮引出，则 n = 定滑轮数 + 动滑轮数。

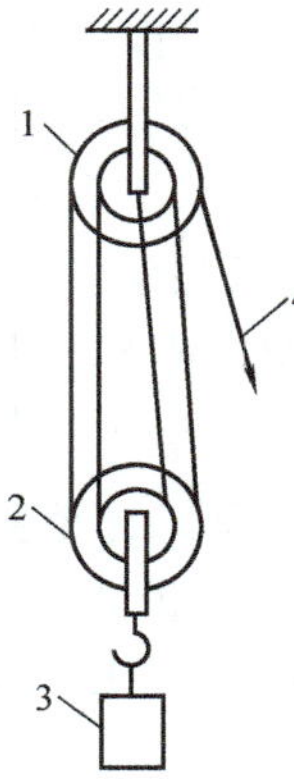

图6-2 滑轮组
1—定滑轮 2—动滑轮
3—重物 4—绳索

表6-3 青铜轴套轴承滑轮组省力系数

项目		$K=f^n(f-1)/(f^n-1)$ ($f=1.04$)									
1	工作线数 n	1	2	3	4	5	6	7	8	9	10
	省力系数 K	1.040	0.529	0.360	0.275	0.224	0.190	0.166	0.148	0.134	0.123
2	工作线数 n	11	12	13	14	15	16	17	18	19	20
	省力系数 K	0.114	0.106	0.100	0.095	0.090	0.086	0.082	0.079	0.076	0.074

3. 卷扬机

卷扬机又称绞车，按驱动方式分为手动和电动两种。因手动卷扬机起重牵引力小，劳动强度大，只有在小规模的起重牵引工作中才使用，常用的是电动卷扬机。

（1）电动卷扬机 电动卷扬机主要由电动机、减速机、卷筒和电磁抱闸等组成。按其牵引速度可分为快速卷扬机（钢丝绳牵引速度为25～50m/min）和慢速卷扬机（钢丝绳牵引速度为7～13m/min）两种。快速卷扬机主要用于垂直和水平运输以及打桩作业等；慢速卷扬机主要用于结构吊装、钢筋冷拉等作业。电动卷扬机的牵引力较大（一般为10～100kN），操作轻便，使用安全，因而被广泛使用。

（2）使用注意事项 具体如下：

1）卷扬机的安装位置与第一个定向滑轮的距离应为15倍卷筒长度，以便使钢丝绳能自行在卷筒上缠绕。

2）卷扬机使用时必须有可靠的固定，常用压重、锚桩等固定，以防使用中滑移或倾覆。

3）缠绕在卷筒上的钢丝绳至少应保留两圈的安全储备长度，不可全部拉出，以防绳松脱钩发生事故。

4）钢丝绳引入卷筒时应接近水平，并应从卷筒的下面引入，以减小卷扬机的倾覆力矩。

（三）吊具及锚碇

1. 吊具

吊具主要包括卡环、吊索、横吊梁，这些都是吊装的重要工具。

(1) 吊索（千斤绳）　用于绑扎和起吊构件的工具。分为环状吊索（万能索）和开口吊索两种类型（图6-3a）。

(2) 卡环（卸甲）　用于吊索之间或吊索与构件之间的连接（图6-3b）。

(3) 横吊梁（铁扁担）　用于承受吊索对构件的轴向压力和减小起吊高度。分为钢板横吊梁、滑轮横吊梁、钢管横吊梁等类型（图6-3c、d）。

2. 锚碇

锚碇又称地锚，是用以固定缆风绳和卷扬机的承力装置。一般分为桩式锚碇和水平锚碇。

(1) 桩式锚碇　桩式锚碇是把圆木打入土中而成（图6-4），受力可达10～50kN，木桩的根数、圆木尺寸及入土深度（一般应不小于1.2m）应根据作用力的大小而定。

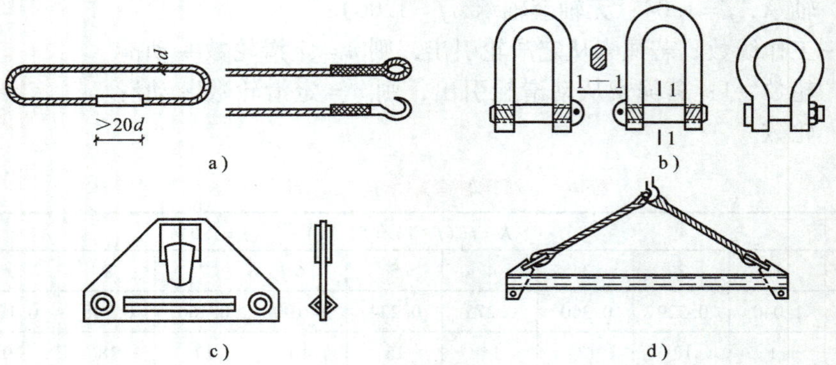

图6-3　吊具

a）吊索　b）卡环　c）钢板横吊梁　d）钢管横吊梁

(2) 水平锚碇　水平锚碇是由一根或几根圆木捆绑在一起，横放在挖好的土坑内（一般埋深不小于1.5m），并把钢丝绳系在横木上，成30°～45°斜向引出地面，然后用土石回填夯实而成（图6-5），受力可达150kN。

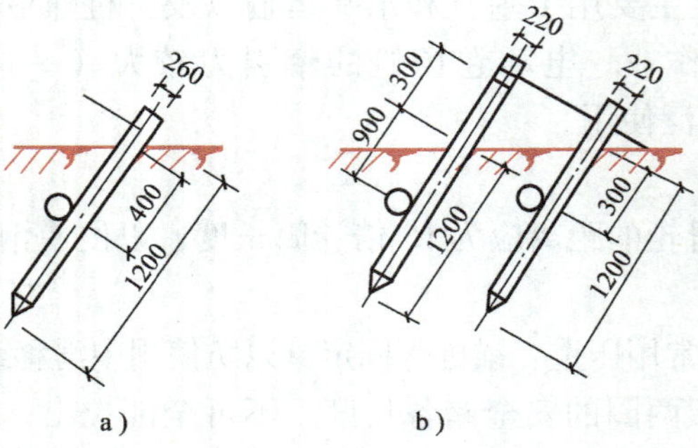

图6-4　桩式锚碇

a）一根木桩　b）两根木桩

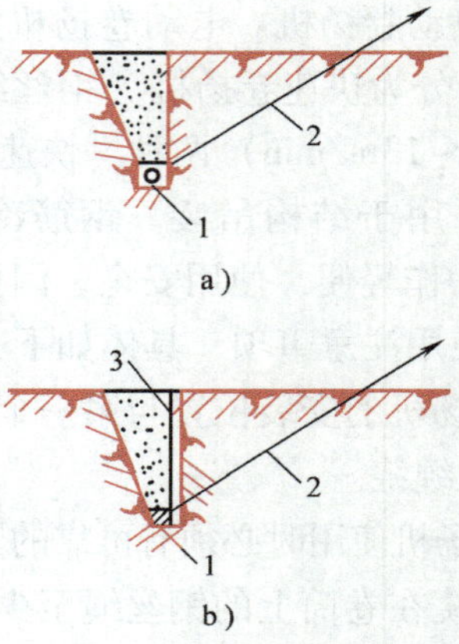

图6-5　水平锚碇

a）无板栅锚碇　b）有板栅锚碇

1—横梁　2—钢丝绳　3—板栅

二、自行式起重机

自行式起重机有履带式起重机、轮胎式起重机和汽车式起重机三类。

（一）履带式起重机

履带式起重机由行走装置、回转机构、机身及起重臂等几部分组成（图6-6）。由于履带的面积较大，所以对地面的压强较低，行走时一般不超过0.20MPa，起重时一般不超过0.40MPa。因此，它可以在较为坎坷不平的松软地面行驶和工作（必要时可垫以路基箱）；履带式起重机的机身还可以原地作360°回转；起重时不需设支腿，并可以负载行驶，是结构吊装工程中常用的机械之一。

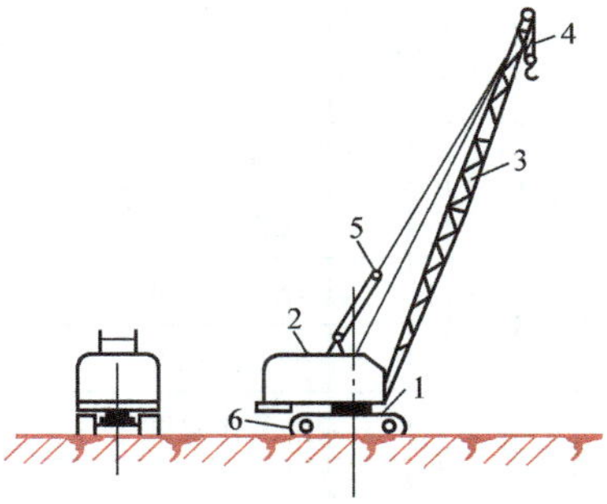

图6-6　履带式起重机

1—底盘　2—机棚　3—起重臂　4—起重滑轮组　5—变幅滑轮组　6—履带

1. 履带式起重机的常用型号及性能

国产履带式起重机的起升荷载有50～750kN，起重臂长10～40m。常用的型号有W1-50型、W1-100型、W1-200型，外形尺寸见表6-4，主要技术性能见表6-5。

表6-4　履带式起重机外形尺寸　　（单位：mm）

序　号	名　称	型　号		
		W1-50	W1-100	W1-200
A	机身尾部到回转中心距离	2900	3300	4500
B	机身宽度	2700	3120	3200
C	机身顶部距地面高度	3220	3675	4125
D	回转平台底面距地面高度	1000	1045	1190
E	起重臂枢轴中心距地面高度	1555	1700	2100
F	起重臂枢轴中心至回转中心的距离	1000	1300	1600
G	履带长度	3420	4005	4950
M	履带架宽度	2850	3200	4050
N	履带板宽度	550	675	800
J	行走底架距地面高度	300	275	390
K	机身上部支架距地面高度	3480	4175	4300

表6-5　履带式起重机主要技术性能

项　目	单　位	型　号								
		W1-50			W1-100			W1-200		
行走速度	km/h	1.5～3.0			1.5			1.43		
最大爬坡角度	（°）	25			20			20		
起重机总重	kN	213.2			394.0			791.4		
起重臂长度	m	10	18	18+2*	13	23	30	15	30	40

（续）

项目		单位	型号								
			W1-50			W1-100			W1-200		
工作幅度（R）	最大	m	10	17	10	12.5	17	14	15.5	22.5	30
	最小	m	3.7	4.3	6	4.5	6.5	8.5	4.5	8	10
起升荷载（Q）	最大工作幅度	kN	26	10	10	35	17	15	82	45	15
	最小工作幅度	kN	100	75	20	150	80	40	500	200	80
起升高度（H）	最大工作幅度	m	3.7	7.16	14	5.8	16	24	3	19	25
	最小工作幅度	m	9.2	17	17.2	11	19	26	32	26.5	36

注：表中标＊处“18＋2”表示在18m的起重臂上加2m外伸距的“鸟嘴”，“鸟嘴”的起重量为20kN，自身重量为4.5kN。

2. 履带式起重机的稳定性验算

起重机的稳定性是指起重机在自重和外荷载作用下抵抗倾覆的能力。当出现下列情况时需进行稳定性验算，如吊装超载、额外接长起重臂、地面陡坡度及回转时离心力过大等。目前起重机的稳定性指标采用稳定性安全系数，它是相对于倾覆中心的稳定力矩和倾覆力矩之比值。

履带式起重机验算稳定性时应选择最不利位置，即车身与行驶方向垂直的位置。以靠负重侧的中心点A为倾覆中心，其安全条件为：

$$K = 稳定力矩/倾覆力矩 \tag{6-3}$$

为简化计算，验算起重机的稳定性时，一般不考虑附加荷载（图6-7），即：

$$K = (G_1L_1 + G_2L_2 + G_0L_0 - G_3L_3)/Q\ (R - L_2) \geqslant 1.4 \tag{6-4}$$

式中 G_0——机身平衡重量（kN）；

G_1——起重机机身可转动部分的重量（kN）；

G_2——起重机机身不可转动部分的重量（kN）；

G_3——起重臂的重量（kN）；

Q——吊装荷载（包括构件和索具）（kN）；

L_0、L_1、L_2、L_3——G_0、G_1、G_2、G_3重心至A点的距离（m）；

R——工作幅度（m）。

考虑附加荷载时，$K \geqslant 1.15$。

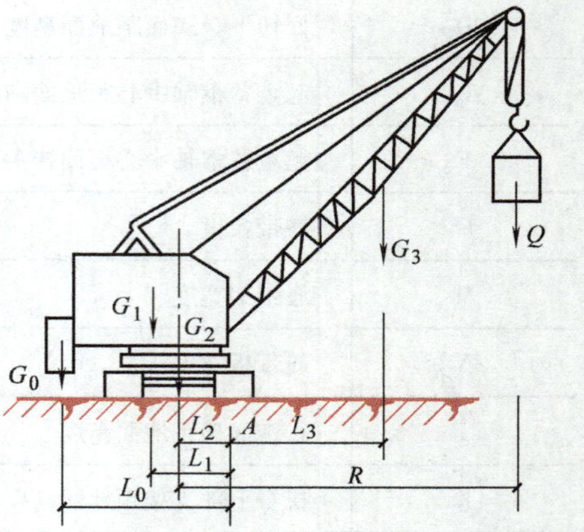

图6-7 履带式起重机受力简图

（二）汽车式起重机

汽车式起重机是一种自行式全回转起重机（图6-8），起重机构安装在汽车底盘上。它具有行驶速度高、机动性好、对地面破坏性小等优点；其缺点是：起吊时必须支腿落地，不能负载行驶，故使用上不及履带式起重机灵活。轻型汽车式起重机主要用于装卸作业，大型汽车式起重机可用于一般单层或多层房屋的结构吊装。国产汽车式起重机的型号和主要技术性能见表6-6。

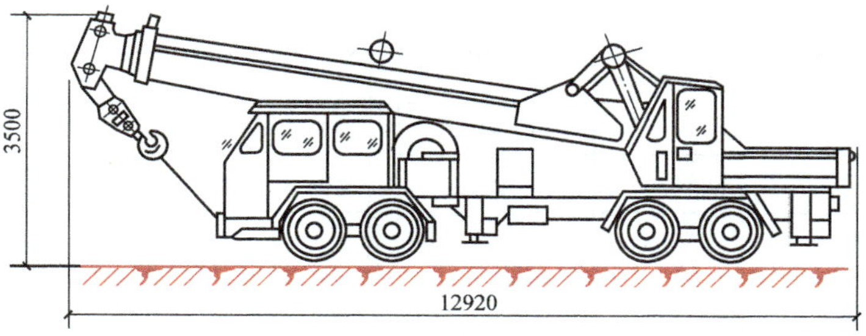

图 6-8 Q2-32 型汽车式起重机

表 6-6 国产汽车式起重机的型号和主要技术性能

项目		单位	型号									
			Q2-12			Q2-16			Q2-32			
行驶速度		km/h	60			60			55			
起重机总重		kN	173			215			320			
起重臂长度		m	8.5	10.8	13.2	8.2	14.1	20	9.5	16.5	23.5	30
工作幅度(R)	最大	m	6.4	7.8	10.4	7.0	12	18	9	14	18	25
	最小	m	3.6	4.6	5.5	3.5	3.5	4.3	3.5	4	5.2	7.2
起升荷载(Q)	R_{max}时	kN	40	30	20	50	19	8	70	26	15	6
	R_{min}时	kN	120	70	50	160	80	60	320	220	130	80
起升高度(H)	R_{max}时	m	5.8	7.8	8.6	4.4	7.7	9	—	—	—	—
	R_{min}时	m	8.4	10.4	12.8	7.9	14.2	20	—	—	—	—

（三）轮胎式起重机

轮胎式起重机是把起重机构安装在加重型轮胎和轮轴组成的专用底盘（不能用普通汽车底盘）上的全回转起重机（图 6-9）。轮胎式起重机的特点是：行驶时不会损伤路面，行驶速度快，起重量较大，使用成本低；起吊时必须支腿落地，灵活性较差；不适合在松软或泥泞的地面上工作。国产轮胎式起重机的型号和主要技术性能见表 6-7。

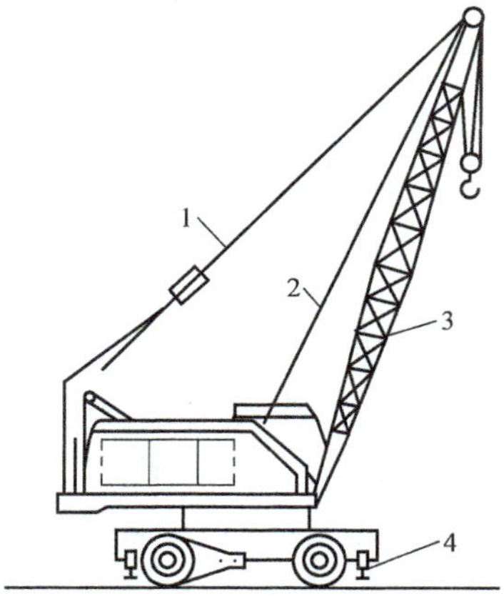

图 6-9 轮胎式起重机

1—变幅索 2—起重索 3—起重杆 4—支腿

表6-7　国产轮胎式起重机的型号和主要技术性能

项目		单位	型号												
			Q1-16			Q3-25					Q3-40				
行驶速度		km/h	18			18					15				
起升速度		m/min	6.3			7					9				
起重机总重		kN	230			280					537				
起重臂长度		m	10	15	20	12	17	22	27	32	15	21	30	36	42
工作幅度(R)	最大	m	11	15.5	20	11.5	14.5	19	21	21	13	16	21	23	25
	最小	m	4.0	4.7	5.5	4.5	6	7	8.5	10	5	6	9	11.5	11.5
起升荷载(Q)	R_{max}时	kN	28	15	8	46	28	14	8	6	92	62	35	24	15
	R_{min}时	kN	160	110	80	250	145	106	72	50	400	320	161	103	100
起升高度(H)	R_{max}时	m	5.3	4.6	6.9	—	—	—	—	—	8.8	14.2	21.8	27.8	33.8
	R_{min}时	m	8.3	13.2	18	—	—	—	—	—	10.4	15.6	25.4	31.6	37.2

三、塔式起重机

塔式起重机的起重臂安装在塔身上部，起重高度和工作幅度都较大，适用于多层和高层的工业与民用建筑的结构安装。

（一）常用塔式起重机的型号及性能

按结构和性能特点塔式起重机可分为轨道式塔式起重机、爬升式塔式起重机、附着式塔式起重机、固定式塔式起重机等。

1. 轨道式塔式起重机

常用的型号有：QT_1-6型、QT_1-2型和QT-25A型等。

QT_1-6型是一种轨道式上旋转塔式起重机，其起重力矩为400kN·m，起升荷载为20~60kN，工作幅度为8.5~20m，最大起重高度为40m（图6-10）。

QT_1-2型属轻型下旋式塔式起重机，其起重力矩为160kN·m，起升荷载为10~20kN，工作幅度为8~16m，最大起重高度为17.20~28.30m。

QT-25A型为下旋式塔式起重机，起重力矩为250kN·m，起升荷载为12.5~25.0kN，工作幅度为2.8~20m，水平臂时起升高度为23.0m；30°臂角时起升高度为32.0m。

2. 爬升式塔式起重机

爬升式塔式起重机安装在建筑物内部（如电梯井等），它的塔身长度不变，底座通过伸缩支腿支撑在建筑物上，一般每隔1~2层爬升一次。这种塔式起重机体积小，自重轻，安装简单，既不需要铺设轨道，又不占用施工场地，特别适用于施工现场狭窄的高层建筑施工。爬升式塔式起重机由塔身、套架、起重臂和平衡臂组成。

爬升式塔式起重机是利用自身机构进行提升，其自升过程可分为以下三个阶段（图6-11）：

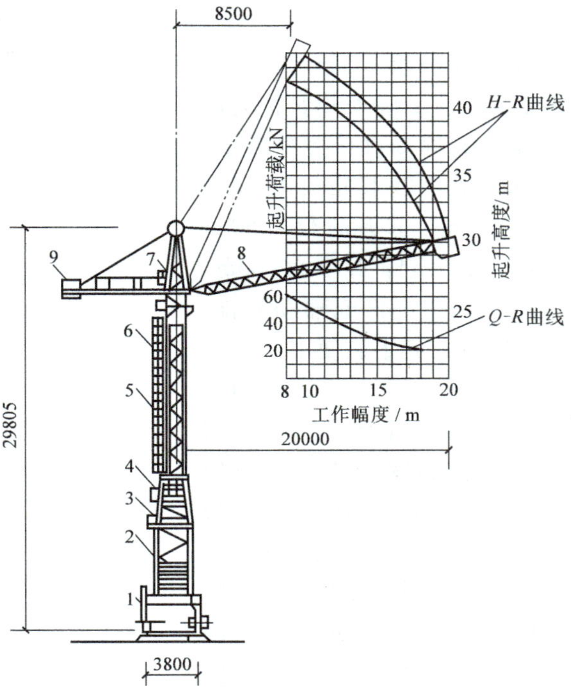

图 6-10 QT_1-6 型塔式起重机

1—门架 2—第一节架（压舱） 3—卷扬机室 4—操纵室
5、6—连接节架 7—塔帽 8—起重臂 9—平衡臂

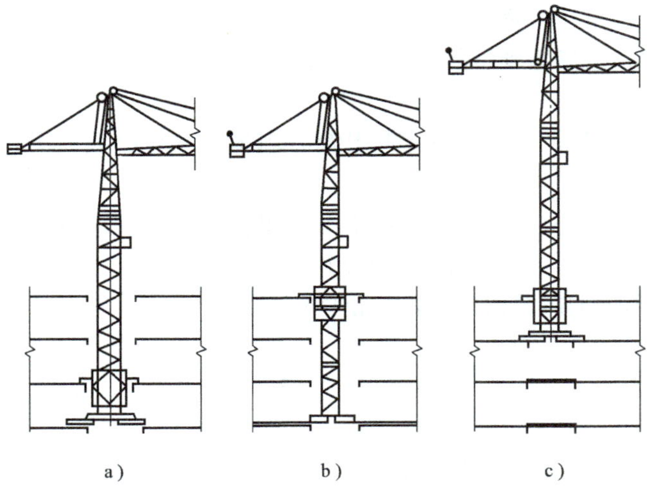

图 6-11 爬升式塔式起重机的自升过程

a）准备状态 b）提升套架 c）提升起重机

1）收起套架上的横梁支腿，准备提升。

2）用吊钩起吊套架横梁至上一个楼层并与建筑物的主梁固牢。

3）提升塔式起重机至需要的位置，翻出底座支腿与该层的主梁固牢，升塔完毕。

3. 附着式塔式起重机

QT_4-10型塔式起重机（图6-12）是一种上旋式、小车变幅的自升式塔式起重机。随着建筑物的增高，它可以利用液压顶升系统而逐步自行接高塔身，每提升一次，可提高2.5m。常用的起重臂长度为30m，最大起重力矩为160kN·m，起升荷载为50～100kN，工作幅度为3～30m，最大起重高度为160m。

该起重机通过更换或增加一些部件或辅助装置，也可作为轨道式、固定式和爬升式起重机使用。

当建筑物较低（高度小于或等于36m）时，可作为轨道式起重机使用；当建筑物较高（高度小于或等于50m）时，可作为固定式起重机使用，底座固定在建筑物旁的混凝土基础上，塔身可随施工进程逐段向上提升，但必须根据塔身升高情况用牵缆绳锚固于地锚上；当建筑物更高时，可作为附着式起重机使用，安装在建筑物旁的混凝土基础上，并每隔16～36m设置一道锚固装置与建筑物结构连接，以保证塔身的稳定。

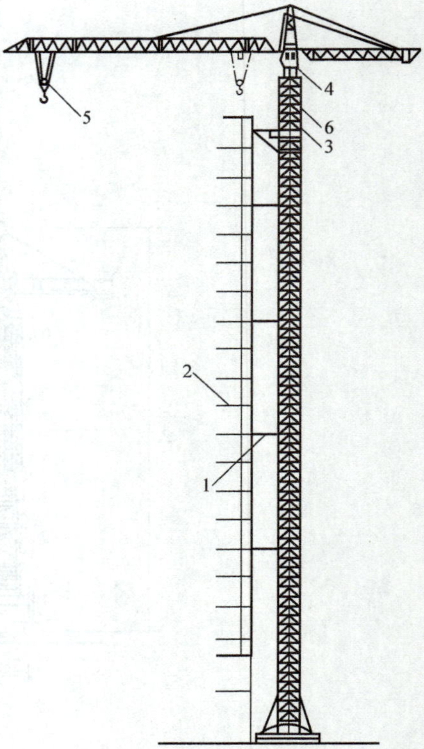

图6-12　QT_4-10型塔式起重机
1—撑杆　2—建筑物　3—标准节
4—操纵室　5—起重小车　6—顶升套架

（二）塔式起重机使用要点

1）塔式起重机的轨道边线与建筑物应有适当的距离，以防行走时走台与建筑物发生碰撞，并避免起重机轮压力传至基础，造成基础沉陷。轨道两端必须设置车挡。

2）起重机工作时必须严格按照额定起升荷载起吊，不得超载；不允许斜拉重物及拔除地下埋设物。

3）运转完毕后，起重机应停放在轨道中部，用轨钳夹紧在钢轨上；吊钩应上升到距离起重臂2～3m处，并使起重臂转到平行于轨道方向。

4）遇到6级及以上大风及雷雨天，禁止操作。

第二节　装配式钢筋混凝土单层工业厂房结构吊装

装配式钢筋混凝土单层工业厂房的施工，一般除基础在现场就地浇筑外，其他大型构件如柱子、屋架等也多在现场预制；一些小型构件，则多集中在预制厂预制，然后运到现场安装。

装配式单层工业厂房的结构安装，主要包括安装柱、吊车梁、连系梁、屋架、天窗架、屋面板、地基梁及支撑系统等。

（一）准备工作

为了在现场开展有节奏的文明施工和提高企业管理水平，保证吊装质量和施工进度，就必须重视和做好吊装前的准备工作。结构吊装准备工作包括两大内容：一是内业准备，即技术资料准备（如熟悉施工图、图纸会审、计算工程量、编制施工组织设计等）；二是外业准备，即施工现场的准备工作。现场准备工作包括以下内容。

1. 场地清理与起重机走行道路的铺设

在构件吊装之前，先设计好施工现场平面布置图，标出起重机械走行的路线。在清理路线上杂物的基础上，将其平整压实，并做好排水。如遇松软土或回填土，经压实仍难以达到要求者，则铺设枕木或厚钢板。

2. 检查并清理构件

对所有构件需要进行全面检查，以保证施工质量。

1）强度的检查。当混凝土的强度达到设计强度70%以上时才能运输；在安装之前，混凝土构件必须达到设计强度的100%；对于预应力构件，孔道所灌的砂浆，其强度不低于15MPa。

2）检查构件的外形尺寸、钢筋的搭接、预埋件的位置及大小。

3）检查构件的表面有无损伤、缺陷、变形、裂缝等。

4）检查吊环的位置有无变形。

3. 构件的运输与堆放

从预制厂将构件运到施工现场，要根据构件的大小、重量、数量及运距来选择运输方案。一般多采用汽车或平板拖车运输。在运输过程中，必须保证构件不变形、不损伤，这就要求在运输过程中，一定要将构件固定可靠，支垫位置要正确，装卸吊点应符合设计要求。合理组织运输工作，根据吊装顺序，先吊装的构件先运，一定要为吊装配套提供构件。

构件堆放场地要平整压实，并采取有效的排水措施。构件应根据设计的受力情况搁置在垫木或支架上，重叠的构件之间应加设垫木，上下层垫木应垫在同一垂直线上；各堆构件应留有不小于200mm的间距，以免碰撞损坏构件。

4. 对构件弹线并编号

在每个构件上弹出安装中心线，作为安装、就位、校正的依据，具体要求是：

（1）柱子　在柱身三面弹出安装准线。对矩形柱，弹出几何中心线；对工字形柱，除弹出中心线外，还应在工字形柱的两翼部位各弹出一条与中心线平行的准线，以便于观测和克服视觉差；在柱顶要弹出截面中心线，以便于安装屋架；在牛腿上还要弹出安装吊车梁的吊装准线。

（2）屋架　在屋架上弦弹出几何中心线；并从跨中间向两端弹出天窗架、屋面板的吊装准线；在屋架的两端弹出安装准线。

（3）梁　在梁的两端及梁的顶面弹出安装中心线。

5. 基础的准备

钢筋混凝土柱一般采用杯形基础。

1）钢筋混凝土杯形基础在浇筑混凝土时，应使定位轴线及杯口尺寸准确；在吊装柱子之前，要对杯底标高进行测量，柱子较小时，只在杯底中间测一点，若柱子比较大，则要测杯底4个角点，再量出柱底至牛腿的实际长度与设计长度的误差，算出杯底标高的调整值，并在杯底做出标志；若杯底的标高不够，则用水泥砂浆或细石混凝土将杯底填平至设计标高（在浇筑杯底混凝土时通常要较设计标高低50mm，以作调整之用），若杯底偏高，则要凿去，允许误差为±5mm。在杯口顶面要弹出纵横轴线及吊装柱子的准线，作为校正的依据。

杯口基础准备工作完成后，应将杯口盖好，以防止杂物落入，接近基础的地面应低于杯口，以免泥土和地面水流入杯内。

2）钢柱基础施工时，要保证顶面标高准确，其误差要在 ±2mm 以内；基础要垂直，其倾斜度要小于 1/1000；锚栓位置也要准确，误差在支座范围内 5mm；施工时，不要将锚栓固定在基础模板上，要另用固定架，锚栓安设在固定架上，这样，才能保证锚栓的位置准确。

6. 构件吊装应力复核与临时固定

由于构件吊装时与使用时的受力状况不同，可能导致构件吊装损坏。因此，在吊装前须进行必要的构件应力验算，并采取适当的临时加固措施。

（二）结构吊装工艺

单层工业厂房的构件种类繁杂，重量大，且长度不一。其吊装工艺过程主要有绑扎、起吊、对位、临时固定、校正、最后固定等几道工序。

1. 柱子的吊装

吊装柱的方法，按吊起后柱身是否垂直，有直吊法和斜吊法两种；按柱子在吊升过程中的运动特点，有旋转法和滑行法。

（1）柱的绑扎　对柱子的绑扎，要避免空中脱钩，并尽量用活络式卡环。为了避免吊索磨损柱子的表面，一般在吊索与柱子之间垫以麻袋等物。常用的绑扎方法有：

1）一点绑扎斜吊法：如图 6-13 所示。这种绑扎方法不需要翻动柱身，但要求柱子的抗弯能力满足吊装要求；由于吊索在柱的一侧，起重钩可能低于柱顶，所以起重高度相对较小，就位较困难，需辅以人工插入杯口。

2）一点绑扎直吊法：当柱子的宽度方向抗弯能力不足时，可在吊装前，先将柱子翻身后再吊起。这时，柱子在起吊时的抗弯能力强，但要求起重机的起重高度和起重臂长都比斜吊法大。这种方法，起吊后柱身呈直立状态，便于垂直插入杯口（图 6-14）。

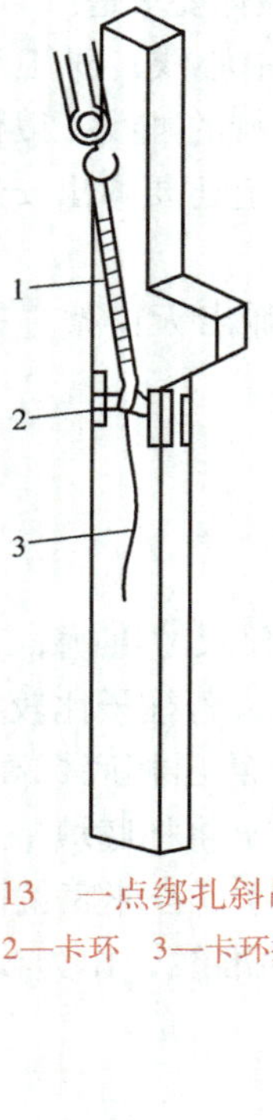

图 6-13　一点绑扎斜吊法

1—吊索　2—卡环　3—卡环插销拉绳

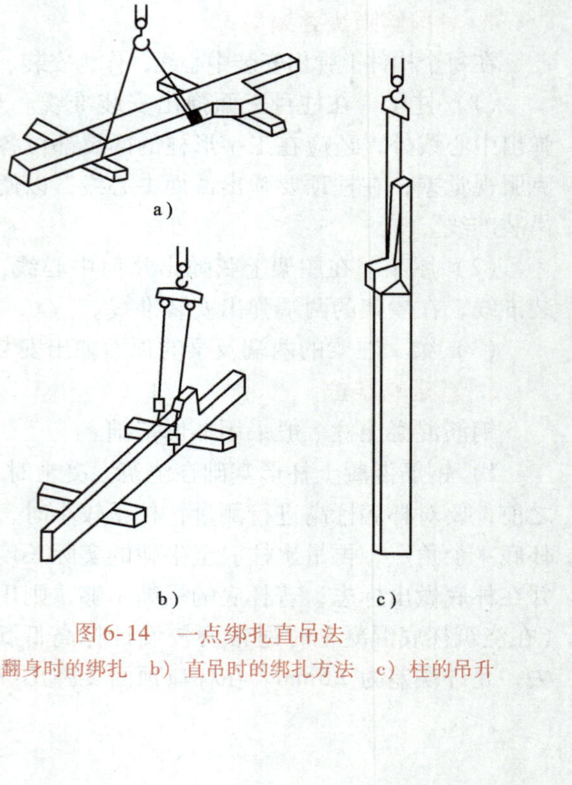

图 6-14　一点绑扎直吊法

a）将柱翻身时的绑扎　b）直吊时的绑扎方法　c）柱的吊升

3）两点绑扎法：当柱身较长时，若采用一点绑扎法，则柱的抗弯能力不足，可采用两点绑扎起吊。绑扎点位置，应选在使下绑扎点距柱重心的距离小于上绑扎点至柱重心的距离，以保证将柱起吊后能自行旋转直立，如图 6-15 所示。

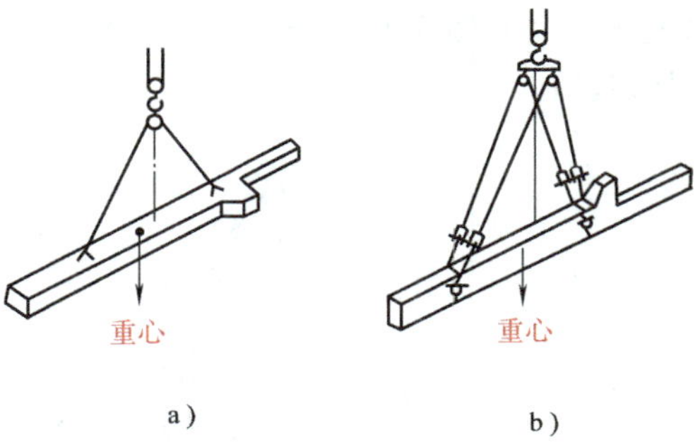

图 6-15　柱的两点绑扎法
a）斜吊　b）直吊

（2）柱的起吊　柱的起吊方法有旋转法和滑行法两种。根据柱子的重量、长度，起重机的性能和施工现场条件，又分单机起吊和双机起吊。

1）单机旋转法起吊：这种方法是起重机一边起钩，一边回转起重杆，使柱子绕柱脚旋转而起吊，直至插入杯口。

采用这种方法，要使绑扎点、柱脚中心与基础杯口中心三点同弧。在起吊柱子时，柱脚应尽量靠近基础，以提高生产效率（图 6-16）。采用旋转法吊装时，柱在吊装过程中所受振动较小，生产率高，但对起重机的机动性要求较高。

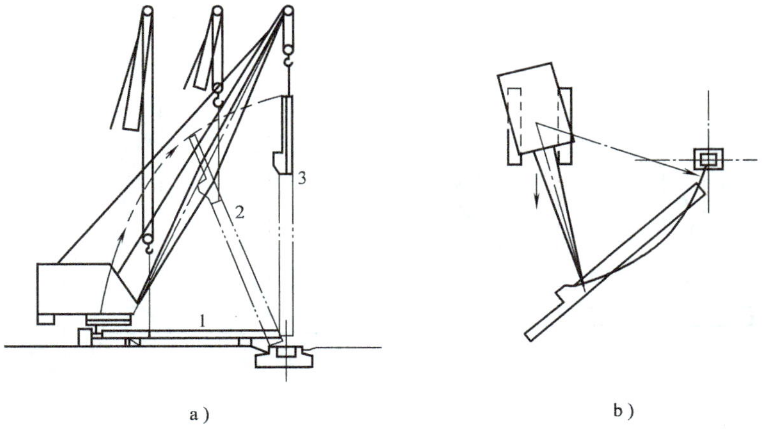

图 6-16　旋转法吊装柱
a）旋转过程　b）平面布置
注：1、2、3 为柱的移动位置。

2）单机滑行法起吊：采用此法吊装时，柱的绑扎点宜靠近基础，且绑扎点、基础杯口中心二点同弧。这样，起重臂不动，起重钩及柱顶上升，柱脚沿地面向基础滑行，直至把柱竖直。为减小滑行时柱脚与地面的摩擦力，在柱脚下设置托木、滚筒或铺设滑行道等。

滑行法与旋转法相比，前者柱身受振动大，耗费滑行材料多；只有当柱子较重、柱身较长、起重机的回转半径不够，或施工现场狭窄，以及使用拔杆式起重机时才采用滑行法，如图 6-17 所示。

3）双机抬吊旋转法：对于重型柱子，一台起重机吊不起来，可采用两台起重机抬吊，如图 6-18 所示，其中：图 6-18a 所示为两点绑扎的柱，一台起重机抬上吊点，另一台起重机抬下吊点；图 6-18b 所示为将柱抬起平行离开地面 $D+300\text{mm}$；图 6-18c 所示为上吊点的起重机将柱上部逐渐提升，下吊点不需要提升；图6-18d所示为两台起重机将柱抬成垂直并在杯口就位。

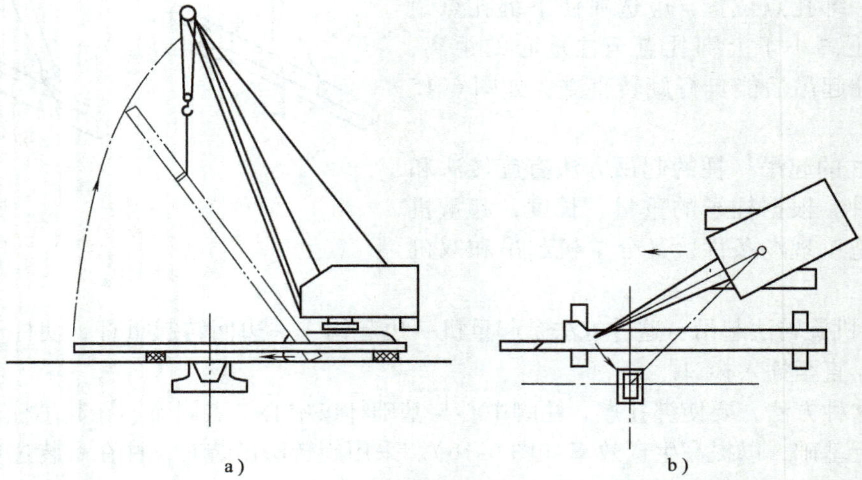

图6-17　滑行法吊装柱

a）滑行过程　b）平面布置

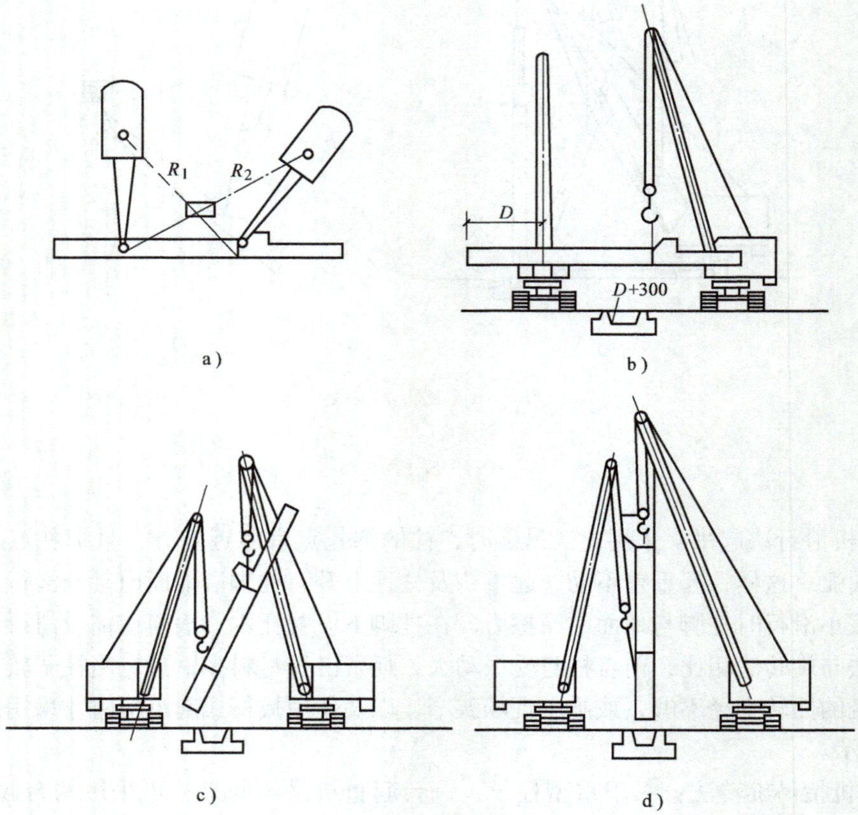

图6-18　双机抬吊旋转法

a）顶视图　b）侧视图　c）吊装　d）就位

4）双机抬吊滑行法：柱为一点绑扎，且绑扎点靠近基础，起重机在柱基的两侧，两台起重机在柱的同一绑扎点抬吊（图6-19）。

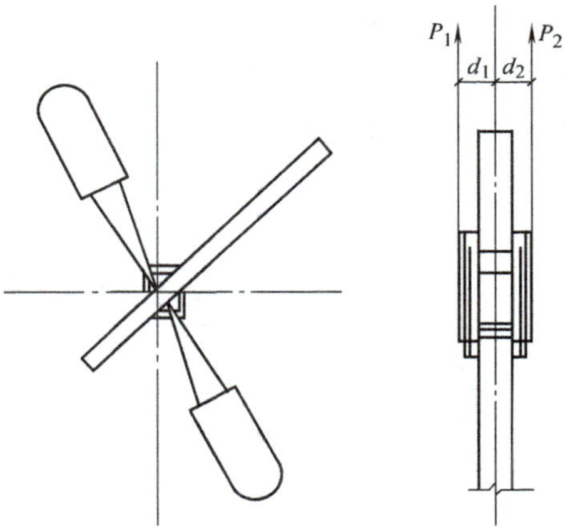

图6-19 双机抬吊滑行法

（3）柱的对位和临时固定 在基础杯底铺2～3cm水泥砂浆，将吊起的柱子插入杯口后，进行对位，并使柱身基本垂直，由两个人在柱的两个对面各放入2个楔块，共8个楔块，并用撬棍撬动柱脚，进行微动，使柱子的安装中心线对准杯口的准线后，两人相对，面对面地打紧四周的8个楔块。这时，再加设斜撑及缆风绳临时固定。

（4）柱的平面位置和垂直度校正 校正时，如发现柱在平面位置上有所走动，可用一侧打紧楔块而另一侧放松楔块的方法进行校正。

柱子的垂直度校正，通常采用两台经纬仪从柱子的相邻两面观测中心线是否垂直。其偏差要在允许范围以内，即柱高 $H \leqslant 5m$ 时，为5mm；柱高 $5m < H \leqslant 10m$ 时，为10mm；柱高 $H > 10m$ 时，为1/1000柱高，且最大不超过20mm；在没有经纬仪时，也可使用线锤检查。

若偏差超过允许值，则调整楔块的松紧、手动千斤顶等予以校正（图6-20）。

（5）柱的最后固定 柱的最后固定，是将柱子与杯口的空隙用细石混凝土灌密实。灌注前，将杯口清扫干净，并用水湿润柱脚和杯壁，再分两次浇灌比原强度高一个等级的细石混凝土，第一次先灌至楔尖的部分，待混凝土达到设计强度的30%时，拔去楔块，灌第二批混凝土，直至灌满杯口为止。

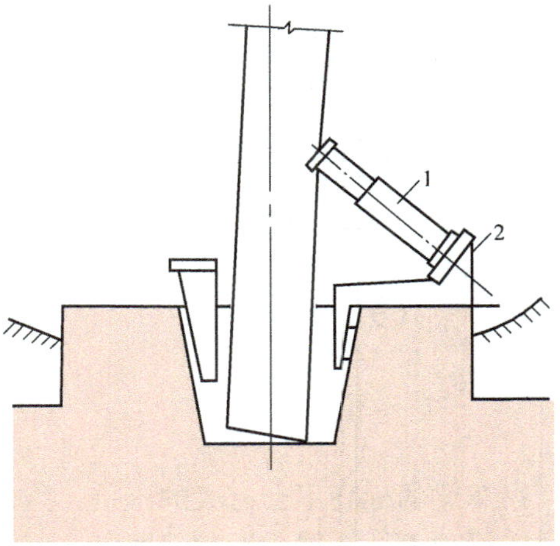

图6-20 螺旋千斤顶校正器

1—螺旋千斤顶 2—千斤顶支座

2. 吊车梁的吊装

常见的吊车梁，有矩形、T形、鱼腹式等几种。当柱子与杯口二次灌注的细石混凝土强度达75%设计强度等级之后，就可以进行吊车梁的吊装。

（1）吊车梁的绑扎、吊升、对位与临时固定 安装吊车梁，采用两点对称绑扎，吊钩对准重心，水平起吊，并使吊车梁端部的吊装准线与牛腿顶面的吊装准线对准。

吊车梁断面的高宽比小于4时稳定性好，对位后只要用垫铁垫平即可；当高宽比大于4时，稳定性就差些，对位后，除用垫铁垫平外，还要用8号钢丝将吊车梁临时固定在柱子上。

（2）校正与最后固定 吊车梁的校正，有平面位置、标高和垂直度校正等几项内容。对吊车梁平面位置校正的方法，常用通线法和平移轴线法。

1）通线法：根据柱的定位轴线，在柱列两端地面定出吊车梁定位轴线的位置，并设木桩；用经纬仪先将两端的4根吊车梁位置校正准确，并检查两列吊车梁之间的跨距是否符合要求。然后在4根已校正的吊车梁端部设置支架（或垫块），约高200mm，并根据吊车梁的定位轴线拉钢丝通线。最后根据通线逐根拨正（用撬杠）吊车梁的吊装中心线（图6-21）。

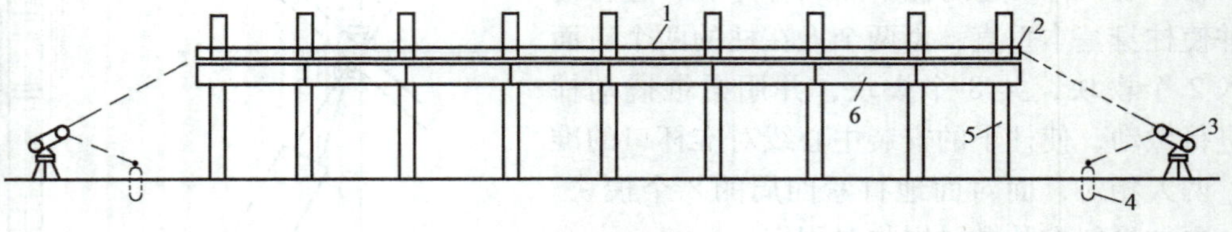

图6-21　通线法校正吊车梁示意图

1—通线　2—支架　3—经纬仪　4—木桩　5—柱　6—吊车梁

2）平移轴线法：在柱列边设置经纬仪，逐根将杯口上柱的吊装中心线投影到吊车梁顶面处的柱身上，并做出标志。若柱安装中心线到定位轴线的距离为 a，则标志到吊车梁定位轴线的距离应为 $\lambda-a$（λ 为柱定位轴线到吊车梁定位轴线之间的距离，一般 $\lambda=750$mm）。可据此来逐根拨正吊车梁的吊装中心线，并检查两列吊车梁之间的距离是否符合要求（图6-22）。

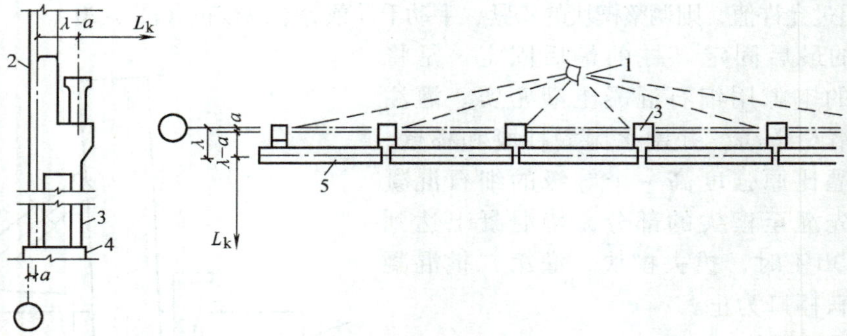

图6-22　平移轴线法校正吊车梁

1—经纬仪　2—标志　3—柱　4—柱基础　5—吊车梁

吊车梁的标高不会有大的误差，因为在柱基杯底已校正过了；如有误差，安装轨道前，在吊车梁顶面抹一层水泥砂浆即可。

对于吊车梁垂直度的校正，常用挂线锤的方法。若有偏差，可在梁底垫以薄钢板。

3. 屋架的安装

屋架是屋盖系统中的主要构件，除屋架之外，还有屋面板、天窗架、支撑天窗挡板及天窗端壁板等构件。在屋盖系统中，屋架安装质量的好坏，将影响着下道工序。

（1）屋架的扶直与就位　具体如下：

1）屋架的扶直方法。屋架扶直时，根据起重机和屋架的相对位置不同，可分为正向扶直和反向扶直。

① 正向扶直：起重机位于屋架下弦一侧，首先以吊钩对准屋架中心，收紧吊钩。然后略微起臂使屋架脱模；接着起重机升钩并起臂，使屋架以下弦为轴，缓缓转为直立状态（图 6-23a）。

② 反向扶直：起重机位于屋架上弦一侧，首先以吊钩对准屋架中心，收紧吊钩。接着起重机升钩并降臂，使屋架以下弦为轴，缓缓转为直立状态（图 6-23b）。

正向扶直和反向扶直最大的不同点，是在扶直过程中，前者为升臂，后者为降臂。由于起重机升臂比降臂易于操作且较安全，因此宜首选正向扶直法。

2）屋架的就位。屋架扶直后，应立即就位。屋架就位的位置与屋架安装方法和起重机性能有关。其原则是少占地，便于吊装，且应考虑到屋架的安装顺序、两端朝向等问题。一般靠柱边斜放或以 3～5 榀屋架为一组，平行柱边就位（图 6-24）。

屋架就位后，应用钢丝、支撑等与已安装的柱或已就位的屋架相互拉牢撑紧，以保持稳定。

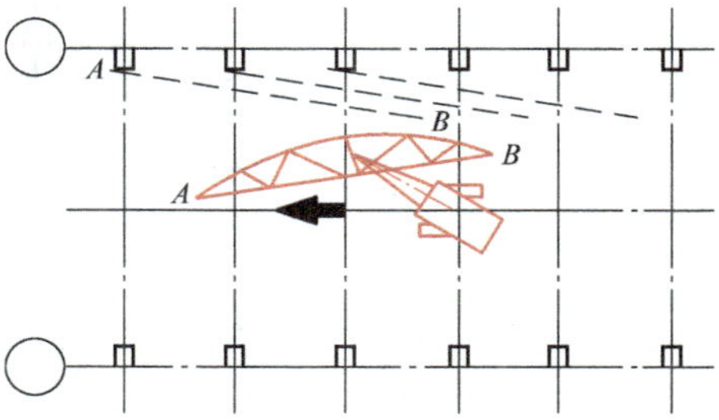

a）

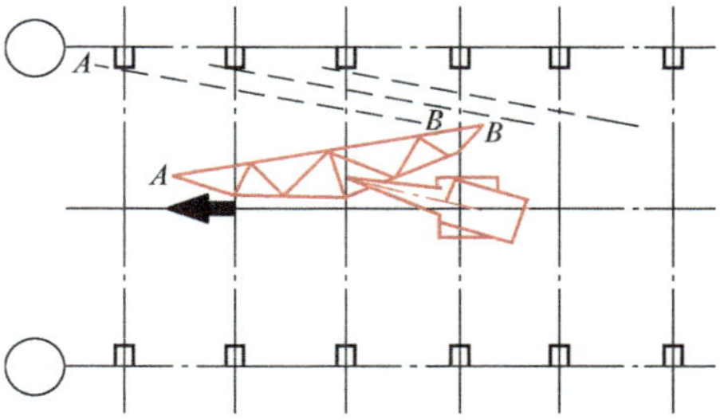

b）

图 6-23　屋架的扶直
a）正向扶直　b）反向扶直
（虚线表示屋架就位的位置）

（2）屋架的绑扎　屋架的绑扎点应选在上弦节点处或附近 500mm 区域内，左右对称，并高于屋架重心，使屋架起吊后基本保持水平，不晃动，不倾翻；屋架吊点的数目、位置与屋架的形式、跨度有关，通常由设计确定。绑扎时吊索与水平线的夹角不宜小于 45°，以免屋架承受过大的横向压力。一般当跨度小于或等于 18m 时，为两点绑扎；当跨度大于 18m 而小于 30m 时，为四点绑扎；当跨度大于或等于 30m 时，宜采用横吊梁（也称铁扁担）。屋架的绑扎如图 6-25 所示。

（3）吊升、对位和临时固定　屋架吊升是先将屋架吊离地面约 300mm，并将屋架转运至吊装位置下方，然后再升钩，将屋架提升超过柱顶约 300mm。利用屋架端头的溜绳，将屋架调整对准柱头，缓缓降落至柱头。

屋架对位应以建筑物的定位轴线为准。因此，在吊装屋架前，应先在柱顶确定定位轴线。如柱顶截面中线与定位轴线偏差过大，可逐间调整。

屋架对位后，应立即临时固定，然后起重机才可脱钩。第一榀屋架的临时固定必须十分可靠，因为此时它是单片结构，无处依托，而且还是第二榀屋架临时固定的支撑点。通常用 4 根缆风绳在屋架两侧拉紧固定，也可将屋架与抗风柱连接作为临时固定。第二榀屋架的临时固定是用工具式支撑撑牢在第一榀屋架上；以后的屋架的临时固定均采用此方法（图 6-26）。

（4）校正与最后固定　对屋架的校正，主要是垂直度，一般用经纬仪或垂球检查，用屋架校正器校正。当屋架校正垂直后，应立即用电焊固定。焊接时，先焊接屋架两端成对角线的两侧边，再焊另外两边，以避免两端同侧施焊而影响屋架的垂直度。

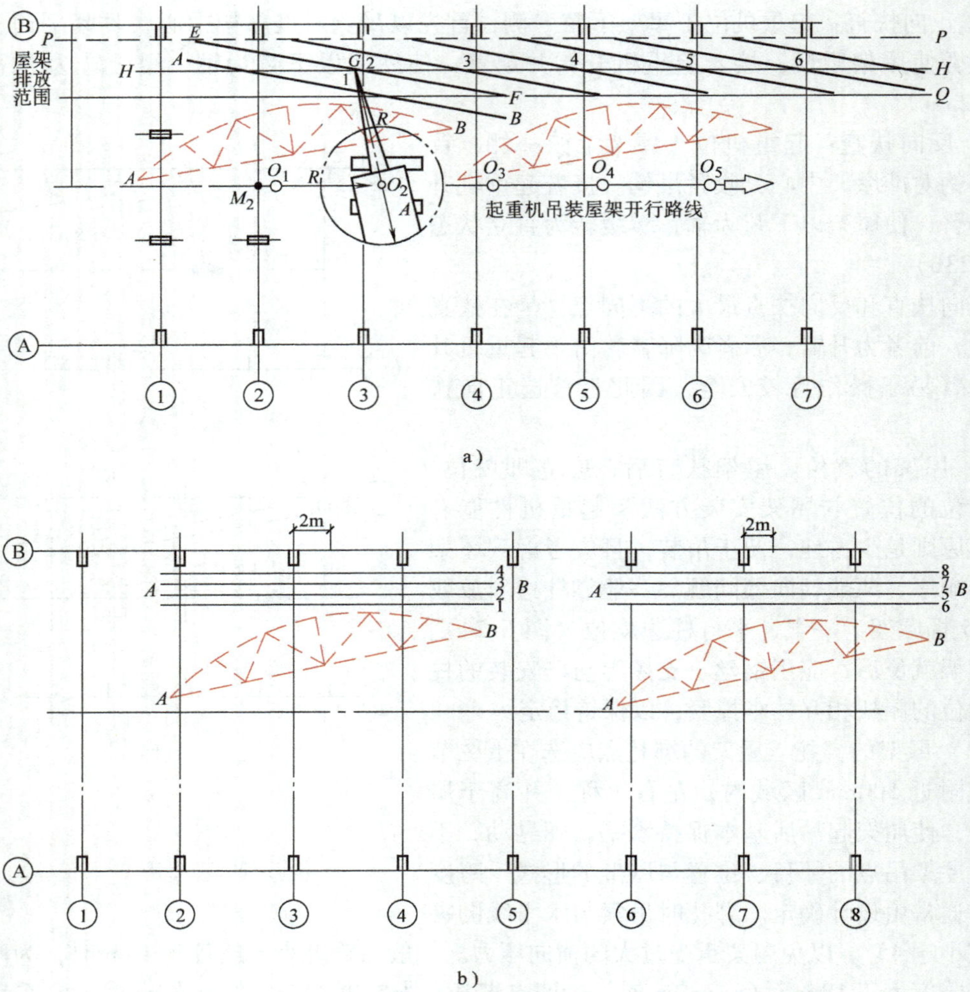

图6-24　屋架就位位置

a）屋架的斜向排放　b）屋架的成组纵向排放（虚线表示屋架预制时的位置）

4. 天窗架和屋面板的吊装

天窗架可以单独吊装，也可以在地面上先与屋架拼装成整体后同时吊装，后者可以减少高空作业，但对起重机的起重量和起重高度要求较高，目前采用单独吊装方式的较多。天窗架单独吊装法的吊装过程与屋架基本相同。

屋面板一般埋有吊环，用带钩的吊索钩住吊环即可吊装。根据屋面板的平面尺寸大小，吊环的数目为4~6个，施工中应注意保证各吊索的受力均匀。

为充分发挥起重机的起重能力，提高生产率，也可采用叠吊的方法（图6-27）。

屋面板应自两边檐口左右对称地逐块吊向屋脊，避免屋架承受半边荷载。屋面板对位后，应立即电焊固定，一般情况下每块屋面板可焊3点。

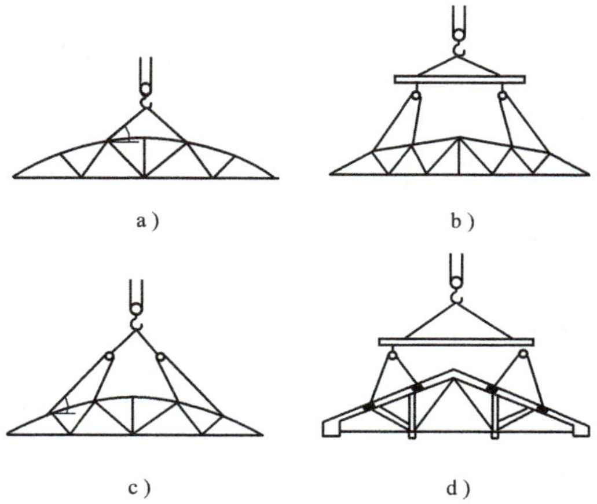

图 6-25　屋架的绑扎

a）屋架跨度小于或等于 18m 时

b）屋架跨度大于 18m 而小于 30m 时

c）屋架跨度大于或等于 30m 时　d）三角形组合屋架

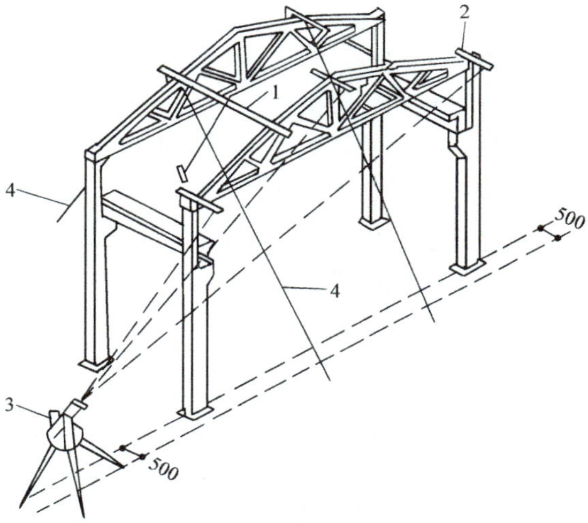

图 6-26　屋架的校正与临时固定

1—卡尺　2—屋架校正器　3—经纬仪　4—缆风绳

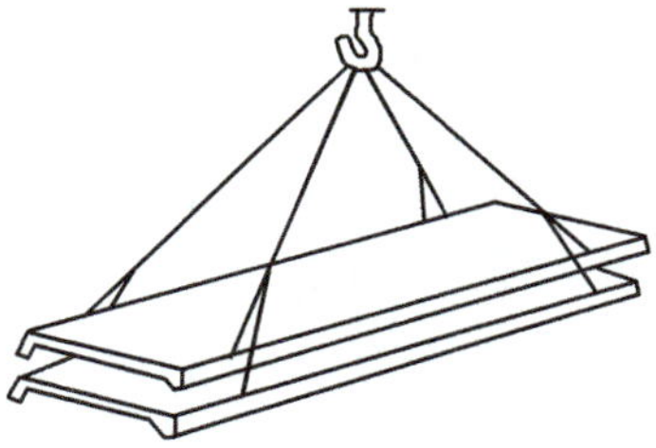

图 6-27　屋面板叠吊

第三节　多层装配式钢筋混凝土框架结构吊装

多层装配式钢筋混凝土框架结构以其工业化程度高、施工速度快、便于机械化施工、节约建筑用地的特点，得到了广泛应用；其施工特点是：建筑物高度高（相对于吊装高度）、构件类型多、数量大、连接构造和施工技术复杂等。

一、多层装配式框架结构的结构特点及吊装方法

（一）结构特点

多层工业厂房，通常为轻工业厂房，大多采用装配式结构，主要分为梁板式和无梁式两种。

梁板式结构由柱子、主梁、次梁和楼板组成；无梁式结构由柱、柱帽、柱间板和跨间板组成。

（二）吊装方法

根据建筑物的结构类型、安装的最大高度、安装工程量、安装工期和现场环境等因素，

拟定吊装方案。

1. 起重机的选择

建筑物在5层以内，或建筑物的高度在18m以下，可选用履带式起重机；若建筑物在6～9层范围内，可选用轨道式起重机。

2. 轨道式起重机的布置

轨道式起重机有两种布置形式，即单侧布置和双侧环形布置（图6-28）。若采用单侧布置，其起重半径应满足：

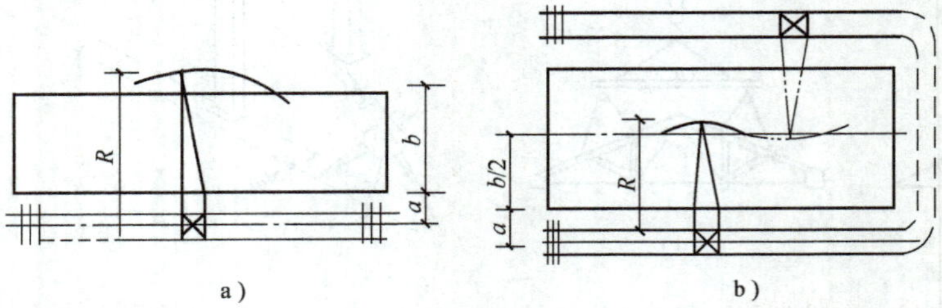

图6-28　轨道式塔式起重机布置方案

a）单侧布置　b）双侧环形布置

$$R \geqslant b + a \tag{6-5}$$

式中　R——起重机的最大起重半径（m）；

b——建筑物的宽度（m）；

a——建筑物外侧至起重机轨道中心线的距离，约3m。

若采用双侧环形布置，则起重半径应满足：

$$R \geqslant b/2 + a \tag{6-6}$$

二、柱的吊装

当柱的长度小于10m时，多采用一点绑扎旋转法起吊；当柱的长度在14～20m时，采用两点绑扎起吊。

底层柱一般都是插入基础杯口。起吊时，应先装好保护根部外伸主筋的钢管三角架（图6-29），在起吊过程中，外伸钢筋不因受力而弯曲；使用时，钢管三角架倾斜向上，套在主筋上并顶住其根部；当柱子起吊离开地面后，钢管三角架会自行脱落。

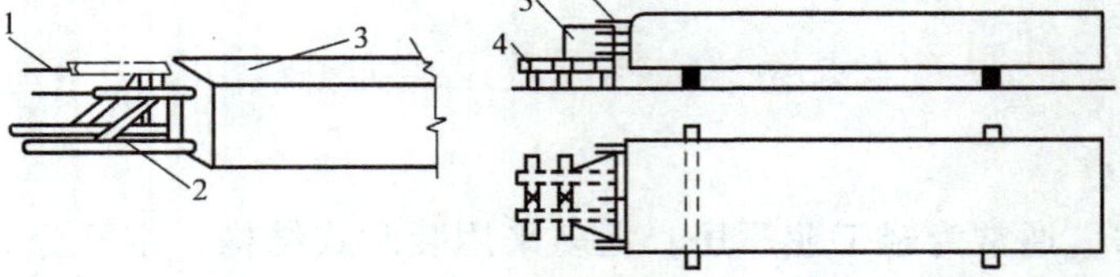

图6-29　钢管三角架示意图

1—外伸钢筋　2—钢管三角架　3—柱根部　4—垫木　5—榫头

三、构件的接头

对于装配式框架结构构件的接头，既要保证结构的整体性，满足其强度和刚度的要求，还要考虑到制作简单、方便固定及节约材料。

（一）柱的接头

柱的接头形式有榫式接头、插入式接头、浆锚式接头三种（图6-30）。

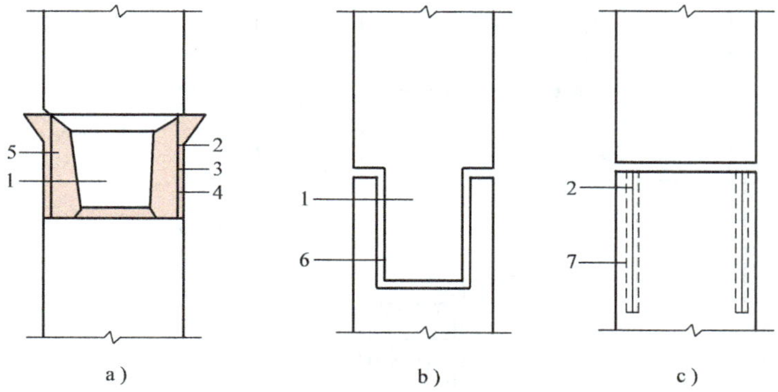

图6-30 柱与柱的接头

a）榫式接头 b）插入式接头 c）浆锚式接头

1—榫头 2—上柱外伸钢筋 3—剖口焊 4—下柱外伸钢筋

5—后浇接头混凝土 6—下柱杯口 7—下柱预留孔

1. 榫式接头

即上柱留一个榫头，以承受施工荷载。上柱和下柱外露受力钢筋，采用剖口焊接，并配以箍筋，用混凝土浇筑成一体。这种接头方式，耗钢量少，整体性好，安装、校正方便。

2. 插入式接头

将上柱做成榫头，下柱顶部做成杯口，当上柱榫头插入下柱杯口后，再用水泥砂浆灌满填实。灌浆的压力在2～5kN/mm^{2}之间。

3. 浆锚式接头

将上柱伸出的钢筋插入下柱的预留孔中，然后用水泥浆锚固，以形成整体。采用此种接头方式，柱子的截面一般不小于400mm×400mm，伸出的钢筋为4根，下柱预留孔的直径为4d（d为钢筋直径）且不少于80mm。

（二）梁与柱的接头

在装配式结构中，梁与柱的接头，有明牛腿式刚性接头、齿槽式接头和浇筑整体式接头三种（图6-31）。

1. 明牛腿式刚性接头

在梁端和牛腿上分别预埋一块钢板，焊接好后，起重机方可脱钩，再将梁、柱的钢筋用剖口焊接，然后浇筑混凝土，使之成为刚度大、受力可靠的刚性接头。

2. 齿槽式接头

在梁柱接头处设以角钢，作临时牛腿，以支撑梁。角钢支撑面积小，不太安全，只有在将钢筋配上箍筋后，浇上混凝土，且混凝土强度达到10kN/mm^{2}时，方可吊装上柱。

3. 浇筑整体式接头

该接头方式的施工程序是：先吊装下节柱，然后将梁搁在柱上，梁底钢筋按锚固长度要

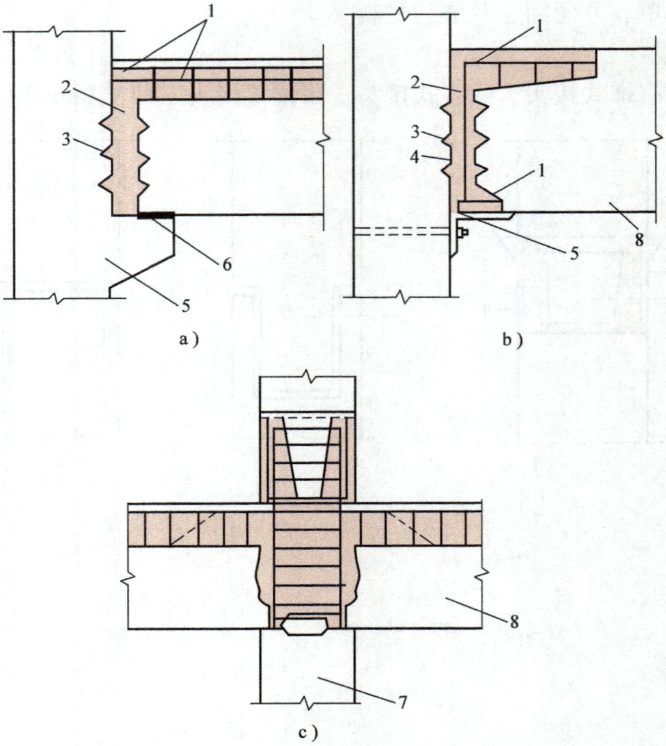

图6-31　梁与柱的接头

a）明牛腿式刚性接头　b）齿槽式接头　c）浇筑整体式接头

1—剖口焊钢筋　2—浇捣细石混凝土　3—齿槽　4—附加钢筋

5—牛腿　6—垫板　7—柱　8—梁

求弯上或焊接，加箍筋后，浇筑节点混凝土至楼板面，待混凝土强度达到 $10kN/mm^2$ 后，再安装上柱，将上、下节柱搭接钢筋焊接后，第二次浇筑混凝土到上柱榫头上方。此方法整体性好、梁柱制作较简单，但其交接处钢筋密，工序多，施工复杂。

第四节　大型墙板结构房屋结构吊装

大型墙板结构的吊装方法主要有直接吊装法和储存吊装法两种。

直接吊装法是将构件从加工厂或加工点按吊装顺序配套运到现场，由运输工具直接起吊安装。该方法占用场地少，少用或不用堆放设施，但需用较多的运输车辆，组织工作复杂。

储存吊装法是将构件运到起重机械工作幅度范围内储存，储存量一般为1~2层的构配件，然后吊装。施工中常用此方法。

构件现场储存的方法：墙板应立放在插放架内，并用木楔使墙板和架子固定牢靠，不得晃动，插放架如图6-32所示。

楼板重叠平放在地上，支点垫木应垫在吊点位置且与主筋方向垂直，各层垫木应在同一垂直线上，堆放层数要根据构件强度、地面承载力、垫木强度及堆垛的稳定性确定，参见表6-8。

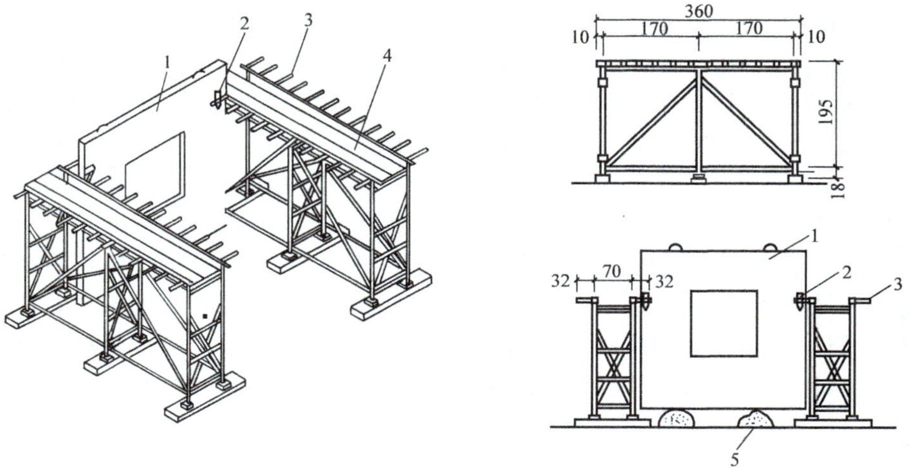

图 6-32　插放架（单位：cm）

1—墙板　2—木楔　3—上横杆　4—走道板　5—砂埂

表 6-8　构件重叠平放的层数

构件名称	最多堆放层数	构件名称	最多堆放层数
整间大块楼板/屋面板	4～6	烟道/垃圾道	5～6
80～120mm 宽的圆孔板	8～10	6m 的工业建筑墙板	10
楼梯	5	9～12m 的工业建筑墙板	6

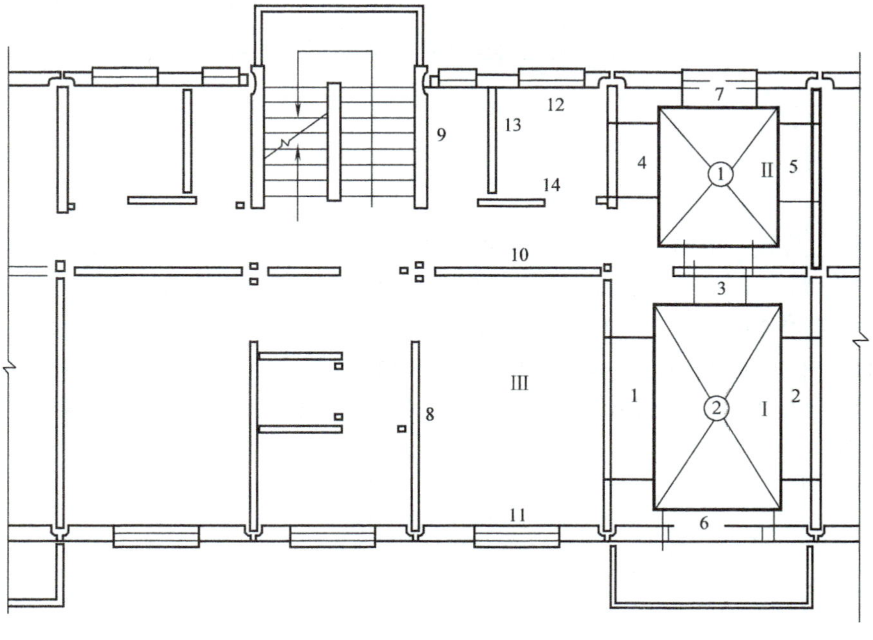

图 6-33　双间封闭式吊装顺序示意图

①、②—操作平台　1、2、3、…、14—墙板吊装顺序

Ⅰ、Ⅱ、Ⅲ—逐间封闭顺序

墙板结构房屋的吊装，采用分层分段流水吊装法。按楼层划分施工层，每一施工层又可分两个施工段，在第一施工段墙板等构件吊装完毕后，吊装机械转入第二施工段；第一施工段则进行接缝的灌浆、弹线、抄平与坐灰等工作。图6-33为双间封闭式吊装顺序示意图，双间封闭式吊装是单元式居住建筑采用的吊装方法。由于逐间闭合，随吊装随焊接，施工期间结构整体性好，临时固定简便，焊接工作比较集中，因此采用较多。为了使安装误差能均匀分担，一般从房屋的中间或第二个开间开始安装。封闭的开间形成一个稳定结构，作为其他开间吊装的依靠。墙板的绑扎采用万能扁担（带有8根吊索的横吊梁），既可吊墙板又能吊楼板。吊装时，标准房间用墙板吊装操作平台来固定墙板和调整墙板的垂直度；对于楼梯间及不宜使用操作平台的房间，则用水平拉杆和转角固定器进行临时固定；墙板的垂直度检查用靠尺（托线板），校正后进行墙板的最后固定。墙板之间设工具式模板进行灌浆。

第五节 升板法施工

升板法施工是指楼板用提升法施工的板柱框架结构工程，是介于现浇混凝土和预制装配化之间的一种先进施工方法。升板法施工的方法是利用柱子作为导杆，配备相应的提升设备，将预制在地面上的各层楼板提升到设计标高，然后加以固定。其施工顺序（图6-34）是：先将预制柱吊装好，再浇筑室内地坪；然后以地坪作为胎模，就地叠层浇筑各层楼板和屋面板（板与板、板与柱之间用隔离剂分隔）；待混凝土达到一定强度后，利用沿柱自升的提升机，将柱作为提升支承和导杆，由提升机将各层板逐一提升到设计标高，并加以固定。

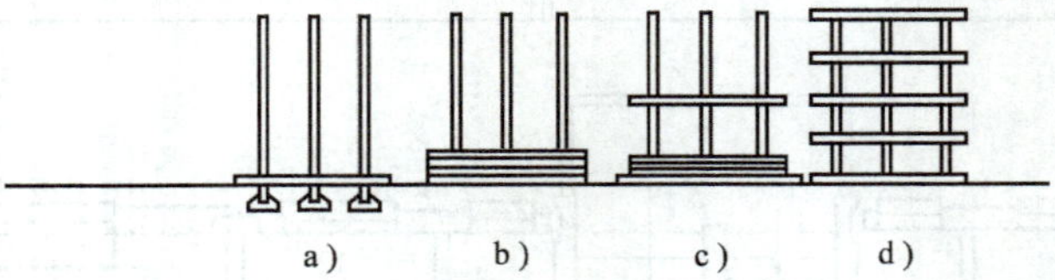

图6-34 升板工程提升程序示意图

a）立柱/浇地坪 b）叠浇板 c）提升板 d）就位固定

升板结构及其施工的特点是：柱网布置灵活，设计结构单一；各层板叠浇制作，可节约大量模板（约90%）；提升设备简单，不用大型机械（吊装柱子除外）；高空作业减少，施工较为安全；劳动强度减轻，机械化程度提高；梁板一起浇筑提升，工序简化、工效提高；楼板、屋面板原位就地预制，节省施工用地，适宜狭窄场地施工。该方法的缺点是：需要在柱上增加预埋件（用于提升设备）、设提升环，柱子需加强刚度，因此比现浇框架用钢量大，造价偏高。

第六节 结构吊装工程的质量与安全

一、结构安装操作中的质量要求

1）当混凝土的强度超过设计强度的75%，以及预应力构件孔道灌浆的强度在15MPa以上时，方可吊装。

2）安装构件前，在构件上应标注中心线或安全线；要用仪器校核结构及预制构件的标高及平面位置。

3）把构件就位后，要进行临时固定，使之稳定。

4）在吊装装配式框架结构时，只有当接头和接缝的混凝土强度大于10MPa时，才能吊装上一层结构的构件。

5）在安装构件时，力求准确；即使有偏差，也应在允许范围以内，见表6-9。

表6-9　安装构件时的允许偏差

项　目	名　　称			允许偏差/mm
1	杯形基础	中心线对轴线位移		10
		杯底标高		-10
2	柱	中心线对轴线位移		5
		上下柱连接中心线位移		3
		垂直度	≤5m	5
			>5m	10
			≥10m且多节	高度的0.1%
		牛腿顶面和柱顶标高	≤5m	-5
			>5m	-8
3	梁或吊车梁	中心线对轴线位移		5
		梁顶标高		-5
4	屋架	下弦中心线对轴线位移		5
		垂直度	桁架	屋架高的1/250
			薄腹梁	5
5	天窗架	构件中心线对轴线位移		5
		垂直度（天窗架高）		1/300
6	板	相邻两板板底平整	抹灰	5
			不抹灰	3
7	墙板	中心线对轴线位移		3
		垂直度		3
		每层山墙倾斜		2
		整个高度垂直度		10

二、质量通病及防治措施

（一）柱子安装

1. 安装柱子的质量通病

1）柱子的实际轴线与标准轴线不重合。

2）由于各种原因，使柱子产生的裂缝超过允许值。

3）有牛腿的柱子，其垂直度发生偏差超过允许值。

4）框架柱的垂直度不符合要求；双肢柱的底脚出现裂缝。

2. 对安装柱子质量通病的防治措施

1）柱的相对两面的中心线要在同一平面上，且要准确。吊装前，还要检查杯口的尺寸。

2）柱子就位后，当第一次所灌的混凝土强度达到设计强度的30%后，才能拆除楔块。

3）当柱子的强度达到设计强度的70%后，才能运到工地；强度达到100%时，方可起吊安装。

4）用经纬仪校正变截面柱子。一般柱子可用线锤初校垂直度。

5）柱子绑扎点，不能头重脚轻，否则，将头部放松，打入木楔，移动吊点。

（二）梁安装

1. 安装梁的质量通病

1）跨度较大的梁，在跨中容易出现裂缝。

2）由于在安装柱时，轴线有误差，使吊车梁跨距不等。

3）安装吊车梁，标高不准确，出现扭曲，或使吊车梁不呈水平线。

4）梁的垂直度偏差超过允许值。

2. 对安装梁质量通病的防治措施

1）对于大跨度的梁或带悬臂板的梁，在不使其产生负弯矩的前提下，可在跨中或两端临时支顶方木，以增加稳定性。

2）校核梁的中心线与垂直度，应同时进行。

（三）屋架安装

1. 安装屋架的质量通病

1）屋架的垂直度发生偏差。

2）扶直屋架时，由于不当，产生侧向弯曲，易出现裂缝。

2. 对安装屋架质量通病的防治措施

1）先将屋架的一侧绑上杉木杆，再扶直；再绑上另一侧的杉木杆，方可起吊，且吊索与水平夹角大于45°。

2）用振动法使重叠生产的屋架脱离开。

（四）板安装

1. 安装板的质量通病

1）安装大型屋面板时，板边压线发生位移。

2）焊接板角时，焊缝的长度和厚度不足。

3）板的两端搁置长度不够，且存在一端长、另一端短的情况。

4）板缝之间灌细石混凝土时，没有设钢筋，造成交工后出现裂缝。

2. 对安装板质量通病的防治措施

1）各种板出厂前，应检查是否有裂缝、鼓胀、掉边、缺角。

2）板与板之间的缝隙要留足，以便灌注混凝土时，放好钢筋。

3）调整板的两端搁置长度，使之符合要求。

4）板上的预埋件，不得突出板面。

5）梁上用水泥砂浆找平，如空隙较大，要用细石混凝土垫密实。

6）安装悬臂板时，加设临时支撑，以增强施工时的刚度和稳定性。

三、结构安装操作中的安全要求

（一）保证人身安全的要求

1）吊装现场，禁止非工作人员入内。

2）高空作业时，尽可能搭设临时的操作平台，并设爬梯，供操作人员上下。

3）患心脏病或高血压的人，不宜高空作业，以免发生头昏眼花而造成人身安全事故。

4）不准酒后作业。

5）进入施工现场的人员，必须戴好安全帽和手套；高空作业还要系好安全带；所带的工具，要用绳子扎牢或放入工具包内。

6）在高空进行电焊焊接，要系安全带，戴防护面罩；潮湿地点作业，要穿绝缘胶鞋。

7）进行结构安装时，要统一用哨声、红绿旗、手势等指挥，有条件的工地，可用对讲机、手机进行指挥。

（二）使用机械的安全要求

1）使用的钢丝绳应符合要求。

2）起重机负重开行时，应缓慢行驶，且构件离地不应超过500mm。严禁碰触高压电线，为安全起见，起重机的起重臂、钢丝绳起吊的构件，与架空高压线要保持一定的距离。

3）发现吊钩与卡环出现变形或裂纹，不得再使用。

4）起吊构件时，吊钩的升降要平稳，以避免紧急制动和冲击。

5）对于新购置的或改装、修复的起重机，在使用前，必须进行动荷、静荷的试运行。试验时，所吊重物为最大起重量的125%，且离地面1m，悬空10min。

6）停机后，要关闭上锁，以防止别人起动而造成事故；为防止吊钩摆动伤人，应空钩上升一定高度。

思考题

1. 试述桅杆式起重机的分类、构造及特点。
2. 常用的钢丝绳有哪几种规格？其允许拉力如何计算？
3. 自行式起重机有哪几种类型？各有什么特点？
4. 塔式起重机有哪几种类型？各有何特点？
5. 结构吊装前应做好哪些工作？
6. 构件的质量检查包括哪些内容？如何进行构件的弹线和编号？
7. 钢筋混凝土杯形基础的准备工作包括哪些内容？
8. 钢筋混凝土柱子吊装时有哪几种绑扎方法？各有何特点？
9. 什么是单机吊装柱时的旋转法和滑行法？试比较其特点。
10. 钢筋混凝土柱子如何进行对位、临时固定和最终固定？
11. 如何检查和校正柱子的垂直度？
12. 试述吊车梁的绑扎、吊装、对位、临时固定、校正和最终固定方法。
13. 什么是屋架的“正向扶直”和“反向扶直”？有什么不同？
14. 试述屋架的绑扎、吊装、对位、临时固定、校正和最终固定方法。

15. 多层装配式框架结构吊装时，如何选择起重机械？
16. 多层装配式框架结构柱与柱的接头形式有几种？各有何特点？
17. 多层装配式框架结构柱与梁的接头形式有几种？各有何特点？
18. 简述大型墙板结构房屋的吊装工艺。
19. 什么是升板法施工？简述其施工工艺。
20. 简述柱子安装的质量通病及其防治的措施。
21. 简述屋架安装的质量通病及其防治的措施。
22. 试述结构吊装施工的安全要求。

习 题

一、单项选择题

1. 装配式结构施工的主导工程是（　　）。

A. 构件制作　　B. 构件拼装　　C. 构件吊装　　D. 构件运输

2. 吊车梁的安装应在柱子第一次校正和（　　）安装后进行。

A. 柱间支撑　　B. 屋架　　C. 起重机轨道　　D. 天窗架

3. 钢屋架的安装应在（　　）校正符合规定后进行。

A. 吊车梁　　B. 柱子　　C. 柱子支撑　　D. 连系梁

4. 钢结构构件安装前应对（　　）进行验收。

A. 临时加固　　B. 构件　　C. 基础　　D. 连系梁

5. 吊车梁的校正应在（　　）安装并永久连接后进行。

A. 屋面系统构件　　B. 基础梁　　C. 柱间支撑　　D. 连系梁

6. 吊车梁的吊装必须待柱杯口二次浇筑混凝土达到设计强度的（　　）。

A. 50%　　B. 40%　　C. 20%　　D. 75%

7. 塔式起重机遇到大风（　　）以上时禁止操作。

A. 5 级　　B. 6 级　　C. 7 级　　D. 8 级

8. 混凝土预制构件运输时必须达到设计强度的（　　）。

A. ≤70%　　B. ≥70%　　C. ≤75%　　D. ≤60%

9. （　　）适合安装工程量比较集中的工程。

A. 汽车式起重机　　B. 桅杆式起重机　　C. 自行式起重机　　D. 塔式起重机

10. 混凝土预制构件安装时必须达到设计强度的（　　）。

A. 80%　　B. 70%　　C. 90%　　D. 100%

二、多项选择题

1. 结构吊装工程常用的起重机械有（　　）。

A. 龙门架　　B. 桅杆式起重机　　C. 自行式起重机
D. 塔式起重机　　E. 井架

2. 根据柱子的吊升过程中的运动特点分为（　　）。

A. 旋转法　　B. 斜吊法　　C. 滑行法
D. 直吊法　　E. 横吊法

3. 按照起重机与屋架预制时相对位置不同，屋架扶直有（　　）。

A. 正向扶直　　B. 横向扶直　　C. 反向扶直
D. 纵向扶直　　E. 竖向扶直

4. 单层工业厂房结构工程的准备工作有（　　）。

A. 场地清理　　B. 道路修筑　　C. 构件运输

D. 弹线编号　　E. 吊装机具的准备

5. 装配式框架柱构件的接头形式有（　　）。

A. 榫式接头　　B. 插入式接头　　C. 焊接接头

D. 浆锚式接头　　E. 法兰接头

三、应用题

1. 吊装某一构件，约50kN，现采用6×37钢丝绳起吊，其极限抗拉强度为1700N/mm^2，问应该用多大直径的钢丝绳？

2. 某一单层工业厂房，如图6-35所示。屋架为45.0kN；柱子为48.0kN，试选用安装构件时所需履带式起重机的型号。

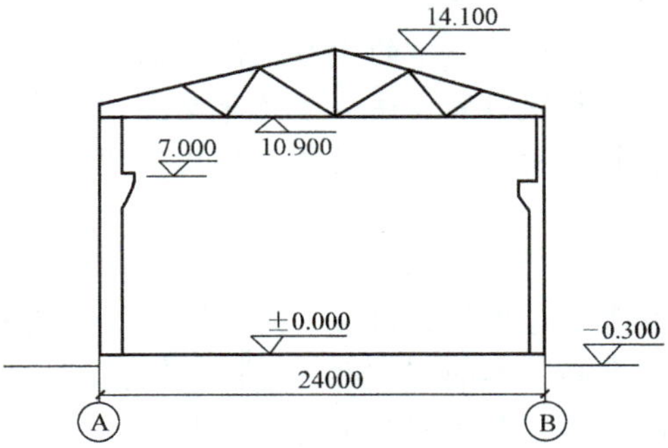

图6-35　某单层工业厂房示意图

第七章 钢结构工程

本章概要

本章主要介绍了普通钢结构工程、薄壁型钢结构工程、轻钢结构单层厂房和大跨度结构的施工工艺和施工方法。通过本章的学习，使学生掌握普通钢结构工程的施工工艺和施工方法；熟悉大跨度结构的吊装方法；了解薄壁型钢结构工程和轻钢结构单层厂房的施工工艺和施工方法、钢结构工程常见的质量事故及防治方法。

钢结构是用钢板、型钢等通过焊接、铆接、螺栓连接等方式制造的结构。与其他结构比较，钢结构具有重量轻，强度高，多向匀质性，塑性及韧性都比较好，焊接性良好，安装方便等特点，但耐腐蚀性、耐火性较差。根据上述工程特点，钢结构主要应用在大跨度结构、高层建筑、各种容器、高耸结构等方面。

第一节　普通钢结构工程

一、普通钢结构的制作

（一）钢结构材料的种类

各种结构对钢材有不同的要求，选用时要根据要求对钢材的强度、塑性、韧性、抗疲劳性能、焊接性能等全面考虑。承重结构的钢材应保证抗拉强度，伸长率，屈服点和硫、磷的极限含量。焊接结构应保证碳的极限含量。承重结构的钢材一般采用 Q235、16Mn、16Mnq 和 15MnVq 等几种常用钢材。

1）Q235 钢属于普通碳素钢，主要用于建筑钢结构工程，其屈服点为 235N/mm^2，具有良好的塑性和韧性。

2）16Mn 钢属于普通低合金钢，其屈服点为 345N/mm^2，强度较高，塑性和韧性好，也是我国建筑结构工程中使用的主要钢材。

3）16Mnq、15MnVq 钢为我国的桥梁工程结构用钢材，强度高、韧性好，且具有良好的耐疲劳性能。

建筑结构使用的型钢主要是热轧钢板和型钢，以及冷弯成形的薄壁型钢。

热轧型钢是指经过加热用机械轧制出来的具有一定形状和横截面的钢材。在钢结构工程中使用较多的热轧型钢如图 7-1 所示。

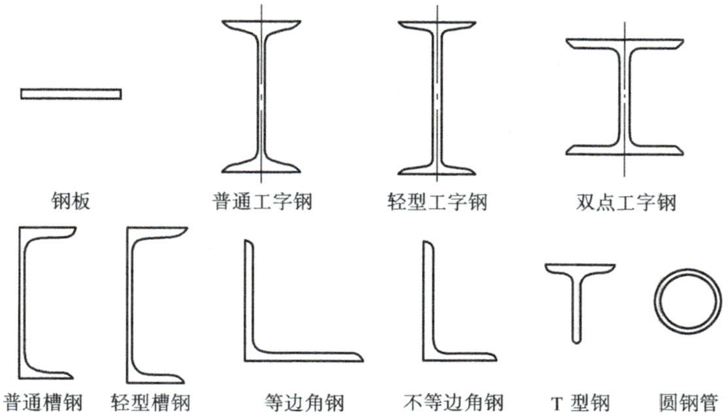

图 7-1　热轧型钢

（二）钢结构构件

1. 钢结构构件的截面形式

钢结构的主要受力构件一般采用 H 形、箱形、十字形、圆形等。其中以 H 形和箱形连接较为简单，受力性能与经济效果较为理想，应用较为广泛。此外，在方形、圆形管中浇筑混凝土而形成钢管混凝土组合柱，可大大提高柱的承载能力且可避免管壁局部失稳，是高层及重载钢结构的一种很有前途的结构构件形式。

2. 钢结构构件的连接方式

钢结构的连接是通过一定方式将各个杆件连成整体。杆件间要保持相互位置的正确，以满足传力和使用要求。连接部位应有足够的静力强度和疲劳强度。钢结构的连接方法分为焊接、铆接、普通螺栓和高强螺栓连接等。

3. 钢结构构件的制作

与普通钢筋混凝土结构工程相比，钢结构工程施工的最大不同在于其绝大部分构件是在加工厂内完成的，因此，钢结构构件的制作质量特别是构件的尺寸精度直接影响钢结构的现场安装，进而影响钢结构的工程质量。

钢结构的制作工艺流程为原材料矫正、放样、下料、拼装、焊接（或螺栓连接）、校正、除锈、油漆。

（1）原材料矫正　型材在轧制、运输、装卸、堆放过程中，可能会产生表面不平、弯曲等缺陷。这些缺陷有的需要在画线下料前矫正，有的则需在下料切割后矫正。在矫正时应注意碳素结构钢和低合金结构钢所要求的环境温度和加热温度。碳素结构钢在环境温度低于 -16℃、低合金结构钢在环境温度低于 -12℃时，不得进行冷矫正和冷弯曲。加热矫正时，加热温度应根据钢材性能选定，但不得超过 900℃。低合金结构钢在加热矫正后应缓慢冷却。

矫正后的钢材表面，不应有明显的损伤和不平，划痕深度不得大于 0.5mm，且应符合国家现行有关规范对表面质量的要求（表 7-1）。

（2）放样　放样工作包括核对施工图的安装尺寸和孔距；以 1∶1 的大样放出节点；核对各部分的尺寸；根据批准的施工图进行放样，以制作的样板和样杆作为下料、弯制、铣、刨、制孔等加工的依据。规定其允许偏差，便于工序检查，平行线距离和分段尺寸、宽度、长度、孔距，允许偏差为 0.5mm；对角线差为 1.0mm；加工样板的角度允许偏差为 ±20′。

放样应采用经过计量检定的钢直尺，并将标定的偏差值计入量测尺寸。尺寸丈量应先量全长后量分尺寸，不得分段丈量相加，避免误差积累。

号料应使用经过检验合格的样板（样杆），避免直接用钢直尺所造成的过大偏差或看错尺寸而引起的不必要损失。应使用与孔径相等的圆规号孔，并打上样冲作出标记，便于钻孔后检查孔位是否正确。号料的允许偏差为：零件外形尺寸 1.0mm，孔距 ±0.5mm。

表 7-1 钢材矫正后的允许偏差

项 目	允许偏差		图 例
钢板的局部平面度	$t \geq 14$mm	1.5mm	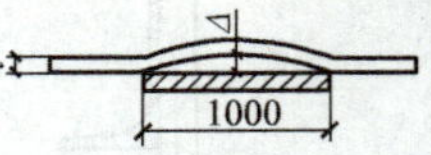
	$t \geq 14$mm	1.0mm	
型钢弯曲矢高		1/1000 5.0mm	
角钢肢的垂直度		$\frac{b}{100}$ 双肢栓接角钢的角度不得大于90℃	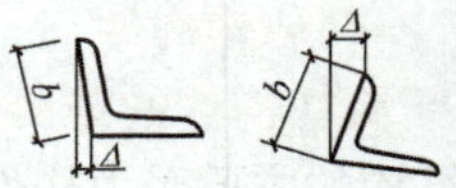
槽钢翼缘对腹板的垂直度		$\frac{b}{80}$	
工字钢，H钢翼缘对腹板的垂直度		$\frac{b}{100}$且不大于2.0mm	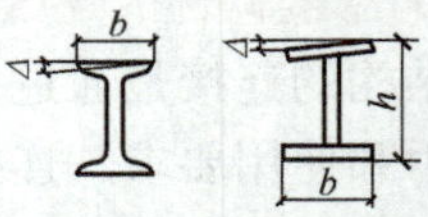

放样号料常用的工具及设备有：划针、尺子、粉笔、剪子、折弯机等。样板一般用 0.5～0.75mm 的薄钢板或塑料板制作。样杆一般用薄钢板、扁铁或木杆制作。样板和样杆上应注明图号、零件号、数量及加工边、坡口部位、弯折线和弯折方向、孔径等。

(3) 下料　钢材下料的方法有氧割、机切、冲模落料和锯切等。机械剪切用于切割厚度小于 12mm 的钢板；气割则用于切割厚度大于 12mm 的钢板；锯切用于切割宽翼缘型钢。

(4) 边缘加工和制孔　切割后的钢板或型钢在焊接组装前需作边缘加工，形成焊缝坡口。焊缝坡口加工可采用气割、铲割、坡口机切削等方法，边缘加工需用样板控制坡口角度和尺寸，当采用气割或机械剪切零件时，其边缘加工的刨削量不应小于 2.0mm。

制孔时，应注意孔的类型及其制作要求。对于 A、B 级螺栓孔应保证孔距精度和孔壁表面粗糙度；对于 C 级螺栓孔应保证摩擦型高强度螺栓孔径比杆径大 1.5～2.0mm；承压型高强度螺栓孔径比杆径大 1.0～1.5mm。

(5) 组装和焊接　板材、型材由于长度（板材包括宽度）受到限制，往往需要在工厂进行拼接。一个较复杂的构件由很多零件或部件（组合牛腿等）组成，为减小构件的焊接残余应力，应先进行材料拼接和部件组装，待焊接、矫正后再进行构件的组装、焊接。通常，焊接 H 型钢和箱形柱均先在拼装台座上进行焊接小组装，框架短梁与柱身再进行焊接大组装，形成梁柱的框架节点。焊接连接组装的允许偏差应符合表 7-2 的规定。

焊接工艺评定是保证钢结构焊缝质量的前提，通过焊接工艺评定选择最佳的焊接材料、焊接方法、焊接参数、焊后热处理等，以保证焊接接头的力学性能达到设计要求。对于任何施工单位首次使用的钢材、焊材及改变焊接方法、焊后热处理等，必须进行焊接工艺评定，工艺评定合格后写出正式的焊接工艺评定报告和焊接工艺指导书，用以指导构件的焊接组装。

表 7-2 焊接连接组装的允许偏差

项目		允许偏差/mm	图例
对口错边(Δ)		t/10 且不大于 3.0	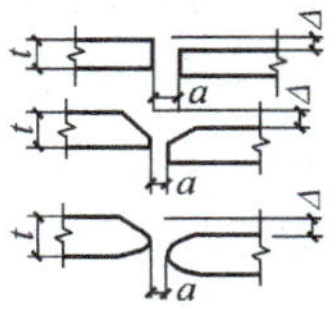
间隙(a)		±1.0	
搭接长度(a)		±5.0	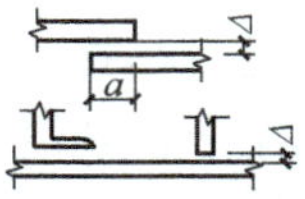
缝隙(Δ)		1.5	
垂直度(Δ)		b/100 且不大于 2.0	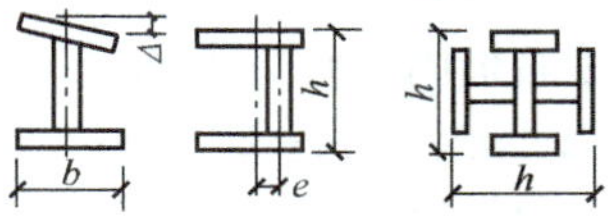
中心偏移(e)		±2.0	
型钢错位	连接处	1.0	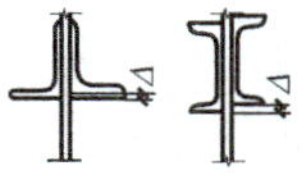
	其他处	2.0	
箱形截面高度（h）		±2.0	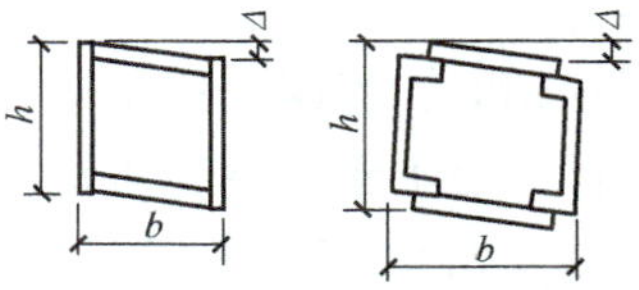
宽度(b)		±2.0	
垂直度(Δ)		b/200 且不大于 3.0	

焊工应经过考试并取得合格证后方可从事焊接工作，焊工停焊时间超过 6 个月，应重新考核。

钢构件的板件间焊接接头形式主要有对接接头、T 形接头、角接接头、十字接头等。对接焊缝及对接和角接组合焊缝，应在焊缝的两端设置引弧和引出板，其材料和坡口形式应与焊件相同。引弧和引出板的焊缝长度：埋弧焊应大 50mm；手工电弧焊及气体保护焊应大于 20mm，焊接完毕后应采用气割切除引弧和引出板，并修磨平整。

角焊缝转角处宜连续绕角施焊，起落弧点距焊缝端部宜大于 10mm，角焊缝端部不设置引弧和引出板的连续焊缝，起落弧点距焊缝端部宜大于 10mm，且弧坑应填满。

由于焊接时局部的激热速冷在焊接区可能产生裂纹，预热可以减缓焊接区的激热和速冷，避免产生裂纹。对约束力大的接头，预热后可减小收缩应力。预热还可排除焊接区的水分和湿气，从而避免产生氢气。规范规定，焊接厚度大于 50mm 的碳素结构钢和厚度大于 36mm 的低合金结构钢，施焊前应进行预热，焊后应进行后热。预热温度宜控制在 100 ~ 150℃；后热温度应由试验确定。预热区在焊道两侧，每侧宽度均应大于焊接厚度的 2 倍，且不应小于 100mm。环境温度低于 0℃时，预热温度、后热温度应根据工艺确定。不同材质钢材需要的预热温度可参考相应手册，对于具体的钢材，宜试验确定。

在工厂进行焊接时，除采用常规的手工电弧焊外，可采用 CO_2 气体保护电弧焊，该方法用 CO_2 气体对焊缝进行保护，其焊接效率为手工电弧焊的 4 倍，且可清除夹渣、气泡等缺陷。对于H型钢的翼缘与腹板、箱形柱的4个角区还可采用自动埋弧焊进行焊接组装。

碳素结构钢应在焊缝冷却到环境温度、低合金结构钢在完成焊接24h后，方可进行焊缝探伤检验。局部探伤发现有不允许的缺陷时，应在该缺陷两端的延伸部位增加探伤长度，增加的长度不应小于该焊缝长度的10%，且不应小于200mm；当仍有不允许的缺陷时，应对该焊缝进行百分之百探伤检查。

栓钉焊焊后应进行弯曲试验检查，检查数量不应少于1%。用锤击焊钉（螺柱）头，使其弯曲至30°角时，焊缝和焊热影响区不得有肉眼可见的裂纹。

（6）端部铣平和摩擦面处理　钢构件的端部铣平应在矫正合格后进行，两端铣平时，构件长度的允许偏差为±2.0mm；零件长度的允许偏差为±0.5mm；铣平面的平面度允许偏差为0.3mm；铣平面对轴线的垂直度允许偏差为1/1500。

钢构件摩擦面处理是指使用高强螺栓连接时构件接触面的钢材表面加工，经过加工使其接触处表面的抗滑移系数达到设计要求的额定值，一般取0.45～0.55。在施工条件受限制时，局部摩擦面可采用角向磨光机打磨，打磨方向宜与构件受力方向垂直，范围不应小于螺栓孔径的4倍。如摩擦面采用喷砂后生赤锈的处理方法，则按此法处理后的摩擦面在出厂前应按批做抗滑移试验，最小值应符合设计要求。出厂时应按批次配附3套与构件相同材质、相同处理方法的试件，由安装施工单位复验抗滑移系数。在运输过程中不得损伤试件摩擦面。

（7）涂装和编号　在钢材表面涂刷防护涂层是防止腐蚀的主要手段，其涂料、涂装遍数、涂层厚度均应符合设计要求。当设计对涂层厚度无要求时，宜涂装4～5遍，涂层干漆膜总厚度：室外应为150μm，室内应为125μm，其允许偏差为−25μm。涂装工程由工厂和安装单位共同承担时，每遍涂层干漆膜厚度的允许偏差为−5μm。当设计对涂层厚度有要求时，设计最低涂层干漆膜厚度加允许偏差的绝对值即为涂层的要求厚度，其允许偏差应符合设计对涂层厚度无要求时的规定。涂装时环境温度宜为5～38℃，相对湿度不应大于85%，构件表面有结露时不得涂装，涂装后4h内不得淋雨。施工图中注明不涂装的部位不得涂装，安装焊缝处应留出30～50mm暂不涂装。

钢构件涂装完毕后，应在构件上标注构件的原编号，大型构件还应标明质量（重量）、重心位置和定位标记。

（8）验收和发运　钢构件制作完成后需按施工图、编制的制作施工指导书以及《钢结构工程施工质量验收规范》（GB 50205—2001）的规定进行验收。钢构件出厂时，应提交下列资料：产品合格证、施工图和设计变更文件，其中设计变更内容应在施工图中相应部位注明；制作中对技术问题处理的协议文件；钢材、连接材料和涂装材料的质量证明书或试验报告；焊接工艺评定报告；高强螺栓摩擦面抗滑移系数试验报告、焊缝无损检验报告及涂层检验资料；主要构件验收及预拼装记录等。

包装应在涂层干燥后进行。包装应保护构件涂层不受损伤，保证构件、零件不变形、不损坏、不散失。包装应符合运输的有关规定。包装箱上应标注构件、零件的名称、编号、质量、重心和吊点位置等，并应填写包装清单。

二、钢结构的安装

钢结构通常在专门的工厂制作，然后运至工地经过组装后进行吊装。钢构件运抵堆放场地，经过检验后分类堆放。柱子应放在木垫板上，分层堆放，亦可用木垫板间隔。桁架多斜靠立柱堆放。

1. 吊装前的准备工作

（1）编制钢结构工程的施工组织设计　其内容包括：计算钢结构构件和连接件数量、选择吊装机械、确定流水程序、确定构件吊装方法、确定构件堆放位置、制订进度计划、确定劳动组织、制定质量保证及安全措施等。

（2）基础准备和钢构件检验　基础准备包括：轴线误差量测、基础表面和支座表面标高与水平度的检验、地脚螺栓位置和伸出支承面长度的量测等。钢构件的检验主要是检查钢构件的外形和几何尺寸是否正确。

（3）钢构件检验　钢构件的检验主要是检查钢构件的外形和几何尺寸是否正确，构件的数量和规格是否符合要求。

（4）吊装验算　吊装钢桁架时，应对桁架的上下弦角钢及规范要求进行验算的部位进行施工过程中的验算。

2. 钢结构吊装

单层工业厂房及高层建筑钢结构构件，包括柱、梁、桁架、吊车梁、天窗架、檩条、屋架、支撑及墙架等。吊装机械常用履带式起重机及塔式起重机。

（1）钢柱的吊装　钢柱的吊装方法，按起吊后柱身是否垂直，有直吊法和斜吊法两种；按在起吊过程中起重臂杆是否转动，有旋转法和滑行法。钢柱起吊后经过初校，待垂直偏差控制在20mm以内方可使起重机脱钩。钢柱的垂直度用经纬仪测控，如有偏差则用千斤顶校正。校正后为防止钢柱移位，在柱的四边用钢板定位，并焊接固定。钢柱复校后，再紧固锚固螺栓，并将承重块上下点焊固定，防止走动。

（2）钢吊车梁的吊装　钢吊车梁的校正主要为标高、轴线、垂直度和跨距等的校正。标高的校正可在屋盖吊装前进行，其他项目的校正宜在屋盖吊装完成后进行，因为屋盖的吊装可能引起钢柱在跨度方向有微小的位移。

（3）钢桁架的吊装　钢桁架可用自行杆式起重机、塔式起重机等吊装。桁架多用悬空吊装，为使桁架在吊装后不致发生摇摆，与其他构件相撞，起吊前用麻绳系牢，随吊随放松，以保持其位置的正确。桁架的绑扎要保证桁架的吊装稳定性，否则需在吊装前进行临时加固。桁架的固定如需用临时螺栓，则每个节点处临时固定用螺栓的数量必须由计算确定，并应符合以下规定：①不得少于安装孔总数的1/3；②至少应穿2个临时螺栓。

钢桁架安装时应对其垂直度和弦杆的正直度进行检测。桁架的垂直度可用挂线垂球检测，弦杆的正直度则可用拉紧的测绳进行检验。

钢桁架的最后固定用电焊或高强螺栓。

3. 钢结构的焊接施工

（1）焊接准备工作　包括以下几项：

1）检验焊条、垫板和引弧板。焊条必须符合设计要求的规格，应存放在仓库内并保持干燥。焊条的药皮如有剥落、变质、污垢、受潮、生锈等均不准使用。垫板和引弧板均用低碳钢板制作，间隙过大的焊缝宜使用纯铜板处理。垫板尺寸为：厚6～8mm，宽50mm，长度应与引弧板长度相适应。引弧板长50mm左右，引弧长30mm。

2）焊接工具、设备、电源准备。焊机型号正确且工作正常，必要的工具应配备齐全，放在设备平台上的设备排列应符合安全规定，电源线路要合理且安全可靠，要装配稳压电源，事先放好设备平台，确保能焊接到所有部位。

3）焊条预热。使用焊条前应熟悉焊条的技术标准，了解焊条的使用说明书及焊条标签中的内容，以便合理地、正确地使用各类焊条。为保证焊接质量，在焊接以前应将焊条进行烘焙。酸性焊条的烘焙温度为75～150℃，时间为1～2h；碱性低氢型焊条的烘焙温度为350～400℃，时间为1～2h；烘干的焊条应放在100℃的保温筒（箱）内保存。焊接时从烘箱内取出焊条，放在具有120℃保温功能的手提式保温桶内带到焊接部位，随用随取，在4h内用完，超过4h则焊条必须重新烘焙，当天用不完者亦应重新烘焙，严禁使用湿焊条。

4）焊缝坡口检查。柱与柱、柱与梁上下翼线的坡口焊接，电焊前应对坡口组装的质量进行检查，若误差超过图7-2所示的允许范围，则应返修后再焊接。同时，焊前需对坡口进行清理，去除对焊接有妨碍的水分、油污、锈迹等。

5）气象条件。气象条件对焊接质量有较大影响。原则上雨雪天气应停止焊接作业（除非采取相应措施），当风速超过10m/s时，不准焊接。若有防雨雪及挡风措施，确认可保证焊接质量时，方可进行焊接。在－10℃气温条件下，焊接应采取保温措施并延长降温时间。

（2）焊接顺序　钢结构焊接顺序的正确与否，对焊接质量关系重大。一般情况下应从中心向四周扩展，采用结构对称、节点对称的焊接顺序。

柱与柱、柱与梁之间的焊接多为坡口焊，常用坡口的构造要求见表7-3。当焊件的宽度不同或厚度相差4mm以上时，应分别在宽度方向或厚度方向从一侧或两侧做成坡度不大于1/4的斜角，形成平缓过渡，当厚度不同时，焊缝坡口形式应根据较薄焊件厚度按表取用。

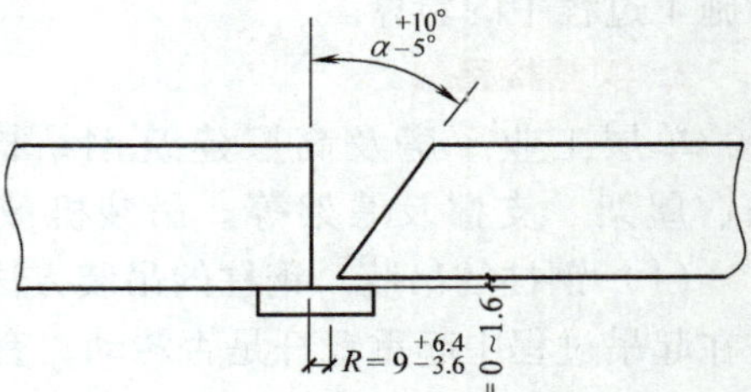

图7-2　坡口的允许误差

表7-3　对接焊缝板边的构造要求

焊缝形式	简　图	构件适用厚度/mm	附　注
I形缝	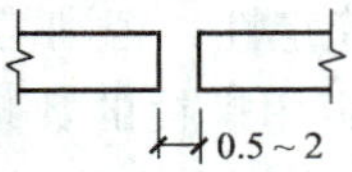	<10	5mm以下可单面焊，6～10mm应双面焊
V形缝	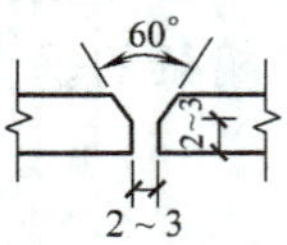	10～20	须补焊根部
X形缝	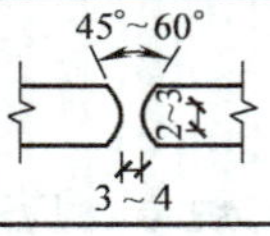	>20	

（3）焊缝质量检验　钢结构的焊缝质量分三级，其检验项目、数量及方法见表7-4。

1）外观检查。普通钢结构在焊完冷却后进行，低合金结构钢在24h后进行。焊缝金属表面焊波应均匀，不得有裂纹、夹渣、焊瘤、烧穿、弧坑和气孔。焊接区不得有飞溅物。

2）无损伤检验。无损伤检验包括X射线检验和超声波检验两种方法。X射线检验焊缝缺陷分两级，分级及探伤方法应符合《钢焊缝手工超声波探伤方法和探伤结果分级》（GB 11345—2007）《金属熔化焊焊接接头射线照相》（GB/T 3323—2005）的规定。

表 7-4 焊缝质量检验级别

级 别	检验项目	检查数量	检查方法
1	外观检查	全部	检查外观缺陷及几何尺寸，用磁粉复检
	超声波检验	全部	
	X 射线检验		缺陷超过《钢焊缝手工超声波探伤方法和探伤结果分级》规定时，就加倍透照，如不合格，应 100% 透照
2	外观检查	全部	检查外观缺陷及几何尺寸
	超声波检验		有疑点时，用 X 射线透照复检，如发现有超标缺陷，应用超声波全部检验
3	外观检查	全部	检查外观缺陷及几何尺寸

第二节 薄壁型钢结构工程

一、薄壁型钢结构的特点

冷弯薄壁型钢结构技术近几年来在我国发展迅速，用薄壁管材制成大跨度钢桁架或拱形钢屋架，不仅减轻了自重，并且用钢量大大降低，用于承重结构的冷弯薄壁钢带或钢板，规范规定宜采用 Q235 号和 Q345 号锰钢，当有可靠根据时，可采用其他号钢。

薄壁型钢结构是指厚度在 2～6mm 的钢板或钢带经冷弯或冷拔等方式弯曲而成的型钢，如图 7-3 所示。由于制造上的便利，其截面形式灵活性较大，重量轻，可以配合结构特点设计或选用。其截面形式分开口和闭口两类。

实践证明，对于无强烈侵蚀作用的工业与民用房屋，采用薄壁型钢结构安全可靠且经济。

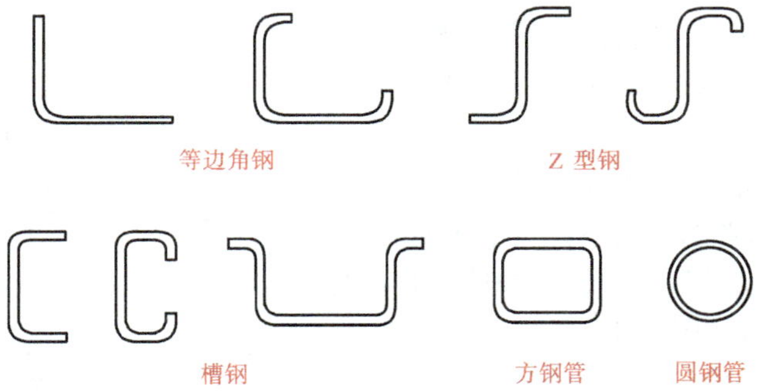

图 7-3 薄壁型钢的各种截面形式

二、薄壁型钢屋架的制作和维护

薄壁型钢屋架在制作和维护方面与普通钢屋架相比有更高的要求。

薄壁型钢屋架可以设计成平面桁架、刚架或网架，也有三角形、梯形等形式。其屋面则通常采用有檩条的轻屋面。对于平面桁架式屋架，其外形和腹杆体系与普通钢屋架相似，只是所用的杆件截面和节点构造不同。薄壁型钢屋架其屋面通常采用有檩条的轻屋面，屋面材料一般为压型彩钢板、夹心保温彩钢板、钢丝网波形瓦、预制槽瓦等。

（一）薄壁型钢结构的制作

1. 构件上应避免刻伤

在放样、号料和制作过程中，不得在钢材非切割部位打冲或刻痕。对型材或构件校正时，应采取有效措施，防止产生局部变形。

2. 钢材不平直时应予矫直，构件有变形时应予矫正

矫直或矫正时应采取下列措施，以保证质量，防止产生局部变形。

1）顶床矫直时应加放垫模，垫模应垫在钢材受力性能较好的部位（如型钢的转角处），并空出钢材表面的凸出物（如焊缝），勿使其接触，以免产生局部变形。

2）锤击矫正时应加锤垫，以扩大接触面。

3）构件和杆件矫直后，挠曲矢高不应超过1/1000，且不得大于10mm。

焊接时应选用直径较小的焊条，焊接电流不宜太大，以免将构件烧伤或烧穿；构件在运输和安装过程中，应避免撞击和产生过大的弯曲变形或局部变形；薄壁型钢屋架构件的除锈和油漆也比普通钢屋架要求高，一般宜采用酸洗或喷砂除锈，并涂以防锈性能较好的涂料。

钢结构制造厂进行薄壁型钢成型时，钢板或钢带等一般用剪切机下料，辊压机整平，用边缘刨床刨平边缘。薄壁型钢的成型多用冷压成型，厚度为1~2mm的薄钢板也可用弯板机冷弯成型。生产矩形截面薄壁型钢构件时，大多采用槽形截面拼合、焊接而成。

钢结构的连接方法有铆接、焊接和螺栓连接，最常用的连接方式为焊接。薄壁型钢结构的焊接，应严格控制其质量。焊接前应熟悉焊接工艺、焊接程序和技术措施。

薄壁型钢构件在运输和堆放时，应轻装轻放，尽量减少局部变形。

薄壁型钢结构必须进行表面处理，要求彻底清除铁锈、污垢及其他附着物。

（二）薄壁型钢结构的组装和拼装

构件进行组装和拼装时应符合下列要求：

1）组装平台和拼装平台的胎模应测平，并加以固定，使构件重心线在同一水平面上，其误差不得大于3mm。

2）按施工图的重心线（或螺栓中心线）应交汇于节点中心，两者的误差不得大于3mm。

3）杆件应防止弯扭，拼装时其表面中心线的偏差不得大于3mm（图7-4）。

4）杆件搭接和对接时的错缝或错位均不得大于0.5mm。

5）临时点焊的位置应在焊缝部位内，不得将钢材烧穿，所用焊条应与正式焊接用的焊条相同。

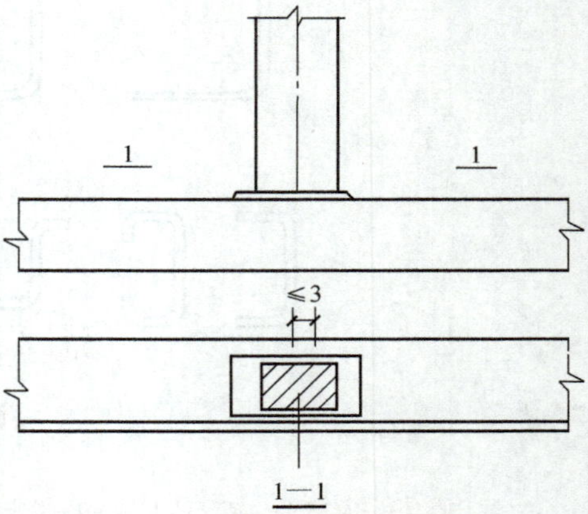

图7-4 杆件拼装允许偏差示意图

6）构件之间连接孔中心线的位置误差不得大于2mm。

三、薄壁型钢结构的安装

薄壁型钢结构的安装应符合下列要求：

1）结构安装前应对构件的质量进行检查。构件的变形、缺陷超出允许偏差时，应进行处理。

2）结构吊装时，应采取适当措施，防止产生永久性变形，并应垫好绳扣与构件的接触部位。

3）不得利用已安装就位的薄壁型钢结构起吊其他重物。不得在主要受力部位加焊其他物件。

4）安装屋面板前，应采取措施保证拉条拉紧和檩条的位置正确。

5）安装压型钢板屋面时，应采取有效措施将施工荷载分布至较大面积，防止因施工集中荷载造成构件局部压屈。

第三节　轻钢结构单层厂房安装

一、轻钢结构的特点

轻钢结构由型钢或钢板焊接成的主要框架的柱、梁、薄壁冷弯屋面、墙梁（也有称墙面檩条、墙筋）等组装而成，外盖以轻质、高强、美观、耐久的压型彩色钢板（简称彩钢板）或金属板组成墙体和屋面围护结构。这类建筑的构件轻质高强，结构抗震性能好，建造跨度可达50m甚至更大，柱距可达15m以上，并且建筑美观、屋面排水通畅、防水性能好；由于构件在工厂制造，成品精确度高；构件采用高强螺栓、电焊或连接件连接，在现场吊装拼接，具有施工简单方便、产品质量好、安装速度快、占地面积小、施工不受季节限制等特点。

此外，由于结构轻巧，与混凝土结构建筑比较，轻钢结构自重可减小70%～80%，大大减轻了对地基的压力，减少了基础造价；用钢量仅为20～30kg/m^2，投资少，故广泛应用于建造各类轻型工业厂房、仓储、公共设施、娱乐场所和体育场馆等建筑。

二、轻钢结构单层厂房的构造

轻钢结构单层厂房，主要由钢柱、屋面钢梁或屋架、屋面檩条、墙梁（墙面檩条）及屋面、柱间支撑系统、屋面、墙面压型钢（金属）板组装而成。图7-5是某轻钢结构单层厂房的构造示意图。

三、轻钢结构单层厂房的安装

（一）安装施工前准备

轻钢结构安装准备工作的内容和要求与普通钢结构安装工程相同。钢柱基础施工时，应做好地脚螺栓的定位和保护工作，控制基础顶面标高和地脚螺栓顶面标高。基础施工后应按以下内容进行检查验收：

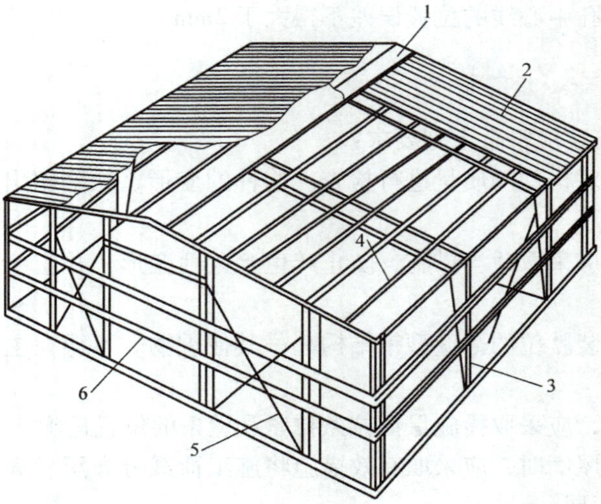

图 7-5 轻钢结构单层厂房构造

1—屋脊盖板 2—彩钢屋面板 3—钢刚架 4—C 型钢檩条 5—钢支撑 6—墙梁

1）各行列轴线位置是否正确。

2）各跨跨距是否符合设计要求。

3）基础顶标高是否符合设计要求。

4）地脚螺栓的位置及标高是否符合设计及规范要求。

构件在吊装前应根据有关规定进行外形和截面几何尺寸检验，其偏差不允许超出规范规定值；构件应依据设计图要求进行编号，弹出安装中心标记。钢柱应弹出两个方向的中心标记和标高标记；标出绑扎点位置；丈量柱长，其长度误差应详细记录，并用油笔写在柱子下部中心标记旁的平面上，以备在基础顶面标高二次灌浆层中调整。

构件进入施工现场，须有质量保证书及详细的验收记录；应按构件的种类、型号及安装顺序在指定区域堆放。构件底层垫木要有足够的支撑面以防止支点下沉；相同型号的构件叠层时，每层构件的支点要在同一铅直线上；对变形的构件应及时矫正，检查合格后方可安装。

（二）轻钢结构单层厂房安装机械选择

轻钢结构单层厂房的构件相对自重轻、安装高度不大，因而，构件安装所选择的起重机械多以行走灵活的自行式（如汽车式）起重机和塔式起重机为主。所选择的塔式起重机的臂杆长度应具有足够的覆盖面，要有足够的起重能力，能满足不同部位构件起吊要求。对大跨度轻钢结构用多机作业时，臂杆要有足够的高差，保证吊升时具有不碰撞其他构件的安全运转空间。

对有些重量比较轻的小型构件，如檩条、压型钢（金属）板等，也可直接由人力吊升安装。

施工时，工人作业应采用升降机，形成良好的作业空间，以保证施工质量，并确保安全。

机械选用及数量，可根据工程规模、安装工程量大小及工期要求合理确定。

（三）轻钢结构单层厂房的安装施工

1. 轻钢结构连接节点

（1）钢柱 钢柱一般为 H 形截面，采用热轧 H 型钢或用薄钢板经机器自动裁板、自动焊接制成。其截面可制成等截面和变截面两种，断面尺寸由设计计算确定。钢柱通过地脚螺栓与钢筋混凝土基础连接，通过高强螺栓与屋面钢梁连接。其连接形式有斜面连接（图 7-6a）、直面连接（图 7-6b）两种。

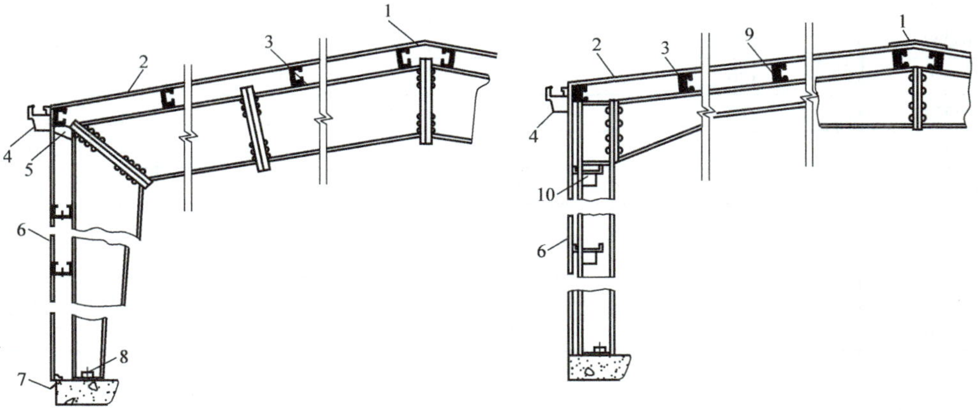

图 7-6 轻钢构件连接大样图

a）钢柱、钢梁斜面连接 b）钢柱、钢梁直面连接

1—屋脊盖板 2—彩钢屋面板 3—C 型钢檩条 4—天沟 5—屋檐托架 6—彩钢墙板 7—基础封板 8—地脚螺栓 9—檩条挡板 10—墙筋托架

（2）屋面梁 屋面梁一般为工字形截面，根据构件各截面的受力情况及运输安装条件，可制成不同截面的若干段，运至施工现场后，在地面拼装并用高强螺栓连接，如图 7-6a、b 所示。

（3）屋面檩条、墙梁 轻型屋面檩条、墙梁采用高强镀锌压型钢（金属）板经辊压成形，其截面形状有 C 形（图 7-7）和 Z 形。其采用的规格尺寸应根据《冷弯薄壁型钢结构技术规范》（GB 50018—2002）设计而定，表 7-5 所列是 C 型钢檩条常见的几种断面尺寸。檩条可通过螺栓直接连接在屋面梁翼缘上，也可连接固定在屋面梁上的檩条挡板上（图 7-8）。

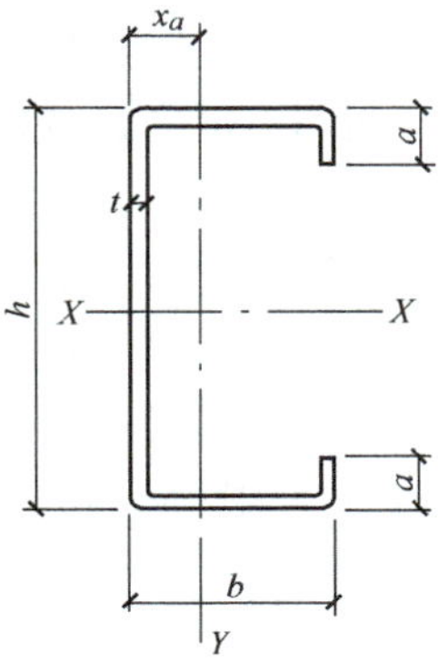

图 7-7 C 型钢檩条截面形状

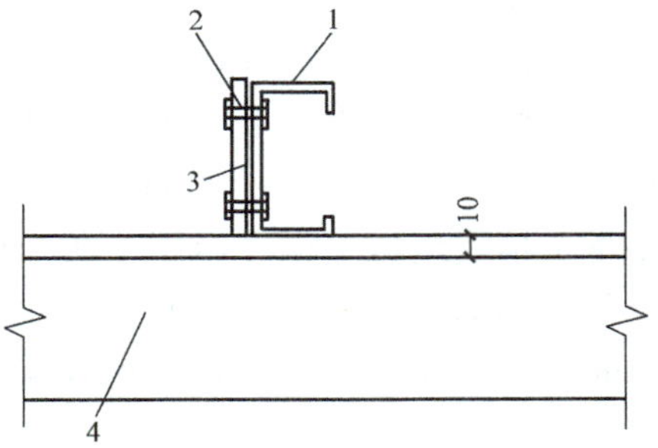

图 7-8 檩条、屋面梁连接节点

1—C 型钢檩条 2—螺栓 3—檩条挡板 4—钢屋架

表7-5　C型钢檩条常用型号、规格、尺寸

型　号	断面尺寸/mm			
	h	a	b	t
C10016	100	50	11	1.6
C10020	100	50	11	2.0
C12016	120	52	13	1.6
C12020	120	52	13	2.0
C15020	150	63	17	2.0
C15025	150	63	17	2.5
C20020	200	70	20	2.0
C25025	250	70	25	2.5
C25025	250	80	25	2.5
C25030	250	80	25	3.0

（4）压型钢（金属）板　压型钢（金属）板是用高强优质薄钢卷板（热镀锌钢板、镀铝锌钢板），经连续热浸合金化镀层处理和特殊工艺的连续烘涂各种彩色涂层，再经机器辊压而制成的。压型钢（金属）板的长度可根据实际尺寸而定，常见的几种宽度及形状如图7-9所示。压型钢（金属）板厚度有0.5mm、0.7mm、0.8mm、1.0mm、1.2mm几种。

压型钢（金属）板安装有隐藏式连接和自攻螺纹连接两种。隐藏式连接适用于图7-9c、d所示两种型号的压型钢（金属）板，通过支架将其固定在檩条上，压型钢（金属）板横向之间用咬口机将相邻压型钢（金属）板搭接口咬接（图7-10），或用防水粘结胶粘结（这种做法仅适用于屋面）。自攻螺纹连接是将压型钢（金属）板直接通过自攻螺纹固定在屋面檩条或墙梁上，在螺纹处涂防水胶封口，如图7-11所示。这种方法可用于屋面或墙面压型钢（金属）板的连接。

压型钢（金属）板在纵向需要接长时，其搭接长度不应小于100mm，并用自攻螺纹连接、防水胶封口。压型钢（金属）板安装中，几个关键部位的节点构造如下：

1）山墙檐口：用檐口包角板连接屋面和墙面压型钢（金属）板，如图7-12所示。

2）屋脊处：在屋脊处盖上屋脊盖板。根据屋面的坡角大小，有两种不同的做法。当屋面坡角大于或等于10°时，可按图7-13a所示做法施工；屋面坡角小于10°时，应按图7-13b所示做法施工。图7-14所示是保温屋面屋脊做法。

对于保温屋面，压型钢（金属）板应安装在保温棉上。施工时，在屋面檩条上拉通长钢丝网，钢丝网格为边长250～400mm的方格。在钢丝网上保温棉顺着排水方向垂直铺向屋脊，在保温棉上再安装压型钢（金属）板。铺保温棉与安装压型钢（金属）板依次交替进行，从房屋的一端向另一端施工。施工中应注意保温材料每幅宽度间的搭接，搭接的长度宜控制在50mm左右。而且在当天铺设的保温棉上，应立即安装好压型钢（金属）板，以防被雨水淋湿。

3）门窗位置：依窗的宽度在窗两侧设立窗边立柱，立柱与墙梁连接固定；在窗顶、窗台处设墙梁，安装压型钢（金属）板墙面时，在窗顶、窗台、窗侧分别用不同规格的连接板包角处理，如图7-15a、b、c所示。

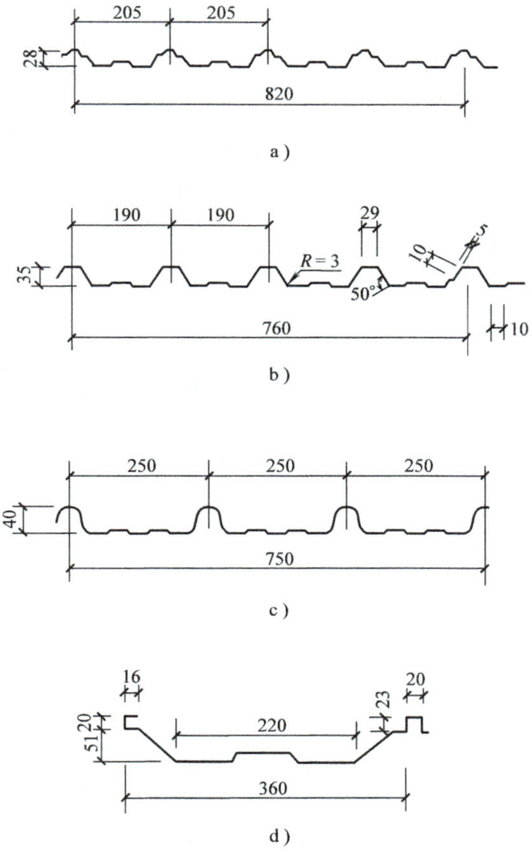

图 7-9　压型钢（金属）板几种形状规格

a）YX28-205-820（展开宽度 1000mm）　b）YX35-190-760（展开宽度 1000mm）

c）YX40-250-750（展开宽度 1000mm）　d）YX51-360（展开宽度 500mm）

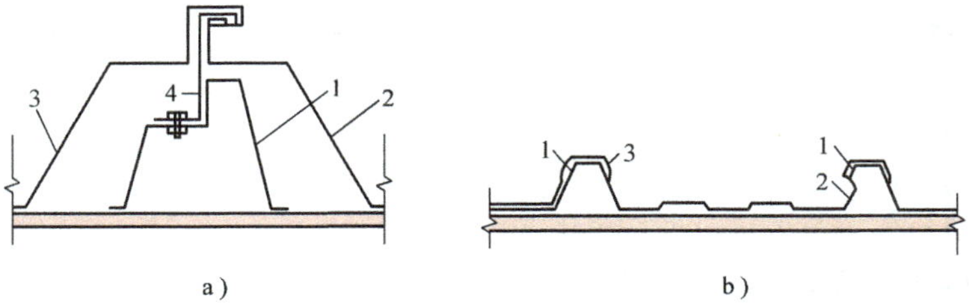

图 7-10　隐藏式连接压型钢（金属）板

a）节点构造详图　b）示意图

1—固定支架　2—下层屋面压型钢（金属）板　3—上层屋面压型钢（金属）板　4—防水隔板

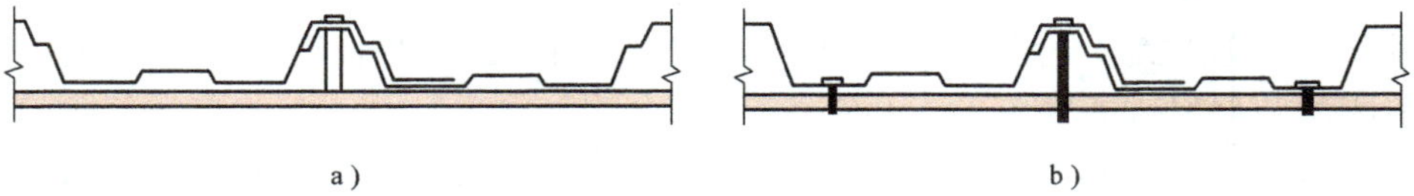

图 7-11　自攻螺纹连接压型钢（金属）板

a）连接前　b）连接后

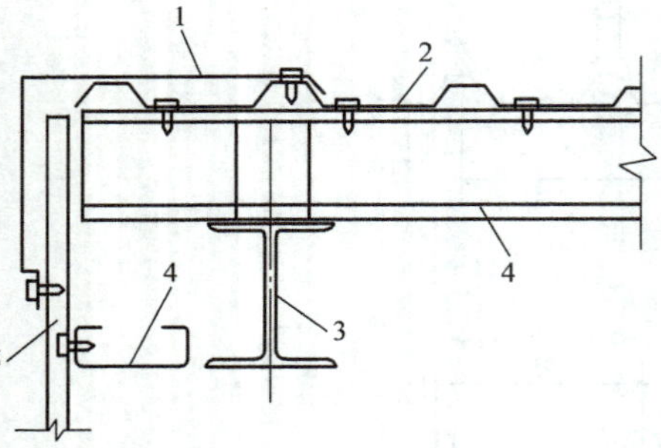

图7-12　山墙檐口节点做法

1—檐口包角板　2—彩色屋面钢板　3—屋架梁　4—C型钢檩条　5—彩色墙面钢板

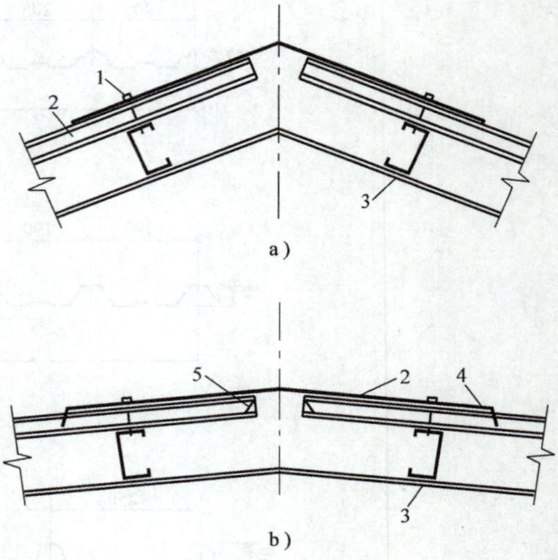

图7-13　屋脊做法

a）屋面坡角大于或等于10°时屋脊盖板

b）屋面坡角小于10°时屋脊盖板

1—自攻螺纹　2—彩色屋面钢板　3—C型钢檩条　4—剪缺口嵌条　5—板端槽底上翻

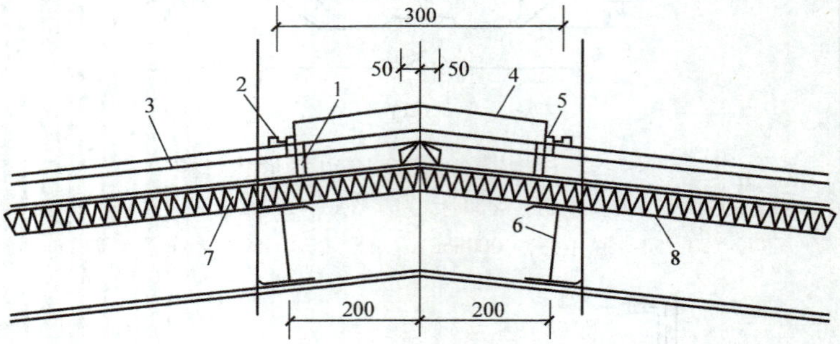

图7-14　保温屋面屋脊做法

1—支架　2—密封胶　3—屋面压型钢（金属）板　4—屋脊盖板　5—自攻螺纹　6—檩条　7—保温层材料　8—钢丝网格

4）墙面转角处：用包角板连接外墙转角处的接口压型钢（金属）板，如图7-16所示。

5）天沟：天沟多采用不锈钢制品，用不锈钢支撑架固定在檐口的边梁（檩条）上，支撑架的间距约为500mm，用螺栓连接，如图7-17所示。

2. 轻钢结构单层厂房构件吊装工艺

（1）钢柱的吊装　钢柱起吊前应搭好上柱顶的直爬梯，以便钢柱安装后施工人员的攀登。钢柱可采用单点绑扎吊装，绑扎点应设软垫，以免吊装时损伤钢柱表层。当柱长比较大时，也可采用两点绑扎吊装。

钢柱宜采用旋转法吊升，吊升时宜在柱脚底部拴好拉绳并垫以垫木，以防止钢柱起吊时柱脚拖地及碰坏地脚螺栓。

钢柱对位时，一定要使柱子中心线对准基础顶面安装中心线，并使地脚螺栓对孔，注意钢柱垂直度，在基本达到要求后，方可落下就位。经过初校，待垂直度偏差控制在 20mm 以内，拧上四角地脚螺栓临时固定后，方可使起重机脱钩。钢柱标高及平面位置已在基面设垫板及柱吊装对位过程中完成，柱就位后主要是校正钢柱的垂直度。垂直度校正用两台经纬仪在两个方向对准钢柱两个面上的中心线标记，同时检查钢柱的垂直度，如有偏差，可用千斤顶、斜顶杆等校正。

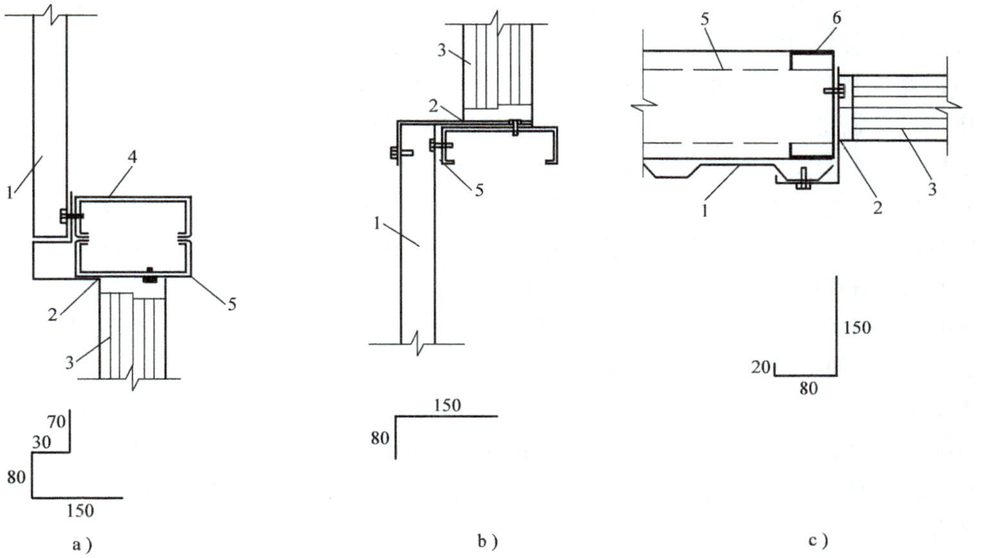

图 7-15　窗口包角做法

a）窗顶包角　b）窗台包角　c）窗侧包角

1—墙面压型钢（金属）板　2—打胶　3—铝窗　4—窗顶过梁　5—墙梁　6—窗边立柱

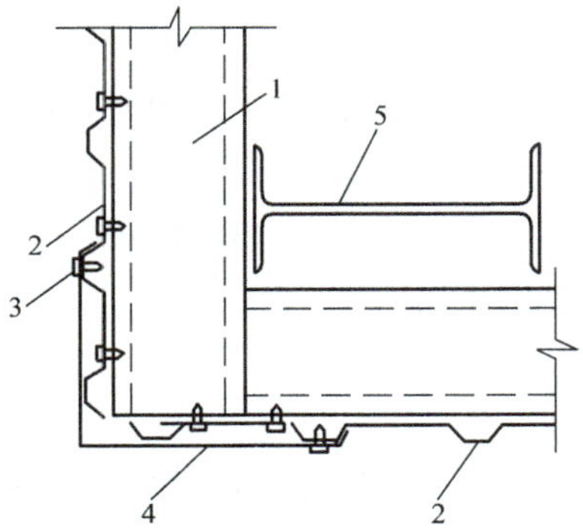

图 7-16　墙面转角节点做法

1—墙梁　2—墙面压型钢（金属）板

3—自攻螺纹　4—包角板　5—钢柱

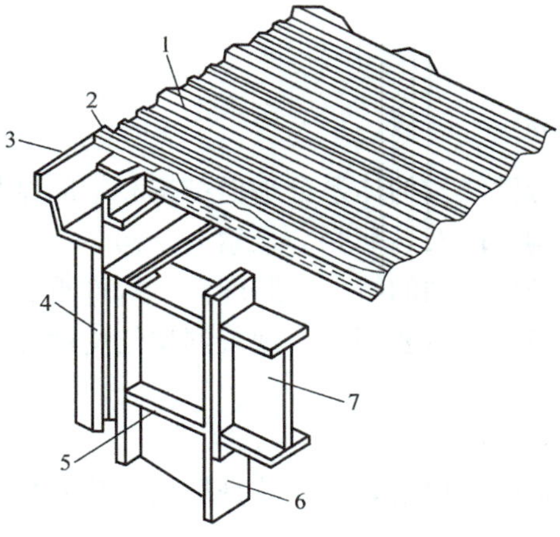

图 7-17　天沟节点

1—屋面压型钢（金属）板　2—连接支架　3—天沟

4—墙面压型钢（金属）板　5—加劲肋

6—刚架柱　7—刚架梁

钢柱校正后，应将地脚螺栓紧固，并将垫板与预埋板及柱脚底板焊接牢固。

(2) 屋面梁的吊装　屋面梁在地面拼装并用高强螺栓连接紧固。屋面梁宜采用两点对称绑扎吊装，绑扎点亦应设软垫，以免损伤构件表面。屋面梁吊装前应设好安全绳，以方便施工人员高空操作；屋面梁吊升宜缓慢进行，吊升过柱顶后由操作工人扶正对位，用螺栓穿过连接板与钢柱临时固定，并进行校正。屋面梁的校正主要是垂直度检查，屋面梁跨中垂直度偏差不大于 $H/250$（H 为屋面梁高），并不得大于 20mm。屋架校正后应及时进行高强螺栓紧固，做好永久固定。高强螺栓紧固、检测应按规范规定进行。

(3) 屋面檩条、墙面梁的安装　由于薄壁轻型钢檩条重量轻，安装时可用起重机或人力吊升。当安装完一个单元的钢柱、屋面梁后，即可进行屋面檩条和墙梁的安装。墙梁安装也可在整个钢框架安装完毕后进行。檩条和墙梁安装比较简单，直接用螺栓连接在檩条挡板或墙梁托板上。檩条的安装误差应在 ±5mm 之内，弯曲偏差应在 $L/750$（L 为檩条跨度）之内，且不得大于 20mm。墙梁安装后应用拉杆螺栓调整平直度，应由上向下逐根进行。

(4) 屋面和墙面压型钢（金属）板的安装　屋面檩条、墙梁安装完毕，就可进行屋面、墙面压型钢（金属）板的安装。一般是先安装墙面压型钢（金属）板，后安装屋面压型钢（金属）板，以便于檐口部位的连接。

压型钢（金属）板安装时应做到固定可靠牢固，防腐涂料及密封材料完好，连接件的数量与间距应符合设计要求及有关规定。它在支承构件上的搭接应可靠，搭接长度应符合要求，安装应平整顺直，板面不应有施工残留物与污物，檐口及墙下端应呈直线，错钻的孔洞必须进行处理。

(5) 天沟安装及涂装　轻钢结构安装完工后，需进行节点补漆和最后一遍涂装，涂装所用材料与基层上的涂层材料相同。

由于轻钢结构构件比较单薄，安装时构件稳定性差，需采取必要的措施以防止吊装变形。

第四节　大跨度结构吊装

大跨度结构的体系分平面结构和空间结构两大类。平面结构有桁架、刚架与拱等结构；空间结构有网架、薄壳、悬索等结构。

大跨度结构的特点是跨度大、构件重、安装位置高。因此，合理地选择安装方案是大跨度结构施工的重要环节。现就网架结构的几种吊装方案简述如下。

一、分条（块）吊装法

分条或分块吊装法，就是把网架分割成条状或块状单元，然后分别吊装就位拼成整体的安装方法。

图7-18所示为某体育馆斜放四角锥网架采用分块吊装法的实例。该网架平面尺寸为 45m×36m，从中间十字对开分为4块（每块之间留出一节间），每个单元尺寸为 15.75m×20.25m，约12t，用一台悬臂式拔杆在跨外移动吊装就位。就位时，利用网架中央搭设的井字架作临时支撑。

图7-19所示为某体育馆双向正交方形网架采用分条吊装法的实例。该网架平面尺寸为45m×45m，约2t，分割成3个条状吊装单元，就地错位拼装后，用2台40t汽车式起重机抬吊就位。

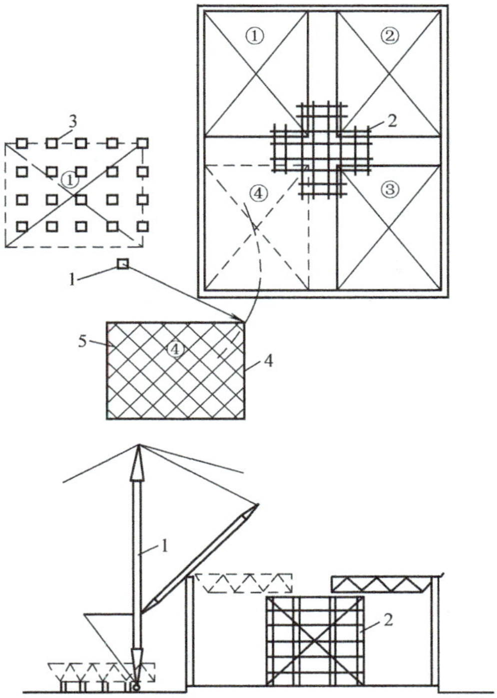

图7-18　分块吊装法
1—悬臂拔杆　2—井字架　3—拼装砖墩
4—临时封闭杆　5—吊点　①~④—网架分块编号

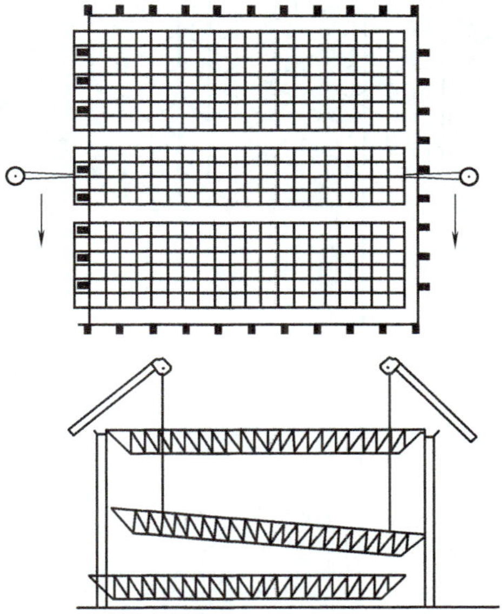

图7-19　分条吊装法

二、整体吊装法

整体吊装法，是指将网架就地错位拼装后，直接用起重机吊装就位的方法。

例如，某体育馆八角形三向网架，长88.67m，宽76.8m，重约360t，支承在周边46根钢筋混凝土柱上，就是采用4根拔杆、32个吊点整体吊装就位（图7-20）。

又如，上海体育馆圆形三向网架，直径为124.6m，重约600t，支承在周边36根钢筋混凝土柱上，也是采用6根拔杆整体吊装（图7-21）。而长沙火车站大厅42m×42m的双向正交斜放网架，重约71.5t，则用一根拔杆整体吊装；某俱乐部40m×40m的双向正交斜放网架，重55t，则用4台履带式起重机抬吊就位（图7-22）。这些方法，均充分显示了我国网架整体吊装所特有的高超技术。

三、高空滑移法

高空滑移法，按滑移方式分逐条滑移法和逐条积累滑移法两种；按摩擦方式，又分为滚动式滑移和滑动式滑移两类。

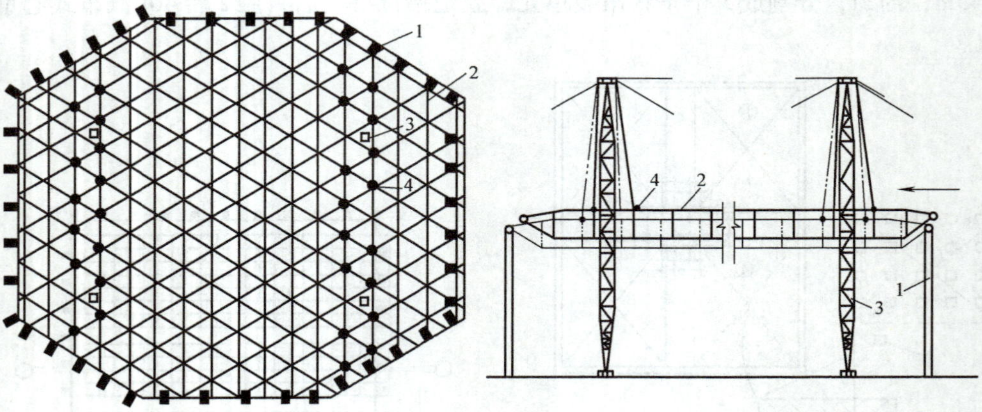

a）　　b）

图7-20　用4根拔杆整体吊装

a）平面示意图　b）立面示意图

1—柱　2—网架　3—拔杆　4—吊点

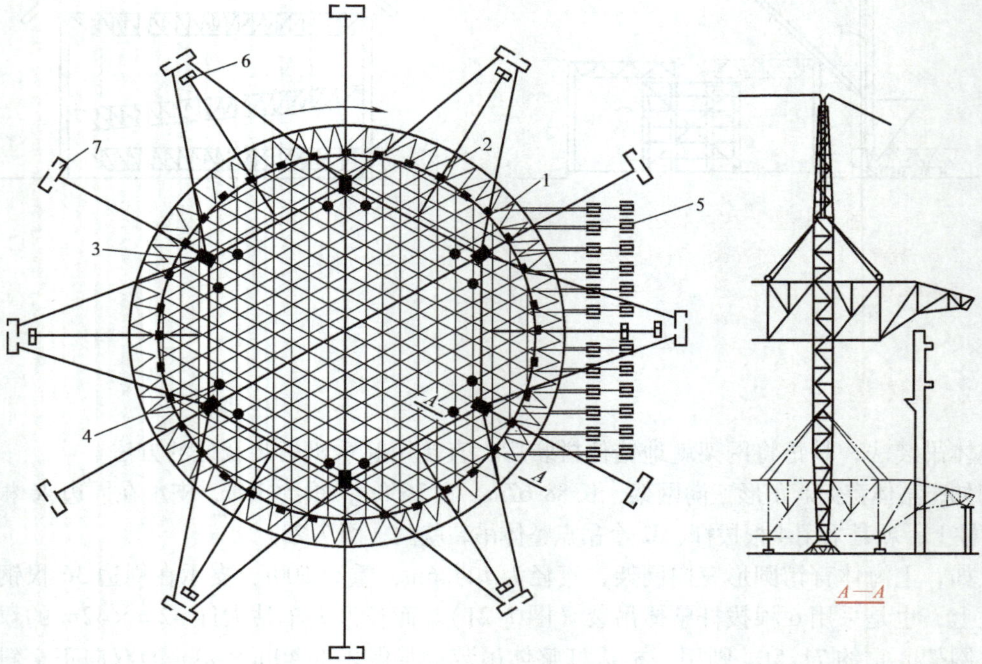

图7-21　用6根拔杆整体吊装

1—柱　2—网架　3—拔杆　4—吊点　5—起重卷扬机　6—校正卷扬机　7—地锚

某剧院舞台屋盖为31.51m×23.16m的正方四角锥网架，就是用2台履带式起重机，将在地面拼装的条状单元分别吊至特制的小车上，然后用人工撬动，逐条滑移至设计位置。就位时，先用千斤顶顶起条状单元，撤出小车，随即下落就位（图7-23），这是逐条滚动滑移的实例之一。

某体育馆斜放四角锥网架为 45m × 45m，则是采用逐条积累滑移法施工。方法如图 7-24 所示，先在地面拼装成半跨的条状单元，然后用悬臂拔杆吊至拼装台上组成整跨的条状单元，再进行滑移。当前一单元滑出组装位置后，随即又拼装另一单元，再一起滑移，如此每拼装一个单元就滑移一次，直至滑移到设计位置为止。由于该网架是直接在支承结构的滑轨上滑移，故属逐条积累滑动式滑移。滑移可用卷扬机牵引，亦可用千斤顶。本例则是用 2 台同型号的 3t 卷扬机牵引。

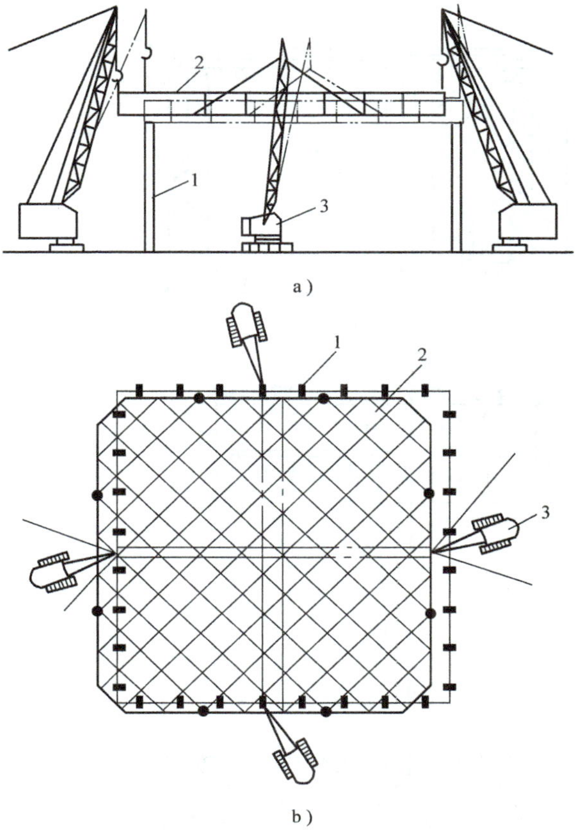

图 7-22　用 4 台起重机整体吊装
a）立面示意图　b）平面示意图
1—柱　2—网架　3—履带式起重机

四、整体提升法

整体提升法，是将网架在地面上拼装后，利用提升设备将其整体提升到设计标高安装就位。随着我国升板、滑模施工技术的发展，现已广泛采用升板机和液压千斤顶作为网架整体提升设备，并创造了升梁抬网、升网提模、滑模升网等新工艺，开拓了利用小型设备安装大型网架的新途径。

例如，某 44m × 60.5m 的斜放四角锥网架，重 116t，就是采用升梁抬网的施工方案，该网架支承在 38 根钢筋混凝土柱的框架上（图 7-25a），事先将框架梁按结构平面位置分间在地面架空预制，网架支承于梁的中央，每根梁的两端各设置一个提升吊点，梁与梁之间用 10 号槽钢横向拉接，升板机安放在柱顶，通常吊杆与梁端吊点连接，在升梁的同时，梁也抬着网架上升（图 7-25b）。

又如，某风雨球场 40m × 60m 斜放四角锥网架，周边支承于劲性钢筋混凝土柱上（图 7-26），则是采用升网提模的施工方案，即网架在现场就地拼装后，用升板机整体提升网架，在升网同时提升柱子模板、浇筑柱子混凝土，使升网、提模、浇筑同时进行（图 7-27）。

图 7-28 所示则是滑模升网的施工方法。网架支承在钢筋混凝土框架柱上，利用框架的液压滑模同步、匀速、平稳的特点，作为整体提升网架的工具；利用网架的整体刚度和平面空间，作为框架滑模的操作平台。在完成框架滑模施工的同时，将网架提升就位。

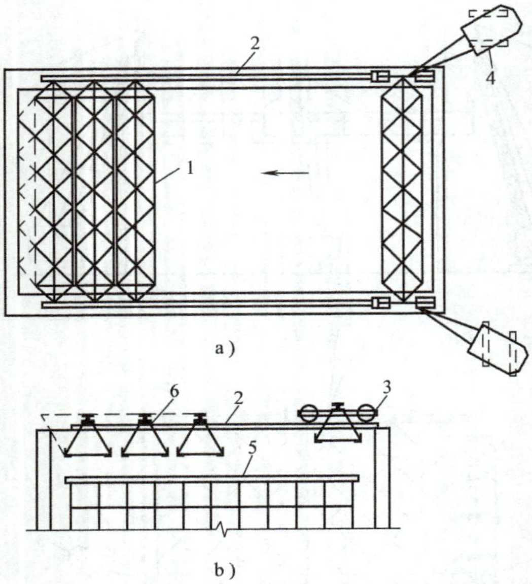

图7-23　逐条滚动滑移法

a）平面示意图　b）立面示意图

1—网架　2—轨道　3—小车　4—履带式起重机

5—脚手架　6—后装的杆件

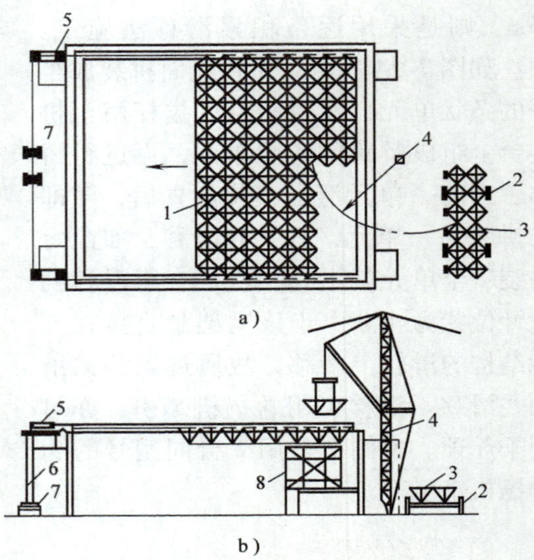

图7-24　逐条积累滑移法

a）平面示意图　b）立面示意图

1—网架　2—拖拉架　3—网架分块单元　4—悬臂拔杆

5—牵引滑轮组　6—反力架　7—卷扬机　8—脚手架

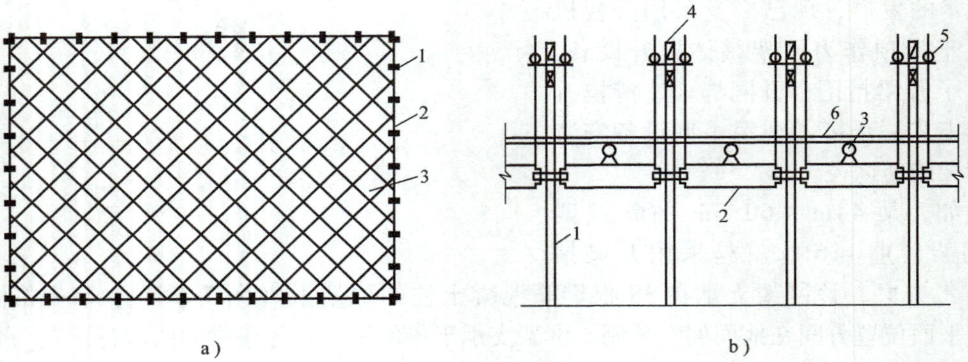

图7-25　升梁抬网法

a）网架平面图　b）升梁抬网工艺

1—柱　2—框架梁　3—网架　4—工具柱　5—升板机　6—屋面板

五、整体顶升法

整体顶升法是将网架在地面拼装后，用千斤顶整体顶升就位的施工方法。网架在顶升过程中，一般用结构柱作临时支承，但也有另设专门支架或枕木垛的。图7-29所示为用结构柱作临时支承的顶升顺序，其中，图7-29a所示为用千斤顶顶起搁置于十字架上的网架；图7-29b所示为移去十字架下的垫块，装上柱的缀板；图7-29c所示为将千斤顶及横梁移至柱的上层缀板。下一顶升循环同上。

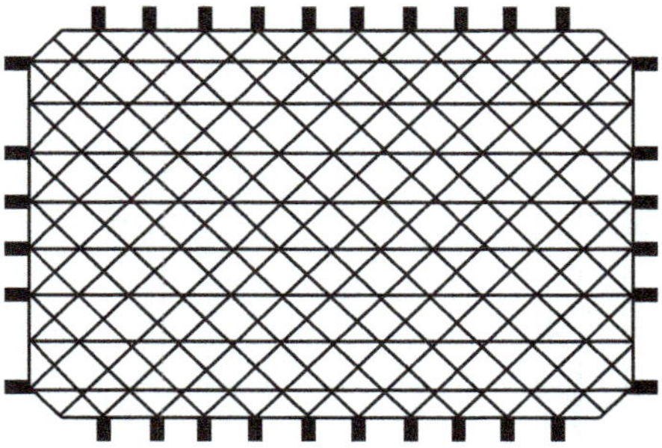

图 7-26　网架平面图

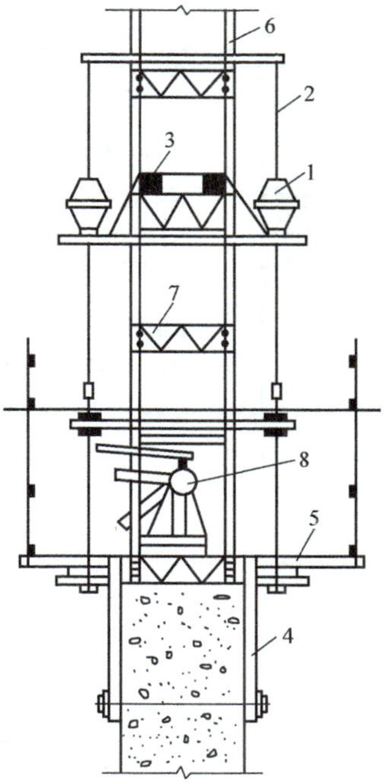

图 7-27　升网提模工艺
1—升板机　2—螺杆　3—承重销
4—柱子模板　5—操作平台　6—角钢柱肢
7—桁架式缀板　8—网架支座

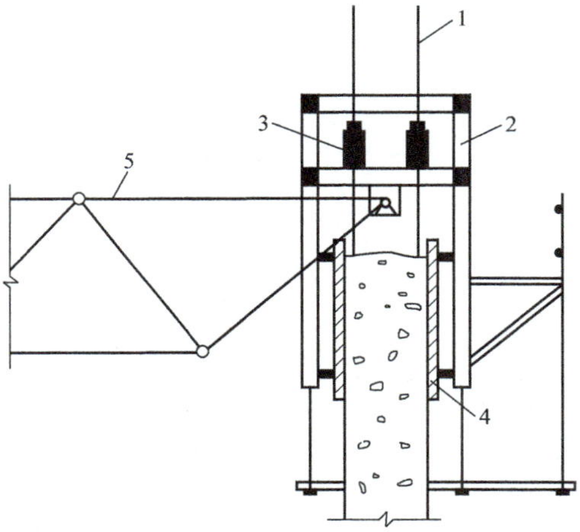

图 7-28　滑模升网法
1—支承杆　2—提升架　3—液压千斤顶　4—模板　5—网架

综上所述，我国的网架施工技术，在工程实践中创造了极其丰富的经验，但在拟订网架施工方案时，必须根据网架形式、设备条件、现场情况和工期要求等，全面地进行考虑。如点支承的网架，不宜用滑移法施工；三向、两向正交斜放或两向斜交斜放的网架，不适于分条、分块；对大型网架，当施工现场狭窄，起重机能力不足时，则宜采用整体提升法或顶升法。总之，施工方案的选择，既要在技术上可行，又要在经济上合理。

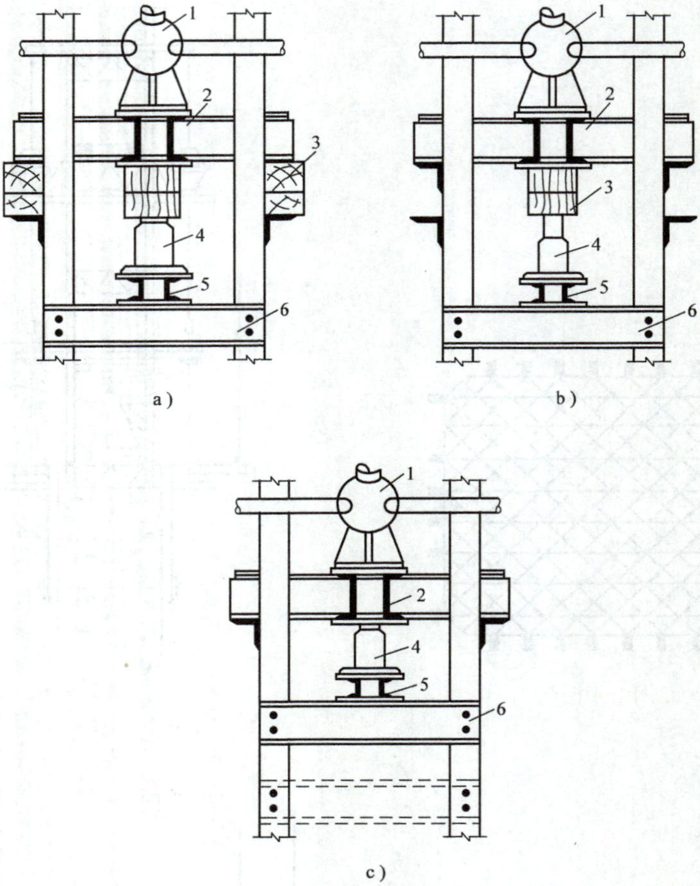

图7-29　网架顶升工艺

a）用千斤顶顶起搁置于十字架上的网架　b）移去十字架下垫块，装上柱的缀板

c）千斤顶及横梁移至柱的上层缀板

1—网架　2—十字梁　3—垫块　4—千斤顶　5—横梁　6—柱的缀板

第五节　钢结构工程常见的质量事故及防治

一、钢结构常见的质量缺陷原因及其预防

1）构件运输、堆放变形。构件制作时因焊接而产生变形或构件在运输过程中因碰撞会产生变形，一般用千斤顶或其他工具校正或辅以氧乙炔火焰烘烤后校正。

2）构件拼装扭曲。节点型钢不吻合，缝隙过大，拼接工艺不合理。节点处型钢不吻合，应用氧乙炔火焰烘烤或用杠杆加压方法调直。拼装构件一般应设拼装工作台，如在现场拼装，则应放在较坚硬的场地上并用水平仪找平。拼装时构件全长应拉通线，并在构件有代表性的点上用水平尺找平，符合设计尺寸后用电焊固定，构件翻身后也应进行找平，否则构件焊接后无法校正。

3）构件起拱或制作尺寸不准确。构件尺寸不符合设计要求或起拱数值偏小。构件拼装时按规定起拱，构件尺寸应在允许偏差范围内。

4）钢柱、钢屋架、钢吊车梁垂直偏差过大。在制作或安装过程中，误差过大或产生较大的侧向弯曲。制作时检查构件几何尺寸，吊装时按照合理的工艺吊装，吊装后应加设临时支撑。

5）防锈漆涂刷不均匀或漏刷。

二、钢结构的质量要求

1. 钢结构的制作质量要求

1）进行钢结构制作前应对型钢进行检验，确保钢材的型号符合设计要求。

2）钢结构所用的钢材，型号规格尽量统一，便于下料。

3）钢材的表面应除锈、去油污，且不得出现伤痕。

4）一榀屋架内不得选用肢宽相同而厚度不同的角钢。

5）受拉杆件的长细比不得超过250。

6）焊接的焊缝表面焊波应均匀，不得有裂纹、焊瘤、夹渣、弧坑、烧穿和气孔等现象。

7）桁架各个杆件的轴线必须在同一平面内，且各轴线都应为直线，相交于节点的中心。

8）荷载都作用在节点上。

9）构件的隐蔽部位应焊接、涂装，并经检查合格后方可封闭。

2. 钢结构的安装质量要求

1）各节点应符合设计要求，传力可靠。

2）各杆件的重心应与设计图中的几何轴线重合，以免各杆件出现偏心受力。

3）钢结构的各个连接接头，经过检查合格后，方可紧固或焊接。

4）腹杆的端部应尽量靠近弦杆，以增加桁架的刚度。

5）在运输、装卸和堆放过程中，不得损坏杆件，并防止构件变形。

6）用螺栓连接时，其外露螺扣不应少于2～3扣，以免在振动作用下，螺扣松动。

思考题

1. 钢桁架的安装要注意哪些问题？
2. 钢结构在运输和堆放过程中应注意哪些问题？
3. 对钢结构的质量有哪些要求？
4. 薄壁型钢结构有哪些优越性？
5. 大跨度结构有何特点？拟订吊装方案时应考虑哪些主要因素？
6. 网架结构有哪几种吊装方法？简述其施工工艺。
7. 轻钢结构单层厂房有何特点？
8. 熟悉轻钢结构单层厂房的各种节点，分析组成节点的各构件安装顺序。
9. 轻钢结构单层厂房吊装机械如何选择？如何进行轻钢结构单层厂房的吊装？
10. 钢构件在制作和安装过程中有哪些质量通病？如何克服？

习　题

一、单项选择题

1. 焊接结构的钢材应保证（　　）的极限含量。

A. 碳　　B. 硫　　C. 磷　　D. 硅

2. 钢材下料的方法有气割、机切、冲模落料和锯切等，（　　）用于切割厚度大于12mm的钢板。

A. 机械剪切　　B. 气割　　C. 冲模落料　　D. 锯切

3. 钢材下料的方法有气割、机切、冲模落料和锯切等，（　　）用于切割宽翼缘型钢。

A. 机械剪切　　B. 气割　　C. 冲模落料　　D. 锯切

4. 由于焊接时局部的激热速冷在焊接区可能产生裂纹，（　　）可以减缓焊接区的激热和速冷，避免产生裂纹。

A. 淬火　　B. 热轧　　C. 热处理　　D. 预热

5. 低合金结构钢应在完成焊接（　　）以后，进行焊缝探伤检验。

A. 焊缝冷却到环境温度　　B. 6h

C. 12h　　D. 24h

6. 钢结构焊接顺序的正确与否，与焊接质量关系重大。一般情况下应（　　），采用结构对称、节点对称的焊接顺序。

A. 从中心向四周　　B. 从四周向中心

C. 从中部向两侧　　D. 从一侧向另一侧

7. 钢结构柱与柱、柱与梁之间的焊接多为（　　）。

A. 贴焊　　B. 搭接焊　　C. 平焊　　D. 坡口焊

8. 钢结构的焊缝质量分（　　）级。

A. 二　　B. 三　　C. 四　　D. 五

9. 薄壁型钢多用（　　）成型。

A. 冷压　　B. 冷轧　　C. 热轧　　D. 冷弯

10. 轻钢结构单层厂房钢柱的吊装宜采用（　　）吊升。

A. 旋转法　　B. 滑行法　　C. 通线法　　D. 平移轴线法

11. 在拟订网架施工方案时，如点支承的网架，不宜用（　　）施工。

A. 滑移吊装法　　B. 整体吊装法

C. 分条、分块吊装法　　D. 整体提升法

12. 在拟订网架施工方案时，如三向、两向正交斜放或两向斜交斜放的网架，不适于（　　）。

A. 滑移吊装法　　B. 整体吊装法

C. 分条、分块吊装法　　D. 整体提升法

二、多项选择题

1. 钢结构是用钢板、型钢等通过（　　）等方式制造的结构。

A. 焊接　　B. 胶接　　C. 锻接

D. 铆接　　E. 螺栓连接

2. 承重结构的钢材应保证（　　）。

A. 抗拉强度　　B. 伸长率　　C. 屈服强度

D. 硫、磷的极限含量　　E. 碳的极限含量

3. Q235钢属于普通碳素钢，主要用于建筑钢结构工程，具有良好的（　　）。

A. 塑性　　B. 韧性　　C. 耐疲劳
D. 耐候性　　E. 耐久性

4. 钢结构的连接是通过一定方式将各个杆件连成整体。连接部位应有足够的（　　）强度。
A. 静力　　B. 动力　　C. 疲劳
D. 抗拉　　E. 抗剪

5. 单层工业厂房及高层建筑钢结构构件的吊装机械常用（　　）。
A. 履带式起重机　　B. 轮胎式起重机　　C. 汽车式起重机
D. 塔式起重机　　E. 卷扬机

6. 薄壁型钢屋架构件的除锈和油漆也比普通钢屋架要求高，一般宜采用（　　）除锈。
A. 冷拉　　B. 酸洗　　C. 喷砂
D. 手工　　E. 机械

7. 在拟定网架施工方案时，对大型网架，当施工现场狭窄，起重机能力不足时，则宜采用（　　）。
A. 滑移吊装法　　B. 整体吊装法　　C. 分条、分块吊装法
D. 整体提升法　　E. 整体顶升法

第八章 防水工程

本章概要

本章主要介绍了屋面防水工程、楼面防水工程和地下防水工程的施工工艺和施工方法。通过本章的学习，使学生掌握屋面防水工程的施工工艺和施工方法；熟悉地下防水工程的施工工艺和施工方法；了解楼面防水工程的施工工艺和施工方法、防水工程常见的质量事故及防治方法。

防水工程施工在建筑工程施工中占有重要地位。工程实践表明，防水工程施工质量的好坏，不仅关系到建（构）筑物的使用寿命，而且直接影响到人们生产、生活环境和卫生条件。因此，防水工程的施工必须严格遵守有关操作规程，切实保证工程质量。

防水工程按其构造做法可分为两大类，即结构构件自防水和采用各种防水层防水。结构构件自防水，主要是应用结构构件材料的密实性及其某些构造措施（坡度、埋设止水带等），使结构构件起到防水作用。防水层防水，是在结构构件的迎水面或背水面或接缝处，附加防水材料做成防水层，起到防水作用。

防水工程技术根据所用材料不同，可分为刚性防水和柔性防水两类。刚性防水是指主要采用砂浆和混凝土类的刚性材料；柔性防水采用的是柔性材料，如各类卷材和沥青胶结材料等。

按照工程部位和用途，又可以分为屋面防水、楼面防水和地下防水。

第一节 屋面防水工程

根据建筑物的性质、重要程度、使用功能要求以及防水层耐用年限等，可将屋面防水分为四个等级（表 8-1）。

一、卷材防水屋面

卷材防水屋面适用于防水等级为Ⅰ～Ⅳ级的屋面防水。卷材防水屋面是用胶结材料粘贴卷材铺设在结构基层上而形成防水层，进行防水的屋面构造如图 8-1 所示。

这种屋面具有重量轻、防水性能好的优点，其防水层（卷材）的柔韧性好，能适应一定程度的结构振动和胀缩变形。所用卷材有传统的沥青防水卷材、高聚物改性沥青防水卷材和合成高分子防水卷材等三大类若干品种。

表 8-1 屋面防水等级和设防要求

项目	屋面防水等级			
	Ⅰ	Ⅱ	Ⅲ	Ⅳ
建筑物类别	特别重要的民用建筑和对防水有特殊要求的工业建筑	重要的工业与民用建筑、高层建筑	一般的工业与民用建筑	非永久性的建筑
防水层耐用年限	25 年	15 年	10 年	5 年
设防要求	三道或三道以上防水设防，其中应有一道合成高分子防水卷材，且只能有一道合成高分子防水涂膜（厚度≥2mm）	二道防水设防，其中应有一道卷材。也可采用压型钢板进行一道设防	一道防水设防，或两种防水材料复合使用	一道防水设防

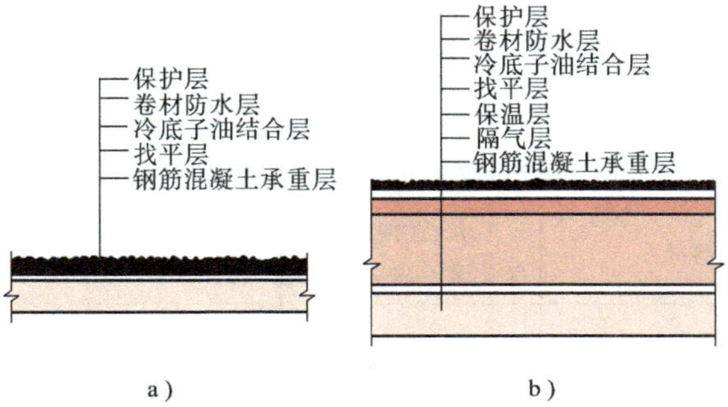

图 8-1 卷材屋面构造层次

a）不保温卷材屋面 b）保温卷材屋面

（一）防水材料

1. 基层处理剂

基层处理剂的选择应与所用卷材的材性相容。

常用的基层处理剂有用于沥青卷材防水屋面的冷底子油，它的作用是使沥青胶与水泥砂浆找平层更好地粘结，其配合比（质量比）一般为石油沥青 40% 加柴油或者轻柴油 60%（俗称慢挥发性冷底子油），涂刷后 12～48h 干燥；也可用快挥发性的冷底子油，配合比一般为石油沥青 30% 加汽油 70%，刷后 5～10h 就可干燥。

涂刷冷底子油的施工要求为：在找平层完全干燥后方可施工，待冷底子油干燥后，立即做油毡防水层；否则冷底子油粘灰尘后，应返工重刷。

用于高聚物改性沥青防水卷材屋面的基层处理剂是聚氨酯煤焦油系的二甲苯溶液、氯丁胶乳溶液、氯丁胶沥青乳液等。

用于合成高分子防水卷材屋面的基层处理剂，一般采用聚氨酯涂膜防水材料的甲料、乙料、二甲苯按 1:1.5:3 的比例配合搅拌，或者采用氯丁胶乳。

2. 胶粘剂

沥青卷材可选用玛蹄脂或纯沥青（不得用于保护层）作为胶粘剂。沥青常采用 10 号和

30号建筑沥青以及60号道路石油沥青，一般不使用普通沥青。这是因为普通沥青含蜡量较多，降低了石油沥青的粘结力和耐热度。通常在熬化的沥青中掺入适当的滑石粉（一般为20%~30%）或石棉粉（一般为5%~15%）等填充材料拌和均匀，形成沥青胶（俗称玛𤧛脂）。填入的填料可改善沥青胶的耐热度、柔韧性等性能。

高聚物改性沥青卷材可选用橡胶或再生橡胶改性沥青的汽油溶液或水乳液作胶粘剂，其粘结剪切强度应大于0.05MPa，粘结剥离强度应大于8N/10mm；常用的胶结剂为氯丁橡胶改性沥青胶结剂。

合成高分子防水卷材可选用以氯丁橡胶和丁基酚醛树脂为主要成分的胶粘剂（如404胶等）或以氯丁橡胶乳液制成的胶粘剂，其粘结剥离强度不应小于15N/10mm，其用量为0.4~0.5kg/m^2。施工前亦应查明产品的使用要求，与相应的卷材配套使用。

3. 卷材

主要防水卷材的分类参见表8-2。

表8-2　主要防水卷材的分类

类　别		防水卷材名称
沥青基防水卷材		纸胎、玻璃胎、玻璃布、黄麻、铝箔沥青卷材
高聚物改性沥青防水卷材		SBS、APP、SBS-APP、丁苯橡胶改性沥青卷材；胶粉改性沥青卷材、再生胶卷材、PVC改性煤焦油沥青卷材等
合成高分子防水卷材	硫化型橡胶或橡塑共混卷材	三元乙丙卷材、氯磺化聚乙烯卷材、丁基橡胶卷材、氯丁橡胶卷材、氯化聚乙烯—橡胶共混卷材等
	非硫化型橡胶或橡塑共混卷材	丁基橡胶卷材、氯丁橡胶卷材、氯化聚乙烯—橡胶共混卷材等
	合成树脂系防水卷材	氯化聚乙烯卷材、PVC卷材等
特种卷材		热熔卷材、冷自粘卷材、带孔卷材、热反射卷材、沥青瓦等

各种防水材料及制品均应符合设计要求，具有质量合格证明，进场前应按规范要求进行抽样复检，严禁使用不合格产品。卷材要存放在阴凉通风的室内，严禁接近火源；运输、堆放时竖直搁置，高度不超过2层，避免存放时变质。

（二）卷材防水层施工的一般要求

1. 基层处理

基层处理得好坏直接影响屋面防水的施工质量。要求基层有足够的强度和刚度，承受荷载时不至于产生显著的变形。通常采用水泥砂浆找平层、细石混凝土找平层或沥青砂浆找平层作为基层。找平层表面应压实平整，排水坡度应符合设计要求。找平层宜留设20mm宽的分格缝嵌填密封材料，其最大间距不宜大于6m（水泥砂浆或细石混凝土）或4m（沥青砂浆）。找平层施工前应对基层洒水湿润，并在铺浆前1h刷素水泥浆一道。找平层铺设按由远到近、由高到低的程序进行。在铺设时、初凝时和终凝前，均应抹平、压实，并检查平整度。待找平层无松动、翻砂和起壳现象，并且强度达到5MPa以上时，允许铺贴卷材。基层处理剂可采用喷涂法或涂刷法施工。待前一遍喷、涂干燥后方可进行后一遍喷、涂或铺贴卷材。喷、涂基层处理剂前，应用毛刷对屋面节点、周边、拐角等处先行涂刷。

2. 卷材铺设

卷材铺设方向应符合下列规定：当屋面坡度小于3%时，卷材宜平行于屋脊铺贴；屋面坡度在3%～15%时，卷材可平行或垂直于屋脊铺贴；当屋面坡度大于15%或屋面受振动时，沥青防水卷材应垂直于屋脊铺贴。高聚物改性沥青防水卷材和合成高分子防水卷材可平行或垂直于屋脊铺贴。在铺设卷材时，上下层卷材不得相互垂直铺贴。

屋面防水层施工时，应先做好节点、附加层和屋面排水比较集中部位的处理，然后由屋面最低标高处向上施工。

铺贴卷材应采用搭接法，上下层及相邻两幅卷材搭接缝应错开。平行于屋脊铺设时，由檐口开始，两幅卷材的长边的搭接缝应顺水流方向搭接；垂直于屋脊铺设时，由屋脊开始向檐口进行，搭接缝应顺年最大频率风向搭接。各种卷材的搭接宽度应符合表8-3的要求。搭接缝处必须用沥青胶仔细封严。

表8-3 卷材搭接宽度

搭接方向			短边搭接宽度/mm		长边搭接宽度/mm	
铺贴方法			满粘法	空铺法 点粘法 条粘法	满粘法	空铺法 点粘法 条粘法
卷材种类	沥青防水卷材		100	150	70	100
	高聚物改性沥青防水卷材		80	100	80	100
	合成高分子防水卷材	粘结法	80	100	80	100
		焊接法	50			

卷材的铺贴方法，通常用浇油法、刷油法、刮油法和撒油法四种。浇油法（俗称赶油法）是将沥青胶浇到基层上，然后推着卷材向前滚动来铺平压实卷材。刷油法是用毛刷将沥青胶在基层上刷开，然后快速铺压卷材。铺贴时，油毡要展平压实，使之与下层紧密粘结，卷材的接缝应用玛琋脂赶平封严。对容易渗漏水的薄弱部位（如天沟、檐口、泛水、水落口处等）均应加铺1～2层卷材附加层。在铺贴第一层卷材时，为了保证足够的粘结力，在檐口、屋脊、屋面和转角处及突出屋面的连接处，至少有800mm宽的卷材涂满胶粘剂。待各层铺贴完后，再在上层表面浇一层（2～4mm厚）沥青胶，均匀铺撒热绿豆砂（预热到100℃）粒径为3～5mm。并滚压使其嵌入沥青胶内1/3～1/2粒径，形成绿豆砂保护层。对于高聚物改性沥青防水卷材和合成高分子卷材通常在卷材上涂刷胶结剂之后，铺撒膨胀蛭石粉保护层，均匀涂刷银色或绿色涂料作保护层，以屏蔽或反射阳光辐射，延长卷材的使用年限。

二、涂膜防水屋面

涂膜防水是采用高分子合成材料为主体的防水涂料，在常温下呈无定型液态，涂刷后能在基层表面结成坚韧的防水膜，形成防水层，以达到防水目的的防水方式。涂膜防水屋面适用于防水等级为Ⅲ级、Ⅳ级的屋面防水，也可作为Ⅰ级、Ⅱ级屋面多道防水设防中的一道防水层。主要防水涂料的分类见表8-4。各种防水涂料的质量均应符合规定要求。

表 8-4　主要防水涂料的分类

类　别		材料名称
沥青基防水涂料		乳化沥青、水性石棉沥青涂料、膨润土沥青涂料、石灰乳化沥青涂料等
高聚物改性沥青防水涂料	溶剂型	再生橡胶沥青涂料、氯丁橡胶沥青涂料等
	乳液型	再生橡胶沥青涂料、丁苯胶乳沥青涂料、氯丁胶乳沥青涂料、PVC 煤焦油涂料等
合成高分子防水涂料	乳液型	硅橡胶涂料、丙烯酸酯涂料、AAS 隔热涂料等
	反应型	聚氨酯防水涂料、环氧树脂防水涂料等

当屋面结构层为装配式钢筋混凝土板时，在油膏嵌缝前，板缝下部应浇灌细石混凝土（强度等级大于或等于 C20），并应掺微膨胀剂。板缝常用构造形式如图 8-2 所示，上口留有 20～30mm 深凹槽，嵌填密封材料，通常用油膏或胶泥进行灌缝，为了加强防水效果，表面增设 250～350mm 宽的带胎体增强材料的加固保护层。

涂膜防水层施工工艺流程：清理、验收基层→涂刷基层处理剂→施工缓冲层及附加层→施工涂膜防水层→淋（蓄）水试验→施工屋面保护层→检查验收。

基层处理剂常用涂膜防水材料稀释后使用，其配合比应根据不同防水材料按要求配置。

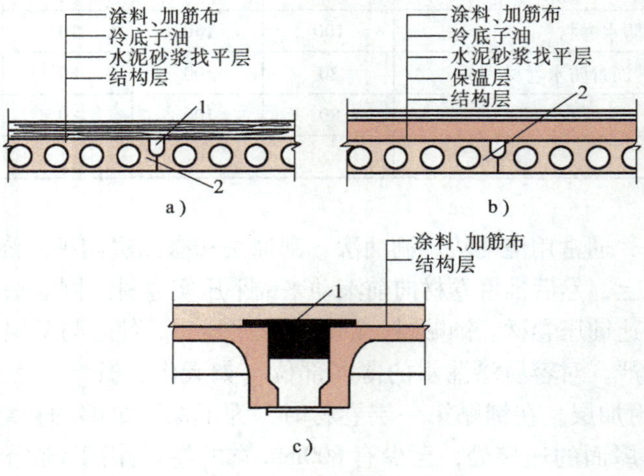

图 8-2　涂膜防水屋面构造图

a）无保温涂料防水屋面　b）有保温涂料防水屋面　c）槽形板涂料防水屋面

1—嵌缝油膏　2—细石混凝土

涂膜防水必须由两层以上涂层组成，每层应刷 2～3 遍，两层之间涂刮方向应垂直。其总厚度必须达到设计要求。涂料的涂布顺序为：先高跨后低跨，先远后近，先立面后平面。涂层应厚薄均匀、表面平整，待前遍涂层干燥后，再涂刷后遍。

涂膜防水屋面应设置保护层。保护层材料可采用细砂、云母、蛭石、浅色涂料、水泥砂浆或块材等。当采用细砂、云母、蛭石时，应在最后一遍涂料涂刷后随即撒上，并用扫帚轻扫均匀、轻拍粘牢。浅色涂料施工与涂膜防水相同。但一般要求涂覆黑色涂料表层，可采用人工涂刷两遍或机械喷涂两遍。

三、刚性防水屋面

刚性防水是以水泥、砂、石为原料，掺入少量的外加剂、高分子聚合物等材料，通过调整配合比，抑制或减少孔隙，增加材料密实性等方法配置的具有一定抗渗能力的水泥砂浆、混凝土作为防水材料，以达到防水目的。

刚性防水屋面适用于防水等级为Ⅲ级的屋面防水，也可用作Ⅰ、Ⅱ级屋面多道防水设防中的一道防水层，不适用于设有松散材料保温层的屋面以及受较大冲击或振动的建筑屋面。

刚性防水屋面一般是在屋面上现浇一层厚度不小于40mm且强度等级不低于C20的细石混凝土作为屋面防水层。为了使其受力均匀，有良好的抗裂和抗渗能力，在混凝土内配置有ϕ^b4@100～200mm的双向钢筋网片（在分格缝处应断开）。保护层厚度不小于10mm，其构造如图8-3所示。

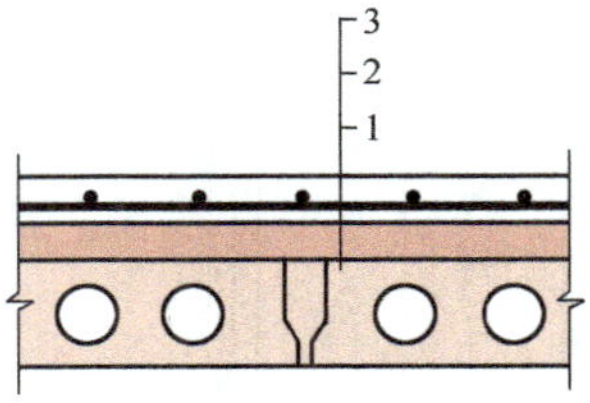

图8-3　刚性防水屋面构造
1—预制板　2—隔离层
3—细石混凝土防水层

刚性防水屋面的防水层与基层间宜设置隔离层。细石混凝土内宜掺膨胀剂、减水剂、防水剂等，并设纵横间距均不大于6m的分格缝，分格缝内应嵌填密封材料。当采用补偿收缩防水层时，可不做隔离层。

混凝土浇筑应按先远后近、先高后低的原则进行，一个分格缝内的混凝土必须一次浇筑完毕，不得留施工缝。钢筋网片应放置在混凝土中的上部，混凝土虚铺厚度为1.2倍压实厚度。先用平板振动器振实，然后用滚筒滚压至表面平整、泛浆，由专人抹光，在混凝土初凝时进行第二次压光。混凝土终凝后养护7～14d。

第二节　楼面防水工程

对于无特殊防潮、防水要求的楼层，通常采用厚40mm的C18细石混凝土垫层，再于其上做面层即可。对于有防潮、防水要求的楼层其构造做法有二：其一，对于只是有普通防潮、防水要求的楼层，采用C18细石混凝土，从四周向地漏处找坡0.5%（最薄处不小于30mm厚）即可；其二对于防潮、防水要求高的楼层（如卫生间），应在垫层或结构层与面层之间设防水层。常见的防水材料有卷材、防水砂浆、防水涂料等，有水房间地面常采用水泥地面、水磨石地面、马赛克地面或缸砖地面等。为防止水沿房间四周侵入墙身，应将防水层沿房间四周墙边向上深入踢脚线内100～150mm，当遇到开门处，其防水层应铺出门外至少250mm。为便于排水，楼面需有一定坡度，并设置地漏，引导水流入地漏。排水坡度一般为1%～1.5%。为防止室内积水外溢，有水房间的楼面或地面标高应比其他房间与走廊低20～30mm，若有水房间楼地面标高与走廊或其他房间楼地面标高相平时，亦可在门口做出20～30mm的门槛（图8-4）。

对于穿楼板立管的防水处理一般采用两种办法：一是在管道穿过的周围用C20干硬性细石混凝土捣固密实，再以两布两油橡胶酸性沥青防水涂料作密封处理（图8-5）；二是某些暖气管、热水管穿过楼板层时，为防止由于温度变化，出现胀缩变形，致使管壁周围漏水，常在楼板走管的位置埋设一个比热水管直径稍大的套管，以保证热水管能自由伸缩而不致引起混凝土开裂。套管比楼面高出30mm。

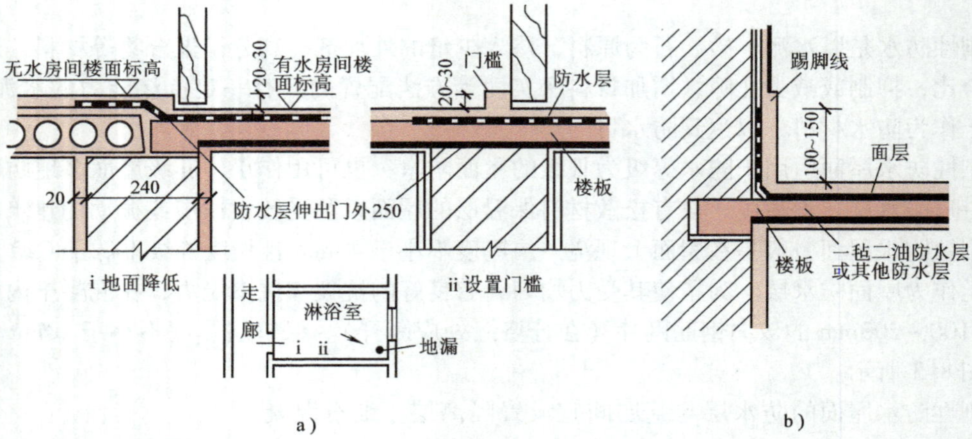

图8-4　楼层防潮、防水
a）有水房间楼板的排水与防水　b）防水层伸入踢脚内

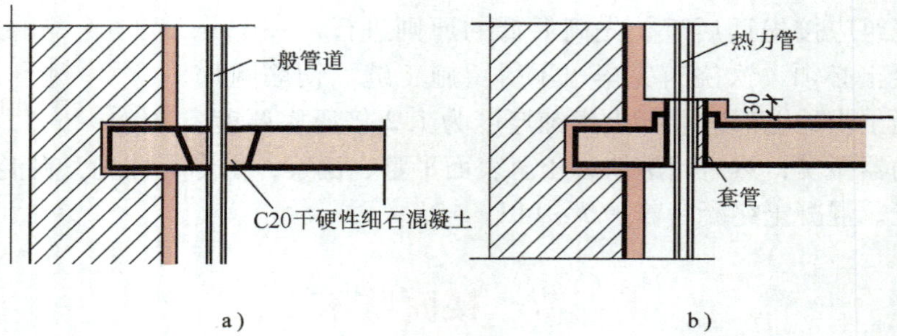

图8-5　管道穿过楼板时的处理
a）普通管道的处理　b）热力管道的处理

第三节　地下防水工程

一、地下结构的防水方案与施工排水

（一）地下结构的防水方案

当建造的地下结构超过地下常水位时，必须选择合理的防水方案，采取有效措施以确保地下结构的正常使用。目前，常用的有以下几种方案。

1）采用防水混凝土。它是以地下结构本身的密实性来实现防水功能的，使结构承重和防水合为一体，目前应用广泛。

2）在地下结构表面设防水层防水，常用的有砂浆防水层、卷材防水层、涂膜防水层等。

3）“防排结合”防水。即采取防水加排水措施，排水方案可采用盲沟排水、渗排水、内排水等。此方法多用于重要的、面积较大的地下防水工程。为增强防水效果，必要时采取“防”“排”结合的多道防水方案。

（二）地下防水工程施工期间的排水与降水

地下防水工程施工期间，应保持基坑内土体干燥，严禁带水或带泥进行防水施工，因此，地下水位应降至防水工程最低标高以下至少300mm，并防止地表水流入基坑内，基坑内的地下水应及时排出，不得破坏基底受力范围内的土层构造，防止基土流失。

二、防水混凝土结构施工

（一）防水混凝土的特点及应用

防水混凝土是以调整混凝土配合比、掺加外加剂或使用新品种水泥等方法，提高混凝土的密实性、憎水性和抗渗性而配制的不透水性混凝土。它具有材料来源丰富、施工简便、工期短、造价低、耐久性好等特点，是我国地下结构防水的一种主要形式。常用的防水混凝土有普通防水混凝土、外加剂防水混凝土（如掺三乙醇胺、氯化铁、加气剂或减水剂的防水混凝土）和膨胀水泥防水混凝土。

普通防水混凝土是使用调整配合比的方法，提高混凝土的密实性和抗渗能力的防水混凝土。适用于一般工民建结构及公共建筑的地下防水工程。普通防水混凝土的配合比应通过试验选定。选定配合比时，应按设计要求的抗渗等级提高0.2MPa，其各项技术指标应符合下列规定：每立方米混凝土的水泥用量不少于320kg；含砂率以35%~40%为宜；灰砂比应为1∶2~2.5；水灰比不大于0.6；坍落度不大于60mm，如掺用外加剂或用泵送混凝土时，不受此限。膨胀水泥防水混凝土因密实性和抗裂性均较好而适用于地下工程防水和地上防水构筑物的后浇缝。

外加剂防水混凝土是在混凝土中加入一定量的外加剂，如减水剂、加气剂、防水剂及膨胀剂等，以改善混凝土性能和结构的组成，提高其密实性和抗渗性，达到防水要求。外加剂防水混凝土应按地下防水结构的要求及具体条件选用，其外加剂掺量、特点及其适用范围可参见表8-5。

表8-5 防水混凝土常用外加剂

种类		特点	适用范围	掺量$\left(\frac{外加剂}{水泥重}\right)$
三乙醇胺防水混凝土		早强、抗渗等级高	工期紧迫、要求早强、抗渗要求高的工程	0.05%左右
加气剂防水混凝土		抗冻性好	有抗冻要求、低水化热要求的工程（$f_{cu}\leqslant 20$MPa）	0.03%~0.05%
减水剂防水混凝土	木钙、糖蜜	混凝土流动性好，抗渗等级高	钢筋密集、薄壁结构、泵送混凝土、滑模结构等，或有缓凝与促凝要求的工程	0.2%~0.3%
	NNO，MF			0.5%~1.0%
氯化铁防水混凝土		抗渗性最好	水中结构，无筋、少筋结构，砂浆修补抹面	3%左右

（二）地下防水混凝土结构的施工要点

1. 关于模板

模板应表面平整，拼缝严密不漏浆，吸水性小，有足够的承载力和刚度。一般情况下模板固定仍采用对拉螺栓，为防止在混凝土内形成引水通路，应在对拉螺栓或套管中部加焊（满焊）ϕ70～ϕ80mm 的止水环或方形止水片。如模板上钉有预埋小方木，则拆模后将螺栓贴底割去，再抹膨胀水泥砂浆封堵，效果更好。

2. 关于混凝土浇筑

混凝土应严格按配料单进行配料，为了增强均匀性，应采用机械搅拌，搅拌时间至少2min，运输时防止漏浆和离析。混凝土应分层连续浇筑，其自由倾落高度不得大于1.5m，并采用机械振捣，不得漏振、欠振。

3. 关于养护

防水混凝土的养护条件对其抗渗性影响很大，终凝后4～6h 即应覆盖草袋，12h 后浇水养护，3 天内浇水4～6 次/天，3 天后2～3 次/天，养护时间不少于14 天。

4. 关于拆模

防水混凝土不能过早拆模，一般在混凝土浇筑3 天后，将侧模板松开，在其上口浇水养护14 天后方可拆除，拆模时混凝土必须达到70% 的设计强度，应控制混凝土表面温度与环境温度之差小于或等于15℃。

5. 施工缝处理

施工缝是防水混凝土的薄弱环节，施工时应尽量不留或少留。底板混凝土必须连续浇筑，不得留施工缝；墙体一般不应留垂直施工缝，如必须留应设在变形缝处，水平施工缝应留在距底板面不小于200mm 的墙身上。墙体有孔洞时，施工缝距离孔洞边缘不宜小于300mm；不应留在剪力与弯矩最大处或底板与侧壁交接处。施工常用接缝形式有凸缝、凹缝或平直缝加止水带等。继续浇筑混凝土前，应将施工缝处松散的混凝土凿去，清理浮粒和杂物，用水冲净并保持湿润，先铺一层20～25mm 厚与混凝土中砂浆相同的水泥砂浆后再浇混凝土。水泥砂浆所用的材料和灰砂比应与混凝土的材料和灰砂比相同。

三、水泥砂浆防水层施工

水泥砂浆防水层是一种刚性防水层，主要依靠特定的施工工艺要求或掺加防水剂来提高水泥砂浆的密实性或改善其抗裂性，从而达到防水抗渗的目的。水泥砂浆防水层分为刚性多层抹面的水泥砂浆防水层和掺外加剂的水泥砂浆防水层两大类。

1. 刚性多层抹面的水泥砂浆防水层

刚性多层抹面的水泥砂浆防水层是利用不同配合比的水泥砂浆和水泥浆分层分次施工，相互交替抹压密实，以充分切断各层次刚性水泥凝结中的毛细孔网，以达到防水的目的。通常在工程实践中，刚性防水层的背水面基层的防水层采用四层抹面法施工，向水面采用五层做法。五层做法如图8-6 所示，背水面用四层做法（少一道水泥浆）。

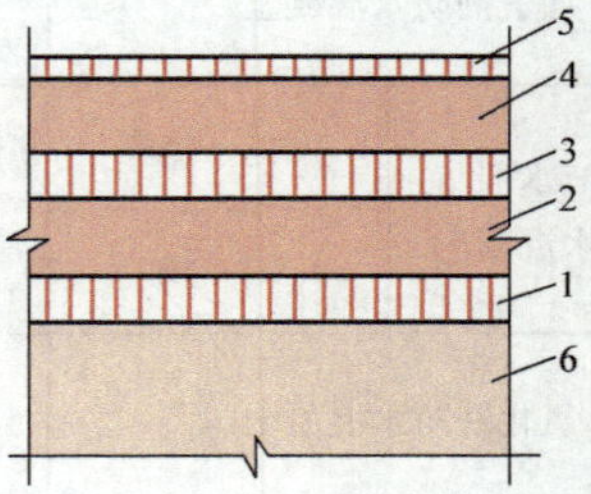

图8-6　五层做法构造

1、3—素灰层2mm　2、4—砂浆层4～5mm　5—水泥浆1mm　6—结构层

施工应连续进行，尽可能不留施工缝。一般顺序为先平面后立面。分层做法如下：第一层，在浇水湿润的基层上先抹1mm 厚素灰（用铁抹子用力刮抹5～6 遍），再抹1mm 找平。第二层，在素灰层初凝后终凝前进行，使砂浆压入素灰层0.5mm 并扫出横纹。第三层，在第二层凝固后进行，做法同第一层。

第四层，同第二层做法，抹后在表面用铁抹子抹压5~6遍，最后压光。第五层，在第四层抹压两遍后刷水泥浆一遍，随第四层压光。

养护可防止防水层开裂并提高不透水性，一般在终凝后8~12h盖湿草包浇水养护，养护14天。

2. 掺外加剂的水泥砂浆防水层

掺防水剂水泥砂浆又称防水砂浆，是在水泥砂浆中掺入占水泥重量的3%~5%的各种防水剂配制而成的，常用的防水剂有氯化物金属盐类防水剂和金属皂类防水剂。氯化物金属盐类防水剂又称防水浆，主要的外加剂为氯化钙、氯化铝、氯化铁等金属盐类，通过发生化学反应生成含水氯硅酸钙、氯铝酸钙、氢氧化铁等胶体或化合物，以达到填充砂浆空隙，密实砂浆的作用，从而达到防水的目的。金属皂类防水剂又称避水浆，是采用碳酸钠或氢氧化钾等碱金属化合物、氨水、硬脂酸和水混合加热皂化配制而成的乳白色浆状液体。它具有塑化作用，可降低水灰比，可使水泥质点和浆料间形成憎水化吸附层并生成不溶性物质，起填充砂浆中微小空隙和堵塞毛细通道、切断和减少渗水孔道作用，增加砂浆的密实性，从而起到防水作用。

水泥砂浆防水层适用于埋深不大，不会因结构沉降、温度和湿度变化及受振动等产生有害裂缝的地下防水工程。

四、卷材防水层施工

卷材防水层属柔性防水层，具有较好的韧性和延伸性，防水效果较好。其基本要求与屋面卷材防水层相同。

将卷材防水层铺贴在地下结构的外侧（迎水面）称为外防水，外防水卷材防水层的铺贴方法，按其与地下结构施工的先后顺序分为外防外贴法（简称外贴法）和外防内贴法（简称内贴法）两种。

1. 外贴法

外贴法是在垫层上铺好底层防水层后，先进行底板和墙体结构的施工，再把底面防水卷材延伸铺贴在墙体结构的外侧表面上，最后砌筑保护墙（图8-7）。其施工顺序如下：首先在垫层四周砌筑永久性保护墙，高度300~500mm，其下部为永久性的（高度$\geq B+(200\sim500)$ mm，B为底板厚），上部为临时性的（高度为$150(n+1)$ mm，n为卷材层数），并在保护墙下部干铺油毡条一层。然后铺设混凝土底板垫层上的卷材防水层，并留出墙身的接头。在墙上抹石灰砂浆找平层并将接头贴于墙上，然后进行底板和墙身施工，在做墙身防水层前，拆临时保护墙，在墙面上抹找平层、刷基层处理剂，将接头清理干净后逐层铺贴墙面防水层，最后砌永久性保护墙。

外贴法的优点是构筑物与保护墙有不均匀沉陷时，对防水层影响较小；防水层做好后即可进行漏水试验，修补亦方便。缺点是工期较长，占地面积大；底板与墙身接头处卷材易受损。在施工现场条件允许时，多采用此法施工。

2. 内贴法

内贴法是在墙体未做前，在垫层边缘先砌筑保护墙，然后将卷材防水层铺贴在保护墙上，再进行底板和墙体施工（图8-8）。施工顺序如下：首先在垫层四周砌永久性保护墙，然后在垫层和保护墙上抹找平层，干燥后涂刷基层处理剂，再铺贴卷材防水层。铺设原则：

先贴立面，后贴水平面，先贴转角，后贴大面，铺贴完毕后做保护层（砂或散麻丝加10～20mm厚1:3水泥砂浆），最后进行构筑物底板和墙体施工。

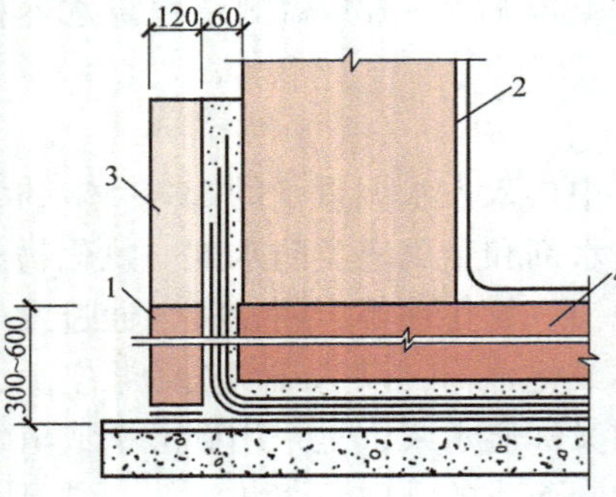

图8-7　外贴法施工示意图

1—永久性保护墙　2—基础外墙

3—临时保护墙　4—混凝土底板

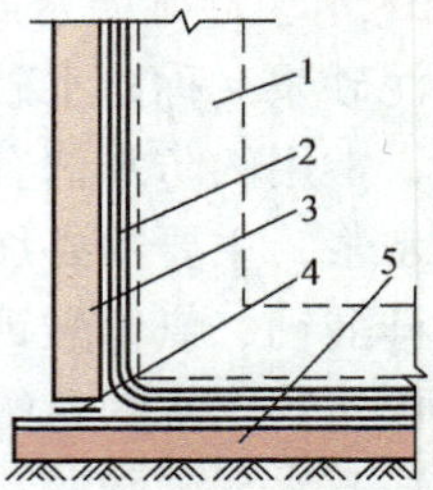

图8-8　内贴法施工示意图

1—尚未施工的地下室墙　2—卷材防水层

3—永久性保护墙　4—干铺油毡一层　5—混凝土垫层

内贴法的优点是防水层的施工比较方便，不必留接头，且施工占地面积小。缺点是构筑物与保护墙发生不均匀沉降时，对防水层影响较大；保护墙稳定性差；竣工后如发现漏水较难修补。这种方法只有当施工场地受限制，无法采用外贴法时才不得不用。

第四节　防水工程常见的质量事故及防治

一、卷材屋面常见的质量缺陷

卷材屋面常见的质量缺陷有：防水层起鼓、开裂，沥青流淌、老化等。

防水层起鼓通常是基层不干燥，应该使基层干燥，含水率在6%以内；避免在潮湿天气施工，防止卷材受潮。保证基层平整，卷材铺贴均匀，封闭严实，同时潮湿基层宜做成排气屋面。所谓排气屋面，就是在铺贴第一层卷材（各种卷材）时，采用条粘、点粘、空铺等方法使卷材与基层之间留有纵横相互贯通的空隙作排气通道，对于有保温层的屋面，也可在保温层上的找平层上留槽作排气通道，并在屋面或屋脊上设置一定的排气孔（每36m^2左右一个）与大气相通，这样就能使潮湿基层中的水分蒸发排出，防止油毡起鼓。排气屋面适用于气候潮湿，雨水充沛，夏季阵雨多，保温层或找平层含水率大，且干燥有困难的地区。

为防止沥青胶流淌，要求沥青胶有足够的耐热度和较高的软化点，并且涂刷均匀，其厚度不超过2mm，屋面坡度不宜过大。

防水层破裂的主要原因有：结构变形、找平层开裂，屋面刚度不够；建筑物不均匀沉降；沥青胶受热流淌或受冻开裂；卷材接头错动；防水层起鼓后内部气体受热膨胀等。

二、地下室防水混凝土常见的质量问题

1. 防水混凝土的配合比不准，坍落度大小不均

操作时应按配合比通知单认真过磅计量，坍落度应按施工标准始终保持一致。

2. 振捣不密实，出现蜂窝、麻面及个别孔洞现象

在施工时，应选派有经验、技术好、责任心强的混凝土工进行振捣。一旦出现蜂窝孔洞时，应认真检查孔洞的深浅，把不牢固的石子剔掉，凿出新槎，用高强度等级的砂浆抹严压实，抹前应刷好结合层。孔洞较大较深的应当用细石混凝土抹实。

3. 施工缝留置的位置不对，做法不符合要求

地下室底板与墙连接，施工缝应留置在底板往上300mm处的墙上，并在墙的上口预埋10～15cm宽的钢板作为止水带，也可以把混凝土做成凸形、凹形或企口形。

4. 外围灰土层不密实

分层夯实，既起隔水作用，又能保证室外工程不至于下沉。

思考题

1. 试述卷材屋面的组成及对材料的要求。
2. 在沥青胶结材料中加入填充料的作用是什么？
3. 什么叫冷底子油？作用是什么？如何配制？
4. 刚性防水屋面找平层为何要留分格缝？如何留设？
5. 如何进行屋面卷材铺贴？有哪些铺贴方法？
6. 屋面卷材防水层最容易产生的质量问题有哪些？如何防治？
7. 细石混凝土防水层的施工有何特点？如何预防裂缝和渗漏？
8. 试述地下卷材防水层的构造及铺贴方法，各自特点是什么。
9. 水泥砂浆防水层的施工特点是什么？
10. 试述防水混凝土的防水原理、配制方法及其适用范围。

习题

一、单项选择题

1. 当屋面防水等级为Ⅱ级时，防水层的耐用年限以及设防要求分别是（　　）。

A. 5年，一道防水设防　　B. 15年，两道防水设防
C. 10年，两道防水设防　　D. 25年，三道防水设防

2. 选用卷材为平行于屋脊铺贴时，该屋面坡度应该小于（　　）。

A. 3%　　B. 2%　　C. 4%　　D. 5%

3. 下列几种方法不属于卷材的铺贴方法的是（　　）。

A. 浇油法　　B. 刷油法　　C. 泼油法　　D. 刮油法

4. 刚性防水屋面一般是在屋面上现浇一层厚度不小于（　　）mm的细石混凝土。

A. 50　　B. 40　　C. 30　　D. 20

5. 为防止室内积水外溢，有水房间的楼面或地面标高应比其他房间与走廊低（　　）mm。

A. 15～25　　B. 20～30　　C. 25～35　　D. 30～40

6. 地下水位应降至防水工程最低标高以下至少（　　）mm。

A. 200　　B. 250　　C. 300　　D. 350

7. 拆模时混凝土必须达到70%的设计强度，应控制混凝土表面温度与环境温度之差（　　）。

A. ≤10%　　B. ≤15%　　C. ≤20%　　D. ≤25%

8. 养护可防止防水层开裂并提高不透水性，一般在终凝后8～12h盖湿草并浇水养护，养护时间为（　）天。

A. 11　　B. 12　　C. 13　　D. 14

9. 平屋面采用结构找坡时，屋面防水找平层的排水坡度不应小于（　　）。

A. 1%　　B. 1.5%　　C. 2%　　D. 3%

10. 防水混凝土结构表面的裂缝宽度不应大于（　　）mm，并不得贯通。

A. 0.1　　B. 0.2　　C. 0.5　　D. 1.0

11. 水泥砂浆保护层厚度不宜小于（　　）mm。

A. 10　　B. 20　　C. 30　　D. 40

二、多项选择题

地下工程防水卷材的铺贴方式可分为“外防外贴法”和“外防内贴法”，外贴法与内贴法相比较，其特点是（　　）。

A. 容易检查混凝土质量

B. 浇筑混凝土时，容易碰撞保护墙和防水层

C. 不能利用保护墙作模板

D. 工期较长

E. 土方开挖量大，且易产生塌方现象

第九章 装饰工程

本章概要

本章主要介绍了抹灰工程、饰面板（砖）工程、涂饰和裱糊工程、门窗工程、轻质隔墙和幕墙工程、吊顶工程的施工工艺和施工方法。通过本章的学习，使学生掌握饰面板（砖）工程、吊顶工程的施工工艺和施工方法；熟悉门窗工程、轻质隔墙和幕墙工程的施工工艺和施工方法；了解抹灰工程、涂饰和裱糊工程的施工工艺和施工方法、装饰工程常见的质量事故及防治方法。

装饰二程是设置于房屋或构筑物表面的饰面层，它不仅能增加建筑物的美观和艺术形象，而且能改善清洁卫生条件，美化城市和居住环境，有隔热、隔声、防腐、防潮的功能，还可以保护结构构件免受大自然的侵蚀，提高结构的耐久性。

装饰工程按用途可分为保护装饰（防止结构物遭受大气侵蚀和人为的污染）、功能装饰（保温、隔声、防火、防潮、防腐）、饰面装饰（美化建筑、改善人类活动环境）；按工程部位可分为外墙装饰、内墙装饰、顶棚装饰和地面装饰；根据施工工艺和建筑部位的不同，建筑装饰工程可分为抹灰工程、饰面工程、裱糊工程、涂料工程、吊顶工程、隔墙与隔断工程、门窗工程、玻璃幕墙工程、地面工程等；按所用材料可分为水泥、石灰、石碴类、陶瓷类、石材类、玻璃类、涂料类、塑料类、木材类、金属类等饰面层；按施工方法可分为抹、刷、铺、贴、钉、喷、滚、弹、涂以及结构与装饰合一的清水混凝土工程。

装饰工程具有工程量大，施工工期长，耗用劳动量多，占建筑物总造价高等特点。随着人们对生活环境和居住条件要求的提高，装饰材料发展迅速；对装饰工程的施工技术和质量也提出了更高的要求。本章介绍基本的抹灰工程、饰面板（砖）工程、涂料工程、裱糊工程、门窗工程以及玻璃幕墙工程施工。

第一节 抹灰工程

抹灰工程按使用材料和装饰效果分为一般抹灰和装饰抹灰。一般抹灰有石灰砂浆、水泥石灰混合砂浆、水泥砂浆、聚合物水泥砂浆、膨胀珍珠岩水泥砂浆，以及麻刀石灰、纸筋灰、石膏灰等抹灰工程施工。装饰抹灰适用于面层为水刷石、水磨石、斩假石（剁斧石）、干粘石、假面砖、拉灰条、拉毛条、洒毛灰、喷砂、喷涂、辊涂、弹涂、仿石和彩色抹灰等的施工。

按照工程部位不同，可分为墙面抹灰、顶棚抹灰、地面抹灰三种形式。

一、一般抹灰施工

抹灰层通常由底层、中层和面层组成（图9-1）。

底层：底层的作用是使抹灰与基层粘结和初步找平。厚度为5~9mm。底层所使用材料随基层不同而不同，室内砖墙面常用石灰砂浆、水泥石灰混合砂浆；室外砖墙面和有防潮、防水的内墙面，常用水泥砂浆或混合砂浆；对混凝土基层宜先刷素水泥浆一道，采用混合砂浆或水泥砂浆打底。

中层：中层主要起找平作用。厚度为5~12mm。根据质量要求的不同，可一次或分次涂抹。中层涂抹之后，在灰浆凝固之前，应每隔一定距离交叉刻痕，以便与面层能更好地粘结。

面层：面层主要起装饰作用，也称罩面。厚度为2~5mm。所用材料根据设计要求的装饰效果而定。室内墙面抹灰，常用麻刀灰或纸筋灰；室外抹灰常用水泥砂浆或做成水刷石等饰面层。面层施工必须仔细操作，确保表面平整、光滑、无裂缝。

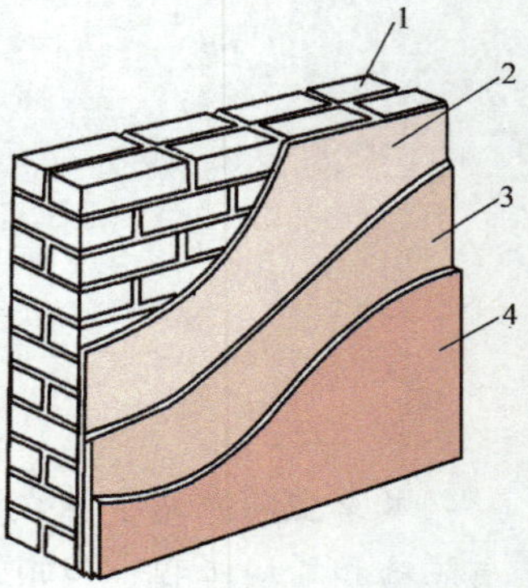

图9-1 抹灰层的组成

1—基层 2—底层 3—中层 4—面层

（一）一般抹灰施工质量要求

一般抹灰按质量要求分为普通抹灰、中级抹灰和高级抹灰三种。普通抹灰做法是一底层、一面层，两遍成活。施工时要求分层赶平、修整和表面压光。中级抹灰做法是一底层、一中层、一面层，三遍成活。施工时要求阳角找方，设置标筋，分层赶平、修整，表面压光。高级抹灰做法是一底层、几遍中层、一面层，多遍成活。施工时要求阴阳角找方，设置标筋，分层赶平、修整，表面压光。

（二）一般抹灰施工工艺

1. 基层表面处理

抹灰前应对砖石、混凝土等基层表面作处理，清除灰尘、污垢和油渍等，并洒水湿润。对于平整光滑的混凝土表面，可在拆模时随即作凿毛处理，或用掺入聚合物的1:1水泥砂浆薄抹一层，或用混凝土界面处理剂处理。抹灰前还应检查钢、木门窗框位置是否正确，与墙连接是否牢固。连接处的缝隙应用水泥砂浆或水泥混合砂浆（加少量麻刀）分层嵌塞密实。凡室内管道穿越的墙洞和楼板洞，以及外墙上的施工孔洞等均应填嵌密实。

2. 设置灰饼、标筋

为了有效地控制墙面抹灰层的厚度与垂直度，使抹灰面平整，抹灰层涂抹前应设置标筋（又称冲筋），作为底、中层抹灰的依据。

设置标筋时，先用托线板检查墙面的平整垂直程度，据以确定抹灰厚度（最薄处不宜小于7mm），再在墙两边上角离阴角边100~200mm处按抹灰厚度用砂浆做一个四方形（边长约50mm）标准块，称为“灰饼”，然后根据这两个灰饼，用托线板或线锤吊挂垂直，做墙面下角的两个灰饼（高低位置一般在踢脚线上口），随后以上角和下角左右两灰饼面为准拉线，每隔1.2~1.5m上下加做若干灰饼。待灰饼稍干后在上下灰饼之间用砂浆抹上一条宽100mm左右的垂直灰埂，此即为标筋，作为抹底层及中层的厚度控制和赶平的标准（图9-2）。

顶棚抹灰一般不做灰饼和标筋，而是在靠近顶棚四周的墙面上弹一条水平线以控制抹灰层厚度，并作为抹灰找平的依据。

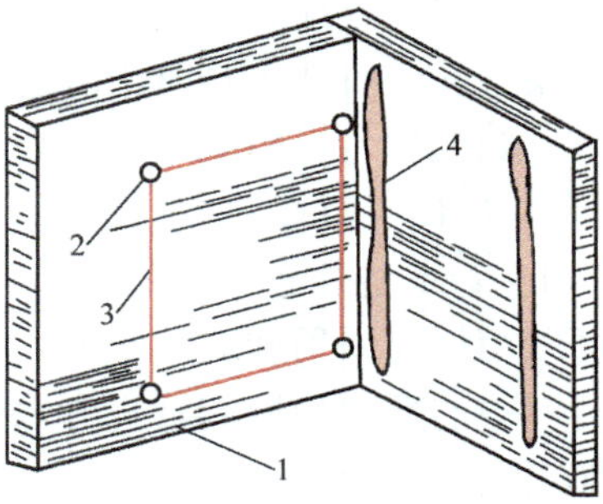

图 9-2　灰饼和冲筋
1—基层　2—灰饼　3—引线　4—标筋

3. 做护角

抹灰工程施工前，对室内墙面、柱面和门洞口的阳角，还宜用 1∶2 水泥砂浆做护角，其高度不应低于 2m，每侧宽度不应小于 50mm。对外墙窗台、窗楣、雨篷、阳台、压顶等上面应做流水坡度，下面应做滴水线或滴水槽，滴水槽的深度和宽度均不应小于 10mm，且整齐一致。

4. 抹灰

抹灰时，要求分层涂抹。涂抹水泥砂浆每遍厚度宜为 5 ~ 7mm。涂抹石灰砂浆和水泥混合砂浆每遍厚度宜为 7 ~ 9mm。抹灰层的平均总厚度：对于内墙，普通抹灰为 18mm，中级抹灰为 20mm，高级抹灰为 25mm；对于外墙，一般为 20mm，勒脚及突出墙面部分为 25mm；对于顶棚，板条、空心砖和现浇混凝土为 15mm，预制混凝土为 18mm，金属网为 20mm。分层涂抹时，水泥砂浆和水泥混合砂浆的抹灰层，应待前一层抹灰层凝结后，方可涂抹后一层；石灰砂浆的抹灰层，待前一层七八成干后，方可涂抹后一层。

为提高抹灰效率和降低劳动强度，对于基体上的底层和中层抹灰也可采用机械喷涂。把搅拌好的砂浆经振动筛进入灰浆输送泵，通过管道由压缩空气将灰浆连续而均匀地喷涂在基体面上，最后找平搓实。

二、装饰抹灰施工

装饰抹灰的种类很多，底层的做法基本相同。仅面层的做法不同。现将常用装饰抹灰面层做法简述如下：

（一）水刷石面层施工

水刷石主要用于室外墙面的装饰抹灰。对于大面积的水刷石，为了加强墙体基层与抹灰层的粘结，防止空鼓、开裂，墙面要加钢筋做拉结网，并适当分格。施工时按照设计要求在抹灰中层表面弹出分格线，粘贴分格条。

水刷石面层施工主要有中层面处理、面层抹灰和喷水冲刷三道工序。中层面处理方法是在已浇水湿润的砂浆面上刮水泥浆（水灰比为 0.37 ~ 0.40）一遍，以使面层与中层结合牢固。随即抹水泥石子浆，水泥石子浆的配合比视石子粒径而定，石子粒径为 4mm 时，配合比为 1∶1.5，面层厚 8 ~ 12mm。待面层凝结前，先用棕刷蘸清水自上而下洗刷，以彩色石粒面外露出灰浆面 1 ~ 2mm 为度，紧接着用喷水器自上而下喷水冲洗。洗刷时应采取措施，防止沾污墙面。

水刷石抹灰层的外观质量要求是：石粒清晰，分布均匀，紧密平整，色泽一致，不得有掉粒和接槎痕迹。

（二）水磨石面层施工

水磨石具有整体性好、耐磨不起灰、美观大方、可根据设计制成各种图案、装饰效果好等优点。按照装饰效果，可以分为普通水磨石与美术水磨石。按照施工方法有预制水磨石及现浇水磨石两种。

水磨石面层施工主要有中层面处理、镶嵌分格条、面层抹灰、分遍磨光、酸洗打蜡五道工序。中层面处理方法同水刷石。分格嵌条（铜条、铝条或玻璃条）按设计要求应在基层上镶嵌牢固（图9-3），横平竖直，圆弧均匀，角度准确。面层用水泥彩色石子浆（水泥:石子=1:1~1:1.25）填入分格网中，抹平压实，厚度比嵌条高1~2mm。白色或浅色水磨石面层应采用白水泥，深色水磨石面层应采用硅酸盐水泥、普通水泥或矿渣水泥。彩色水磨石中的颜料的掺入量宜为水泥质量的3%~5%。同时不得使用酸性颜料。面层抹灰后1~2天进行试磨，以石子不松动为准。采用磨石机正式洒水分遍磨光，一般由粗至细分三遍进行；每次磨光后，用同色水泥浆填补砂眼，隔3~5天再磨，即磨光次数不少于三遍，补浆两遍，这就是所谓的“两浆三磨”法。最后，表面用草酸水溶液擦洗，使石子表面残存的水泥浆分解，石子清晰显露，晾干后进行打蜡，使其光亮如镜。水磨石面层外观质量要求：表面平整光滑，石子显露均匀，无砂眼、磨纹和漏磨处，分格条位置准确且全部露出。

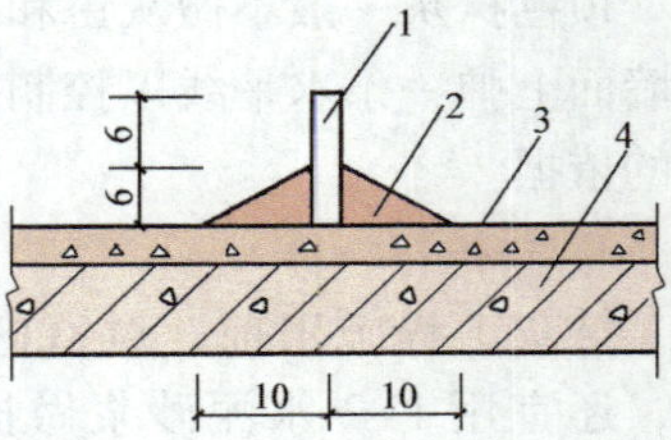

图9-3　水磨石嵌条
1—嵌条　2—素水泥浆　3—水泥砂浆底层　4—混凝土基层

（三）干粘石面层施工

干粘石面层施工主要有中层面处理、抹粘结层、甩粘石子三道工序。中层面处理为浇水湿润，刷水泥浆（水灰比为0.40~0.50）一遍。粘结层为水泥砂浆或聚合物水泥砂浆，厚度为4~6mm，砂浆的稠度不大于80mm。用手工甩石子（粒径4~6mm）时，先甩四周易干部位，后甩中部，边甩边接，用盛料盘接住未粘上的石子。甩完后随即用辊子或抹子压平压实，使石粒嵌入砂浆层中不小于粒径的1/2。干粘石面层外观质量要求是石粒粘结牢固，分布均匀，颜色一致，不露浆，不漏粘，阳角处不得有明显黑边。

（四）斩假石面层施工

斩假石又称剁斧石，是仿制天然石料的一种饰面，用不同的集料或掺入不同的颜料，可以仿制成花岗岩、玄武石、青条石等。

斩假石面层施工主要有中层面处理、面层抹灰和剁石三道工序。中层面处理同水刷石。面层抹灰采用1:1.5水泥白石屑浆，厚度为10mm。罩面层应采取防晒措施或防冻措施，养护2~3天，待面层强度达到设计强度的60%~70%时进行试剁，以石子不脱落为准。剁石时一般自上而下，先剁转角和四周边缘，后剁中间墙面，在墙角、柱子等边棱处，宜横剁出边条或留出窄小边条不剁。斩假石面层外观质量要求：剁纹均匀顺直，深浅一致，不得有漏剁处。阳角处横剁和留出不剁的边条，应宽窄一致，棱角不得有损坏。

（五）喷涂、辊涂、弹涂面层施工

1）喷涂饰面是利用压缩空气通过喷枪将聚合物砂浆均匀喷涂在底层上，此种砂浆由于掺入聚合物乳液，因而具有良好的和易性及抗冻性，能提高装饰面层的表面强度与融化强度。通过调整砂浆的稠度和喷射压力的大小，可喷成砂浆饱满、波纹起伏的波面，或表面不出浆而满布细碎颗粒的粒状，亦可在表面涂层上再喷以不同色调的砂浆点，形成“花点套色”。喷涂施工时，先在10~13mm厚的1:3水泥砂浆打底的中层砂浆面上，喷或刷1:3（胶水）聚合物水溶液一遍，使基层吸水率趋近一致及保证涂层粘结牢固。喷涂饰面层厚3~4mm，连续分三遍喷涂而成，每遍不宜太厚，不得流坠。饰面层收水后，清理分格缝，缝内刷聚合物水泥砂浆，聚合物水泥砂浆喷涂常用配合比见表9-1。

表 9-1　水泥砂浆喷涂常用配合比（重量比）

饰面做法	水泥	石灰膏	细集料	聚合物	六偏磷酸钠	颜料
波面	100	100	400	20	0.1	适量
波面	100		200	15	0.1	适量
粒状	100		200	10	0.1	适量
花点	100		100	15	0.1	适量

2）辊涂饰面是将带颜色的聚合物砂浆均匀涂抹在底层上，随即用平面或带有拉毛、刻有花纹的橡胶、泡沫塑料辊子，辊出所需的图案和花纹，然后喷罩面甲基硅醇钠溶液形成饰面。辊涂施工时，对基层浇水湿润后，将聚合物水泥砂浆抹到墙体基层上，厚度按花纹大小确定，一般为 2 ~ 3mm，然后用辊子在面层上辊涂出花纹。其分层做法为：以 10 ~ 13mm 厚水泥砂浆打底，木抹搓平；粘贴分格条（施工前在分格处先刮一层聚合物水泥浆，辊涂前将涂有聚合物胶水溶液的电工胶布贴上，等饰面砂浆收水后揭下胶布）；用 3mm 厚色浆罩面，随抹随用辊子辊出各种花纹；待面层干燥后，喷涂有机硅水溶液。辊涂为手工操作，工效比喷涂低。辊涂用的砂浆配合比为：水泥∶砂 = 1∶0.5 ~ 1∶1，另掺入水泥量 20% 的聚合物。

3）弹涂是利用手动弹涂器将不同色彩的聚合物水泥浆弹涂到色浆面层上，形成类似于干粘石效果的装饰面。弹涂施工时，先对中层砂浆面浇水湿润，刷（喷）色浆一道，然后用手摇动弹涂器，由弹棒将色浆弹打到墙面上，形成 1 ~ 3mm 大小的圆形花点，弹涂面层厚为 2 ~ 3mm。其施工流程为：基层找平修正或做砂浆底灰→调配色浆刷底色→弹力器做头道色点→弹力器做两道色点→弹力器局部找均匀→树脂罩面防护层。弹涂聚合物水泥砂浆常用配合比见表 9-2。

表 9-2　弹涂聚合物水泥砂浆常用配合比（重量比）

种　　类	水泥	水		聚合物	颜　　色
刷底色浆	1	普通水泥	0.95	0.2	适量
		白水泥	0.80	0.13	
弹色点	1	普通水泥	0.60	0.14	适量
		白水泥	0.45	0.10	

第二节　饰面板（砖）工程

饰面工程是指把预制的饰面板（砖）铺贴或安装到基层表面上以形成装饰层的施工工作。饰面材料的种类很多，但基本上可分为饰面砖和饰面板两大类。就施工工艺而言，前者以采用直接粘贴的镶贴工艺为主，后者以采用构造连接方式的安装工艺为主。以下介绍常用的大理石和花岗岩饰面板施工以及饰面砖施工。

一、饰面板安装

（一）石材饰面板安装

石材饰面板可分为天然石材饰面板和人造石材饰面板两大类：前者有大理石、花岗石和青石板饰面板等，后者有预制水磨石、预制水刷石和合成石饰面板等。其中，大理石饰面板质感细腻，平整光滑，多用于室内墙面、柱面及地面等装饰。花岗岩饰面板质感粗犷，质地硬，强度高，耐久性好，可用于室内外墙面、柱面、墙裙、地面、踏步等装饰。

（1）小规格饰面板安装　对于边长小于400mm，安装高度不超过1m的小规格饰面板可采用镶贴施工方法。先用厚12mm的1:3水泥砂浆打底、刮平、找规矩，表面划毛。待底子灰凝固后，在已湿润的饰面板块背面抹上厚2～3mm的加适量聚合物的水泥素浆，随即镶贴于基层表面，并用木锤轻敲，使水泥浆挤满整个背面，粘贴牢固，同时，用靠尺找平找直。

（2）大规格饰面板安装　对于边长大于400mm的大规格饰面板可采用湿挂安装法或干挂安装法施工。

1）湿挂安装法。分为以下步骤：

① 预拼及钻孔。安装前，先按设计要求在平地上进行试拼，校正尺寸，使宽度符合要求，缝子平直均匀，并调整颜色、花纹，力求色调一致，上下左右纹理通顺，不得有花纹横、竖突变现象。试拼后再分部位逐块按安装顺序予以编号，以便安装时对号入座。

② 绑扎钢筋网。采用湿挂安装法施工时，先剔凿出预埋在墙面或柱面内的钢筋，绑扎或焊接直径为6mm或8mm、间距为300～500mm的钢筋网，将选好的饰面板按设计要求在上下两侧钻孔，每侧边不得少于两个，孔内穿入铜丝。按预排的饰面板位置，由下往上，每层从中间或一端开始，依次将饰面板用铜丝与钢筋骨架绑扎固定。图9-4为湿挂安装构造详图。

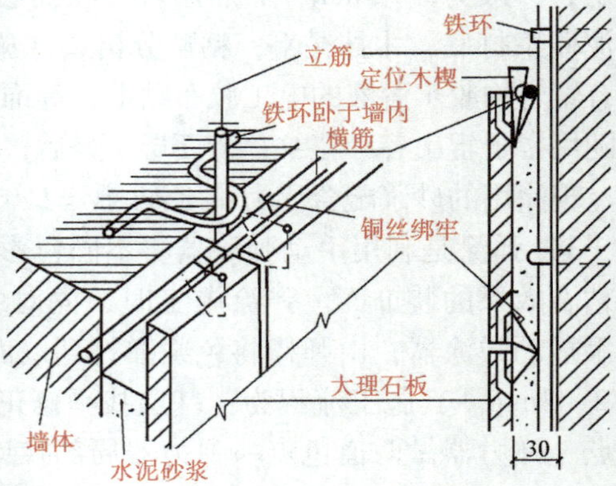

图9-4　湿挂安装构造详图

③ 弹线和安装。在墙（柱）上分块弹出水平线及垂直线。饰面板块间的接缝宽度可垫木楔调整。

④ 灌浆。灌注砂浆前，应先在竖缝内填塞15～20mm深的麻丝或泡沫塑料条以防漏浆，并浇水将饰面板背面和基体表面湿润。用1:2.5的水泥砂浆分层灌注，每层灌注高度为150～200mm，插捣密实，待其初凝后，检查板面位置无移动，方可灌注上层砂浆。待砂浆硬化后，清除填缝材料，用水泥色浆擦缝，使缝隙密实，颜色一致。湿挂安装法施工易使饰面产生“泛碱”“花脸”现象，采用干挂法安装新工艺可避免这一现象。

2）干挂安装法。干挂安装法是一种干作业方法，又称干挂法。它利用高强、耐腐蚀的连接固定件把饰面板挂在建筑物结构的外表面上，中间留出适量空隙。在风荷载或地震作用下，允许产生适量变位，而不致使饰面板出现裂缝或发生脱落，当风荷载或地震消失后，饰面板又能随结构复位。

干挂法解决了传统的灌浆湿作业法安装饰面板存在的施工周期长、粘结强度低、自重大、不利于抗震、砂浆易污染外饰面等缺点，具有安装精度高、墙面平整、取消砂浆粘结层、减轻建筑物自重、提高施工效率等特点，且板材与结构层之间留有40～100mm的空腔，具有保温和隔热作用，节能效果显著。采用干挂法安装花岗石、大理石、水磨石等大规格饰面板时，直接在板块侧面用电钻钻出孔径5mm、孔深12～15mm的圆孔，插入直径为5mm的销钉待用。将不锈钢连接件用胀锚螺栓固定到墙体内。图9-5为干挂安装构造详图。

3）G. P. C工艺。G. P. C工艺也叫改进湿作业方法，其特点是增设了特制的金属夹锚固件。它是以钢筋混凝土作衬板，用不锈钢连接环与饰面板连接后浇筑而成的整体复合板，再通过连接器具悬挂到钢筋混凝土结构或钢结构上（图9-6）。衬板与结构连接的部位其厚度加大。这种柔性节点可用于超高层建筑，以满足抗震要求。

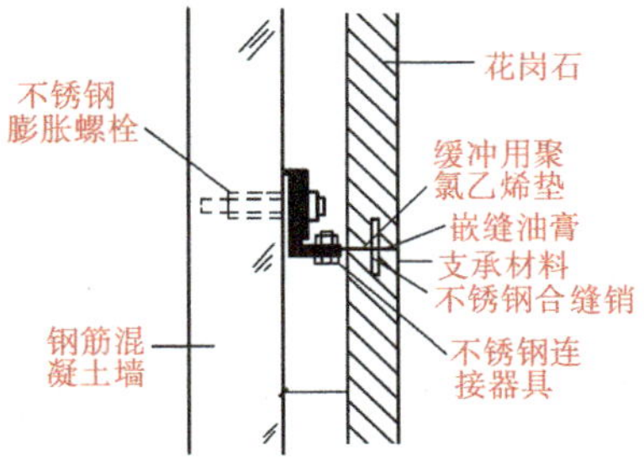

图9-5 干挂安装构造详图

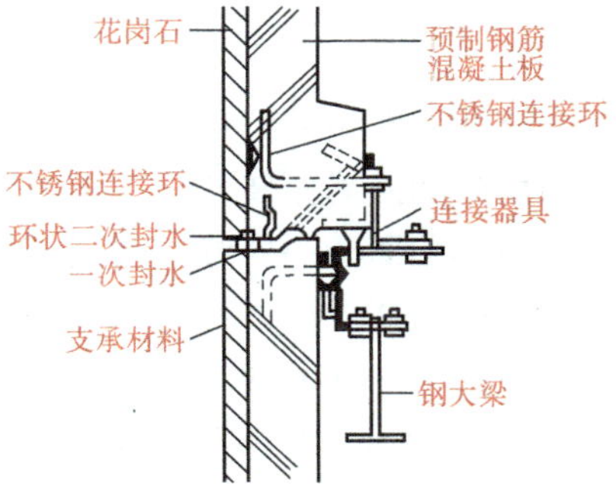

图9-6 G. P. C工艺

（二）金属饰面板安装

金属装饰板按材料可分为单一材料板和复合材料板两类。单一材料板用一种质地的材料制成，如钢板、铝板、铜板、不锈钢板等。复合材料板由两种或两种以上质地的材料组成，如铝合金板、烤漆板、镀锌板、金属夹心板、色塑料膜板等。金属装饰板按板面形状可分为光面平板、纹面平板、波纹板、压型板、立体盒板等。

铝合金装饰板，又称铝合金压型板。它是选用纯铝、铝合金为原料，经冷压成型的各种波形金属板材。它具有重量轻、易加工、强度高、刚度好、经久耐用、表面光亮等特点，广泛用于室内外墙面装饰和屋面装饰。铝合金装饰板的种类按表面处理方法分，有阳极氧化处理板和喷漆处理板。阳极氧化膜耐腐蚀性能好，故多用于室外，其氧化膜的厚度越厚，耐腐蚀能力越高，成本也相应提高。按色彩分有银白色、古铜色、金色等。按几何尺寸分，有条形板和方形板。按吸声要求分，有穿孔铝合金板和不穿孔铝合金板。室内多用前者，而室外一般用不穿孔板。按装饰效果分，有铝合金花纹板、铝质浅花纹板、铝及铝合金波纹板、铝及铝合金压型板等。

铝合金饰面板常用的固定方法有两大类：一类是将饰面板用螺钉固定到型钢或木骨架上；另一类是将饰面板卡在特制的龙骨上。其施工工艺是：放线→固定骨架的连接件→固定骨架→安装铝合金饰面板→收口构造处理。

1）放线：就是将骨架的位置弹到基层上，以保证骨架施工的准确性。放线最好一次放完，如有差错，可随时进行调整。

2）固定骨架的连接件：骨架的横竖杆件通过连接件与基层固定，而连接件可与基层结构的预埋件焊接，亦可打设膨胀螺栓。要求连接件固定牢固，位置准确，不易锈蚀。

3）固定骨架：骨架应预先进行防腐处理，安装位置要准确，结合要牢固，横杆标高一致。骨架表面要平整。

4）安装铝合金饰面板：板的安装要牢固、平整，无翘起、卷边等现象。板与板的间隙一般为10～20mm，用橡胶条或密封胶等弹性材料处理。安装完毕后，在易于被污染的部位，要用塑料薄膜覆盖保护；易被碰撞的部位，应设安全栏杆保护。

5）收口构造处理：系指饰面板安装后对水平部位的压顶，端部的收口，伸缩缝、沉降缝的处理，以及两种不同材料交接处的处理。因这些部位往往是饰面施工的重点，直接影响美观和功能，所以必须用特制的铝合金成型板进行妥善处理。

二、饰面砖镶贴

饰面砖镶贴一般指外墙釉面砖和无釉面砖、陶瓷锦砖（马赛克）以及玻璃锦砖的镶贴。

镶贴釉面砖和外墙面砖的施工工艺为：基体处理→湿润基体表面，水泥砂浆打底→选砖预排→浸砖→镶贴面砖→勾缝→清洁面层。

饰面砖应镶贴在湿润、干净的基层上。对砖墙基体，先用水浇湿透后，用1:3水泥砂浆打底，木抹子搓平，隔天浇水养护。对混凝土基体，可将混凝土表面凿毛（或用界面处理剂处理）后，刷一道聚合物水泥砂浆，抹1:3水泥砂浆打底，木抹子搓平，隔天浇水养护。饰面砖镶贴前应选砖预排，以使拼缝均匀。釉面砖和外墙面砖在镶贴前应浸水2h以上，冬期施工宜在掺入2%盐的温水中浸泡2h，待表面晾干后方可使用。饰面砖镶贴时，分段自下而上进行，立皮数杆，用水平拉通线作为镶贴面砖的基准线，用木分格条控制面砖间水平缝的宽度。面砖采用1:2水泥砂浆镶贴，砂浆厚度为6～10mm。勾缝采用1:1水泥砂浆，先勾横缝，后勾竖缝，缝深宜凹进面砖2～3mm。勾缝完成后，用棉丝蘸10%稀盐酸擦洗表面，并随即用清水冲洗干净。

镶贴陶瓷锦砖和玻璃锦砖的施工工艺为：基体处理→湿润基体表面，水泥砂浆打底→弹线→镶贴陶瓷、玻璃锦砖→揭纸调缝→嵌缝、清洗面层。

与镶贴面砖不同，陶瓷和玻璃锦砖采用水泥浆或聚合物水泥浆镶贴。镶贴自上而下进行，每段施工自下而上进行。镶贴时应位置正确，仔细拍实，使其表面平整，待稳固后，用软毛刷蘸水刷纸面，将纸面湿润，揭净。揭纸后检查小块锦砖间的缝隙，在水泥浆初凝前调整缝隙宽度，适当拨正。嵌缝采用橡皮刮板将水泥浆在锦砖上刮一遍，接着用干水泥擦缝，并清洗面层残存的水泥浆。

饰面砖镶贴质量要求：饰面板（砖）镶贴牢固，无歪斜、缺棱角和裂缝等缺陷；表面应平整、洁净，色泽协调；接缝应填嵌密实、平直，宽窄均匀，颜色一致。阴阳角的板（砖）搭接方向正确，非整砖的使用部位适宜。

第三节　涂饰和裱糊工程

一、涂饰工程

涂饰工程是指将涂料施涂于基层表面上以形成装饰保护层的一种饰面工程。涂料是指涂敷于物体表面并能与表面基体材料很好粘结形成完整而坚韧保护膜的材料，所形成的这层保护膜，又称涂层。

采用涂料作为建筑构件的保护和装饰材料，我国已有悠久的历史。早在2000多年前，我国便已能利用桐树籽榨得的桐油和漆树漆汁制成天然漆。由于早期涂料的主要原料是天然植物油和天然树脂（如桐油、亚麻仁油、松香、生漆等）都含有油类，故称之为油漆。随着石油化学工业和有机化学合成工业的发展，合成树脂品种不断增多，为涂料提供了广阔的原料来源。涂料所用的主要原料已为合成树脂所替代。现代涂料趋向于少用油或不用油，因此将油漆更名为涂料显然更切合实际。故涂料是各种油性和水性涂饰产品的总称，而旧时的油漆可称为油性涂料。

（一）建筑涂料分类

建筑涂料的产品种类繁多，一般按下列几种方法进行分类：

1）按使用的部位可分为：外墙涂料、内墙涂料、顶棚涂料、地面涂料、门窗涂料、屋面涂料等。

2）按涂料的特殊功能可分为：防火涂料、防水涂料、防虫涂料、防霉涂料等。

3）按涂料成膜物质的组成不同可分为：①油性涂料，系指传统的以干性油为基础的涂料，即以前所称的油漆；②有机高分子涂料，包括聚醋酸乙烯系、丙烯酸树脂系、环氧系、聚氨酯系、过氯乙烯系等，其中丙烯酸树脂系建筑涂料性能优越；③无机高分子涂料，包括硅溶胶类、硅酸盐类等；④有机无机复合涂料，包括聚乙烯醇水玻璃涂料、聚合物改性水泥涂料等。

4）按涂料所形成涂膜的质感可分为：①薄涂料，又称薄质涂料。它的粘度低，刷涂后能形成较薄的涂膜，表面光滑、平整、细致，但对基层凹凸线形无任何改变作用；②厚涂料，又称厚质涂料。它的特点是熟度较高，具有触变性，上墙后不流淌，成膜后能形成有一定粗糙质感的较厚的涂层，涂层经拉毛或滚花后富有立体感；③复层涂料，原称喷塑涂料，又称浮雕型涂料、华丽喷砖，其由封底涂料、主层涂料与罩面涂料三种涂料组成。

5）按涂料分散介质（稀释剂）的不同可分为：①溶剂型涂料，它是以有机高分子合成树脂为主要成膜物质，以有机溶剂为稀释剂，加入适量的颜料、填料及辅助材料，经研磨而成的涂料；②水乳型涂料，它是在一定工艺条件下在合成树脂中加入适量乳化剂形成的以极细小的微粒形式分散于水中的乳液，以乳液中的树脂为主要成膜物质，并加入适量颜料、填料及辅助材料经研磨而成的涂料；③水溶型涂料，以水溶性树脂为主要成膜物质，并加入适量颜料、填料及辅助材料经研磨而成的涂料。

（二）建筑工程中常用油性涂料

建筑工程中常用油漆的种类及其主要特征如下。

1）清油：清油又称鱼油、熟油，干燥后漆膜柔软，易发粘。多用于调稀厚漆和红丹防锈漆，也可单独涂于金属、木材表面或打底子及调配腻子。

2）厚漆：厚漆又称铅油，有红、白、黄、绿、灰、黑等色。使用时需加清油、松香水等稀释。漆膜柔软，与面漆粘结性好，但干燥慢，光亮度、坚硬性较差。可用于各种涂层打底或单独做表面涂层，亦可用来调配色油和腻子。

3）调和漆：调和漆分油性和磁性两类。油性调和漆的漆膜附着力强，有较高的弹性，不易粉化、脱落及龟裂，经久耐用，但漆膜较软，干燥缓慢，光泽差，适用于室外面层涂刷。磁性调和漆常用的有酯胶调和漆和酚醛调和漆等，漆膜较硬，颜色鲜明，光亮平滑，能耐水洗，但耐气候性差，易失光、龟裂和粉化，故仅用于室内面层涂刷。调和漆有大红、奶油、白、绿、灰、黑等色，不需调配，使用时只需调匀或配色，稠度过大时可用松节油或200 号溶剂汽油稀释。

4）清漆：清漆分油质清漆和挥发性清漆两类。油质清漆又称凡立水，常用的有酯胶清漆、酚醛清漆、钙酯清漆和醇酸清漆等；漆膜干燥快，透明光泽，适用于木门窗、板壁及金属表面罩光。挥发性清漆又称泡立水，常用的有漆片；漆膜干燥快，坚硬光亮，但耐水、耐热、耐气候性差，易失光，多用于室内木材面层的油漆或家具罩面。

5）聚醋酸乙烯乳胶漆：这是一种性能良好的新型涂料和墙漆，适用于高级建筑室内抹灰面、木材面的面层涂刷，亦可用于室外抹灰面。其优点是漆膜坚硬、平整，附着力强，干燥快，耐暴晒和水洗，新墙面稍干燥即可涂刷。此外，还有磁漆、大漆、硝基纤维漆（即蜡克）、耐热漆、耐火漆、防锈漆及防腐漆等。

（三）涂料施工

涂料工程施工包括基层处理、打底子、抹腻子和涂料涂饰等工序。

1. 基层处理

基层处理的工作内容包括基层清理和基层修补。

混凝土及砂浆的基层处理。为保证涂膜能与基层牢固结合在一起，基层表面必须干净、坚实，无酥松、脱皮、起壳、粉化等现象，基层表面的泥土、灰尘、污垢、粘附的砂浆等应清扫干净，酥松的表面应予铲除。为保证基层表面平整，缺棱掉角处应用1∶3水泥砂浆（或聚合物水泥砂浆）修补，表面的麻面、缝隙及凹陷处应用腻子填补修平。

木材与金属基层的处理及打底子。为保证涂抹及与基层粘结牢固，木材表面的灰尘、污垢和金属表面的油渍、鳞皮、锈斑、焊渣、飞边等必须清除干净。木料表面的裂缝等在清理和修整后应用石膏腻子填补密实、刮平收净，用砂纸磨光以使表面平整。木材基层缺陷处理好后，表面应作打底子处理，在处理好的基层表面刷底子油一遍（可适当加色），并使其厚薄均匀一致，以保证整个油漆面色彩均匀。金属表面应刷防锈漆，涂料施涂前被涂物件的表面必须干燥，以免水分蒸发造成涂膜起泡，一般木材含水率不得大于12%，金属表面不得有湿气。

2. 刮腻子与磨平

腻子是油料加上填料（石膏粉、大白粉）、水或松香水拌制成的膏状物，抹腻子的目的是使表面平整。涂膜对光线的反射比较均匀，因而在一般情况下不易觉察的基层表面细小的凹凸不平和砂眼，在涂刷涂料后由于光影作用都将显现出来，影响美观。所以基层必须刮腻子数遍予以找平，并在每遍所刮腻子干燥后用砂纸打磨，保证基层表面平整光滑。需要刮腻子的遍数，视涂饰工程的质量等级，基层表面的平整度和所用的涂料品种而定。对于高级油漆施工，需在基层上全部抹一层腻子，待其干后用砂纸打磨，然后再抹腻子，再打磨，直到表面平整光滑为止，有时还要和涂刷油漆交替进行。腻子磨光后，表面清理干净，再涂刷一道清漆，以便节约油漆。

3. 涂料的施涂

一般规定涂料在施涂前及施涂过程中，必须充分搅拌均匀，用于同一表面的涂料，应注意保证颜色一致。涂料稠度应调整合适，使其在施涂时不流坠、不显刷纹，如需稀释应用该种涂料所规定的稀释剂稀释。

涂料的施涂遍数应根据涂料工程的质量等级而定。施涂溶剂型涂料时，后一遍涂料必须在前一遍涂料干燥后进行；施涂乳液型和水溶性涂料时后一遍涂料必须在前一遍涂料表干后进行。每一遍涂料不宜施涂过厚，应施涂均匀，各层必须结合牢固。

涂料的施涂方法有刷涂、辊涂、喷涂、刮涂和弹涂等。

1）刷涂。它是用油漆刷、排笔等将涂料刷涂在物体表面上的一种施工方法。此法操作方便，适用范围广，除极少数流平性较差或干燥太快的涂料不宜采用外，大部分薄涂料或云母状厚质涂料均可采用，但工效低，不适于快干性和扩散性不良的油漆施工。刷涂顺序是先左后右、先上后下、先底后面、先难后易。

2）辊涂。它是利用辊筒蘸取涂料并将其涂布到物体表面上的一种施工方法。辊筒表面有的粘贴合成纤维长毛绒，也有的粘贴橡胶（称为橡胶压辊），当绒面压花辊筒或橡胶压花压辊表面为凸出的花纹图案时，即可在涂层上滚压出相应的花纹。

3）喷涂。它是利用压力或压缩空气将涂料涂布于物体表面的一种施工方法。涂料在高速喷射的空气流带动下，呈雾状小液滴喷到基层表面上形成涂层。喷涂的涂层较均匀，颜色也较均匀，施工效率高，适用于大面积施工。可使用各种涂料进行喷涂，喷射时每层往复进行，纵横交错，一次不能喷得过厚，需分几次喷涂，以达到厚而不流的目的，尤其是外墙涂料用得较多。

4）刮涂。它是利用刮板将涂料厚浆均匀地批刮于饰涂面上，形成厚度为1～2mm的厚涂层，常用于地面厚层涂料的施涂。

5）弹涂。它是利用弹涂器通过转动的弹棒将涂料以圆点形状弹到被涂面上的一种施工方法。若分数次弹涂，每次用不同颜色的涂料，被涂面由不同色点的涂料装饰，相互衬托，可使饰面增加装饰效果。

二、裱糊工程

裱糊工程就是将壁纸、墙布用胶粘剂裱糊在结构基层的表面上。由于壁纸和墙布的图案、花纹丰富，色彩鲜艳，故更显得室内装饰豪华、美观、艺术、雅致。

裱糊工程中常用的材料有普通壁纸、塑料壁纸、玻璃纤维墙布、无纺墙布及胶粘剂。普通壁纸系纸面纸基，透气性好，价格便宜，但不耐水，易断裂，已很少采用。塑料壁纸是以纸为基层，用高分子乳液涂布面层，再进行印花、压纹等工艺而制成。玻璃纤维墙布，是以玻璃纤维布为基层，表面涂上耐磨的树脂，印压成彩色的图案、花纹或浮雕。无纺墙布是采用棉、麻等天然纤维或涤、腈等合成纤维，经过无纺成型、上树脂、印压彩色花纹和图案而成的一种高级装饰墙布。

塑料壁纸、玻璃纤维墙布和无纺墙布是应用较广的内墙装饰材料，具有可擦洗、耐光、耐老化、颜色稳定、无毒、施工简单等特点，且花纹图案丰富多彩，富有质感，适用粘贴在抹灰层、混凝土基层、纤维板、石膏板和胶合板表面。

壁纸和墙布的裱糊工艺过程为：基层处理→弹垂直线→裁切壁纸（墙布）、闷水→涂刷胶粘剂→上墙、裱糊→赶压胶粘剂、气泡→修整清理。

1. 基层处理

裱糊工程基体或基层要求干燥，混凝土和抹灰层的含水率不大于8%，木材制品含水率不大于12%。裱糊前，应将基体或基层表面的污垢、尘土清除干净。泛碱部位，用9%的稀醋酸中和、清洗。将突出基层表面的设备或附件卸下，钉帽应进入基层表面，并涂防锈涂料，钉眼用油性腻子填平。对局部麻点和缝隙等部位，先刮腻子，然后用砂纸磨平。为防止基层吸水过快，裱糊前用1:1的聚合物水溶液等做胶涂刷基层，以封闭墙面，为粘贴壁纸提供一个粗糙面，底胶干后，根据房间大小、门窗位置、壁纸宽度和花纹图案的完整性进行弹线，从墙的阳角开始，以壁纸宽度弹垂直线，作为裱糊时的操作准线。

2. 裁纸、闷水和刷胶

壁纸粘贴前应进行预拼试贴，以确定裁纸尺寸，使接缝花纹完整、效果良好。裁纸应根据弹线实际尺寸统筹规划，并编号按顺序粘贴壁纸，一般以墙面高度进行分幅拼花裁切，并注意留有20~30mm的余量。裁切时要用尺子压紧壁纸，刀刃紧贴尺边，一气呵成，使壁纸边缘平直整齐，不得有纸毛和飞刺现象。

塑料壁纸有遇水膨胀、干燥后自行收缩的特性，因此，应将裁好的壁纸放入水槽中浸泡3~5min，取出后把明水抖掉，静置10min左右，使纸充分吸湿伸胀，然后在墙面和纸背面同时刷胶进行挂糊。

胶粘剂要求涂刷均匀，不漏刷。胶粘剂的配合比见表9-3。在基层表面涂刷胶粘剂应比壁纸宽20~30mm，涂刷一段，按压挂糊一张，不应涂刷过厚。如用背面带胶的壁纸，则只需在基层表面涂刷胶粘剂。

表9-3　胶粘剂的配合比

胶粘剂用途	配合比（质量比）
裱糊普通壁纸	（1）面粉:明矾（或甲醛）=100:10（0.2） （2）面粉:酚（或硼酸）=100:0.02（0.2）
裱糊塑料壁纸	（1）聚乙烯醇缩甲醛胶（含甲醛45%）:羧甲基纤维素（2.5%溶液）:水=100:35:50 （2）聚乙烯醇缩甲醛胶:水=1:1
裱糊玻纤墙布	聚醋酸乙烯酯乳胶:羧甲基纤维素（2.5%溶液）=60:40

3. 裱糊

壁纸和墙布上墙裱糊时，对需重叠对花的，应先裱糊对花，后用钢直尺对齐裁下余边；对直接对花的，直接裱糊。裱糊中赶压气泡时，对于压延壁纸可用钢板刮刀刮平；对于发泡及复合壁纸只可用毛巾、海绵或毛刷赶平。裱糊好的壁纸或墙布经压实后，及时擦去挤出的胶粘剂，表面不得有气泡、斑污等。

裱糊工程完工并干燥后，即可验收。检查数量为选择有代表性的自然间，抽查10%，但不得少于3间。质量要求粘贴牢固，表面平整，无气泡空鼓，各幅拼接横平竖直，拼接处花纹图案吻合，距墙面1.5m处正视，不显拼缝。

第四节　门 窗 工 程

一、木门窗安装

木门窗框和扇进场前应对型号、数量及门窗的加工质量进行全面的检查，木材的含水率不得超过12%，安装外窗前应从上往下吊垂直，找好窗框位置。500mm线应提前弹好，并做标记。

1. 木门窗安装工艺

找规矩弹线，找出门窗框安装位置→掩扇及安装样板→窗框、扇安装→门框安装→门安装。

2. 木门窗安装允许偏差

木门窗安装允许偏差见表9-4。

表 9-4 木门窗安装允许偏差

项次	项目		允许偏差/mm	检验方法
1	门窗框对角线长度差	≤2000mm	5	用钢卷尺检查里条
		>2000mm	6	用 2mm×50mm 塞片检查铰链面
2	窗框扇㨃的限值	铰链面	≤2	用 1.5mm×50mm 塞片检查框大面
		执手板	≤1.5	
3	窗框扇搭接量限值	头腹宽	≥2	用钢针划线和深度尺检查
		空腹宽	≥4	
4	门窗框（含拼樘料）正侧面垂直度		3	用 1m 托板检查
5	门窗框（含拼樘料）水平度		3	用 1m 尺和楔形塞尺检查
6	门下无槛时，内门扇与地面间留缝隙限值		4～8	用楔形塞尺检查
7	双层门窗外框，梃（含拼樘料）的中心距		5	用钢直尺检查

二、钢门窗安装

1. 钢门窗安装工艺

门窗安装位置及标高划线→运门窗扇至安装地点→立钢门窗→木楔临时固定→找水平线复核临时固定→焊接固定→堵洞养护→装五金配件→装玻璃、刷漆→装纱窗→刷油→保温窗橡胶条安装。

2. 钢门窗安装允许偏差

钢门窗安装允许偏差见表 9-5。

表 9-5 钢门窗安装允许偏差

项次	项目	允许偏差/mm		检验方法
1	框的正、侧面垂直度	3		用 1m 托线板检查
2	框对角线长度差	Ⅰ级：2；Ⅱ、Ⅲ级：3		尺量检查
3	框与扇、扇与扇接触处高低差	2		用直尺和楔形塞尺检查
4	门窗扇对口和扇与框间留缝宽度	1.5～2.5		用楔形塞尺检查
5	工业厂房双扇大门对口留缝宽度	2～5		
6	框与扇上缝留缝宽度	1.0～1.5		
7	窗扇与下槛间留缝宽度	2～3		
8	门扇与地面间留缝宽度	外门	4～5	
		内门	6～8	
		卫生间门	10～12	
		厂房大门	10～20	
9	门扇与下槛间留缝宽度	外门	4～5	用楔形塞尺检查
		内门	3～5	

三、铝合金门窗安装

1. 铝合金门窗安装工艺

弹线找规矩→门窗洞口处理→防腐处理及埋设连接件→铝合金门窗拆包、检查→就位和临时固定→门窗固定→门窗扇安装→门窗口四周堵缝、密封嵌缝→清理→安装五金配件→安装门窗纱扇密封条。

2. 铝合金门窗安装允许偏差

铝合金门窗安装允许偏差见表 9-6。

表 9-6　铝合金门窗安装允许偏差

项次	项　目			允许偏差/mm	检 验 方 法
1	门窗框两对角线长度差		≤2000mm	2	用钢卷尺检查，量里角
			>2000mm	3	
2	平开窗	窗扇与框搭接宽度差		1	用深度尺或钢直尺检查
3		同樘门窗相邻扇横端角度差		2	用拉线和钢直尺检查
4	推拉窗	开窗扇开启力极限	扇面积≤$1.5m^2$	≤40N	用 100N 弹簧秤钩住拉手处，启闭 5 次取平均值
			扇面积>$1.5m^2$	≤60N	
5		门窗扇与框或相邻扇立边平行度		2	用 1m 钢直尺检查
6	弹簧门窗	门窗对口缝或扇与框间立、横缝留缝极限		2～4	用楔形塞尺检查
7		门窗与地面间隙留缝极限		2～7	
8		门窗对口缝关闭时平整		2	用深度尺检查
9	门窗框（含拼樘料）正、侧面垂直度			2	用 1m 托线板检查
10	门窗框（含拼樘料）水平度			1.5	用 1m 水平尺和楔形塞尺检查
11	门窗横框标高			5	用钢直尺检查，与基准线比较
12	双层门窗外框中心距			4	用钢直尺检查

第五节　轻质隔墙和幕墙工程

一、轻质隔墙工程

人们把建筑中不承重、质量轻、只起分隔空间作用的墙体叫做轻质隔墙。对轻质隔墙的要求是：自重轻、稳定性好、隔声、耐火、耐水并能较好地起到分隔空间的作用。常用的轻质隔墙包括：

（1）骨架隔墙　根据骨架材料的不同分为木筋骨架隔墙与金属骨架隔墙。根据饰面材料的不同又可以分为灰板条隔墙、装饰板隔墙、镶板隔墙等多种隔墙。骨架隔墙如图 9-7 所示。

（2）条板隔墙　是指采用各种轻质材料制成的各种预制轻型板材安装而成的隔墙。常见的板材有：加气混凝土条板、石膏条板、碳化石灰板、石膏珍珠岩板以及各种复合板等。这种板自重轻、安装方便，而且能锯、能刨、能钉。条板隔墙如图 9-8 所示。

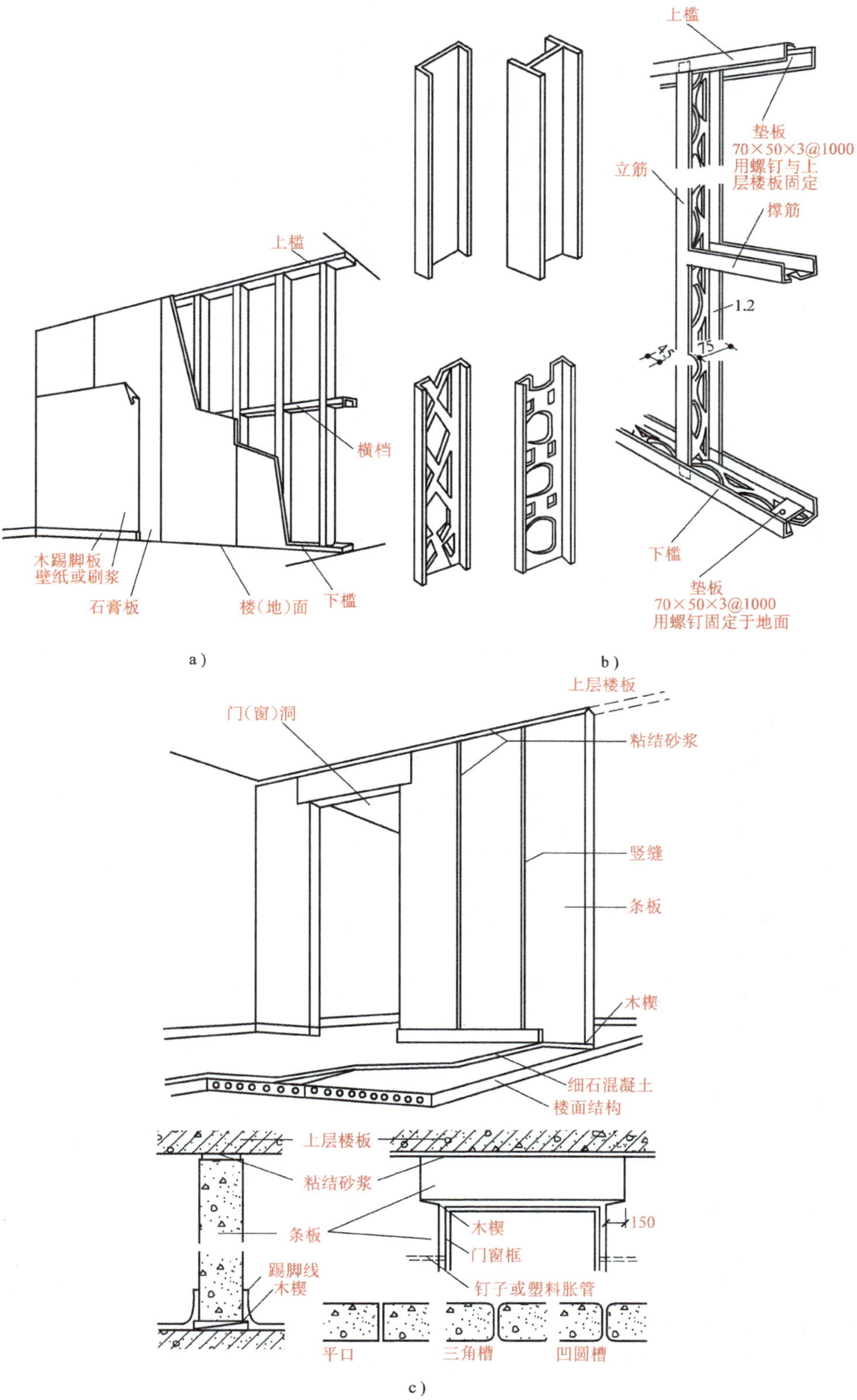

图9-7　骨架隔墙

a）木筋骨架　b）金属骨架　c）灰板条抹灰隔墙

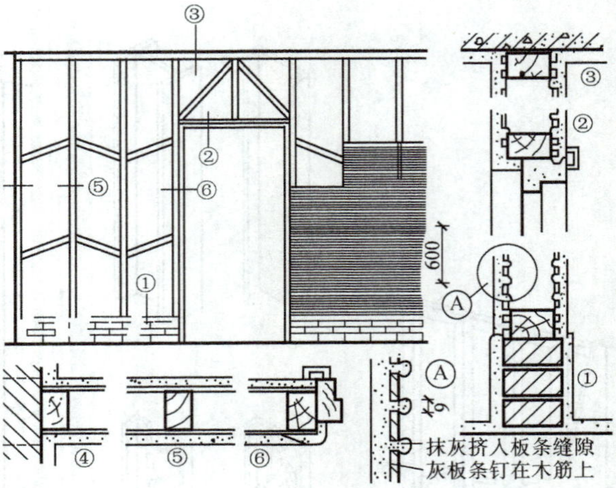

图9-8　条板隔墙

二、幕墙工程

幕墙是骨架结构的外围护墙，除自重和风力外一般不承受其他荷载。

幕墙按照组装方式的不同可以分为现场组装式与预制单元式。按照饰面材料的不同，可分为金属板幕墙、玻璃幕墙、纤维水泥板幕墙、混凝土悬挂板以及各种复合墙板幕墙。

下面主要介绍玻璃幕墙。

玻璃幕墙采用的中空玻璃由两层或两层以上的玻璃构成，四周用高强、高气密性复合粘结剂将两片或多片玻璃与铝合金方格框粘结密封，中间充入干燥气体，框内填充干燥剂，以保证玻璃间的干燥度，还可以在玻璃上涂不同颜色或不同性能的薄膜。

玻璃幕墙的结构大致可分为两部分，一是饰面的玻璃，二是固定玻璃的框架。按其构造方式分为有框和无框两类。在有框玻璃幕墙中，又有明框和隐框两种，隐框玻璃幕墙又可以分为全隐框玻璃幕墙和半隐框玻璃幕墙两种。半隐框玻璃幕墙可以是横明竖隐，也可以是竖明横隐。而全隐框玻璃幕墙，没有传统幕墙的夹持玻璃和承重的铝合金外框（明框），厚度为3～10mm厚的玻璃（中空玻璃、浮法玻璃、彩色玻璃、钢化玻璃、夹胶玻璃、镜面反射玻璃等）完全依靠背面上的结构胶粘贴到铝型材框架上。这种铝合金全隐框玻璃幕墙，玻璃表面无框架，透明、轻盈、空间渗透性强，应用广泛。

典型的全隐型铝合金框架式玻璃幕墙构造如图9-9所示。用铝合金构件组成框格体系，框格体系通过预埋件固定到结构物上（图9-10、图9-11）。在框格体系上固定玻璃框，玻璃用结构胶粘贴在玻璃框上，玻璃框及框格体系均隐在玻璃后面，从外侧看不到。

因为铝合金隐框玻璃幕墙在使用中分别承受水平方向风荷载的作用和垂直方向的自重荷载的作用，此外，为保证安全使用，还须考虑地震荷载作用以及温度变化效应，在玻璃幕墙工程施工前，必须对玻璃幕墙作正常功能和安全使用两种极限状态下承载力及挠度的设计验算。

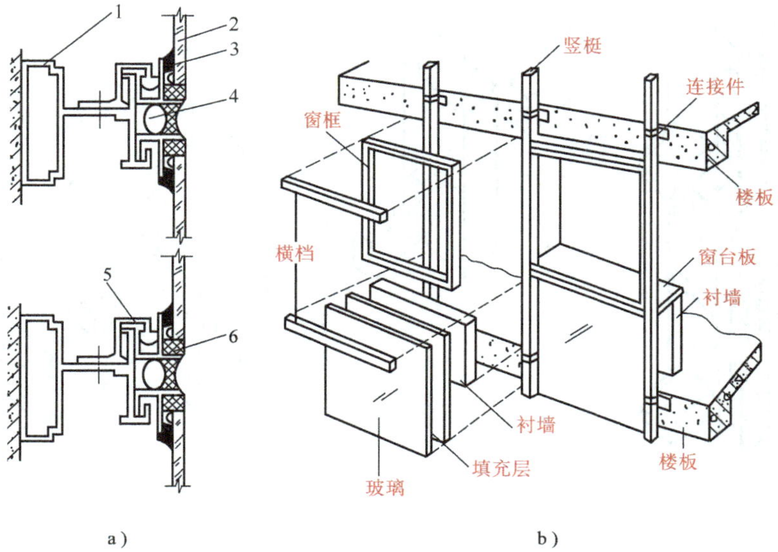

图 9-9 全隐型铝合金框架式玻璃幕墙

a）玻璃幕墙构造 b）玻璃幕墙示意图

1—铝横杆 2—玻璃 3—结构胶 4—垫杆 5—铝固定片 6—耐候胶

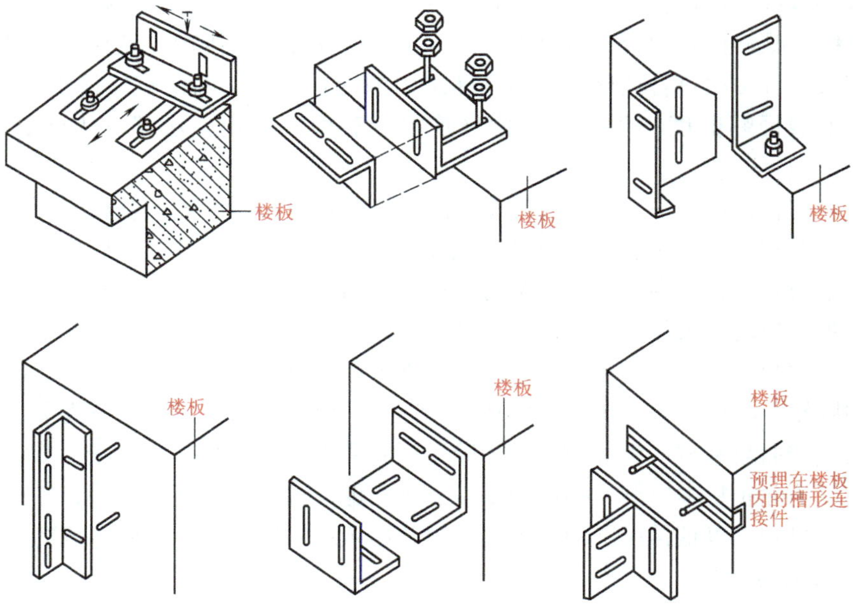

图 9-10 玻璃幕墙连接件示例

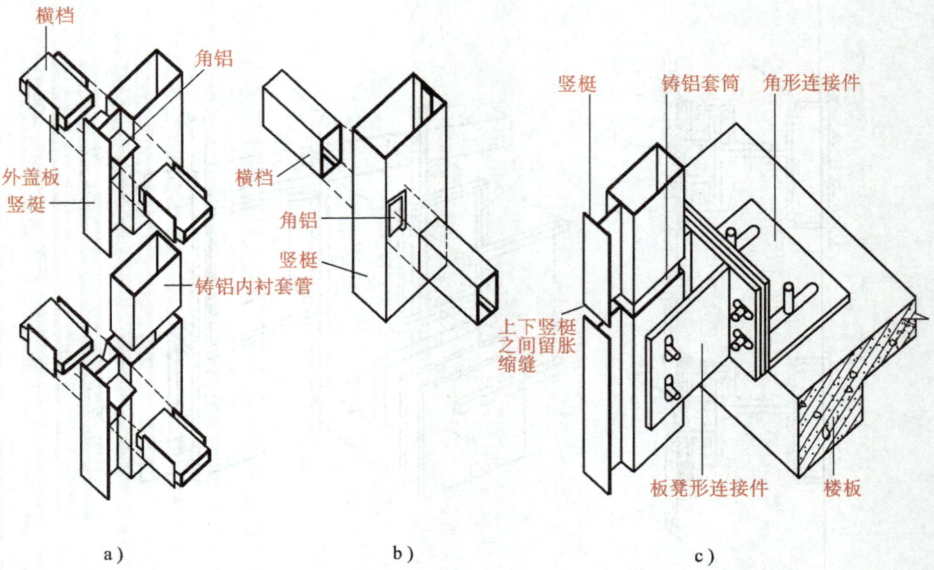

图9-11　幕墙铝框连接构造

a）竖梃与横档的连接（用于明框）　b）竖梃与横档的连接（用于隐框）　c）竖梃与楼板的连接

玻璃幕墙的施工工艺为：编制施工方案→测量放线→选适宜的铝合金型材并下料→安装框格体系并校正→安装玻璃框→安装玻璃。

安装玻璃幕墙的部位应先进行测量和严格找平。在预埋的紧固件上标出框格体系竖龙骨的安装位置线。框格体系铝合金型材下料尺寸偏差应在允许范围内。玻璃框所用铝合金型材断面形式与尺寸，必须符合玻璃安装与整体组装的配合要求。四角应连接牢固，不得松动。与玻璃胶接的表面翘曲度小于1mm，两杆连接处表面高低偏差小于0.4mm，接缝间隙小于0.3mm。

安装玻璃前，先用二甲苯、异丙醇或丁酮等净化剂清洗待涂胶的基材表面，以保证密封胶与之有良好的粘结。清洗后，在玻璃框端面上粘贴带双面不干胶的硬质聚乙烯泡沫塑料间隔垫条。该垫条既可临时固定玻璃，又可形成注胶槽口，防止注结构胶时非定向流淌。安装玻璃时，用吸盘把玻璃吸住，稳妥地镶入玻璃框内，与泡沫塑料垫条靠平粘牢。用手工胶轮或打胶机的气动胶轮将硅酮结构胶注入槽口，确保涂胶槽充满胶料，在胶料超出槽口而隆起时方可移动胶轮。注胶时，水平节点应从一侧往另一侧，垂直节点应自下而上，胶层内不允许产生空穴或胶面与基材产生缝隙。在注胶后至胶带表面固化前，一次压平节点胶层，使其呈微凹状，以消除胶料中空洞，确保与基材良好接触。玻璃板粘贴安装后，在板块接缝处注入耐候硅酮密封胶，以抵挡风雨的侵入和适应幕墙板块间因热胀冷缩而造成的接缝宽度的变化，如图9-12所示。

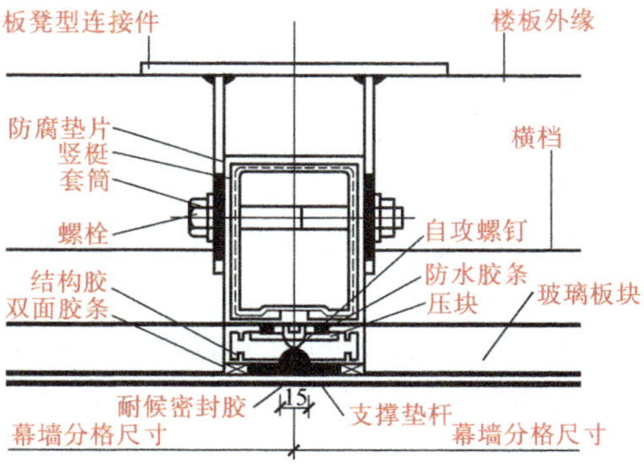

a）

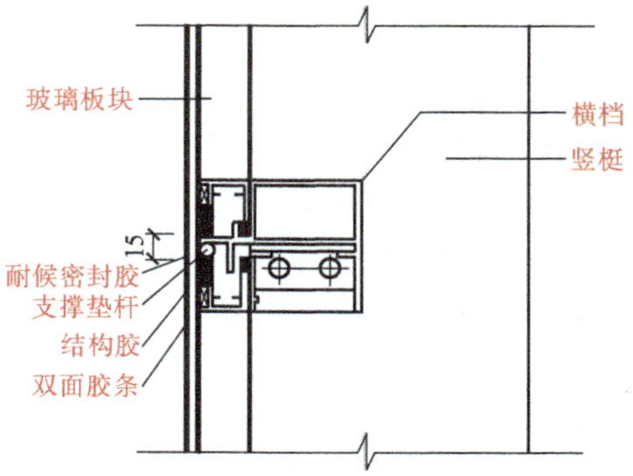

b）

图 9-12　隐框幕墙玻璃板块安装图
a）压块连接　b）挂钩连接

第六节　吊 顶 工 程

吊顶棚，又称吊顶。吊顶具有保温、隔热、隔声、吸声、装饰等作用，根据所采用材料不同吊顶分为木质骨架吊顶与金属（新型）骨架吊顶两类。

近年来各种新型吊顶材料的不断涌现促进了吊顶工程的发展，传统的木龙骨吊顶已被新型吊顶所取代，故本节仅介绍新型吊顶，新型吊顶按其结构形式分为活动式装配吊顶、隐蔽式装配吊顶、金属装饰板吊顶、开敞式吊顶等四种类型。

一、吊顶的基本组成

吊顶由吊杆、龙骨骨架和装饰面板三大部分组成。

1. 吊杆

吊杆又称吊筋，其作用是将整个吊顶系统与结构构件连接，将整个吊顶荷载传递给结构构件承受。此外还可用其调整吊顶棚的空间高度以适应不同场合不同艺术处理的需要。

2. 龙骨骨架

吊顶龙骨骨架由各种大小的龙骨组成，其作用是支撑并固定顶棚的罩面板以及承受作用在吊顶上的其他附加荷载。按骨架的承载能力可分为上人龙骨骨架和不上人龙骨骨架；按龙骨在骨架中所起作用可分为承载龙骨、覆面龙骨与边龙骨，承载龙骨是主龙骨，其与吊杆连接，是骨架中的主要受力构件；覆面龙骨又称次龙骨，在骨架中起连系杆件的构造作用，并作为罩面板搁置或固定的支撑件；边龙骨又称封口角铝，主要用于吊顶与四周墙相接处，支撑该交接处的罩面板。

3. 装饰面板

吊顶用装饰面板品种繁多，按尺寸规格大小一般可分为两大类：一类是幅面较大的板材，规格一般为（600～1200）mm×（1000～3000）mm；另一类是幅面较小成正方形的吊顶装饰板材，规格一般为（300～600）mm×（300～600）mm。按板材所用材料分为石膏类、无机矿物材料类、塑料类、金属类等。

二、活动式装配吊顶的施工

活动式装配吊顶是指装饰面板明摆浮搁在龙骨上、更换方便的一种吊顶形式。通常与铝合金吊顶龙骨或轻钢吊顶龙骨配套使用，龙骨一般外露。对于不上人吊顶，吊顶除自重外不承受附加荷载，通常只需采用T、L型吊顶铝合金龙骨组成不上人吊顶龙骨骨架。如果是上人吊顶还需承受附加荷载，则要采用T、L型吊顶铝合金龙骨和U型吊顶轻钢龙骨组装成上人吊顶龙骨骨架，U型吊顶轻钢龙骨的规格选择要根据附加荷载的大小而定。采用T、L型吊顶铝合金龙骨和U型吊顶轻钢龙骨组装成的上人吊顶构造，如图9-13所示；采用T、L型吊顶铝合金龙骨组成的不上人吊顶构造，如图9-14所示。常用的装饰板品种有矿棉板、装饰石膏板、钙塑板、泡沫塑料板等轻质板材。

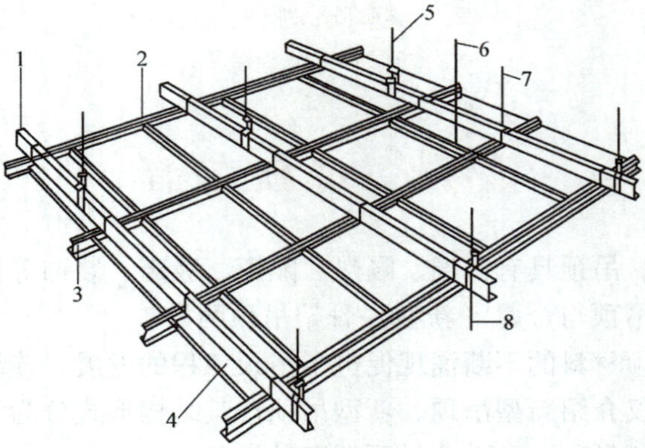

图9-13　T、L型吊顶铝合金龙骨上人吊顶构造示意图

1—主龙骨　2—T型龙骨挂件　3—T型龙骨（纵向）　4—吊顶板材
5—吊杆　6—T型龙骨（横向）　7—T型龙骨挂件　8—吊件

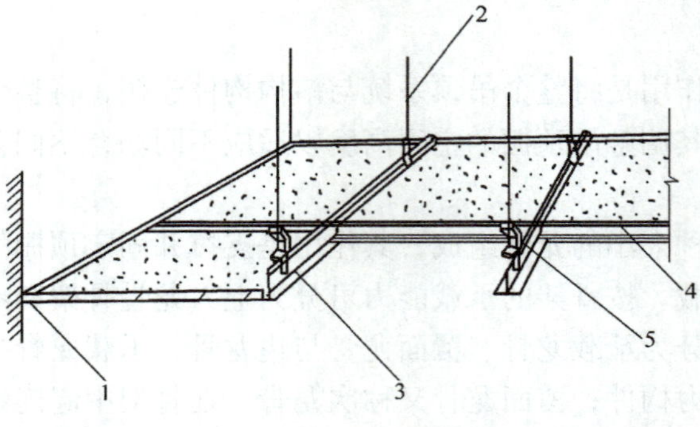

图9-14　T、L型吊顶铝合金龙骨不上人吊顶构造示意图

1—T型龙骨（边龙骨）　2—吊杆　3—T型龙骨（纵向）
4—T型龙骨（横向）　5—T型龙骨挂件

吊顶的施工工艺过程为：弹线定位→安装吊杆→安装与调平龙骨→安装装饰面板。

三、隐蔽式装配吊顶的施工

隐蔽式装配吊顶是指龙骨不外露，吊顶装饰面板表面呈现整体效果的一种吊顶形式。装饰面板固定到龙骨上的方式有三种，即用螺钉固定在龙骨上、用胶结剂粘结在龙骨上和将装饰面板加工成企口形式用龙骨将装饰面板连接成整体。常用的装饰面板有胶合板、普通及耐火纸面石膏板、吸声用穿孔石膏板、矿棉板、钙塑板等，普通及耐火纸面石膏板具有块大、面平、易于安装、防火性好等一系列优点，故获得广泛应用。

隐蔽式装配吊顶的施工工艺过程为：弹线→固定吊杆→安装与调平龙骨→安装装饰面板→板面的饰面处理。

对于上人吊顶，U、C、L 型轻钢吊顶龙骨的布置方式有两种，一种是布置横向龙骨，其构造示意图如图 9-15 所示；另一种是无横向龙骨，其构造示意图如图 9-16 所示。前者的优点是吊顶的稳定性好，纸面石膏板的长边可用自攻螺钉固定在横向龙骨上，使得板缝严密，吊顶牢固可靠，缺点是龙骨及龙骨支托件的数量增多，增加吊顶工程费用和施工时间。后者可节省龙骨及龙骨支托件，可降低工程费用，加快施工进度，但吊顶稳定性较差。对于不上人吊顶，轻钢龙骨骨架一般只采用次龙骨，吊顶设在通长的纵向次龙骨上，其构造示意图如图 9-17 所示。其特点是节省了大量龙骨及吊挂件，较多地降低了工程费用，也加快了施工进度。

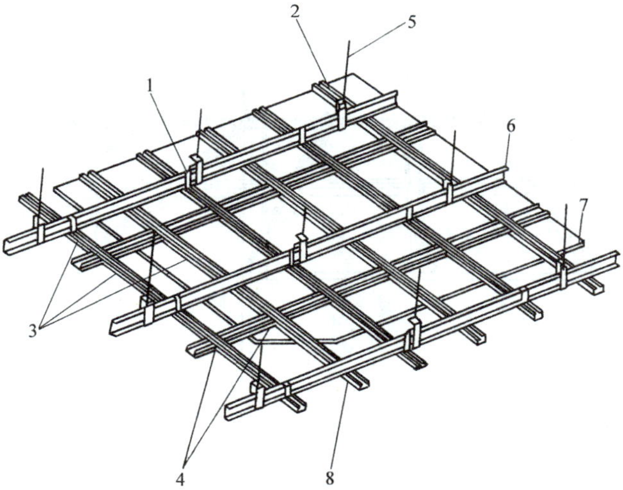

图 9-15 有横向龙骨的轻钢龙骨骨架上人吊顶构造示意图

1—龙骨挂件 2—龙骨吊件 3—龙骨连接件 4—龙骨支托
5—吊杆 6—主龙骨 7—吊顶板材 8—次龙骨

四、金属装饰板吊顶的施工

金属装饰板吊顶是以金属材料制成的吊顶板材配合新颖的金属龙骨材料组装成的一种风格独特的吊顶形式，具有强度高、重量轻、结构简单、拆装方便、防火、防潮、耐腐蚀、装饰性好等特点。金属装饰板有条形板（板条）和方形板（正方形和长方形）。金属装饰板按材质分有铝合金吊顶板、镀锌钢板吊顶板和彩色镀锌钢板吊顶板等；按其表面有无冲孔分有冲孔金属吊顶板和无冲孔金属吊顶板。金属装饰板吊顶的施工工艺过程与前述吊顶的施工工艺过程基本相似。

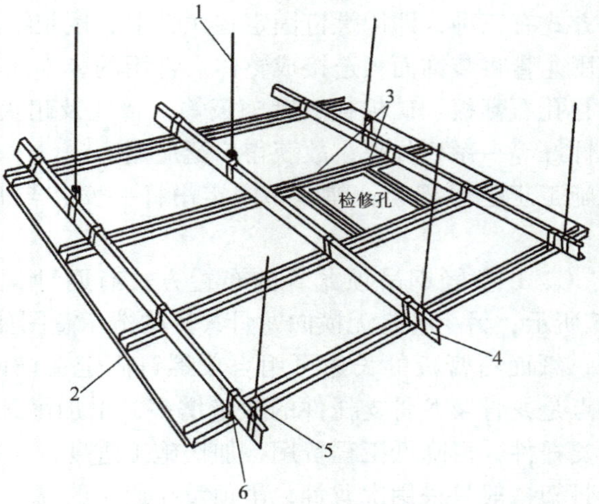

图 9-16 无横向龙骨的轻钢龙骨骨架上人吊顶构造示意图

1—吊杆 2—吊顶板材 3—龙骨支托 4—主龙骨 5—龙骨吊件 6—龙骨挂件

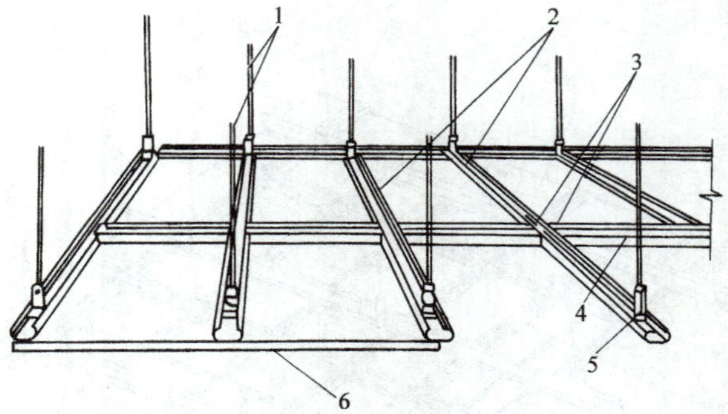

图 9-17 不上人吊顶轻钢龙骨骨架构造示意图

1—吊杆 2—纵向龙骨 3—龙骨支托 4—横向龙骨 5—龙骨吊挂件 6—纸面石膏板

五、开敞式吊顶的施工

开敞式吊顶又称格栅式吊顶，是目前应用较多的一种吊顶形式，它赋予人们一种新颖的与众不同的心理感受。开敞式吊顶上部空间的设备、管道和结构清晰可见，因此要采取措施以模糊上部空间，如可将上面的管线设备及混凝土刷一层灰暗色，以突出吊顶的效果。

开敞式吊顶的安装固定可分为两种类型，一种是将单体构件固定在骨架上，然后将骨架用吊杆与结构相连；另一种是将单体构件直接用吊杆与结构相连，不用骨架支持；也有的将单体构件先用卡具连成整体，然后再通过通长钢管与吊杆相连，不仅减少吊杆数量，且较直接将单体构件用吊杆悬挂更为简便（图 9-18）。

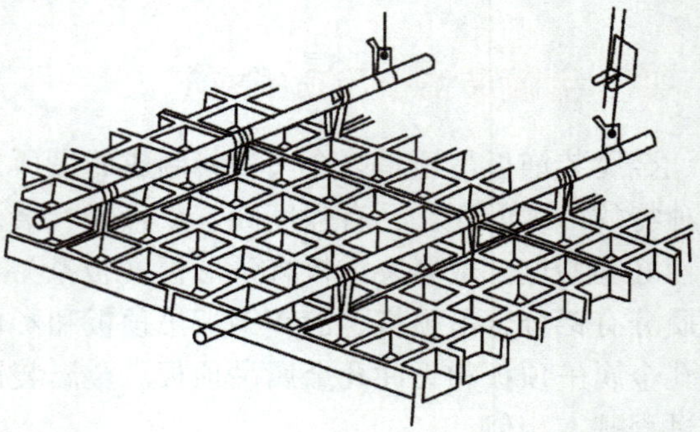

图 9-18 用通长钢管安装格栅式吊顶示意图

第七节 装饰工程常见的质量事故及防治

1. 抹灰工程中质量缺陷

1）抹灰工程中，容易出现空鼓、脱落现象。有的空鼓是面层与找平层没有结合好而发生的空鼓；有的是面层与找平层结合得好而与基层没有很好地结合。无论哪一种空鼓现象，都是结合层没有处理好。施工时，二次刷结合层要认真对待，不可忽视，要严格按照操作规程和技术措施施工。

2）在抹灰工程中面层还容易粗糙、开裂，这通常也是结合层没有处理好，或者抹灰表面积过大，应适当分格。

2. 饰面板（砖）工程中质量缺陷

饰面板（砖）工程中，容易出现面层粘接不牢，发生空鼓现象；拨缝不匀，局部处理不好等问题。在拨缝时应用靠尺压住，尽量使缝隙宽度一致；对于有转角的部分，先进行试铺，该锯掉的锯掉，尽可能吻合平整。

3. 裱糊工程中质量缺陷

裱糊工程中，容易出现壁纸起鼓、褶皱、花纹不对称等问题。

思考题

1. 试述装饰工程的作用、特点及发展方向。
2. 试述抹灰工程的分类及组成。
3. 试述一般抹灰的分层做法、操作要点及质量标准。
4. 装饰抹灰有哪些种类？简述其做法和质量要求。
5. 喷涂、辊涂、弹涂饰面具有哪些特点？施工时有何要求？
6. 常用的饰面板（砖）有哪些？如何选用？
7. 试述壁纸的裱糊工艺及质量要求。
8. 常用建筑涂料有哪几种？采用何种施工方法？

习题

一、单项选择题

1. 下面楼面工程属于整体面层的是（　　）。

A. 大理石　　B. 马赛克　　C. 现浇水磨石　　D. 预制水磨石

2. 水磨石地面一般采用（　　）法施工。

A. 一浆二磨　　B. 二浆三磨　　C. 二浆四磨　　D. 三浆四磨

3. 裱糊工程完成后，各幅拼接横平竖直，拼接处的花纹、图案吻合，不空鼓，无气泡，不显拼缝，对拼缝的检查，应该在距离（　　）m 处看不出接缝，斜视无胶迹。

A. 1.0　　B. 1.5　　C. 2.0　　D. 2.5

4. 在油漆工程施工时，环境温度一般不宜低于（　　），相对湿度不宜大于（　　）。

A. 10℃；60%　　B. 5℃；70%　　C. 10℃；70%　　D. 5℃；60%

5. 对于一般抹灰所用材料的质量要求的说法不正确的是（　　）。

A. 品种和性能符合要求　　B. 砂浆配合比符合设计要求

C. 水泥凝结时间及安定性复检合格　　D. 抹灰用的石灰膏熟化期不小于10天

6. 抹灰层厚度应符合（　　）。

A. 抹灰层总厚度为15～20mm　　B. 最厚不超过35mm

C. 中层厚为5～10mm　　D. 面层厚度小于6mm

7. 关于建筑装饰材料的发展趋势的说法不正确的是（　　）。

A. 从天然材料向人造材料的方向发展，原材料不使用有害物质，产品可循环使用

B. 从制品安装向现场制作的方向发展

C. 装饰材料向多功能型方向发展

D. 装饰材料向中高档方向发展

8. 有关建筑涂料的说法不正确的是（　　）。

A. 建筑涂料应向着减少污染、耐候性优异、功能复合化方向发展

B. 建筑涂料向环保型、低毒型方向发展

C. 建筑涂料要开发推广油性涂料系列

D. 发展高性能外墙涂料生产技术，适应高层建筑外装饰的需求

二、多项选择题

1. 裱糊工程对各拼幅的质量要求是（　　　）。

A. 拼接处花纹、图案应吻合　　B. 横平竖直

C. 不空鼓、无气泡　　D. 1.5m处正视不显拼缝

E. 1.0m处正视不显拼缝

2. 抹灰需要做护角的地方有（　　　）。

A. 室内墙阳角　　B. 室内墙阴角　　C. 室内柱阳角

D. 门洞阳角　　E. 顶棚梁的阳角

3. 瓷质饰面砖空鼓的原因有（　　　）。

A. 基层不平整　　B. 砖浸水不足　　C. 在砖口塞灰

D. 结构强度不足　　E. 结合层不饱满

4. 住宅室内装饰装修活动，禁止下列（　　　）行为。

A. 分割原有平面布局

B. 拆除连接阳台的砖、混凝土墙体

C. 将没有防水要求的房间或者阳台改为卫生间、厨房间

D. 损坏房屋原有节能设施，降低节能效果

E. 经同意拆除自用的供暖管道

5. 铝合金门窗安装应（　　　）。

A. 一般粉刷，贴大理石时门窗框与窗框四周空隙为15～25mm

B. 外框与洞口缝隙用石棉条填塞

C. 外框与洞口缝隙用水泥砂浆填塞

D. 外框与洞口缝隙用玻璃棉毡填塞

E. 外框与砖墙用射钉固定

第十章 脚手架工程

本章概要

本章主要介绍了外脚手架的基本构造、施工工艺和施工方法，以及内脚手架和满堂脚手架的基本构造。通过本章的学习，使学生掌握外脚手架的施工工艺和施工方法；熟悉外脚手架、内脚手架和满堂脚手架的基本构造；了解脚手架工程的质量与安全保证措施。

脚手架工程是在施工现场为工人操作、安全防护以及解决楼层间少量垂直运输和水平运输而搭设的支架，属临时设施。

1. 脚手架的作用及要求

脚手架是施工作业中不可缺少的设备，作为施工现场工作人员生产和堆放部分建筑材料所使用的平台，它既要满足施工的要求，又要为保证建筑工程质量和提高工作效率创造条件，其主要作用如下：

1）保证工程作业面的连续性施工。

2）能满足施工操作所需要的运料和堆料要求，并方便操作。

3）对高处作业人员能起到防护作用，以确保施工人员的人身安全。

4）能满足多层作业、交叉作业、流水作业和多工种之间配合作业的要求。

对脚手架的基本要求是：具有足够的强度、刚度及稳定性；搭拆方便，能多次周转使用；与结构拉结可靠；有适当的宽度，满足操作和材料堆放及运输要求。

2. 脚手架的分类

脚手架的分类方法多种多样，按用途划分有结构工程作业脚手架（简称为结构脚手架，也称为砌筑用脚手架），装修工程作业脚手架（简称为装修用脚手架），承重、支撑脚手架，防护用脚手架；按支固方式划分有落地式脚手架、悬挑脚手架、附墙悬挂脚手架、吊脚手架、附着升降脚手架、水平移动脚手架等；按构造形式划分有多立杆式脚手架、框组式脚手架、格构式构件组合式脚手架及台架；按设置形式划分有单排脚手架、双排脚手架、多排脚手架、满堂脚手架、特形脚手架等；按搭设位置划分有外脚手架、里脚手架；按所用的材料划分有竹、木、钢脚手架。本章以介绍钢脚手架为主。

第一节　外脚手架

外脚手架是沿建筑物或构筑物外墙周边搭设的一种脚手架，它既可以用于外墙砌筑又可用于外墙面装修施工。常用的有多立杆式脚手架（扣件式、碗扣式）和门式钢管脚手架、附着升降脚手架、外挂脚手架等。

一、扣件式钢管脚手架

扣件式钢管脚手架由钢管杆件、扣件、底座和脚手板组成，它具有承载能力大，拆装方便，搭设高度大，周转次数多、摊销费用低及能适应建筑物平立面的变化等优点，因而得到广泛应用，是目前使用最普遍的脚手架之一。

（一）材料要求

1. 钢管杆件

钢管杆件包括立杆、纵向平杆（大横杆）、横向平杆（小横杆）、剪刀撑、斜撑和抛撑。钢管宜采用力学性能适中的Q235A的焊接钢管，其截面应采用ϕ48.3mm×3.6mm。脚手架钢管供应长度一般为6～6.5m，每根质量不超过25.8kg。

2. 扣件

扣件用于钢管之间的连接，基本形式有直角扣件、旋转扣件和对接扣件三种（图10-1）。

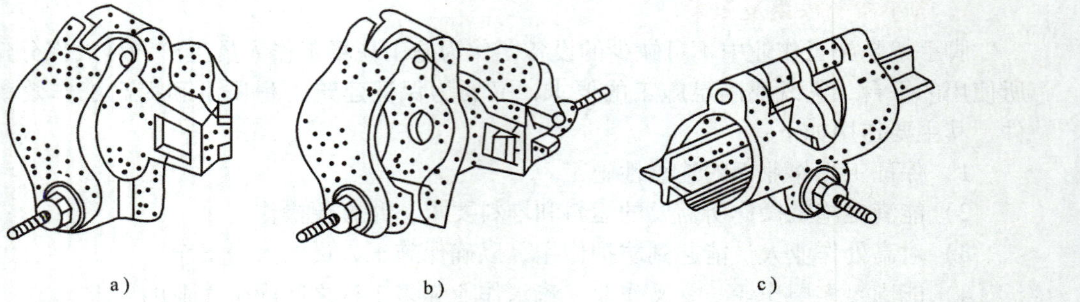

图10-1　扣件形式

a）直角扣件　b）旋转扣件　c）对接扣件

直角扣件用于两根垂直交叉钢管的连接；旋转扣件用于任意角度交叉钢管的连接；对接扣件用于两根钢管对接连接。目前，我国使用的扣件有可锻铸铁扣件和钢板压制扣件两种。由于可锻铸铁扣件的制造工艺成熟，有国家产品标准和专业检测单位，质量易于保证，因此，提倡采用可锻铸铁扣件，对钢板压制扣件应慎重采用。

扣件与钢管的贴合面要严格整形，保证与钢管扣紧时接触良好，扣件夹紧钢管时，开口处的最小距离应不小于5mm。扣件的活动部位应转动灵活，旋转扣件的两旋转面间隙要小于1mm。

3. 脚手板

脚手板有钢脚手板、钢框镶板的钢木脚手板、竹木脚手板等。每块脚手板的质量一般不宜大于30kg，性能符合使用要求。木脚手板使用厚度不小于50mm，宽度不小于200mm，两端用10～14号镀锌钢丝捆紧。串片竹脚手板应使用宽度不小于60mm的竹片和直径8～

10mm、间距不大于600mm的拼接螺栓制作，螺栓直径与竹片上的孔径应配合紧密，螺栓必须紧固可靠。

（二）基本构造

扣件式钢管脚手架的基本构造形式有单排架和双排架两种形式（图10-2），单排脚手架只有一排立杆，小横杆的一端与大横杆连接，另一端搁置在墙上。单排脚手架节约材料，但稳定性较差且在墙体上留脚手眼，因此其搭设高度不超过20m，一般只用于6层以下的建筑；当搭设高度超过25m时，称为高层外脚手架，高层外脚手架必须按双排搭设，且搭设高度不宜超过50m，超过时必须根据设计计算，分层搭设或分段卸荷。

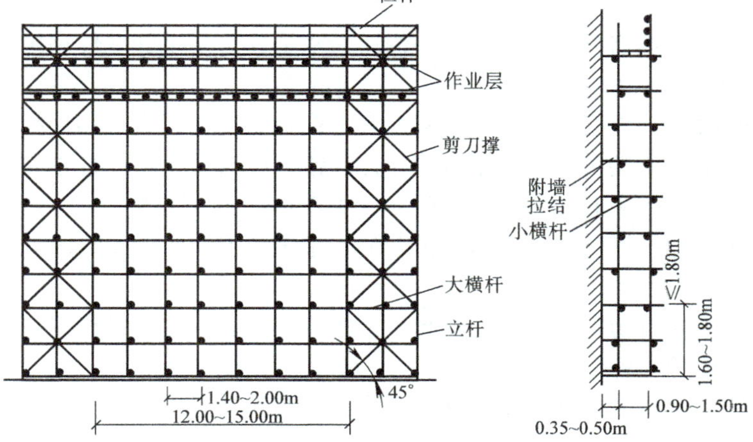

图10-2 扣件式钢管脚手架的构造形式
a）正立面 b）侧立面

无论是单排脚手架或是双排脚手架，其构造组成均包括立杆、大小横杆、支撑及连墙件等杆件，现分述如下：

1. 立杆

立杆也称立柱、站杆，是平行于建筑物外立面并垂直于地面的传递脚手架结构自重、施工荷载与风荷载的主要受力杆件。立杆的横距（单排脚手架为立杆到墙面的距离）为0.9～1.5m（高层架子不大于1.2m），纵距为1.4～2.0m（当用单立杆时，35m以下的架用1.4～2.0m；35m以上的架用1.4～1.6m。当用双立杆时为1.5～2.0m）。单立杆双排脚手架的搭设限高为50m；当需要搭设50m以上的脚手架时，其35m以下应采用双立杆，或自35m起采取分段卸载措施，且上部单立杆的高度应小于30m。立杆采用上单下双的高层脚手架，单、双立杆的连接构造方式如图10-3所示。

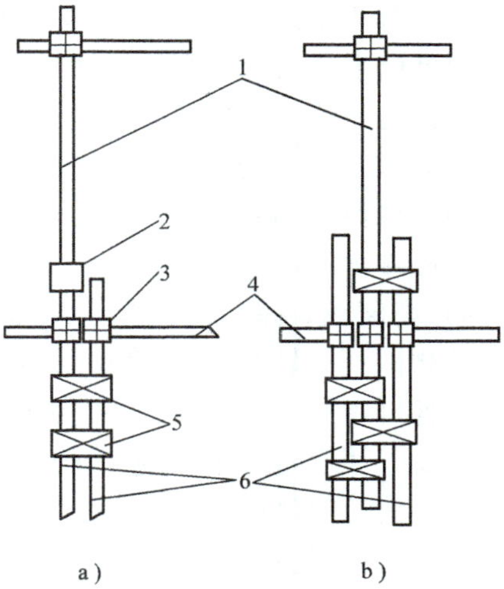

图10-3 单、双立杆的连接构造方式
a）单杆相接 b）双杆相接
1—上单立杆 2—对接扣件 3—直角扣件
4—大横杆 5—旋转扣件 6—下双立杆

每根立杆均宜设置底座或垫板，由标准底座面向上200mm处，设置纵、横向扫地杆，用直角扣件与立杆相接。立杆接头除顶层可以采用搭接外，其余各接头必须采用对接扣件连接。立杆的搭接、对接应符合以下要求：立杆的搭接长度不小于1m，用不少于2个旋转扣件固定，端部扣件盖板的边沿至杆端距离不应小于100mm；各接头中心距主节点（立杆、大横杆、小横杆三者的交点）的距离不应大于步距的1/3。立杆的垂直偏差不大于架高的1/300；并同时控制其绝对偏差：

架高小于或等于20m时，绝对偏差小于或等于50mm；架高大于20m且小于或等于50m时，绝对偏差小于或等于75mm；架高大于50m时，绝对偏差小于或等于100mm。

2. 大横杆

大横杆是平行于建筑物纵向连接各立杆的通长水平杆，是承受并传递施工荷载给立杆的主要受力杆件，步距为1.2～1.8m。

大横杆为水平设置，长度不应小于两跨，大横杆与立杆要用直角扣件扣紧，且不能隔步设置或遗漏。两大横杆的接头必须采用对接扣件连接，接头位置距立杆轴心线的距离不宜大于跨度的1/3，同一步架内外两根纵向水平杆的对接接头应尽量错开一跨，上下相邻两根纵向水平杆的对接接头也应尽量错开一跨，错开的水平距离不应小于500mm。

3. 小横杆

小横杆是垂直于建筑物，在横向连接脚手架内、外排立杆的水平杆件，是承受并传递施工荷载给立杆的主要受力杆件。

小横杆设置在立杆与大横杆的相交处，用直角扣件与大横杆扣紧，且应贴近立杆布置，小横杆到立杆轴心线的距离不应大于150mm；当为单排脚手架时，小横杆的一端与大横杆连接，另一端插入墙内的长度不小于180mm。

4. 支撑

为了保证脚手架的整体刚度和稳定性，提高脚手架的承载力，必须设置支撑。支撑有剪刀撑（又称十字撑）和横向支撑（又称横向斜拉杆、之字撑）。剪刀撑是设置在脚手架外侧面、与外墙平行的十字交叉斜杆，可增强脚手架的纵向刚度；横向支撑是设置在脚手架内、外排立杆之间的、呈之字形的斜杆，可增强脚手架的横向刚度。

（1）剪刀撑　剪刀撑的设置应符合下列要求：

1）高度在24m及以上的双排脚手架，应在外侧全立面连续设置剪刀撑。

2）高度在24m以下的单、双排脚手架，均必须在外侧两端、转角及中间间隔不超过15m的立面上，各设置一道剪刀撑，并应由底至顶连续设置（图10-4）。每道剪刀撑跨越立杆的根数宜为3～4根，与地面的倾角宜为45°～60°。

3）剪刀撑的连接除顶层可采用搭接外，其余各接头必须采用对接扣件连接。搭接长度不小于1m，用不少于2个旋转扣件连接。

4）剪刀撑的斜杆应用旋转扣件固定在与之相交的杆件上。

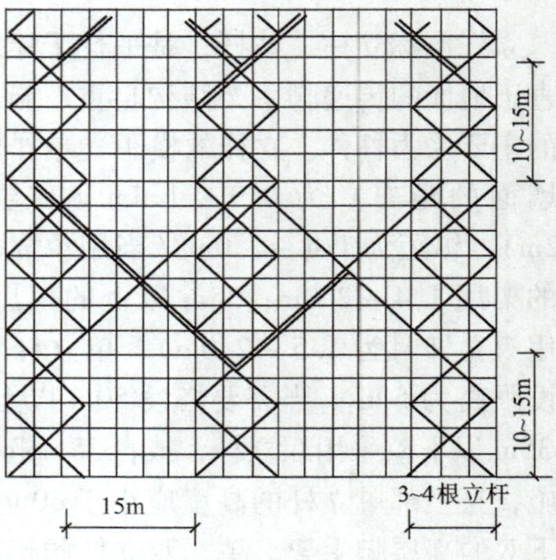

图10-4　长剪刀撑的布置

（2）横向支撑　横向支撑的设置应符合下列要求：

1）一字形、开口型双排脚手架的两端必须设置横向支撑，中间每隔六跨设置一道。横向支撑的每道斜杆应在1~2步内，由底至顶呈之字形连接布置，两端用旋转扣件固定在立杆或小横杆上。

2）高24m以下的封闭双排脚手架可不设横向支撑，高24m以上者除两端应设置横向支撑外，中间应每隔6跨设置一道。

5. 连墙件

连墙件（又称连墙杆）是连接脚手架与建筑物的部件，是既要承受并传递风荷载，又要防止脚手架在横向失稳或倾覆的重要受力部件。

连墙件的布置形式、间距大小对脚手架的承载能力有很大影响，它不仅可以防止脚手架的倾覆，而且还可以加强立杆的刚度和稳定性。正常情况下连墙件是不受力的，一旦脚手架发生变形，它可承受压力和拉力，起到分散荷载的作用。

连墙件根据传力性能、构造形式的不同，可分为刚性连墙件和柔性连墙件（图10-5、图10-6）。通常采用刚性连墙件使脚手架与建筑物可靠连接，但脚手架高度在24m以下时，可用柔性连墙件（如用直径为4mm的镀锌钢丝或直径为6mm的钢筋），这种连接必须配有顶撑，顶在混凝土圈梁、柱等结构部位，以防止向内倾倒。高24m以上的双排脚手架必须采用刚性连墙件与墙体连接。刚性连墙件的布置间距与脚手架的搭设高度有很大关系，当脚手架为双排且脚手架高度小于或等于50m时，其竖向间距小于或等于3倍步距，水平间距小于或等于3倍纵距；当脚手架高度大于50m时，垂直距离小于或等于2倍步距，水平距离小于或等于3倍纵距。

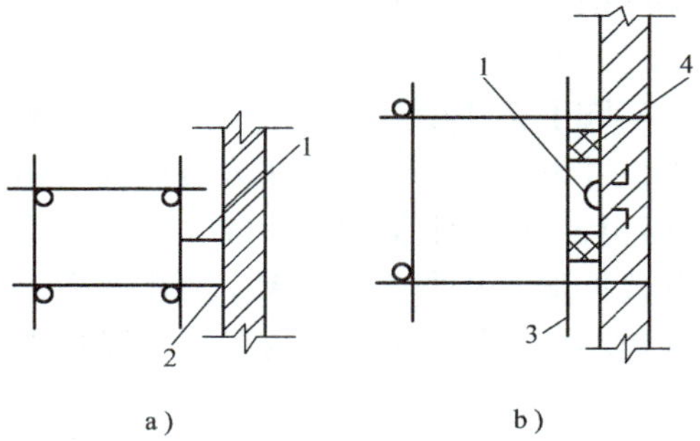

图10-5　柔性连墙件的构造

a）双排剖面　b）单排剖面

1—ϕ4mm镀锌钢丝或ϕ6mm钢筋与墙内埋设钢筋拉结　2—顶墙横杆　3—短钢管　4—木楔

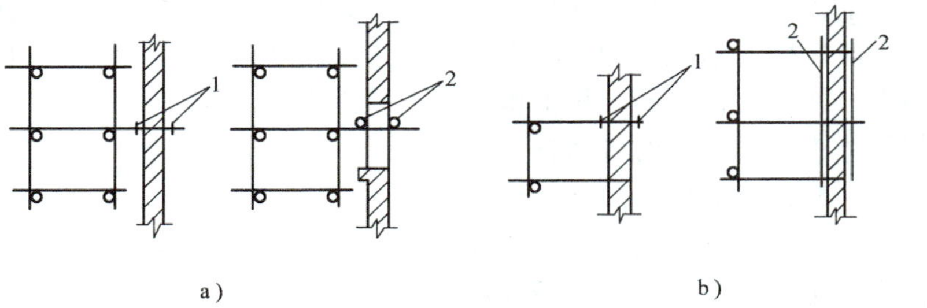

图10-6　刚性连墙件的构造

a）双排剖面　b）单排剖面

1—扣件　2—短钢管

（三）搭设与拆除

1. 搭设

脚手架的搭设，要求钢管的规格相同，地基平整夯实，排水畅通，对高层建筑物脚手架的地基要进行验算，立杆底端要设底座或垫木，通常脚手架搭设顺序为：放置纵向扫地杆→立杆→横向扫地杆→第一步纵向水平杆（大横杆）→第一步横向水平杆（小横杆）→连墙件（或加抛撑）→第二步纵向水平杆（大横杆）→第二步横向水平杆（小横杆）……

开始搭设第一节立杆时，每隔6跨应暂设1根抛撑，当搭设至设有连墙件的构造层时，应立即设置连墙件与墙体连接，当装设两道连墙件后，抛撑便可拆除。双排脚手架的小横杆靠墙一端应离开墙体装饰面至少100mm，杆件相交的伸出端长度不应小于100mm，以防止杆件滑脱；扣件规格必须与钢管外径相一致，扣件螺栓拧紧，扭力矩不应小于40N·m，并不应大于65N·m；除操作层的脚手板外，宜每隔12m高满铺一层脚手板，在脚手架全高或高层脚手架的每个高度区段内，铺板不多于6层，作业不超过3层，或根据设计搭设。

遇到门洞时，不论是单排、双排架均可挑空1~2根立杆，并将悬空的立杆用斜杆逐根连接，使荷载分布到两侧立杆上，单排架遇到窗洞时，可增设立杆或设一短杆将荷载传递到两侧的横向水平杆上。

2. 拆除

当脚手架使用完毕后应制定拆除方案，拆除前应对脚手架进行一次全面检查，清除所有物件，并设立拆除区，禁止人员进入。脚手架的拆除应按自上而下、后搭先拆、先搭后拆的顺序进行。严禁上下同时拆除，或先将整层连墙件或数层连墙件拆除后再拆除其余杆件。如果分段拆除，其高差不应大于两步架高，当拆除至最后一节立杆时，应先加设临时抛撑，后拆除连墙件，拆下的材料应及时分段集中运至地面，严禁抛扔。

二、碗扣式钢管脚手架

碗扣式钢管脚手架全称为WDJ碗扣型多功能脚手架。碗扣式钢管脚手架是一种杆件轴心相交（接）的承插锁固式脚手架。这种脚手架的核心部件是碗扣接头，它由焊在立杆上的下碗扣、可滑动的上碗扣、上碗扣的限位销和焊在横杆上的接头组成（图10-7）。连接时，只需将横杆插入下碗扣内，将上碗扣沿限位销扣下，并顺时针旋转，靠上碗扣螺旋面使之与限位销顶紧，从而将横杆和立杆牢固地连接在一起，形成框架结构。碗扣式接头可同时连接4根横杆，横杆可以相互垂直也可偏转一定的角度，位置随需要确定。其具有结构简单，接头合理，力学性能好，工作状态安全可靠，拆装迅速、省力等优点，而且功能较多。

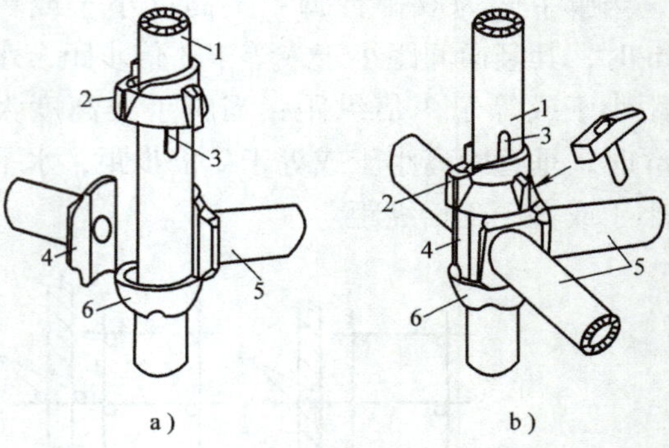

图10-7　碗扣接头构造

a）连接前　b）连接后

1—立杆　2—上碗扣　3—限位销　4—横杆接头　5—横杆　6—下碗扣

（一）构配件规格及用途

碗扣式钢管脚手架的构配件共有23类，53种规格，按其用途可分为主要构件、辅助构件和专用构件三类。主要构件有以下六种：

（1）立杆　立杆为脚手架的主要受力杆件，承担垂直方向的力，由一定长度的

ϕ48mm×3.5mm 钢管上每隔 0.6m 安装一套碗扣接头，并在其顶端焊接立杆连接管制成。立杆有 3m 和 1.8m 两种规格，以便于错开接头部位。

（2）顶杆　即顶部的立杆，其顶端设有立杆连接管，便于在顶端插入托撑或可调托撑等，有 2.10m、1.50m、0.90m 三种规格，与立杆配合可构成任意高度的支撑架。

（3）横杆　组成框架的横向连接杆件，由一定长度的 ϕ48mm×3.5mm 钢管两端焊接横杆接头制成，有 2.40m、1.80m、1.50m、1.20m、0.90m、0.60m、0.30m 七种规格。

（4）单排横杆　主要用作单排脚手架的横向水平杆，在 ϕ48mm×3.5mm 钢管一端焊接横杆接头，有 1.80m、1.40m 两种规格。

（5）斜杆　为了增强脚手架稳定性而设置的系列杆件，在 ϕ48mm×2.2mm 钢管两端铆接斜杆接头制成，斜杆接头可转动，同横杆接头一样可装在下碗扣内，形成接点斜杆。有 1.69m、2.163m、2.343m、2.546m、3.00m 五种规格，分别适用于 1.20m×1.20m、1.20m×1.80m、1.50m×1.80m、1.80m×1.80m、1.80m×2.40m 五种框架平面。

（6）底座　安装在立杆根部，防止其下沉，并将上部荷载分散传递给地基基础的构件，它包括垫座、立杆可调座、立杆粗细调座三种。一般多采用立杆可调座。

此外，还有一些辅助构件和专用构件。

（二）组架的设置形式

1. 单排外脚手架

用于单排外脚手架时，单排杆长度有 1.4m 和 1.8m 两种，立杆与建筑物墙体之间的距离可根据施工具体要求在 0.7～1.5m 范围内调节，脚手架步距一般取 1.8m，立杆纵距则根据作业荷载要求在 2.4m、1.8m、1.5m、1.2m 及 0.9m 五种尺寸中选取。单排碗扣式脚手架易于进行曲线布置，横杆转角在 0°～30°之间任意设置（即两纵向横杆之间的夹角为 180°～150°），因而特别适用于圆形建筑物和构筑物。

2. 双排外脚手架

用于双排外脚手架时，一般立杆横向间距取 1.2m，横杆的步距取 1.8m，立杆的纵向间距根据建筑物结构及作业荷载具体要求确定，可选用 0.9m、1.2m、1.5m、1.8m、2.4m 等多种尺寸，并选用相应的横杆。双排脚手架的一般构造如图 10-8 所示。

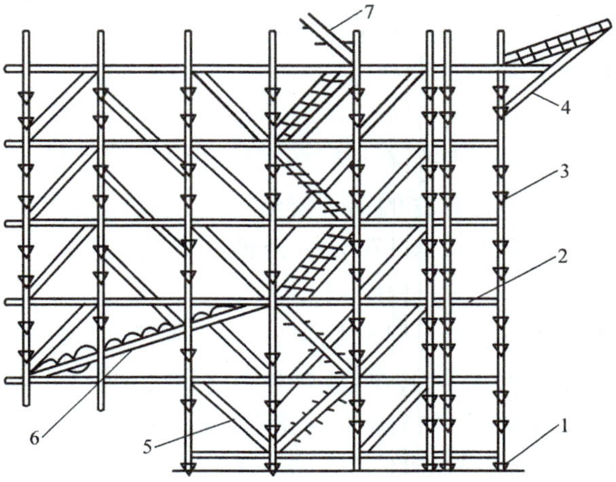

图 10-8　双排脚手架的一般构造
1—底座　2—横杆　3—立杆　4—安全网架
5—斜杆　6—斜脚手板　7—梯子

3. 组架构造

（1）直角交叉　对于一般方形建筑物的外脚手架，在拐角处两直角交叉的排架要连在一起，以增加脚手架的整体稳定性。连接形式有两种：一种是直接拼接；另一种是用直角撑搭接（图 10-9）。

（2）斜杆的设置　设置斜杆可增强脚手架稳定性，它的合理布置对提高脚手架的承载力，保证施工安全具有很重要的意义。斜杆为拉压杆，布置方向可任意，一般情况下斜杆应尽量与脚手架的节点相

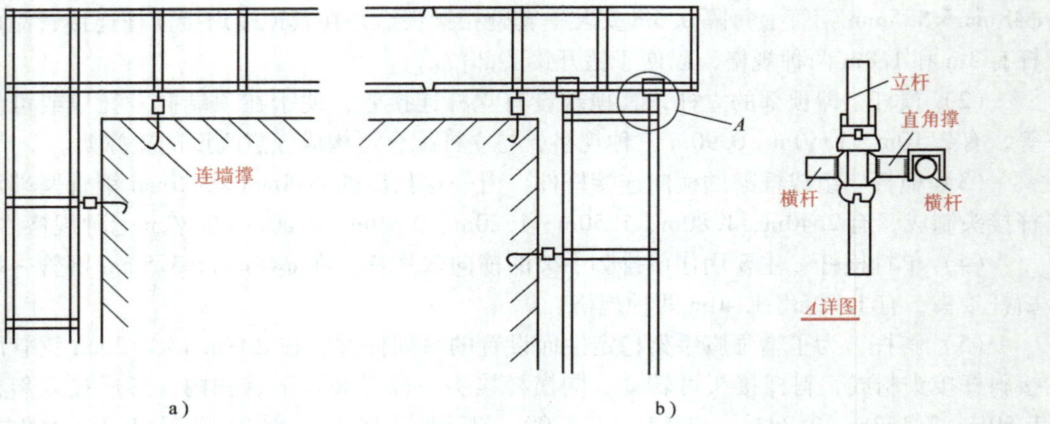

图10-9　直角交叉构造
a）直接拼接　b）直角撑搭接

连，也可错开布置，对于高度在30m以下的脚手架，可根据荷载情况，设置斜杆的面积为整架立面面积的1/2~1/5；对于高度超过30m的高层脚手架，设置斜杆的框架面积不得小于整架面积的1/2。在拐角边缘及端部必须设置斜杆，中间可均匀间隔布置。

（3）连墙杆的设置　连墙杆是脚手架与建筑物之间的连接件，对提高脚手架的横向稳定性，承受偏心荷载和水平荷载等具有重要的作用。一般情况下，对于高度在30m以下的脚手架，可四跨三步设置一个（约40m²）；对于高层及重载脚手架，则要适当加密，高50m以下的脚手架至少应三跨三步布置一个（约25m²）；高50m以上的脚手架至少三跨二步布置一个（约20m²）。连墙杆尽量连接在横杆层碗扣接头内，与脚手架、墙体保持垂直，并随建筑物及架子的升高及时设置，尽量采用梅花形布置方式。

三、门式钢管脚手架

门式钢管脚手架由门架及配件组成，是一种框组式脚手架。门式钢管脚手架结构设计合理，受力性能好，承载能力高，施工拆装方便，安全可靠，是目前国际上应用较为广泛的一种脚手架。

（一）材料要求

门架及配件除有特殊要求外，门架的立杆、横杆和水平杆的钢管规格宜采用 ϕ42mm × 2.5mm，其他杆件的钢管规格为 ϕ（22~26）mm×（1.5~2.6）mm，门架宽度为1219mm，高度分为1900mm和1700mm两种。可调底座、可调托座的螺杆采用圆钢。

（二）基本组合单元

门式钢管脚手架，由门架、交叉支撑、连接棒、挂扣式脚手架或水平架、锁臂等构成基本组合单元（图10-10）。将基本组合单元相互连接起来并增设梯形架、栏杆等部件即构成整体脚手架。门式脚手架的搭设高度要求：施工荷载标准值在3.0~5.0kN/m² 之间时，高度小于或等于45m，施工荷载标准值小于或等于3.0kN/m² 时，高度小于或等于60m。

门式钢管脚手架部件之间的连接采用方便可靠的自锚结构，主要形式有制动片式、偏重片式、滑动片式、弹片式等，如图10-11所示。

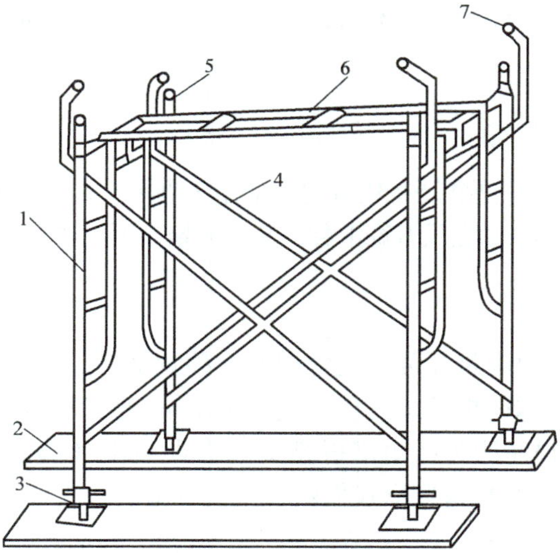

图 10-10 门式脚手架的基本单元

1—门架 2—平板 3—螺旋基脚 4—剪刀撑 5—连墙杆 6—水平梁架 7—锁臂

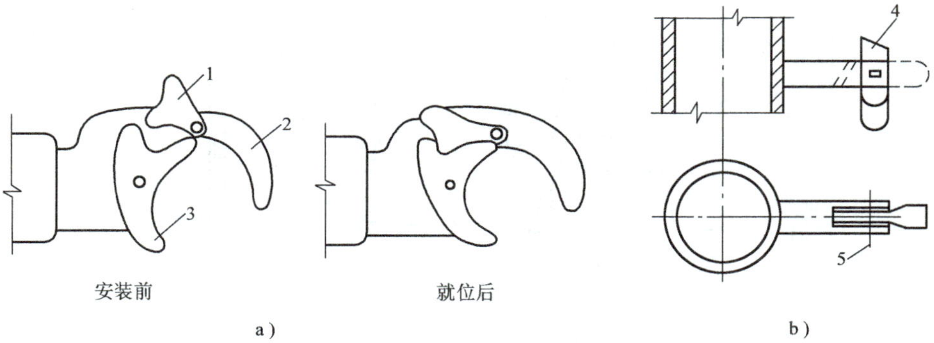

图 10-11 门式钢管脚手架连接形式

a）制动片式 b）偏重片式

1—主制动片 2—固定片 3—被制动片 4—圆钢偏片 5—铆钉

（三）搭设与拆除

1. 搭设

搭设门式脚手架的场地应平整、坚实、排水良好。不同规格门架由于尺寸高度不同，不得混用。其搭设顺序为：铺放垫木（垫板）→拉线、放底座→立门架→装剪刀撑→装水平梁架（或脚手板）→装梯子→装连墙件→重复以上步骤，逐层向上安装→装加强整体强度的长剪刀撑→装设顶部栏杆。

门式脚手架较其他脚手架的搭设要求高，其首层架的垂直度偏差不应大于2mm，水平度偏差不应大于5mm，上、下门架立杆应在同一轴线上，以使门架传力均匀、明确，如果产生偏差，偏差不大于2mm。门架的底部用扫地杆直接固定，顶部要用水平拉杆连接，门架之间必须设置剪刀撑和水平梁架（或脚手板），连接应可靠，以确保脚手架的整体刚度。

2. 拆除

拆除脚手架时，应自上而下进行，部件拆除的顺序与安装相反，不允许将拆除的部件从高空抛下，而应将拆下的部件收集分类后，用垂直吊运机具运至地面，集中堆放保管。

第二节　内脚手架

内脚手架又称里脚手架，是搭设在建筑物内部用于砌墙、抹灰以及室内装饰工程的脚手架，这类脚手架用料省，但需不断随楼层升高上翻，装拆频繁，因此要求其轻便灵活，便于拆装。

一、折叠式内脚手架

折叠式内脚手架是室内砌筑和装修最常用的一种脚手架。根据制作材料不同，可分为角钢折叠式、钢管折叠式和钢筋折叠式三种。这类脚手架的架设间距为：砌筑时不超过1.8m，粉刷时不超过2.2m。架设步距为：角钢折叠式可搭设两步（其余两种可搭设一步），第一步为1m，第二步为1.65m。其构造形式如图10-12所示。

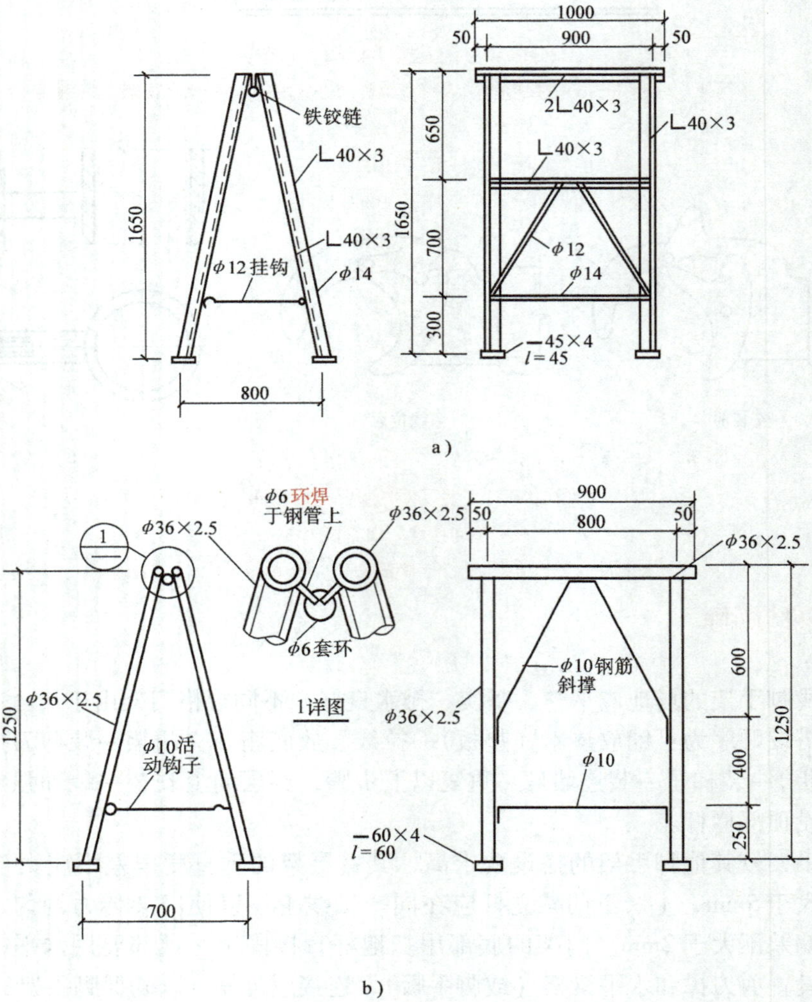

图10-12　折叠式里脚手架

a）角钢折叠式　b）钢管折叠式

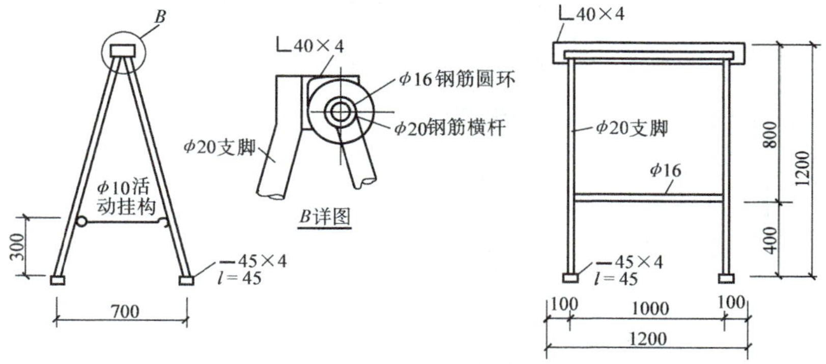

c）

图 10-12 折叠式里脚手架（续）

c）钢筋折叠式

二、支柱式内脚手架

支柱式内脚手架由若干个支柱及横杆组成，上铺脚手板。适用于砌筑墙体和内粉刷。其搭设间距为：砌筑时不超过 2m，粉刷时不超过 2.5m。按支架构造形式不同有套管式、承插式、伞脚折叠式。

1. 套管式支架

插管插入立管中，以销孔间距调节高度，插管顶部 U 形支托搁置横杆以铺设脚手架（图 10-13），其架设高度一般为 1.57 ~ 2.17m。

2. 承插式钢管支架

承插式钢管支架架设高度分别为 1.2m、1.6m、1.9m，架设 1.9m 高时要加销钉以确保安全，如图 10-14 所示。

3. 伞脚折叠式支架

伞脚折叠式支架由立管（伞形支柱）、套管、横梁或桁架组成。立管下端有形状如伞骨的支脚，可以撑开，也可以收拢，立管上有销孔，套管可以在立管中上升下降，以调节套管高度（图 10-15），这种内脚手架可以根据需要架设单排支柱或双排支柱。单排架设时，横梁的一端（加焊角钢的一端）搁在砖墙上，另一端插在套管上的插管里；双排架设时，应用桁架做横梁。

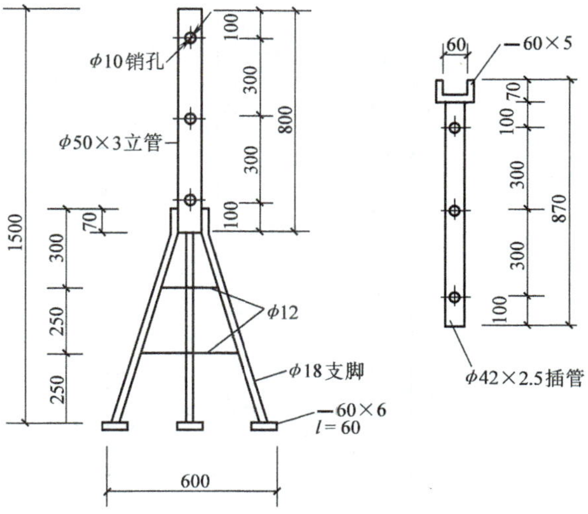

图 10-13 套管式支架

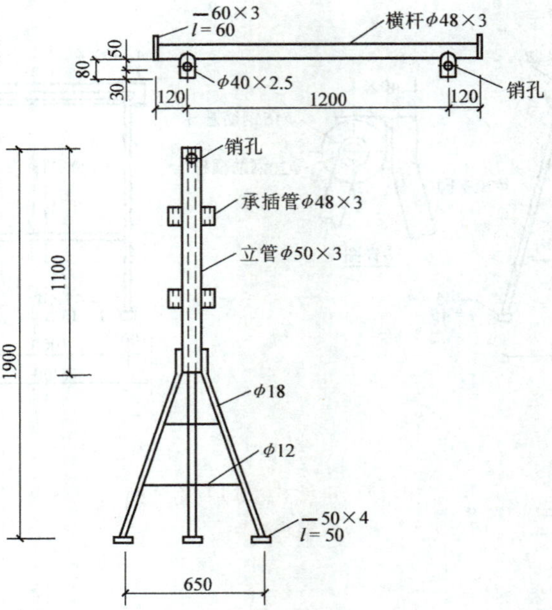

图 10-14　承插式钢管支架

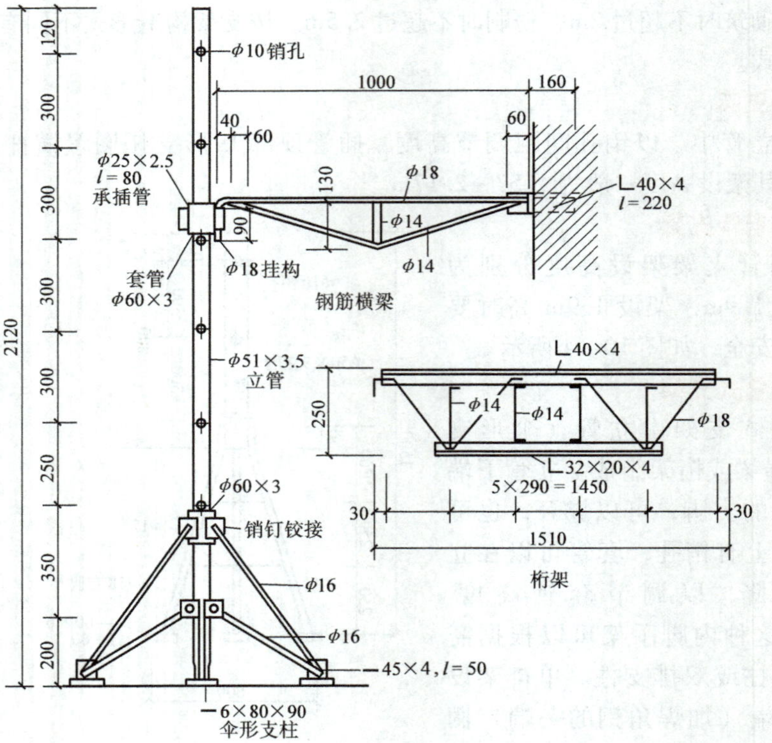

图 10-15　伞脚折叠式支架

伞形支柱的架设间距：砌筑时为2m，粉刷时为2.5m。

三、满堂脚手架

满堂脚手架是指室内平面满设的纵、横向各超过3排立杆的整块形落地式脚手架，一般用在单层厂房、礼堂、剧院、餐厅、多功能厅等的平顶施工中。满堂脚手架常用扣件式、碗扣式钢管脚手架和门式脚手架搭设，其构架形式应根据工程的具体情况及搭设要求确定。

第三节　脚手架工程的质量与安全

脚手架虽然是临时设施，但其质量好坏对工程施工尤其是施工的安全性影响极大。在建筑工程施工中，涉及脚手架的安全事故时有发生，造成人员伤亡、财产损失并影响工程的工期及质量。由于建筑工程的施工周期长，在安全问题上容易产生思想麻痹的现象，因此在脚手架的准备、搭设、使用、拆除、运输以及保管的全过程中必须始终贯彻“安全第一、预防为主”的方针，采取切实可行的质量与安全保证措施，防止安全事故的发生。

一、脚手架的不安全因素

1）不重视脚手架施工方案设计，对超常规的脚手架仍按经验搭设，导致脚手架构造不合理，承载能力不足。

2）对脚手架设计的承载力了解不够，以致为抢进度多层同时作业，施工荷载过大；或把脚手架当做堆料平台，局部超载严重。

3）连墙件数量不足，或在装饰施工阶段临时拆除连墙件而不及时复原。

4）对脚手架的安全防护认识不足，外侧的立网和内侧的层间网未按规定设置，降低了对操作工人的保护作用。

二、脚手架的质量、安全要求

为确保脚手架的安全，在脚手架的搭设、使用和拆除过程中应注意以下事项：

1）凡架设高度在2m以上的各类脚手架，均必须严格按照施工规范、设计要求和其他有关规定搭设、使用和拆除，确保脚手架具有足够的强度、刚度和稳定性，并做出完整的搭设、使用和拆除施工方案，以保证施工安全。

2）脚手架的地基应平整，具有足够的承载力和稳定性。

3）脚手架的连墙点、拉撑点和悬挂点必须设置在能承力的结构部位，必要时应作结构验算。

4）凡铺脚手板的施工作业层，都要按规定在架子的外侧绑护身栏杆和挡脚板，脚手板必须铺严，与建筑物之间的空隙不得大于200mm，脚手架上不准留有单跳板和探头板。施工中采用脚手架做外防护时，架子上的防护高度必须始终高出施工作业面1.1m以上。

5）新搭设或重新使用（包括停用15天以上或经受暴风、骤雨、大雪、地震等强力因素作用或出现安全隐患后经过维修处理）的脚手架，投入正式使用前，必须经过安全技术部门的检查验收，合格后方可使用。

6）施工荷载不应超过规定荷载，若无法避免超载使用时，必须先进行计算并采取相应措施后方可使用。多立杆式外脚手架的标准均布施工荷载（人员、材料和机具重量）规定为：结构脚手架为3kN/m²，装修脚手架为2kN/m²，维修脚手架为1kN/m²。

三、架设安全网

当建筑物外墙砌筑高度超过4m或进行立体交叉作业时，除脚手架的搭设满足要求外，还必须在脚手架外侧架设安全网，以确保施工安全，安全网的架设要求如下：

1）架设平网时，安全网伸出墙面的宽度应不小于2m，外口要高于里口400～600mm，两网搭接处应扎结牢固，并每隔一定距离采用横拉杆等将安全网斜杆下部与墙体固定，以防安全网折叠或摇晃；施工过程中要经常对安全网检查和维修；加强管理，严禁向安全网内扔砖块、木料等各种杂物。

2）当施工中采用内脚手架砌外墙时，要沿墙外侧架设安全网。对于高层建筑，除作业层架设安全网外，还应沿高度方向每隔3～4层架设一道形式与作业楼层安全网相同的中间固定网，此外，还应在建筑的首层架设固定的双层安全网，宽度为4～6m，外口要高于里口600～800mm。

四、钢脚手架的防电避雷措施

1. 防电

钢制脚手架（或钢制井架、龙门架、独脚拔杆等）不得在距离35kV以上的高压线路4.5m以内的地区或距离1～10kV高压线路3m以内的地区搭设；钢脚手架需要穿过或靠近380V以内的电力线路时，若距离在2m以内，在脚手架装拆和使用期间最好断电或拆除电源，如不能断电，拆除时，应采取可靠的绝缘、隔离措施和进行钢架接地处理。

夜间施工照明用的线路通过钢脚手架或其他钢架时，应使用电压不超过12V的低压电源。

2. 避雷

搭设在旷野、山坡上的或高于附近建筑物、构筑物的钢脚手架或其他钢架，如处在雷击区域或在雷雨季节时，均应设置避雷装置（包括避雷针、接地极和接地线），一般每隔50m设置一处，到接地装置最远点的脚手架上的过渡电阻不应超过10Ω。

思考题

1. 试述脚手架的作用及其要求。
2. 外脚手架有哪几种基本形式？各自的特点和应用范围是什么？
3. 简述钢管式脚手架搭设和拆除方法，以及拆除时应遵循什么样的原则。
4. 简述碗扣式钢管脚手架的特点。
5. 门式钢管脚手架由哪几部分组成？
6. 试述脚手架的质量、安全要求。
7. 安全网的架设要求有哪些？

习　题

一、单项选择题

1. 单排钢管扣件式脚手架的搭设高度应不大于（　　）m。

A. 25　　B. 20　　C. 15　　D. 30

2. 碗扣式钢管脚手架钢管的规格是（　　）。

A. ϕ48mm×3.5mm　　B. ϕ50mm×3.5mm　　C. ϕ55mm×4.5mm　　D. ϕ48mm×2.2mm

3. 目前使用最普遍的脚手架是（　　）。

A. 钢管扣件式　　B. 竹木　　C. 升降式　　D. 碗扣式

4. 目前国际上应用较为广泛的脚手架是（　　）脚手架。

A. 钢管扣件式　　B. 门式钢管　　C. 升降式　　D. 碗扣式

5. 凡是架设高度在（　　）m 以上的各类脚手架，均必须严格按照规范搭设、拆除。

A. 2.5　　B. 2.0　　C. 1.5　　D. 3.0

6. 夜间施工照明用的线路通过钢脚手架时，应使用电压不超过（　　）V 的低压电源。

A. 10　　B. 12　　C. 15　　D. 36

二、多项选择题

1. 下列部件中属于扣件式钢管脚手架的有（　　　）。

A. 钢管　　B. 吊环　　C. 扣件

D. 底座　　E. 脚手板

2. 有关钢管外脚手架的搭设高度的说法正确的是（　　　）。

A. 单排 $H \leqslant 25$m　　B. 双排 $H \leqslant 60$m　　C. 单排 $H \leqslant 20$m

D. 双排 $H \leqslant 50$m　　E. 三排 $H \leqslant 100$m

3. 扣件式钢管脚手架的下列杆件中属于受力杆的是（　　　）。

A. 纵向水平杆　　B. 力杆　　C. 剪力撑

D. 横向水平杆　　E. 连横杆

4. 脚手架按用途可分为（　　　）。

A. 钢管脚手架　　B. 结构工程脚手架　　C. 装饰工程脚手架

D. 砌筑工程脚手架　　E. 防护用脚手架

5. 内脚手架的常见种类有（　　　）。

A. 钢管脚手架　　B. 折叠式脚手架　　C. 支柱式脚手架

D. 移动式脚手架　　E. 满堂脚手架

第十一章 季节性施工

本章概要

本章主要介绍了混凝土工程冬期施工、砖石工程冬期施工的施工工艺和施工方法，以及雨期施工质量与安全保证措施。通过本章的学习，使学生掌握混凝土工程冬期施工的施工工艺和施工方法；熟悉砖石工程冬期施工的施工工艺和施工方法；了解雨期施工质量与安全保证措施。

第一节　冬期施工的基本知识

一、冬期施工的特点、原则和施工准备

（一）冬期施工的特点

1）在冬期施工中，对建筑物有影响的长时间的持续低温、大的温差、强风、降雪和反复的冰冻，经常造成建筑物的质量事故。冬期施工期是质量事故多发期，据资料分析，有2/3的质量事故发生在冬期，尤其是混凝土工程。

2）冬期施工发生事故往往不易觉察，到春天解冻时，一系列质量问题才暴露出来。这种事故的滞后性给质量事故的处理带来很大的困难。

3）冬期施工的计划性和准备工作的时间性很强。由于仓促施工，常常发生质量事故。

（二）冬期施工的原则

为了保证冬期施工的质量，有关部门规定了严格的技术措施。在选择具体的施工方法时，必须遵循下列原则：确保工程质量；经济合理；所需的热源及技术措施有可靠的来源；工期能满足规定的要求。

（三）冬期施工的准备工作

1）抓好施工组织设计的编制，将不适宜冬期施工的分部、分项工程错开冬期完成。合理选择冬期施工方案。

2）掌握当地的气温情况，收集有关气象资料作为选择冬期施工技术措施的依据。

3）复核施工图，查对其是否能适应冬期施工要求。

4）冬期施工的设备、工具、材料及劳动防护用品均应提前准备。

5）冬期施工前对配制外加剂的人员、测温保温人员、司炉工等，应专门组织技术培训，经考试合格后方准上岗。

二、混凝土工程冬期施工

（一）混凝土工程冬期施工及其原理

1. 温度与混凝土硬化的关系

温度的高低对混凝土强度增长有很大影响。在湿度合适的条件下，温度越高，水泥水化作用就越迅速、完全，混凝土硬化速度越快，强度就越高。当然温度亦不能过高，否则会使水泥颗粒表面迅速水化、结成外壳，阻止内部继续水化，造成“假凝”现象。当温度较低时，混凝土硬化速度较慢，特别是接近0℃时，混凝土硬化就更慢，强度也更低。当温度低于-3℃时，混凝土中的水会结冰，水泥颗粒不能和冰发生化学反应，水化作用几乎停止，强度也就无法增长。因此，为确保混凝土结构工程质量，应搜集工程所在地多年的气温资料，当室外日平均气温连续5天稳定低于5℃时，应采取冬期施工措施，并及时采取气温突然下降的防冻措施。

2. 冻结对混凝土质量的影响

混凝土在初凝前或刚刚初凝即遭冻结，此时水泥来不及水化或水化刚开始，本身尚无强度，水泥受冻后处于“休眠”状态。若混凝土在初凝后、本身强度很小时遭冻结，此时混凝土内部存在两种应力：一种是水泥水化作用产生的粘结应力，另一种是混凝土内部自由水结冰、体积膨胀（8%~9%）所产生的冻胀应力。若粘结应力小于冻胀应力，很容易破坏刚形成的水泥石的内部结构，产生一些微裂纹，这些微裂纹是不可逆的。而且冰块融化后会形成孔隙，这严重降低了混凝土的密实度和耐久性。在混凝土解冻后，其强度虽然能继续增长，但混凝土的强度也不可能达到原设计的强度等级。

若混凝土在冻结前达到某一强度值以上，此时混凝土内部水化作用产生的粘结应力足以抵抗自由水结冰产生的冻胀应力，解冻后强度还能继续增长，可达到原设计强度等级，对强度影响不大，只不过是增长缓慢而已。因此，为避免混凝土遭受冻结带来的危害，必须使混凝土在受冻前达到这一强度值，这一强度值通常称为混凝土受冻临界强度。

临界强度与水泥的品种、混凝土强度等级有关。硅酸盐水泥或普通硅酸盐水泥配制的混凝土为其设计强度标准值的30%；矿渣硅酸盐水泥配制的混凝土为40%。

（二）混凝土冬期施工的工艺要求

1. 混凝土材料选择及要求

配制冬期施工的混凝土，应优先选用硅酸盐水泥或普通硅酸盐水泥。水泥强度等级不应低于42.5级，最小水泥用量不宜少于280kg/m^3，水胶比不应大于0.55。使用矿渣硅酸盐水泥，宜采用蒸汽养护；使用其他品种水泥，应注意其中掺和材料对混凝土抗冻、抗渗等性能的影响。掺用防冻剂的混凝土，严禁使用高铝水泥。

冬期浇筑的混凝土，宜使用无氯盐类防冻剂。对抗冻性要求高的混凝土，宜使用引气剂或引气减水剂。掺用防冻剂、引气剂或引气减水剂的混凝土施工，应符合现行国家标准《混凝土外加剂应用技术规范》的规定。

在钢筋混凝土中掺用氯盐类防冻剂时，氯盐掺量应严格控制，混凝土必须振捣密实，不宜采用蒸汽养护。

混凝土所用集料必须清洁，不得含有冰、雪等冻结物及易冻裂的矿物质。在掺用含有钾、钠离子防冻剂的混凝土中，不得混有活性材料。

2. 混凝土材料的加热

冬期拌制混凝土时应优先采用加热水的方法，当水加热仍不能满足要求时，再对集料进行加热。水及集料的加热温度应根据热工计算确定，但不得超过表11-1的规定。

表11-1　拌合水及集料最高温度

项　　目	水泥强度等级	拌合水/℃	集料/℃
1	强度等级小于42.5MPa的普通硅酸盐水泥、矿渣硅酸盐水泥	80	60
2	强度等级等于和大于42.5MPa的普通硅酸盐水泥、硅酸盐水泥	60	40

3. 混凝土的搅拌

搅拌前，应用热水或蒸汽冲洗搅拌机，搅拌时间应较常温延长50%。投料顺序为先投入集料和已加热的水，然后再投入水泥。水泥不应与80℃以上的水直接接触，避免水泥假凝。混凝土拌合物的出机温度不宜低于10℃，入模温度不得低于5℃。对搅拌好的混凝土应经常检查其温度及和易性，若有较大差异，应检查材料加热温度和集料含水率是否有误，并及时加以调整。在运输过程中要防止混凝土热量的损失和冻结。

4. 混凝土的浇筑

混凝土在浇筑前，应清除模板和钢筋上的冰雪和污垢，并不得在强冻胀性地基土上浇筑混凝土。当在弱冻胀性地基土上浇筑混凝土时，基土不得遭冻；当在非冻胀性地基土上浇筑混凝土时，混凝土在受冻前，其抗压强度不得低于临界强度。

当分层浇筑大体积结构时，已浇筑层的混凝土温度，在被上一层混凝土覆盖前，不得低于热工计算的温度，且不得低于2℃。

对加热养护的现浇混凝土结构，混凝土的浇筑程序和施工缝的位置，应能防止在加热养护时产生较大的温度应力；当加热温度在40℃以上时，应征得设计人员的同意。

对于装配式结构，浇筑承受较大内力的接头的混凝土或砂浆，宜先将结合处的表面加热到正温；浇筑后的接头混凝土或砂浆在温度不超过45℃的条件下，应养护至设计要求强度；当设计无要求时，其强度不得低于设计的混凝土强度标准值的70%；浇筑接头的混凝土或砂浆，可掺用不致引起钢筋锈蚀的外加剂。

（三）混凝土冬期养护方法

混凝土冬期养护方法有蓄热法、蒸汽加热法、电热法、暖棚法以及掺外加剂法等。但无论采用何种方法，均应保证混凝土在冻结以前，至少应达到临界强度。

1. 蓄热法

蓄热法是利用原材料预热的热量及水泥水化热，通过适当的保温措施，延缓混凝土的冷却，保证混凝土能在冻结前达到所要求强度的一种冬期施工方法。适用于室外最低温度不低于−15℃的地面以下工程或表面系数（指结构冷却的表面积与其全部体积的比值）不大于$5m^{-1}$的结构。

蓄热法养护具有施工简单、不需外加热源、节能、冬期施工费用低等特点。因此，在混凝土冬期施工时应优先考虑采用。只有当确定蓄热法不能满足要求时，才考虑选择其他方法。

蓄热法养护的三个基本要素是混凝土的入模温度、围护层的总传热系数和水泥水化热值，应通过热工计算调整以上三个要素，使混凝土冷却到0℃时，强度能达到临界强度的要求。

采用蓄热法时，宜用强度等级高、水化热大的硅酸盐水泥或普通硅酸盐水泥，掺用早强型外加剂，适当提高入模温度，外部早期短时加热；同时选用传热系数较小、价廉耐用的保温材料，如草帘、草袋、锯末、谷糠及炉渣等。此外，还可采取其他一些有利蓄热的措施，如地下工程可用未冻结的土壤覆盖；用生石灰与湿锯末均匀拌和覆盖，利用保温材料本身发热保温；充分利用太阳的热能，白天有日照时，打开保温材料，夜间再覆盖等。

2. 采用掺外加剂和早强水泥方法

掺外加剂是指在冬期施工的混凝土中加入一定剂量的外加剂，以降低混凝土中的液相冰点，保证水泥在负温条件下能继续水化，从而使混凝土在负温下能达到抗冻害的临界强度。掺外加剂法常与蓄热法一起应用，以充分利用混凝土的初始热量及水泥在水化过程中所释放出来的热量，加快混凝土强度的增长。

目前，混凝土冬期施工中常用的外加剂有减水剂、引气剂、早强剂、阻锈剂等。由于两种和两种以上复合外加剂可以获得多种效能——降低冰点、快速硬化、提高抗冻性及和易性，故复合外加剂的使用逐渐替代了单项外加剂。在我国常用的复合外加剂有：亚硝酸钠和硫酸钠复合剂，NC 早强剂及 MS-F 早强型减水剂。根据使用的外加剂不同，可将混凝土分为冷混凝土、负温混凝土和硫酸铝盐早强混凝土。

（1）冷混凝土　冷混凝土是指用氯盐溶液配制的混凝土。在施工时，除水之外既不进行加热，成型后也不采取保温措施，完全在寒冷条件下施工的混凝土。

混凝土中掺入氯盐后，最初几小时的水化热有显著提高，从而提高了混凝土的早期强度。由于氯盐的最低共溶温度为 −55.6℃，所以在混凝土中掺入氯盐还可以降低融化冰点，有利于混凝土负温下的硬化。

氯盐对钢筋有锈蚀作用，在下列情况下不得在钢筋混凝土中掺用氯盐：在高湿环境中作用的结构；处于水位升降部位的结构；露天结构或经常受水淋的结构；有镀锌钢材或铝铁相接触部位的结构，以及有外露钢筋、预埋件而无防护措施的结构；在使用过程中环境温度经常处于 60℃以上的结构；使用冷拉钢筋或冷拔低碳钢丝的结构；薄壁结构、中或重级工作制吊车梁、屋架、落锤或锻锤基础等结构；电解车间和直接靠近直流电源的结构；直接靠近发电站、变电所等高压电源的结构；预应力混凝土结构。

冷混凝土中氯盐的掺量应根据混凝土在硬化最初 15 昼夜内混凝土内部的最低温度来确定。为确保钢筋混凝土结构中钢筋不会产生由氯盐而引起的锈蚀，在钢筋混凝土中，氯盐的掺量不得超过水泥质量的 1%（按无水状态计算）。在无筋混凝土中用加热的材料拌制时，氯盐的掺量不得大于水泥质量的 3%。用冷材料拌制时，氯盐掺量不得大于拌合水质量的 15%。为防止钢筋锈蚀，可加入水泥质量 2% 的亚硝酸钠阻锈剂。

（2）负温混凝土　负温混凝土是指在负温下配制混凝土时，排除单掺氯盐的化学外加剂，但不排除对原材料的保温、防护或加热，在养护过程中可与蓄热法等冬期施工措施相结合。

1）负温混凝土中的外加剂。由于氯盐对钢筋有锈蚀作用，故在钢筋混凝土工程和预应力混凝土工程中使用受到限制。在钢筋混凝土工程和预应力钢筋混凝土中可掺用无氯盐的外加剂。此类外加剂根据在混凝土冬期施工中的作用可分为抗冻剂、早强剂、引气剂、减水剂和阻锈剂等五种类型。我国目前使用的负温抗冻外加剂的品种很多，组合也各不相同。选择抗冻剂设计方案时，要求外加剂对钢筋无锈蚀作用，对混凝土的性能无影响，早期强度高，后期强度不损失。

2）负温混凝土的施工。宜优先使用硅酸盐水泥和普通硅酸盐水泥，水泥强度等级不宜低于42.5MPa，禁止使用高铝水泥（铝酸三钙含量超过6%）。

防冻剂的掺量应根据混凝土的使用温度而定（指掺防冻剂的混凝土的浇筑现场5~7天的最低温度）。其常用掺量按表11-2中的规定。

表11-2　防冻剂的常用掺量

规定温度/℃	常用掺量（%）	备　注
-5	4	①复合剂掺量包括各组之和 ②氯化钙、氯化钠单独使用，可在-5℃以上 ③亚硝酸钠可用在-10℃以上 ④硝酸盐可用在-10℃以上 ⑤早强剂、引气剂、减水剂均计算在防冻剂中
-10	7	
-15	10	
-20	15	

注：规定温度是指防冻剂混凝土内部的最低温度。

3）防冻剂的配制和使用。在使用前应测定防冻剂各有效成分、水分及不溶物等的含量。使用时应按有效固形物计算，并配制成规定浓度的溶液。防冻剂配制成溶液使用时，应注意其共溶性，氯化钙、硝酸钙、亚硝酸钙等溶液不可和硫酸钠溶液混合使用，减水剂和引气剂不可和氯化钙溶液混合，均应分别配制溶液。

对氯化钙与引气剂或引气减水剂复合的配方，搅拌投料时应先加入氯化钙溶液，出机前加入引气剂和减水剂。对钙盐与硫酸钠复合的配方，搅拌投料时，应先加入钙盐溶液，搅拌一定时间后，再投入硫酸盐溶液，并延长搅拌时间，且出机温度不得低于7℃。

4）负温混凝土的养护。要特别注意初期养护，严禁早期受冻，初期养护温度不得低于防冻剂的规定温度，否则应立即采取补救措施。氯盐混凝土和掺引气剂的混凝土不宜加热养护。混凝土在负温条件下的养护，不允许浇水，外露表面必须覆盖。

负温混凝土在规定温度下获得抗冻临界强度的最短养护时间见表11-3。

表11-3　负温混凝土达到临界强度最短养护时间

防冻剂规定温度/℃	最短养护时间/d	防冻剂规定温度/℃	最短养护时间/d
-5	5	-15	14
-10	9	-20	25

提示：外加剂在使用前必须对其性能进行全面了解，经可靠鉴定后方可使用。

（3）硫铝酸盐早强混凝土　硫铝酸盐水泥混凝土在常温下强度发展很快，25℃时水灰比为0.4~0.5的混凝土，6~8h的抗压强度可达5~10MPa，1天为15~25MPa，3天为30MPa。在负温条件下施工，通过将拌合水加热，使混凝土具有一定的入模温度，浇筑后覆盖保温，必要时适当加热，使浇筑初期保持正温养护。

混凝土的出机温度宜控制在10~20℃之间，由于硫铝酸盐水泥水化热的释放集中在早期，70%~80%集中在第一天，这一特点对冬期施工蓄热养护非常重要，但也是产生温度裂缝的根源。因此必须使混凝土养护初期的12~24h内保持正温，以利于强度的增长。由于硫铝酸盐水泥价格较贵，故不宜大规模使用，仅用于抢修、抢建工程。

3. 蒸汽加热法

蒸汽加热养护分为湿热养护和干热养护两类。湿热养护是让蒸汽与混凝土直接接触，利用蒸汽的湿热作用来养护混凝土，常用的有棚罩法、蒸汽套法以及内部通汽法。而干热养护则是将蒸汽作为热载体，通过某种形式的散热器，将热量传导给混凝土使其升温，如：毛管法和热模法。

（1）棚罩法　棚罩法是在现场结构物的周围制作能拆卸的蒸汽室，如在地槽上部盖简单的盖子或在预制构件周围用保温材料（木材、砖、篷布等）做成密闭的蒸汽室，通入蒸汽加热混凝土。本法设施灵活、施工简便、费用较低，但耗汽量大，温度不易均匀。适用于加热地槽中的混凝土结构及地面上的小型预制构件。

（2）蒸汽套法　蒸汽套法是在构件模板外再用一层紧密不透气的材料（如木板）做成蒸汽室，汽套与模板间的空隙约为150mm，通入蒸汽加热混凝土。此法温度能适当控制，加热效果取决于保温构造，设施复杂、费用大，可用于现浇柱、梁及肋形楼板等整体结构加热。

（3）内部通汽法　内部通汽法是在混凝土构件内部预留直径为13～50mm的孔道，再将蒸汽送入孔内加热混凝土。当混凝土达到要求的强度后，排除冷凝水，随即用砂浆灌入孔道内加以封闭。内部通汽法节省蒸汽、费用较低，但入汽端易过热产生裂缝。适用于梁柱、桁架等结构构件。

（4）毛管法　毛管法是在模板内侧做成沟槽（断面可做成三角形、矩形或半圆形），间距200～250mm，在沟槽上盖以0.5～2mm厚的薄钢板，使之成为通蒸汽的毛管，通入蒸汽进行加热。毛管法用汽少，但仅适用于以木模浇筑的结构，对于柱、墙等垂直构件加热效果好，而对于水平的构件，其加热不易均匀。

此外，热模养护热拌混凝土工艺也广泛用于冬期施工。

4. 电热法

电热法施工主要有电极法、电热毯法、工频涡流养护法、远红外线养护法等。

（1）电极法　在新浇筑混凝土的内部或表面每隔100～300mm的间距设置电极（ϕ6～ϕ12mm的短钢筋或宽40～60mm的镀锌薄钢板），通以低压电源，由于混凝土的电阻作用，使电能变为热能，产生热量对混凝土进行加热。

电极的布置应保证混凝土温度均匀，与钢筋的最小距离应符合表11-4的规定。否则应采取适当的绝缘措施，振捣时要避免接触电极及其支架。

表11-4　电极与钢筋的最小距离

电压/V	65	87	106
电极与钢筋的最小距离/mm	>50～70	>80～100	>120～150

电极法加热应在混凝土浇筑后立即通电，通电前混凝土的外露表面应用锯末覆盖，并在其上洒5%食盐水以利养护。

（2）电热毯法　适用于以钢模板浇筑的构件。它由4层玻璃纤维布中间夹电阻丝制成，尺寸根据钢模板背后的格的大小而定，约为300mm×400mm，电压60V，功率每块75W，通电后表面温度可达110℃，但表面温度应控制不得大于40℃。

在混凝土浇筑前先通电将模板预热，浇筑后根据混凝土温度变化可断续送电养护。

（3）工频涡流养护法　这种方法是利用安装在钢模板上内穿单根导线的钢管通电后产生涡流，对混凝土进行加热养护。本法适用于以钢模板浇筑的混凝土墙体、梁、柱和接头。其加热混凝土温度比较均匀，控制方便，但需制作专用模板，模板投资大。

(4) 远红外线养护法　这种方法是利用远红外辐射器向新浇筑的混凝土辐射远红外线，使混凝土的温度得以提高，从而在较短时间内获得要求的强度。这种工艺具有施工简便、升温迅速、养护时间短、降低能耗、不受气温和结构表面系数限制等特点，适用于薄壁结构、大模板工艺、装配式结构接头等混凝土的加热。

产生远红外线的能源除电源外，还可用天然气、煤气、石油液化气和热蒸汽等，可根据具体条件选择。

5. 暖棚法

暖棚法是在所要养护的建筑结构或构件周围用保温材料搭起暖棚，棚内设置热源，以维持棚内的正温环境，使混凝土浇筑和养护如同在常温中一样。但暖棚搭设需大量材料和人工，能耗高，费用较大，一般只用于建筑物面积不大而混凝土工程又很集中的工程。采用暖棚法养护混凝土时，棚内各测点温度不得低于5℃，并应保持混凝土表面湿润。

6. 综合蓄热法

综合蓄热法是在蓄热保温的基础上，充分利用水泥的水化热和掺加相应的外加剂或者进行短时加热等综合措施，创造加速混凝土硬化的条件，使混凝土温度降低到冰点温度之前尽快达到允许受冻的临界强度。

综合蓄热法一般分为低蓄热养护和高蓄热养护两种。低蓄热养护过程主要以使用早强水泥或掺负温外加剂等冷操作方法为主，使混凝土在缓慢冷却至冰点前达到允许受冻的临界强度；高蓄热养护过程则主要以短时间加热为主，使混凝土在养护期间达到要求的强度。这两种方法的选择取决于施工和气温条件。一般日平均气温不低于 -15℃，表面系数为 $6\sim12m^{-1}$，且选用高效保温材料时，宜采用低蓄热养护；当日平均气温低于 -15℃，表面系数大于 $13m^{-1}$时，宜用短时加热的高蓄热养护。

（四）混凝土的测温和质量检查

为保证冬期施工的质量，需要测量混凝土有代表性部位的温度。现场环境温度在每天2：00、8：00、14：00、20：00 测量4次。为了使混凝土满足热工计算所规定的成型温度，还必须对原材料的温度、混凝土搅拌和运输成型时的温度进行监测。对拌合材料和抗冻剂温度的测量，每工作台班至少进行3次。对拌合物出料、运输、浇筑温度，每2h 测量一次。在混凝土的养护期间，应在最有代表性的测温点测量温度。

混凝土的质量检查。冬期施工时，除应遵守常规施工的质量检查外，尚应符合冬期施工的质量规定。要严格检查外加剂的质量和浓度；混凝土浇筑后应增设两组与结构同条件养护的试块，一组用以检验混凝土受冻前的强度，另一组用以检验转入常温养护28d 的强度。

混凝土试块不得在受冻状态下试压，当混凝土试块受冻时，对边长为150mm 的立方体试块，应在15～20℃室温下解冻5～6h，或浸入10℃的水中解冻6h，将试块表面擦干后进行试压。

（五）混凝土的拆模和成熟度

混凝土达到规定强度后方可拆模。对加热法施工的构件模板和保温层，应在混凝土冷却到5℃后方可拆模。当混凝土和外界温差大于20℃时，拆模后的混凝土应及时覆盖，使其缓慢冷却。

在拆模过程中，如发现混凝土有冻害现象，应暂停拆模，经处理后方可拆模。

混凝土的成熟度：由于实际养护温度与热工计算中根据以往的气象资料得出的温度不可能完全一致，所以为使选定的冬期施工方案对混凝土早期强度的增长处于正常的控制状态，可以用成熟度法很方便地对其进行预测，作为施工中掌握混凝土强度增长情况的参考数据。

所谓混凝土早期强度是指混凝土浇筑完毕后1～3天的强度。成熟度的定义是温度和时间的乘积，单位为℃·h或℃·d。其原理是：相同配合比的混凝土，在不同的温度、时间下养护，只要成熟度相等，其强度大致相同。因此施工单位应事先对常用的各种配合比的混凝土分别作出标准养护条件下强度-时间曲线，以供查用。

（六）冬期施工的热工计算

1. 材料加热的热工计算

混凝土拌合物的理论温度，可按下式计算：

$$T=\frac{0.22(Ct_c+St_s+Gt_g)+t_w(W-P_sS-P_gG)+b(P_sSt_s+P_gGt_g)-B(P_sS+P_gG)}{W+0.22(C+S+G)} \tag{11-1}$$

式中 T——拌和时混凝土拌合物的温度（℃）；

W、C、S、G——水、水泥、砂、石的用量（kg）；

t_w、t_c、t_s、t_g——水、水泥、砂、石的温度（℃）；

P_s、P_g——砂、石的含水率（%）；

b、B——水的比热容及冰的溶解热，当集料温度大于0℃时，$b=1$，$B=0$；当集料温度小于0℃时，$b=0.5$，$B=80$。

混凝土自搅拌机中倾出时的温度可按下式计算：

$$T_1=T-0.16(T-T_d) \tag{11-2}$$

式中 T_1——混凝土自搅拌机中倾出时的温度（℃）；

T——混凝土拌合物的温度（℃）；

T_d——搅拌机棚内的温度（℃）。

混凝土由出机到浇筑过程中的温度损失，随运输工具、倒运次数、运输时间、出机温度和室外气温的变化而异，混凝土经过运输和浇筑成型后的温度可按下式计算：

$$T_2=T_1-(\alpha t+0.032n)(T_1-T_a) \tag{11-3}$$

式中 T_2——混凝土经过运输和成型后的温度（℃）；

t——混凝土自运输至成型的时间（h）；

n——混凝土倒运的次数；

T_a——室外气温（℃）；

α——温度损失系数。

当用混凝土搅拌运输车时$\alpha=0.25$；用开敞式自卸汽车时$\alpha=0.20$；用封闭式自卸汽车时$\alpha=0.10$；用手推车时$\alpha=0.50$。

2. 模板和钢筋引起温度降低的计算

混凝土浇筑入模后，由于模板和钢筋吸收热量而引起混凝土温度的降低，可按下式计算：

$$T_3=\frac{G_cc_cT_2+G_sc_sT_a}{G_cc_c+G_sc_s} \tag{11-4}$$

式中 T_3——混凝土在钢模板和钢筋吸收热量后的温度（℃）；

G_c——$1m^3$ 混凝土的质量（kg）；

G_s——与 $1m^3$ 混凝土相接触的钢模板和钢筋的总质量（kg）；

c_c——混凝土的比热容，取1kJ/(kg·K)；

c_s——钢材的比热容，取0.48kJ/(kg·K)；

T_a——钢模板、钢筋的温度，即当时的大气温度（℃）。

3. 蓄热法的热工计算

（1）按热量平衡原理的热工计算　我国长期使用前苏联教授斯格拉姆塔也夫根据单向稳定传热理论建立的公式。即单位体积混凝土从浇筑完毕时的温度降至0℃过程中所放出的热量，应等于混凝土所含热量及水泥水化热之和。

$$c_0T_3 + m_{ce}H = 3.6t_0\psi(T_p - T_{m,a})\frac{\omega}{R} \tag{11-5}$$

$$t_0 = \frac{c_0T_3 + m_{ce}H}{3.6\psi(T_p - T_{m,a})}\cdot\frac{R}{\omega} \tag{11-6}$$

式中　t_0——混凝土的冷却时间（h）；

c_0——混凝土的体积比热容［$kJ/(m^3 \cdot K)$］；

T_3——混凝土浇筑完毕时的温度（℃）；

m_{ce}——$1m^3$ 混凝土所用的水泥量（kg/m^3）；

H——1kg 水泥的水化热（kJ/kg）；

ψ——结构的表面系数（m^{-1}）；

T_p——混凝土养护期间的平均温度（℃）；

$T_{m,a}$——混凝土养护期间的室外平均温度（℃）；

R——模板及保温材料的总热阻（$m^2 \cdot K/W$）；

ω——保温材料的透风系数。

在应用式（11-5）时，其计算方法如下：

1）结构的表面系数 ψ。

$$\psi = \frac{A}{V} \tag{11-7}$$

式中　ψ——结构表面系数（m^{-1}）；

A——结构的冷却表面积（m^2）；

V——结构体积（m^3）。

2）混凝土浇筑完毕时的温度 T_3 可由式（11-1）~式（11-4）计算。

3）混凝土养护期间平均温度 T_p 为一当量值，并非混凝土在冷却过程中的平均温度。混凝土的温度是逐步降低的，其强度增长速度亦是逐步减慢的，为简化计算而引入“混凝土养护期间平均温度”这一概念，即假设混凝土处于某一恒温状态下达到临界强度所需的时间，正好等于其处于变温状态下达到同样强度的时间。可按表11-5计算。

表11-5　混凝土养护期间平均温度 T_p

表面系数/m^{-1}	3	4~8	9~12	>12
平均温度 T_p/℃	$\frac{T_3+5}{2}$	$\frac{T_3}{2}$	$\frac{T_3}{3}$	$\frac{T_3}{4}$

4）混凝土养护期间室外平均气温 $T_{m,a}$ 根据历年气象资料，并结合当年长期气象预报来确定。$T_{m,a}$ 应采用养护期间外界的平均温度，并非最低温度。

5）模板及保温材料的总热阻 R。蓄热法施工一般由模板和多层保温材料组成。总热阻为 R，可用下式求得：

$$R=0.04+\frac{d_1}{\lambda_1}+\frac{d_2}{\lambda_2}+\cdots+\frac{d_n}{\lambda_n}=0.04+\sum_{i=1}^{n}\left(\frac{d_i}{\lambda_i}\right) \tag{11-8}$$

式中　R——总热阻（$m^2 \cdot K/W$）；

d——模板或保温材料的厚度；

λ——模板或保温材料的导热系数［$W/(m \cdot K)$］，取值见表 11-6。

表 11-6　常用建筑材料热物理性能计算参数

序号	材料名称	干容积密度 $\gamma_0/(kg/m^3)$	计算参数	
			导热系数 $\lambda/[W/(m \cdot K)]$	比热容 $c/[kJ/(kg \cdot K)]$
1	钢筋混凝土	2500	1.74	1.00
2	砖砌体	1800	0.81	1.05
3	木材（模板）	700	0.233	2.75
4	钢模板	7500	58.2	0.63
5	聚苯乙烯板	30	1.038	1.47
6	岩棉板	100	0.04	0.75
7	稻草板	300	0.105	1.68
8	木屑板	200	0.065	2.10
9	锯木	200～250	0.093	2.51
10	干炉渣	900	0.291	0.76
11	毛毡	150	0.058	0.189
12	草袋	150	0.11	—
13	麻袋	180	0.07	—
14	稻草及草帘	1200	0.047	1.47

6）混凝土体积热容一般可用 $2500kJ/(m^3 \cdot K)$。

7）保温材料的透风系数 ω 按表 11-7 取值，水泥的水化热 H 按表 11-8 取值。

表 11-7　透风系数 ω 参考值

项　次	保温层组成	透风系数	
		ω_1	ω_2
1	单层模板	2.0	3.0
2	不盖模板的表面用芦苇板、稻草、锯末、炉渣覆盖	2.6	3.0
3	密实模板或不盖模板的表面用毛毡、棉毛毡或矿物布覆盖	1.3	1.5
4	外层用第二项材料，内层用第三项材料做双层覆盖	2.0	2.3
5	外层用第三项材料，内层用第二项材料做双层覆盖	1.6	1.9
6	内外层均用第三项材料，中间夹层用第二项材料做三层覆盖	1.3	1.5

注：1. ω_1 为风速小于 4m/s（相当于 3 级以下），结构物高出地面不大于 25m 情况下的系数。

2. ω_2 为风速和高度大于注 1 情况的系数。

表11-8　水泥水化热（H）

水泥品种	水泥强度等级/MPa	每1kg水泥的水化热/kJ		
		3d	7d	28d
普通硅酸盐水泥	52.5	314	354	375
	42.5	250	271	334
	32.5	208	229	292
矿渣硅酸盐水泥	32.5	146	208	271
火山灰硅酸盐水泥	32.5	125	169	250

上述施工计算一般用于两种情况：

1）求总热阻以选择保温材料的种类及方法。初步假定混凝土浇筑完毕时的温度，求得养护期间的平均温度 T_p，参考混凝土强度增长曲线，查出混凝土达到临界强度所需的时间 t_0。由此可反求出总热阻：

$$R=\frac{3.6t_0\psi(T_p-T_{m,a})\omega}{c_0T_3+m_{ce}H} \tag{11-9}$$

根据求得的总热阻，可以选择保温材料的种类和厚度。

2）验算选定的保温材料和混凝土入模温度。计算出混凝土冷却至0℃的延续时间和混凝土养护的平均温度 T_p，借助于混凝土温度、龄期对混凝土强度的影响曲线来检验混凝土强度是否达到临界强度。同时也可以利用下列经验公式估算：

$$f_c=(A+BT_p)\sqrt{x} \tag{11-10}$$

式中　f_c——混凝土养护 x 天的相对强度；

T_p——混凝土养护期间的平均温度（℃）；

A、B——系数（表11-9）。

表11-9　系数 A、B

项　次	水泥品种	A	B
1	硅酸盐水泥	12.65	0.48
2	矿渣硅酸盐水泥	6.0	0.85
3	火山灰硅酸盐水泥	4.6	0.95

（2）按《混凝土结构工程施工质量验收规范》所推荐方法的热工计算　热工计算的目的是确定混凝土冷却到0℃时正温养护的延续时间；根据混凝土冷却到0℃的正温养护延续时间，确定保温材料的品种和厚度。

混凝土蓄热养护开始至任意时刻 t 的温度：

$$T=\eta e^{-\theta v_{ce}t}-\varphi e^{-v_{ce}t}+T_{m,a} \tag{11-11}$$

混凝土蓄热养护开始至任意时刻 t 的平均温度：

$$T_m=\frac{1}{v_{ce}t}\left(\varphi e^{-v_{ce}t}-\frac{\eta}{\theta}e^{-\theta v_{ce}t}+\frac{\eta}{\theta}-\varphi\right)+T_{m,a} \tag{11-12}$$

其中，θ、φ、η 为综合参数，取值计算如下：

$$\theta = \frac{\omega K \psi}{v_{ce} c_c \rho_c}$$

$$\varphi = \frac{v_{ce} c_{ce} m_{ce}}{v_{ce} c_c \rho_c - \omega K \psi}$$

$$\eta = T_3 - T_{m,a} + \varphi$$

式中　T——混凝土蓄热养护开始至任意时刻 t 的温度（℃）；

T_m——混凝土蓄热养护开始至任意时刻 t 的平均温度（℃）；

t——混凝土蓄热养护开始至任意时刻的时间（h）；

$T_{m,a}$——混凝土蓄热养护开始至任意时刻 t 的平均温度（℃）；

T_3——混凝土在钢模板和钢筋吸收热量开始养护时的温度（℃）；

ρ_c——混凝土质量密度（kg/m^3）；

c_c——混凝土的比热容［kJ/(kg·K)］；

m_{ce}——每立方米混凝土水泥用量（kg/m^3）；

c_{ce}——水泥累积最终放热量（kJ/kg）；

v_{ce}——水泥水化速度系数（h^{-1}）；

ω——透风系数；

ψ——结构表面系数（m^{-1}）；

K——围护层的总传热系数［$kJ/(m^2 \cdot h \cdot K)$］；

e——自然对数之底，可取 e＝2.72。

在式（11-11）、式（11-12）中，各参数计算方法如下。

1）围护层的总传热系数 K 值可按下式计算：

$$K = \frac{3.6}{0.04 + \sum_{i=1}^{n} \frac{d_i}{K_i}} \tag{11-13}$$

2）水泥累积最终放热量 c_{ce}、水泥水化速度系数 v_{ce} 及透风系数 ω 取值，按表 11-10 和表 11-11 取值。结构表面系数 ψ、平均气温 $T_{m,a}$ 等其他参数同前。

表 11-10　水泥累积最终放热量 c_{ce} 和水泥水化速度系数 v_{ce}

水泥品种及强度等级	c_{ce}/(kJ/kg)	v_{ce}/h^{-1}
42.5 级硅酸盐水泥	400	0.013
42.5 级普通硅酸盐水泥	360	
32.5 级普通硅酸盐水泥	330	
32.5 级矿渣、火山灰、粉煤灰水泥	240	

表 11-11　透风系数

保温层的种类	透风系数 ω		
	小　风	中　风	大　风
保温层由容易透风材料组成	2.0	2.5	3.0
在容易透风材料外面包以不易透风材料	1.5	1.8	2.0

（续）

保温层的种类	透风系数 ω		
	小　风	中　风	大　风
保温层由不易透风材料组成	1.3	1.45	1.6

注：小风速即 $V_\omega<3m/s$；中风速即 $3\leqslant V_\omega<5m/s$；大风速 $V_\omega\geqslant 5m/s$。当施工需要计算混凝土蓄热养护冷却至0℃的时间 t_0 时，可以根据下式采用逐次逼近的方法进行计算，如果实际采取的蓄热养护条件满足 $\frac{\varphi}{T_{m,a}}\geqslant 1.5$，且 $K\psi>50$ 时，也可按下式直接计算：

$$t_0=\frac{1}{v_{ce}}\ln\frac{\varphi}{T_{m,a}} \tag{11-14}$$

式中　t_0——混凝土蓄热养护冷却至0℃的时间（h）。

混凝土蓄热养护开始到冷却至0℃的时间 t_0 内的平均温度，可根据式（11-12）取 $t=t_0$ 进行计算。

4. 混凝土成熟度的计算

成熟度计算公式：

$$M=\sum(T+10)\Delta t \tag{11-15}$$

式中　M——混凝土的成熟度（℃・h或℃・d）；

T——硬化温度（℃）；

Δt——测温间隔时间（h或d）。

由上式求出混凝土的成熟度后，将成熟度换算成标准养护条件的时间，如无试验数据，对于普通混凝土，可按下列公式计算：

$$f_c=K'(M-200) \tag{11-16}$$

式中　f_c——在成熟度 M 时的强度；

K'——与强度等级、水泥品种有关的系数，按表11-12选用。

表11-12　M-f 方程中 K' 值

水泥品种	水泥强度等级	C20	C30
矿渣硅酸盐水泥	42.5	0.0067	0.0075
	52.5	0.0075	0.0010
普通硅酸盐水泥	42.5	0.0075	0.0010
	52.5	0.0010	0.0015

三、砖石工程的冬期施工

连续5天的室外日平均气温低于5℃，砖石砌体工程的施工，应按照冬期施工技术的规定进行。

砖石砌体工程的冬期施工以采用砂浆掺外加剂法为主。

1. 外加剂法的原理和适用范围

外加剂法就是在砌筑砂浆内掺入一定数量的抗冻化学剂，来降低水溶液的冰点，以保证砂浆中有液态水存在，使水化反应在一定负温条件下不间断进行，使砂浆在负温下强度能够继续缓慢增长。同时，由于降低了砂浆中水的冰点，砖石砌体的表面不会立即结冰而形成冰膜，故砂浆和砖石砌体能较好地粘结。

掺外加剂的砂浆中的抗冻化学剂，目前主要是氯化钠和氯化钙，其他还有亚硝酸钠、碳酸钾和硝酸钙等。

采用外加剂法具有施工简便、施工费用低，货源易于解决等优点，所以在我国砖石砌体冬期施工中被普遍采用。

由于掺氯盐砂浆吸湿性大，使结构保温性能下降，并有析盐现象等，因此下列工程严禁采用外加剂法施工：对装饰有特殊要求的建筑物；使用湿度大于80%的建筑物；接近高压线路的建筑物；配筋、钢埋件无可靠防腐处理措施的砌体；处于地下水位变化范围内以及水下未设防水层的结构。

2. 外加剂法的施工准备

（1）对材料的要求　砖石砌体工程冬期施工所用的材料，应符合下列规定：砖石在砌筑前，应清除冰霜；拌制砂浆所用的砂中，不得含有冰块和直径大于10mm的冻结块；石灰膏等应防止受冻，如遭冻结，应经融化后，方可使用；水泥应选用普通硅酸盐水泥；拌制砂浆时，水的温度不得超过80℃；砂的温度不得超过40℃。

（2）对砂浆的要求　采用外加剂法进行施工，应按不同负温界限控制掺盐量；当砂浆中氯盐掺量过少时，砂浆内会出现大量的冰结晶体，水化反应极其缓慢，会降低早期强度。如果氯盐掺量大于10%，砂浆的后期强度会显著降低，同时导致砌体析盐量过大，增大吸湿性，降低保温性能。按气温情况规定的掺盐量见表11-13。

表11-13　砂浆掺盐量（盐占用水量的百分比）

日最低气温/℃			≥-10	-11～-15	-16～-20
单盐	氯化钠	砖、砌块	3	5	7
		石	4	7	10
复盐	氯化钠	砖、砌块			5
	氯化钙				2

注：掺量以无水盐计。

（3）盐溶液应设专人配制　先配制成标准浓度（即氯化钠标准溶液，为每1kg含纯氯化钠0.2kg，密度为1.15g/cm^3；氯化钙标准溶液密度为1.18g/cm^3；两者均以波美密度测定），置于专用容器内，然后再以一定的比例掺入温水，配制成所需要的溶液，可参照表11-14配制。

表11-14　氯化钠溶液浓度与密度对照

无水NaCl含量/kg			20℃的溶液密度/(g/cm^3)
在1kg溶液中	在1L溶液中	在1kg水中	
0.01	0.010	0.010	1.0053
0.02	0.020	0.020	1.0125
0.03	0.031	0.031	1.0196
0.04	0.041	0.042	1.0268

（续）

无水 NaCl 含量/kg			20℃的溶液密度/(g/cm³)
在1kg溶液中	在1L溶液中	在1kg水中	
0.05	0.052	0.053	1.0340
0.06	0.062	0.064	1.0413
0.07	0.073	0.075	1.0486
0.08	0.084	0.087	1.0559
0.09	0.096	0.099	1.0633
0.10	0.107	0.111	1.0707
0.11	0.119	0.124	1.0782
0.12	0.130	0.136	1.0857
0.13	0.142	0.149	1.0933
0.14	0.154	0.163	1.1008
0.15	0.166	0.176	1.1162
0.16	0.179	0.190	1.1241
0.17	0.191	0.205	1.1319
0.18	0.204	0.220	1.1398
0.19	0.217	0.235	1.1478
0.20	0.230	0.250	1.1559
0.21	0.243	0.266	1.1639
0.22	0.256	0.282	1.1722
0.23	0.270	0.299	1.1804
0.24	0.283	0.316	1.1888
0.25	0.297	0.333	1.1972

外加剂法的砂浆使用温度不应低于5℃，当日最低气温等于或低于－15℃时，砌筑承重结构的砂浆强度等级应比常温施工时提高一级。拌和砂浆前要对原材料加热，且应优先加热水。当满足不了温度时，再进行砂的加热。当拌合水的温度超过60℃时，拌制时的投料顺序是：水和砂先拌，然后再投放水泥。掺盐砂浆中掺入微沫剂时，盐溶液和微沫剂在砂浆拌和过程中先后加入。砂浆应采用机械进行拌和，搅拌时间应比非冬期时增加一倍，拌和后的砂浆应注意保温。

（4）施工技术准备工作　由于氯离子对钢筋有腐蚀作用，为了确保结构的耐久性，配筋砌体不得采用掺氯盐的砂浆施工。

普通砖和空心砖在正温条件下砌筑时，应采用随浇水随砌筑的方法，负温条件下，只要有可能，应该尽量浇热盐水。当气温过低，浇水确有困难时，则必须适当增大砂浆的稠度。抗震设计烈度为九度的建筑物，普通砖和空心砖无法浇水湿润时，无特殊措施不得砌筑。

3. 砌筑施工工艺

外加剂法砌筑砖砌体，应采用“三一”砌砖法进行操作。即“一铲灰、一块砖、一挤揉”，使砂浆与砖的接触面能充分结合，提高砌体的抗压、抗剪强度。不得大面积铺灰，以避免砂浆温度过快降低。砌筑时要求灰浆饱满，灰缝厚度均匀，水平缝和垂直缝的厚度和宽度应控制在 8～10mm。采用外加剂法砌筑砌体，砌体转角处和交接处应同时砌筑，不能同时砌筑而又必须留置的临时间断处，应砌成斜槎。砌体表面不应铺设砂浆层，宜采用保温材料加以覆盖。继续施工前，应先用扫帚扫净砖表面，然后再施工。

4. 其他冬期施工方法

砌体工程的冬期施工应以外加剂法为主，可供选用的其他施工方法还有蓄热法、暖棚法、电器加热法、蒸汽加热法、快硬砂浆法等。

第二节 雨期施工的基本知识

一、雨期施工的原则

1. 雨期施工的特点

1）雨期施工具有突然性。由于暴雨、山洪等恶劣气候往往不期而至，这就需要雨期施工的准备和防范及早进行。

2）雨期施工带有突击性。因为雨水对建筑结构和地基基础的冲刷或浸泡具有严重的破坏性，必须迅速及时地保护，才能避免给工程造成损失。

3）雨期施工往往持续时间长，阻碍工程的顺利进行，拖延工期，对这一点必须有充分的估计，事先做好安排。

2. 雨期施工的原则

编制施工作业计划时，要根据雨期施工的特点，将不宜在雨期施工的分项工程提前或延后安排，对必须在雨期施工的工程应制定有效的措施，进行突击施工。

合理组织施工。晴天抓紧室外工作，雨天安排室内工作，尽量缩短雨天室外作业时间和减小工作面。

密切注意气象预报，做好抗大风和防汛准备工作，必要时应及时加固在建工程。

二、雨期施工的准备工作

1）现场排水。施工现场的道路、设施必须做到排水畅通，雨停水干。要防止地表水流入地下室、基础、地沟内。要根据实际情况采取措施，防止滑坡和塌方。

2）做好原材料、成品和半成品的防雨、防潮工作。水泥库必须保证不漏水；地面必须防潮，并按“先收先用”“后收后用”的原则，避免久存受潮而影响水泥的活性。木门窗等易受潮变形的半成品应在室内堆放，其他材料也应根据其性能做好防雨、防潮工作。

3）在雨期前应采取对现场房屋、设备的排水、防雨措施。

4）备足排水需用的水泵及有关器材，准备适量的塑料布、油毡等防雨材料。

三、各分项工程在雨期施工的注意事项

雨期施工主要解决雨水的排除，对于大中型工程的施工现场，必须做好临时排水的总体规划，其中包括阻止场外水流入现场和使现场内水排出场外两部分。其原则是：上游截水，

下游散水，坑底抽水，地面排水。规划设计时，应根据各地历年最大降雨量和降雨时期，结合各地地形和施工要求通盘考虑。

临时排水和截水沟的设计一般应符合下列规定：

纵向边坡坡度应根据地形确定，一般应小于0.3%，平坦地区不应小于0.2%，沼泽地区可减至0.1%。

沟的边坡坡度应根据土质和沟的深度确定，黏性土边坡一般为1:0.7~1:1.5。

横断面的尺寸应根据施工期内可能遇到的最大流量确定，最大流量则应根据当地气象资料，查出历年这段期间的最大降雨量，再按其汇水面积计算。

1. 土方和基础工程

雨季开挖基槽（坑）或管沟时，应注意边坡稳定。必要时可适当放缓边坡坡度或设置支撑。施工时应加强对边坡和支撑的检查。

为防止边坡被雨水冲塌，可在边坡上加钉钢丝网片，并喷上50mm的细石混凝土。

雨期施工的工作面不宜过大，应逐段、逐片分期完成。基础挖到基底标高后，及时验收并浇筑混凝土垫层。

为防止基坑浸泡，开挖时要在坑内做好排水沟、集水井。

位于地下的水池和地下室，施工时应考虑周到。如预先考虑不周，浇筑混凝土后遇大雨时，容易造成水池和地下室上浮的事故。

基础施工完毕，应抓紧进行基坑四周的土方的回填工作。停止人工降水时，应验算箱形基础抗浮稳定性。抗浮稳定系数不宜小于1.2，以防止出现基础上浮或者倾斜等重大事故。如抗浮稳定系数不能满足要求，应继续抽水，直到上部结构荷载加上后能满足抗浮稳定系数要求为止。当遇上大雨，水泵不能及时降低积水高度时，应迅速将积水灌入箱形基础之内，以提高基础的抗浮能力。

2. 砌体工程

砖在雨季必须集中堆放，不宜浇水。砌墙时要求干湿砖块合理搭配，砖湿度大时不可上墙。砌筑高度不宜超过1.0m。

遇大雨必须停工。砌砖收工时应在砖墙顶铺一层干砖，避免大雨冲刷灰浆。大雨过后受雨冲刷过的新砌墙体应翻砌最上面的两层砖。

稳定性较差的窗间墙、独立砖柱，应加设临时支撑或及时浇筑钢筋混凝土圈梁，以增加墙体稳定性。

砌体施工时，内外墙要尽量同时砌筑，转角及丁字墙间的连接也要同时砌筑。遇大风时，应在与风向相反的方向加临时支撑，以保护墙体的稳定。

雨后继续施工，须复核已完工砌体的垂直度和标高。

3. 混凝土工程

模板隔离层在涂刷前要及时掌握天气预报情况，以防隔离层被雨水冲掉。

遇到大雨要停止浇筑混凝土，已浇部位应加以覆盖。现浇混凝土应根据结构情况和可能，多增加几道施工缝。

雨期施工时，应加强对混凝土粗细集料含水量的测定，及时调整混凝土搅拌的用水量。

大面积的混凝土浇筑前，要了解2~3天的天气预报，尽量避开大雨。混凝土浇筑现场要预备大量防雨材料，以备浇筑时突然遇雨进行覆盖。

支撑模板的地基要密实，并在模板支撑和地基间加好垫板，雨后及时检查有无下沉。

4. 结构吊装工程

构件堆放地点要平整坚实，周围要做好排水工作，严禁构件堆放区积水、浸泡，防止泥土粘到预埋件上。

塔式起重机路基，必须高出地面15cm，严禁雨水浸泡路基。

雨后吊装时，要先做试吊，将构件吊至1m左右，往返上下数次，稳定后再进行吊装工作。

5. 屋面工程

卷材屋面应尽量在雨期前施工，并同时安装屋面的水落管。

雨天严禁油毡屋面施工，油毡、保温材料不能淋雨。

雨季屋面工程宜采用湿铺法施工工艺。湿铺法就是在潮湿基层上铺贴卷材，先喷刷1～2道冷底子油，喷刷工作宜在水泥砂浆凝结初期进行，以防基层浸水。如基层浸水，应在基层表面干燥后方可铺贴油毡。如基层潮湿且干燥有困难，可采用排气屋面。

6. 抹灰工程

雨天不准进行室外抹灰，至少应预计1～2天的天气变化情况。对已经施工的墙面，应注意防止雨水的污染。

室内抹灰尽量在做完屋面工程后进行，至少在做完屋面找平层后，并铺一层油毡。

雨天不宜做罩面油漆。

7. 机械防雨

所有的机械棚要搭设牢固，防止倒塌漏水。机电设备应采取防雨、防淹措施，安装接地安全装置。机动电闸箱的漏电保护装置要可靠。

四、雨期施工应做好防雷设施

雨季为防止雷电袭击造成事故，在施工现场高出建筑物的塔式起重机、人货两用电梯、钢脚手架等必须装设防雷装置。

施工现场的防雷装置一般由避雷针、接地线和接地体三个部分组成。

避雷针装在高出建筑物的塔式起重机、人货两用电梯、钢脚手架的顶端。

接地线可用截面积不小于16mm^2的铝导线，或用截面积不小于12mm^2的铜导线，也可用直径不小于8mm的圆钢。

接地体有棒形和带形两种。棒形接地体一般采用长度1.5m、壁厚不小于2.5mm的钢管或∟50mm×5mm的角钢。将其一端打光并垂直打入地下，其顶端离地平面不小于500mm。带形接地体可采用截面积不小于50mm^2、长度不小于3m的扁钢，平卧于地下500mm处。

防雷装置的避雷针、接地线和接地体必须焊接（双面焊），焊接的长度应为圆钢直径的6倍或扁钢厚度的2倍以上，电阻不宜超过10Ω。

思考题

1. 冬期施工应遵守哪些原则？

2. 何谓混凝土冬期施工的临界强度？
3. 混凝土冬期施工的主要方法有哪些？
4. 混凝土冬期施工工艺有何特殊要求？
5. 混凝土冬期施工常用的外加剂有哪几种？
6. 对砌体进行冻结法施工应注意哪些问题？
7. 雨期施工应遵守哪些原则？
8. 外加剂法施工中应注意哪些问题？

习　题

一、单项选择题

1. 当室外日平均气温连续（　　）天降到（　　）℃以下时，混凝土工程必须采取冬期施工技术措施。

A. 3；3　　B. 3；5　　C. 5；5　　D. 5；3

2. 冬期施工中配制混凝土用的水泥宜优先采用（　　）的硅酸盐水泥。

A. 活性低、水化热量大　B. 活性高、水化热量小

C. 活性低、水化热量小　D. 活性高、水化热量大

3. 冬期施工中，配制混凝土用的水泥强度等级不应低于（　　）级。

A. 32.5　　B. 42.5　　C. 52.5　　D. 62.5

4. 冬期施工中，拌制混凝土时，应优先采用加热（　　）的办法。

A. 砂子　　B. 水　　C. 石子　　D. 水泥

5. 冬期施工混凝土的搅拌、运输和浇筑时间比常温规定时间（　　）。

A. 缩短50%　　B. 延长50%　　C. 缩短70%　　D. 延长70%

6. 水泥不应与（　　）℃以上的水直接接触，避免水泥假凝。

A. 40　　B. 60　　C. 70　　D. 80

7. 冬期施工中，混凝土入模温度不得低于（　　）℃。

A. 0　　B. 3　　C. 5　　D. 10

8. 冬期施工中，混凝土倒运次数越多其热量损失的（　　）。

A. 越多　　B. 不变　　C. 越少　　D. 不确定

9. 当室外日平均气温连续（　　）天降到（　　）℃以下时，砖石砌体工程必须采取冬期施工技术措施。

A. 10；3　　B. 10；5　　C. 5；3　　D. 5；5

10. 雨期施工中，砖墙的砌筑高度不宜超过（　　）m。

A. 1.0　　B. 1.2　　C. 1.5　　D. 1.8

二、多项选择题

1. 冬期施工的原则（　　）。

A. 保证工程质量　　B. 经济合理　　C. 满足工期

D. 热源及技术措施材料有可靠的来源　　E. 施工均衡性

2. 混凝土冬期施工养护方法有（　　）。

A. 蓄热法　　B. 蒸汽加热法　　C. 电热法

D. 暖棚法　　E. 覆盖浇水法

3. 混凝土冬期施工中常用的外加剂有（　　）。

A. 减水剂　　B. 膨胀剂　　C. 引气剂
D. 早强剂　　E. 阻锈剂

4. 混凝土的成熟度是（　　）与（　　）的乘积。

A. 温度　　B. 湿度　　C. 时间
D. 重量　　E. 体积

5. 砖石工程冬期施工采用外加剂法的优点有（　　）。

A. 施工简便　　B. 施工费用高　　C. 施工费用低
D. 货源易于解决　　E. 所有工程都适用

参考文献

[1] 重庆建筑大学，等. 建筑施工［M］. 3版. 北京：中国建筑工业出版社，1997.
[2] 毛鹤琴. 土木工程施工［M］. 武汉：武汉工业大学出版社，2000.
[3] 刘宗仁. 建筑施工技术［M］. 北京：中央广播电视大学出版社，2000.
[4] 罗福午. 建造结构缺陷事故的分析及防治［M］. 北京：清华大学出版社，1996.
[5] 钟晖，等. 土木工程施工［M］. 重庆：重庆大学出版社，2001.
[6] 李伟. 建筑与装饰工程施工工艺［M］. 北京：中国建筑工业出版社，2001.
[7] 应惠清，等. 土木工程施工：下册［M］. 上海：同济大学出版社，2003.
[8] 郭正兴，李金根. 建筑施工［M］. 南京：东南大学出版社，1996.
[9] 廖代广. 土木工程施工技术［M］. 2版. 武汉：武汉理工大学出版社，2002.
[10] 上海建工（集团）总公司. 上海建筑施工新技术［M］. 北京：中国建筑工业出版社，1999.
[11] 李继业. 建筑施工技术［M］. 北京：科学出版社，2001.
[12] 杜荣军，等. 建筑施工脚手架实用手册［M］. 北京：中国建筑工业出版社，1994.
[13] 建筑施工手册第4版编写组. 建筑施工手册［M］. 4版. 北京：中国建筑工业出版社，2003.
[14] 刘宗仁. 土木工程施工［M］. 北京：高等教育出版社，2003.
[15] 刘津明，韩明. 土木工程施工［M］. 天津：天津大学出版社. 2002.
[16] 赵志缙，应惠清. 建筑施工［M］. 上海：同济大学出版社，1999.
[17] 方承训，郭立民. 建筑施工［M］. 武汉：武汉工业大学出版社，1996.
[18] 冯广渊. 建筑施工技术［M］. 北京：冶金工业出版社，1996.
[19] 林瑞铭，舒适. 建筑施工［M］. 天津：天津大学出版社，1989.
[20] 宁仁岐，杨跃. 建筑施工技术与工程质量检验［M］. 哈尔滨：黑龙江科学技术出版社，1997.